· 中国电子教育学会全国电子信息类优秀教材 ·

卓越工程师培养计划
■ 嵌入式系统 ■

http://www.phei.com.cn

编著

STM32
嵌入式微控制器
快速上手（第2版）

电子工业出版社

Publishing House of Electronics Industry

北京·BEIJING

内 容 简 介

本书介绍了意法半导体（STMicroelectronics，ST）公司的 32 位基于 ARM Cortex – M3 内核的 STM32 单片机原理与实践。本书以培养学生的动手能力和增强学生的工程素养为目的，按照项目驱动的思路展开教学与实践学习，以自制的开发板上的程序为实例，将 STM32 单片机的外围引脚特性、内部结构原理、片上外设资源、开发设计方法和应用软件编程、μC/OS – Ⅱ 操作系统原理及应用等知识传授给读者。

本书适合从事自动控制、智能仪表、电力电子、机电一体化等系统开发的工程技术人员阅读使用，也可作为高等学校相关专业的"嵌入式系统原理与应用"、"基于 ARM Cortex 内核的单片机系统开发"等课程的教学用书，还可作为 ARM 相关应用与培训课程的参考用书。

未经许可，不得以任何方式复制或抄袭本书之部分或全部内容。
版权所有，侵权必究。

图书在版编目（CIP）数据

STM32 嵌入式微控制器快速上手/陈志旺等编著 . —2 版 . —北京：电子工业出版社，2014.5
（卓越工程师培养计划）
ISBN 978 – 7 – 121 – 22956 – 5

Ⅰ . ① S… Ⅱ . ① 陈… Ⅲ . ① 微控制器 Ⅳ . ① TP332.3

中国版本图书馆 CIP 数据核字（2014）第 074384 号

责任编辑：张　剑（zhang@ phei. com. cn）
印　　刷：三河市君旺印务有限公司
装　　订：三河市君旺印务有限公司
出版发行：电子工业出版社
　　　　　北京市海淀区万寿路 173 信箱　邮编 100036
开　　本：787×1092　1/16　印张：24　字数：614 千字
版　　次：2012 年 1 月第 1 版
　　　　　2014 年 5 月第 2 版
印　　次：2022 年 1 月第 24 次印刷
印　　数：1 000 册　定价：59.80 元

凡所购买电子工业出版社图书有缺损问题，请向购买书店调换。若书店售缺，请与本社发行部联系，联系及邮购电话：(010) 88254888。
质量投诉请发邮件至 zlts@ phei. com. cn，盗版侵权举报请发邮件至 dbqq@ phei. com. cn。
服务热线：(010) 88258888。

第 2 版前言

1. 本书定位

本书定位为有 51 单片机基础的读者学习 STM32 微控制器的"入门"教材，即本科电类专业，51 单片机课程后的"嵌入式系统原理及应用"课程可选用的教材。本书的目的是深化强化嵌入式系统的基本概念，因此写法中侧重基本原理的阐述，侧重与 51 单片机对比（外设主要选择了 GPIO、EXTI、USART、TIM，分别与 51 课程中的 I/O 接口、外部中断、串口、定时/计数器对应）。在 51 单片机的知识结构中，这 4 个重要外设是按照如下线索组织的：功能→硬件→寄存器，即某个具体的功能是通过硬件实现的，寄存器是硬件与程序员的接口，程序员利用汇编语言或 C 语言通过寄存器控制硬件。而对于 STM32，线索增加了一层，即功能→硬件→寄存器→固件库，程序员调用固件库函数控制硬件。其实细读固件库函数代码后可以发现，还是通过寄存器控制硬件，只是经过固件库封装后，代码更加易读、易用。因此从寄存器到固件库的学习中，读者一定要清晰二者之间的联系。掌握好本书中这 4 个外设接口，就可以结合 Cortex - M3 权威指南、STM32 技术参考手册和固件库手册、STM32 具体型号的数据手册，进行嵌入式开发技能的进一步提升。

2. 嵌入式系统层次模型

与 OSI 网络 7 层模型类似，嵌入式系统也有层次模型，并且在下述具体的知识点中有不同的体现。

第 1 页图 1 - 1；

第 83 页图 4 - 2 和图 4 - 4；

第 85 页图 4 - 5；

第 89 页图 4 - 8；

第 263 页图 11 - 9 和图 11 - 10；

第 269 页图 11 - 12；

第 270 页图 11 - 13。

在上述结构中，第 1 页的图 1 - 1 所示的是一个抽象模型，其他都是它的具体实现。层次模型是研究复杂问题一个有效方法。

3. 章节设置说明

本书篇章布局从理论体系上讲并不十分严密。例如，第 2 章 Cortex - M3 体系结构中包含 STM32 存储器映射；NVIC 的优先级，应属于第 2 章，但从应用角度来考虑放到第 5 章 EXTI 中；SysTick 也应属于第 2 章，但从功能角度来考虑放到第 8 章定时器部分。这样设置的目的都是从应用的角度来考虑的，这也与嵌入式系统"用中学"的学习理念一致，但读者一定要清晰了解相关概念。

本书在第 1 版的基础上增加了第 13 章，这是一个以 STM32 为核心的嵌入式系统应用实例。本书第 1~2 章、第 7~13 章、附录 A~D 由燕山大学陈志旺编写，第 3 章由燕山大学刘宝华编写，第 4 章由燕山大学王荣彦编写，第 5 章由燕山大学程淑红编写，第 6 章由燕山大学吕宏诗编写，参加本书编写的还有李萌、薛佳伟、王敬、吴晨、李晓、李坤、赵春媛、刘砚、赵晓娟和李江艳。全书由陈志旺统稿。书中引用了一些网上文献，无法逐一注明出处，在此向原作者表示感谢！

由于笔者水平有限，书中难免存在错误与不妥之处，欢迎读者朋友不吝赐教！作者的 E-mail 地址：czwaaron@ysu.edu.cn。

编著者

第1版前言

嵌入式系统属于一个交叉学科，它涵盖了微电子技术、电子信息技术、计算机软件和硬件等多项技术领域，覆盖面广。目前嵌入式系统发展很快，很多软/硬件技术出现时间不长，掌握这些新技术的人相对较少。很多高校专业划分过细，难以跟上市场变化的步伐，与实际工程项目脱节严重，仍沿用应试教育的教学方式，理论知识讲授过多，动手环节薄弱，理论联系实际能力较差，学生参与社会实践较少，不了解社会需求。嵌入式教学需要相应的嵌入式开发板和软件，需要有经验的人进行开发流程指导，这在目前的高校中是很难实现的。针对上述问题，我们组织多年在一线授课的教师根据教学经验编写了此书。

1. 对教师的建议

把握"三个统一学单片机"的教学理论。

1) **一般与特殊的统一**　目前电类课程中关于微机方面的课程很多，如《计算机应用基础》、《微机原理》、《单片机原理及应用》、《嵌入式系统原理及应用》、《可编程控制器PLC》等，这些课程间内容既有重复又有联系，因为以奔腾芯片为核心的PC、以8086为核心的第一代PC、51单片机、以ARM为核心的嵌入式系统、PLC都有相同的遗传基因（微机原理）。因此，任课老师应熟悉上述课程，在课堂讲授中将其融会贯通起来，深入挖掘课程的共性，即微机的基本原理，然后引导学生在学习中侧重其差异，这样不仅可以提高学习效率，还可以启发学生思考。

2) **硬件与软件的统一**　通过多年的教学实践我们发现，"软件通过控制字寄存器控制硬件"是学生理解的难点，其原因可能是平时同学操作PC直接通过Windows界面达到驱动硬件的目的，没有用软件驱动过底层硬件。因此在介绍嵌入式系统时，最好从硬件控制寄存器程序讲起，让学生对底层原理有个认识。对于STM32，本书在第5章也揭示了控制寄存器和库函数的相关性。另外，在参考文献 [2] 中，我们将汇编语言依赖硬件的特性深入挖掘，课堂效果较好，推荐采用。

3) **内部结构与外部引脚的统一**　将内部结构、外部引脚、系统功能、指令集统一起来，只有这样才能做到"庖丁解牛，游刃有余"。

2. 对学生的建议

1) **重视实践**　工程师解决问题的能力只有从实践中才能获得。从实践经验中归纳出共性的知识，然后再将这些知识重新应用到新的实践中去，这也是当今的大学生要在未来的实际工作中必须采取的学习和工作方法。只有做到了这一点，才能真正实践以工作为导向的理念：实践、归纳、总结和再实践。学好嵌入式系统，实践必不可少，一定要选一块和微处理器型号对应的开发板，创建一个良好的平台和环境，边实践边学习，尽量弄清其内在原理。硬件开发板的价格不必太高，最好能有自己动手的空间。深入理解STM32的硬件最小系统，对I/O口、串行通信、键盘、LED、LCD、SPI、I^2C、PWM、A/D（包括一些传感器）、D/A等实验逐个实践，逐步理解，再动手制做一个实际的小系统，底层硬件基础就有了。各个硬件模块驱动程序的编写是嵌入式系统的必备基础。在编程中，主要针对main.c和stm32f10x_it.c两个文件，其他定义硬件控制寄存器的文件stm32f10x_map.h、硬件初始化结构体的文件stm32f10x_xxx.h和stm32f10x_xxx.c也要仔细研读，将软件和硬件联系起来学习，会加深对硬件的理解。把书上的例程亲手输入到计算机中进行实践是很有必要的，一定要多上机操作。程序是抽象的，有时程序能看懂，但自己却不一定能编出来；而有时虽然程序没看懂，但若经常着手去编，就会非常熟悉该程序应该怎样去处理。要把在书中看到的有意义的例子举一反三；经常回顾自己以前写过的程序，并尝试重写，把自己学到的新知识运用进去，温故而知新；当程序写到一半时却发现自己用的方法烦琐，不要马上停手，应尽快将余下的部分粗略地完成，以保证设计的完整性，然后分析自己的错误并重新设计和编写；遇到问题时，不要马上向其他人求教，以免养成依赖性，要学会自己去解决问题。看到一个编程要求后，首先要在头脑中有一个大体的轮廓，独立构思，不要看参考提示，只有这样才可以达到真正的训练目的，才会逐步把思路培养出来；保存好写过的所有的程序——那是最好的积累之一。学习的过程中要经过思考加工，去粗取精，抓本质和精华，仔细研读并尝试修改别人的例程代码，真正将新知识应用到实践中，理解后融入到自己的知识体系中。本书每个知识点后都对应一个开发板实例，推荐以项目开发的方式进行学习，将学习成果变成自己的作品。

2）**重视官方文档**　学习时，应关注两个比较重要的文档：《STM32F103×××参考手册》和《STM32固件库使用手册》。

阅读《STM32F103×××参考手册》时，不需要全部阅读，但是前几章必须重点阅读，包括存储器和总线架构，电源控制，备份寄存器，复位和时钟控制，通用和复用功能I/O，中断和定时器等。后续章节讲述的是具体的功能模块设计，如果要用到哪个模块，就可以去阅读相应的模块。

阅读《STM32固件库使用手册》的主要目的是为了简化编程。STM32提供了一个非常好的固件函数库，只需调用即可。阅读《STM32固件库使用手册》时，前面几章也是必须阅读的。比如，第1章文档和库规范中的命名规则，编码规则，这些都是需要注意的。第2章是最关键的，描述了固件库的架构，以及如何使用固件库等。有了这些基础，就可以借助固件库写出自己的代码了。第4章以后的章节都是描述某个模块有什么函数，每个函数如何使用等，可以根据需要来阅读。建议对GPIO库函数、中断部分库函数、复位和时钟设置的库函数等内容要重点阅读。

无论何时，官方手册是最好的老师和帮手，千万不要因为它的枯燥乏味而将其束之高阁。使用任何外设前，都必须仔细看参考手册和使用手册。

3）**重视交流**　在网上建个交流平台，或者开博，或者社区交流，把自己解决的问题和经验与他人分享，这样通常会让读者个人的研究更具可行性和更深入地被了解；构建或参与技术圈子，一个好的圈子通常会给读者带来钻研和共同提高的激情，或者说是一个良性的竞争环境。

3. 本书特点

在讲述具体内容时，本书各章节均以我们开发的STM32开发板为硬件教具，每章均会提供一个设计任务实例，以任务为驱动，通过"学中做、做中学"，即DIY（Do It Yourself）和LBD（Learning By Doing）的方式，介绍和讲解所需要用到的新知识、新技能，按照认识的规律学习和掌握基于 ARM Cortex - M3 内核的 STM32 嵌入式微控制器技术及其应用编程，尽量避免纯理论性描述带给读者的枯燥感。有别于数据手册式的教材，本书并没有面面俱到地谈及 Cortex - M3 的技术细节，各个章节也没有繁冗的寄存器说明（参见 ST 公司网页上的数据手册或本书配套资料），而且涉及微机原理的相关知识都在每章"本章前导知识"中给出（可阅读参考文献 [2]），每章的例程只给出关键代码，这样做的目的旨在突出重点。本书写作过程中，也注意了软、硬件的结合，将 STM32 的内部结构、控制寄存器和库函数对应结构体，还有功能特点和初始化设置等结合起来，揭示软、硬件之间的联系，使读者能够对 STM32 应用"快速上手"。本书不仅是教给大家 STM32 基础知识，更重要的是介绍嵌入式系统的学习方法，启发读者的创意思维。

本书受全国教育科学规划 2010 年度教育部重点课题（课题批准号：GKA103004）的子课题（立项编号：GKA10105）资助。第 1、2、7、8、9、10、11、12 章及附录由燕山大学陈志旺编写，第 3 章由燕山大学刘宝华编写，第 4 章由燕山大学王荣彦编写，第 5 章由燕山大学程淑红编写，第 6 章由燕山大学吕宏诗编写。全书由陈志旺统稿。参加本书编写的还有李萌、薛佳伟、王敬、吴晨、李晓、李坤、赵春媛、刘砚、赵晓娟和李江艳。书中引用了一些网上文献，无法一一注明出处，在此向原作者表示感谢！

由于笔者水平有限，书中难免存在错误与不妥之处，欢迎读者朋友不吝赐教！来信可与如下邮箱联系：czwaaron@ ysu. edu. cn。博客：http://blog. sina. com. cn/gksupermarket，本书的进一步资料会在博客上更新。

编著者

目　录

第1章　嵌入式系统概述 ··· 1

1.1　嵌入式系统简介 ··· 1
1.1.1　嵌入式系统定义 ··· 1
1.1.2　嵌入式系统特点 ··· 2
1.1.3　嵌入式系统分类 ··· 4
1.1.4　嵌入式系统发展 ··· 7
1.2　ARM 体系结构及微处理器系列 ··· 10
1.2.1　ARM 公司简介 ··· 10
1.2.2　ARM 体系结构简介 ··· 13
1.3　Cortex - M 系列处理器简介 ··· 17
1.4　STM32 系列微控制器简介 ··· 21
1.5　STM32 教学开发板 ··· 26

第2章　Cortex - M3 体系结构 ·· 27

2.1　CM3 微处理器核结构 ··· 27
2.2　处理器的工作模式及状态 ··· 29
2.3　寄存器 ··· 30
2.4　总线接口 ·· 34
2.5　存储器的组织与映射 ··· 36
2.5.1　存储器格式 ··· 36
2.5.2　存储器层次结构 ··· 36
2.5.3　CM3 存储器组织 ··· 38
2.5.4　STM32 存储器映射 ··· 39
2.5.5　位绑定操作 ··· 43
2.6　指令集 ··· 46
2.6.1　ARM 指令集 ··· 46
2.6.2　Thumb 指令集 ··· 47
2.6.3　Thumb - 2 指令集 ··· 48
2.7　流水线 ··· 50
2.8　异常和中断 ·· 51
2.9　存储器保护单元 MPU ·· 56
2.10　STM32 微控制器概述 ·· 57
2.10.1　STM32 命名 ··· 57
2.10.2　STM32 内部资源 ··· 58

第3章 STM32 最小系统 … 61

3.1 电源电路 … 61
3.1.1 供电方案 … 61
3.1.2 电源管理器 … 63
3.1.3 低功耗模式 … 63

3.2 时钟电路 … 65
3.2.1 HSE 时钟和 HSI 时钟 … 66
3.2.2 PLL … 67
3.2.3 LSE 时钟和 LSI 时钟 … 67
3.2.4 系统时钟 SYSCLK … 68
3.2.5 RCC 寄存器 … 69

3.3 复位电路 … 72
3.4 STM32 启动 … 74
3.5 程序下载电路 … 79
3.6 STM32 的最小系统 … 81

第4章 STM32 程序设计 … 82

4.1 嵌入式软件层次结构 … 82
4.2 Cortex 微控制器软件接口标准 … 84
4.3 FWLib 固件库 … 87
4.3.1 STM32 标准外设库 … 87
4.3.2 固件库命名规则 … 90
4.3.3 数据类型和结构 … 91
4.3.4 固件库的应用 … 94
4.4 嵌入式 C 程序特点 … 97
4.5 开发环境简介 … 100

第5章 GPIO 原理及应用 … 102

5.1 GPIO 的硬件结构和功能 … 102
5.1.1 GPIO 硬件结构 … 102
5.1.2 复用功能 … 103
5.1.3 GPIO 输入功能 … 103
5.1.4 GPIO 输出功能 … 104
5.1.5 GPIO 速度选择 … 106
5.1.6 钳位功能 … 107
5.2 GPIO 寄存器 … 107
5.3 GPIO 库函数 … 111
5.4 库函数和寄存器的关系 … 114
5.5 应用实例 … 121

第6章 EXTI 原理及应用 127
6.1 STM32 中断通道 127
6.2 STM32 中断的过程 131
6.3 NVIC 硬件结构及软件配置 132
6.3.1 NVIC 硬件结构 132
6.3.2 STM32 中断优先级 133
6.3.3 中断向量表 134
6.3.4 NVIC 寄存器 135
6.3.5 NVIC 库结构 140
6.4 EXTI 硬件结构及软件配置 140
6.4.1 EXTI 硬件结构 140
6.4.2 中断及事件 141
6.4.3 EXTI 中断通道和中断源 142
6.4.4 EXTI 寄存器 142
6.4.5 EXTI 库函数 144
6.5 应用实例 145
6.5.1 按键中断 145
6.5.2 中断嵌套案例 1 149
6.5.3 中断嵌套案例 2 151

第7章 USART 原理及应用 155
7.1 端口重映射 155
7.2 USART 功能和结构 156
7.2.1 USART 功能 157
7.2.2 USART 结构 158
7.3 USART 帧格式 160
7.4 波特率设置 162
7.5 硬件流控制 163
7.6 USART 中断请求 165
7.7 USART 寄存器 166
7.8 USART 库函数 167
7.9 USART 应用实例 169
7.9.1 直接传送方式 169
7.9.2 中断传送方式 173
7.9.3 串口 Echo 回应程序 174
7.9.4 利用 printf( ) 的串口编程 174

第8章 定时器原理及应用 177
8.1 STM32 定时器概述 177

8.2 通用定时器 TIMx 功能 …………………………………………………………………… 178
8.3 通用定时器 TIMx 结构 …………………………………………………………………… 178
　　8.3.1 时钟源选择 ……………………………………………………………………… 180
　　8.3.2 时基单元 ………………………………………………………………………… 182
　　8.3.3 捕获和比较通道 ………………………………………………………………… 184
　　8.3.4 计数器模式 ……………………………………………………………………… 186
　　8.3.5 定时时间的计算 ………………………………………………………………… 187
　　8.3.6 定时器中断 ……………………………………………………………………… 188
8.4 通用定时器 TIMx 寄存器 ………………………………………………………………… 189
8.5 通用定时器 TIMx 库函数 ………………………………………………………………… 192
8.6 TIM2 应用实例 …………………………………………………………………………… 192
　　8.6.1 秒表 ……………………………………………………………………………… 192
　　8.6.2 输出比较案例 1 ………………………………………………………………… 195
　　8.6.3 输出比较案例 2 ………………………………………………………………… 199
　　8.6.4 PWM 输出 ……………………………………………………………………… 202
　　8.6.5 PWM 输入捕获 ………………………………………………………………… 204
8.7 RTC 的功能及结构 ………………………………………………………………………… 207
　　8.7.1 RTC 的基本功能 ………………………………………………………………… 208
　　8.7.2 RTC 的内部结构 ………………………………………………………………… 208
8.8 RTC 控制寄存器 …………………………………………………………………………… 209
8.9 备份寄存器 ………………………………………………………………………………… 211
8.10 电源控制寄存器 …………………………………………………………………………… 214
8.11 RTC 相关的 RCC 寄存器 ………………………………………………………………… 215
8.12 RTC 应用实例 ……………………………………………………………………………… 215
8.13 系统时钟 SysTick 简介 …………………………………………………………………… 220
8.14 SysTick 寄存器 ……………………………………………………………………………… 221
　　8.14.1 控制及状态寄存器（SYSTICKCSR）………………………………………… 221
　　8.14.2 重载寄存器（SYSTICKRVR）………………………………………………… 221
　　8.14.3 当前值寄存器（SYSTICKCVR）……………………………………………… 222
　　8.14.4 校准值寄存器（SYSTICKCALVR）…………………………………………… 222
8.15 SysTick 应用实例 …………………………………………………………………………… 223

第 9 章 DMA 原理及应用 …………………………………………………………………… 225

9.1 DMA 简介 ………………………………………………………………………………… 225
9.2 DMA 的功能及结构 ……………………………………………………………………… 228
　　9.2.1 DMA 的功能 …………………………………………………………………… 228
　　9.2.2 DMA 结构 ……………………………………………………………………… 229
9.3 DMA 寄存器 ……………………………………………………………………………… 230
9.4 DMA 库函数 ……………………………………………………………………………… 232

第10章 ADC 原理及应用 · 235

- 10.1 ADC 的功能及结构 · 235
- 10.2 ADC 的工作模式 · 237
- 10.3 数据对齐 · 240
- 10.4 ADC 中断 · 241
- 10.5 ADC 寄存器 · 241
- 10.6 ADC 库函数 · 243
- 10.7 应用实例 · 245

第11章 μC/OS-II 嵌入式操作系统基础 · 250

- 11.1 操作系统的功能 · 250
- 11.2 操作系统的基本概念 · 252
  - 11.2.1 进程和线程 · 252
  - 11.2.2 实时操作系统 RTOS · 254
  - 11.2.3 其他概念 · 256
  - 11.2.4 应用程序在操作系统上的执行过程 · 262
- 11.3 操作系统的分类 · 263
  - 11.3.1 单体结构 · 263
  - 11.3.2 层次结构 · 263
  - 11.3.3 微内核结构 · 264
- 11.4 μC/OS-II 简介 · 264
  - 11.4.1 μC/OS-II 的主要特点 · 264
  - 11.4.2 μC/OS-II 工作原理 · 265
  - 11.4.3 μC/OS-II 的程序设计模式 · 266
- 11.5 μC/OS-II 移植 · 268
  - 11.5.1 移植条件 · 269
  - 11.5.2 移植步骤 · 270
  - 11.5.3 内核头文件（OS_CPU.H） · 272
  - 11.5.4 与处理器相关的汇编代码（OS_CPU_A.ASM） · 273
  - 11.5.5 与 CPU 相关的 C 函数和钩子函数（OS_CPU_C.C） · 276

第12章 μC/OS-II 的内核机制 · 279

- 12.1 μC/OS-II 内核结构 · 279
  - 12.1.1 μC/OS-II 的任务 · 279
  - 12.1.2 临界代码 · 281
  - 12.1.3 任务控制块 · 282
  - 12.1.4 就绪表 · 283
  - 12.1.5 任务的调度 · 284
  - 12.1.6 中断处理 · 288

12.1.7　时钟节拍 ·· 289
　　　12.1.8　任务的初始化 ·· 291
　　　12.1.9　任务的启动 ··· 293
　12.2　μC/OS-Ⅱ的任务管理 ·· 294
　　　12.2.1　创建任务 ·· 294
　　　12.2.2　删除任务 ·· 298
　　　12.2.3　请求删除任务 ·· 300
　　　12.2.4　改变任务优先级 ··· 302
　　　12.2.5　挂起任务 ·· 305
　　　12.2.6　恢复任务 ·· 307
　　　12.2.7　任务调度实例 ·· 308
　12.3　μC/OS-Ⅱ的时间管理 ·· 315
　　　12.3.1　延时函数 ·· 315
　　　12.3.2　恢复延时任务 ·· 317
　　　12.3.3　系统时间 ·· 318
　12.4　任务间的通信与同步 ··· 319
　　　12.4.1　事件控制块 ··· 319
　　　12.4.2　信号量 ··· 323
　　　12.4.3　信号量实例 ··· 327

第13章　嵌入式系统综合设计实例 ··· 331
　13.1　嵌入式系统开发过程 ··· 331
　13.2　自平衡小车基本功能 ··· 333
　13.3　硬件结构 ·· 334
　　　13.3.1　电气控制系统整体结构 ·· 334
　　　13.3.2　加速度计 ··· 335
　　　13.3.3　陀螺仪 ··· 335
　13.4　控制算法设计 ··· 335
　　　13.4.1　角度检测算法设计 ··· 335
　　　13.4.2　运动控制算法设计 ··· 336

附录A　嵌入式系统常用缩写和关于端口读/写的缩写表示 ····································· 339

附录B　Cortex-M3指令清单 ··· 346

附录C　51单片机与STM32微控制器的比较 ··· 353
　C.1　硬件：寄存器 ·· 353
　C.2　硬件：存储器空间 ·· 353
　C.3　硬件：堆栈 ··· 354
　C.4　硬件：外设 ··· 355

C.5	硬件：异常和中断	356
C.6	软件：数据类型	357
C.7	软件：浮点	358
C.8	软件：中断服务程序	359
C.9	软件：非对齐数据	359
C.10	软件：故障异常	360
C.11	软件：设备驱动程序和CMSIS	361
C.12	软件：混用C语言和汇编程序	362
C.13	其他比较	363

附录D　STM32实验板原理图 364

参考文献 365

第1章 嵌入式系统概述

1.1 嵌入式系统简介

1.1.1 嵌入式系统定义

嵌入式系统通常定义为以应用为中心,以计算机技术为基础,软/硬件可剪裁,对功能、可靠性、成本、体积、功耗有严格要求的专用计算机系统。嵌入式系统主要由嵌入式微处理器、外围硬件设备、嵌入式操作系统及用户应用软件等部分组成,其分层结构如图 1-1 所示。嵌入式系统因其通常都被嵌入在主要设备之中,故此得名。

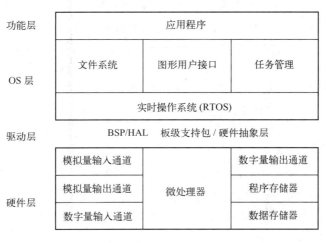

图 1-1 嵌入式系统分层结构

通常的嵌入式系统定义中有 4 个基本要点。

【应用中心的特点】 嵌入式系统是嵌入到一个设备或一个过程中的计算机系统,与外部环境密切相关。这些设备或过程对嵌入式系统会有不同的要求。例如,消费电子产品的嵌入式软件与工业控制的嵌入式软件差别非常大,特别是响应时间,它们有些要求时限长,有些要求时限短,有些要求严格,有些要求宽松,这些不同的要求体现了嵌入式系统面向应用的多样化。这个特点可以从用户方和开发方两个方面考虑。

- ☺ 用户方要求:操作简单,用户打开电源即可直接使用其功能,无需二次开发或仅需少量配置操作;专门完成一个或多个任务;对体积、功耗、价格和开发周期有要求;实时与环境交互;安全可靠,软硬件的错误不能使系统崩溃。
- ☺ 开发方要求:软件与硬件协同并行开发;多种多样的微处理器;实时操作系统的多样性;与 PC 相比,可利用系统资源很少;应用支持很少;要求特殊的开发工具;调试很容易。

【计算机系统的特点】嵌入式系统必须是能满足对象系统控制要求的计算机系统，这里的计算机也包括运算器、控制器、存储器和 I/O 接口。嵌入式系统的最基本支撑技术，包括集成电路设计技术、系统结构技术、传感与检测技术、实时操作系统（RTOS）技术、资源受限系统的高可靠软件开发技术、系统形式化规范与验证技术、通信技术、低功耗技术，以及特定应用领域的数据分析、信号处理和控制优化技术等。所以本质上嵌入式系统也是各种计算机技术的集大成者。

【软/硬件可裁剪的特点】嵌入式系统针对的应用场景很多，因此设计指标要求（功能、可靠性、成本、体积、功耗等）差异极大，实现上很难有一套方案满足所有的系统要求。所以根据需求的不同，灵活裁剪软/硬件、组建符合要求的最终系统是嵌入式技术发展的必然。

【专用性的特点】嵌入式系统的应用场合对可靠性、实时性、低功耗要求较高。例如，它对实时多任务有很强的支持能力，能完成多任务，并且有较短的中断响应时间，从而使内部的代码和实时内核的可执行时间减少到最低限度；它具有功能很强的存储区保护功能，这是由于嵌入式系统的软件结构已经模块化，而为了避免在软件模块之间出现错误的交叉作用，需要设计强大的存储区保护功能，同时也有利于软件诊断；嵌入式微控制器必须功耗很低，尤其是无线通信设备中靠电池供电的嵌入式系统更是如此。这些就决定了服务于特定应用的专用系统是嵌入式系统的主流模式。它并不强调系统通用性（20 世纪 80 年代的微型计算机技术特性之一即是通用性）。这种专用性通常导致嵌入式系统是一个软、硬件紧密耦合的系统，因为只有这样才能更有效地提高整个系统的可靠性并降低成本。

因此，可以说嵌入式系统是计算机技术、微电子技术与行业技术相结合的产物，是一个技术密集、不断创新的知识集成系统，也是一个面向特定应用的软、硬件综合体。

嵌入式系统的其他定义如下所述。

（1）IEEE（国际电气和电子工程师协会）对嵌入式系统定义：嵌入式系统是"用于控制、监视或者辅助操作机器和设备的装置"。

（2）中国微机学会对嵌入式系统定义：嵌入式系统是以嵌入式应用为目的的计算机系统，可以分为芯片级、板卡级、系统级。芯片级嵌入的是含程序或算法的微控制器；板卡级嵌入的是系统中的某个核心模块板；系统级嵌入的是主计算机系统。

（3）国内有学者认为，将一套计算机控制系统嵌入到已具有某种完整的特定功能的（或者将会具备完整功能的）系统内（如各种机械设备），以实现对原有系统的计算机控制，这个新系统叫做嵌入式系统。它通常由特定功能模块组成，主要由嵌入式微处理器、外围硬件设备、嵌入式操作系统及用户应用软件等部分组成。

上述定义（3）将通用 PC 系统也囊括进嵌入式系统中，因为随着嵌入式微控制器性能的提高，已可以取代 PC 实现其相应功能，这也是嵌入式系统的发展趋势。施乐公司 Palo Alto 研究中心主任 Mark Weiser 认为："从长远来看，PC 和计算机工作站将衰落，因为计算机变得无处不在，如在墙里、在手腕上、在手写电脑中（像手写纸一样）等，随用随取、伸手可及"。无处不在的计算机就是嵌入式系统。但本书嵌入式系统仅指以微控制器芯片为核心的系统。

1.1.2 嵌入式系统特点

通用 PC 系统（如图 1-2 所示）与嵌入式系统（如图 1-3 所示）的对比见表 1-1。

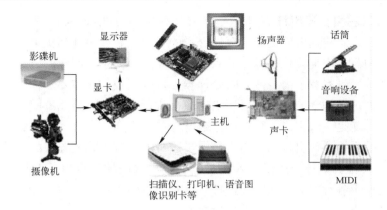

图 1-2　通用 PC 系统

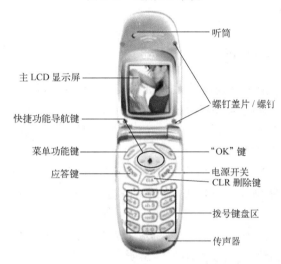

图 1-3　嵌入式系统（以手机为例）

表 1-1　通用 PC 系统与嵌入式系统的对比

特　征	通用 PC 系统	嵌入式系统
形式和类型	按其体系结构、运算速度和结构规模等因素分为大、中、小型机和微机	形式多样
组成	通用处理器、标准总线和外设，软件和硬件相对独立	面向应用的嵌入式微处理器，总线和外部接口多集成在芯片内部。软件与硬件是紧密集成在一起的
开发方式	开发平台和运行平台都是通用计算机	采用交叉开发方式，开发平台一般是通用计算机，运行平台是嵌入式系统
二次开发性	应用程序可重新编制	一般不能再编程
通用性	通用计算平台	专用系统，用特定设备完成特定任务
资源	较多	跟任务有关，一般较少
程序存储	内存中	ROM 或 Flash
可封装性	看得见的计算机	隐藏于目标系统内部而不被操作者察觉
实时性	不要求实时性	与实际事件的发生频率相比，嵌入式系统能够在可预知的极短时间内对事件或用户的干预做出响应
可靠性	对可靠性要求不高	嵌入式计算机隐藏在系统或设备中，用户很难直接接触控制，因此一旦工作就要求它可靠运行

从表1-1可以看出，通用计算机技术要求是高速/海量的数值计算，主要用于信息处理，技术发展方向是总线速度的提升，存储容量的扩大。和通用计算机不同，嵌入式系统的硬件和软件都必须高效率地设计，量体裁衣、去除冗余，力争在同样的硅片面积上实现更高的性能，这样才能更具有竞争力。嵌入式处理器要根据用户的具体要求，对芯片配置进行裁剪或添加才能达到理想的性能，但同时还受用户订货量的制约，因此不同的处理器面向的用户是不一样的，可能是一般用户、行业用户或特殊单一用户。嵌入式系统和具体用户有机地结合在一起，它的升级换代也是和具体产品同步进行的。嵌入式系统中的软件一般都固化在ROM中，很少以磁盘为载体，所以嵌入式系统的应用软件的生命周期也和嵌入式产品的一样长。此外，应用于各行业的嵌入式软件各有其专用化的特点，与通用计算机软件不同，嵌入式系统的软件更强调可继承性和技术衔接性。

1.1.3 嵌入式系统分类

1. 普林斯顿结构和哈佛结构

普林斯顿结构是由一个中央处理单元（CPU）和单存储空间组成的，即这个存储空间存储了全部的数据和程序，它们内部使用单一的地址总线和数据总线，如图1-4所示。它也称为冯·诺依曼结构。这样由于在取指令和取数据时都是通过一条总线分时进行的，所以要根据目标地址对其进行读/写操作。

当进行高速运算时，普林斯顿结构的计算机不能同时进行取指令和取数据操作，而且数据传输通道还会出现瓶颈现象，因此其工作速度较慢。通常使用的ARM7就属于普林斯顿体系。

哈佛体系结构存储器分为数据和程序两个存储空间，有各自独立的程序总线和数据总线，可以进行独立编址和独立访问，如图1-5所示。独立的程序存储器和数据存储器为数字处理提供了较高的性能。数据和程序可以并行完成，这使得数据的吞吐量比普林斯顿结构的提高了大约一倍。

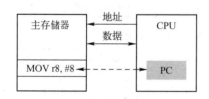

图1-4 普林斯顿结构示意图

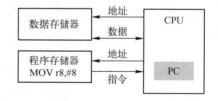

图1-5 哈佛体系存储系统结构图

目前，大部分DSP、ARM9和Cortex系列微处理器都采用哈佛体系结构。

2. CISC和RISC

计算机的指令集分为复杂指令集系统（CISC）和精简指令集系统（RISC）两种。CISC的主要特点是指令系统丰富，程序设计方便，代码量小，执行性能高。RISC只包含使用频率很高的少量常用指令和一些必要的支持操作系统和高级语言的指令。CISC和RISC的比较见表1-2。

表 1-2 CISC 和 RISC 的比较

	CISC	RISC
价格	由硬件完成部分软件功能，硬件复杂性增加，芯片成本高	由软件完成部分硬件功能，软件复杂性增加，芯片成本低
性能	减少代码尺寸，增加指令的执行周期数	使用流水线降低指令的执行周期数，增加代码尺寸
指令集	复杂、庞大	简单、精简
指令周期	不固定	一个周期
编码长度	编码长度可变，1～15B	编码长度固定，通常为 4B
高级语言支持	软件完成	硬件完成
寻址模式	复杂的寻址模式，支持内存到内存寻址	简单的寻址模式，仅允许 LOAD 和 STORE 指令存取内存，其他的操作都基于寄存器到寄存器
寄存器数目	寄存器较少	寄存器较多
编译	难以用优化编译器生成高效的目标代码程序	采用优化编译技术，生成高效的目标代码程序
应用实例	MCS-51 系列微控制器中的处理器；PC 内的处理器	ARM 处理器系列

CISC 技术的复杂性在于硬件，在于微处理器中控制器部分的设计及实现；RISC 技术的复杂性在于软件，在于编译程序的编写和优化。通常，较简单的消费类电子设备（如微波炉、洗衣机等），可以采用 RISC 单片机；较复杂的系统（如通信设备、工业控制系统等）应采用 CISC 的微机。

随着微处理器技术的进一步发展，CISC 与 RISC 两种体系结构的界限已不再泾渭分明，在很多系统中有融合的趋势。一方面，RISC 设计正变得越来越复杂，如超长指令字的提出让一条 RISC 指令可以包含更多信息，同时完成多条传统指令的功能；早期 ARM 微处理器含有普通 ARM 指令和 Thumb 指令两套指令集，以适应嵌入式系统对低功耗、小存储的要求。另一方面，CISC 也在吸收 RISC 的优点，如 Pentium II 以后的微处理器在内部实现时也采用 RISC 架构，把复杂的指令在其内部由微码通过执行多条精简指令来实现。

3. 嵌入式系统内核种类

嵌入式微处理器（MPU）的基础是通用计算机中的微处理器。在应用中，将微处理器装配在专门设计的 PCB 上，只保留和嵌入式应用有关的功能，这样可以大幅度减小系统体积和功耗。为了满足嵌入式应用的特殊要求，嵌入式微处理器虽然在功能上和标准微处理器基本是一样的，但在工作温度、抗电磁干扰、可靠性等方面都做了各种增强。与工业控制计算机相比，嵌入式微处理器具有体积小、质量小、成本低、可靠性高的优点，但是在 PCB 上必须包括 ROM、RAM、总线接口、各种外设等器件，从而降低了系统的可靠性，技术保密性也较差。嵌入式微处理器及其存储器、总线、外设等安装在一块 PCB 上，所以又被称为单板机。

微控制器（MCU）又称单片机，一般以某种微处理器内核为核心，芯片内部集成存储器、I/O 接口等各种必要功能。微控制器的片上外设资源一般比较丰富，适合于控制，因此称为微控制器。广义地讲，微控制器产品的作用就是通过预先编制的程序，接收特定的环境参数或用户操作,按照一定的规则控制电信号的变化,再通过各种转换机制把电信号转换成诸如机械动作、光信号、声音信号、显示图像等形式,从而达到智能化控制的目的。为适应不同的应用需求,一般一个系列的单片机具有多种衍生产品,每种衍生产品的处理器内核都是一样的,不同的是存储器和外设的配置及封装。这样可以使单片机最大限度地与应用需求相匹配,对不同应用进行量体裁衣,从而减少功耗和成本。与嵌入式微处理器相比,微控制器的最大特点是单片化,体积大大减小,从而使功耗和成本下降,可靠性提高。微控制器是目前嵌入式系统工业的主流产品。

数字信号处理器(DSP)对系统结构和指令进行了特殊设计,使其更适合于执行 DSP 算法,编译效率较高,指令执行速度也较高。在数字滤波、谱分析等方面,DSP 算法正在大量进入嵌入式领域,DSP 应用正在从通用单片机中以普通指令实现 DSP 功能,过渡到采用嵌入式 DSP 处理器。推动嵌入式 DSP 处理器发展的一个因素是嵌入式系统的智能化,如各种带有智能逻辑的消费类产品、生物信息识别终端、带有加/解密算法的键盘、ADSL 接入、实时语音压缩/解压缩系统、虚拟现实显示等。这类智能化算法一般运算量较大,特别是向量运算、指针线性寻址等较多,而这正是 DSP 处理器的长处所在。嵌入式 DSP 处理器有两个来源,一是传统 DSP 处理器经过单片化和电磁兼容改造,增加片上外围接口成为嵌入式 DSP 处理器,TI 的 TMS320C2000/C5000 等属于此范畴;二是在通用单片机中增加 DSP 协处理器,如 Intel 的 MCS-296 和 Infineon(原 Siemens)的 TriCore 等属于此范畴。TI 公司是世界上最大的 DSP 芯片供应商,TI 公司的一系列 DSP 产品已经成为当今世界上最有影响力 DSP 芯片,其 DSP 市场份额占全世界份额近 50%。目前,TI 将其生产的常用 DSP 芯片归纳为三大系列,即用于工业控制的 C2000 系列,用于移动通信的 C5000 系列,以及性能更高的 C6000 和 C8000 系列。

MPU、MCU 和 DSP 的比较见表 1-3。

表 1-3　MPU、MCU 和 DSP 的比较

	嵌入式微处理器(MPU)	微控制器(MCU)	数字信号处理器(DSP)
定义	由运算器、控制器和寄存器构成的可编程化特殊集成电路	将微处理器和其他外设接口等集成到一块芯片中	专门用于信号处理方面的处理器,在系统结构和指令算法方面进行了特殊设计
优点	对实时多任务有很强的支持能力;具有很强的存储区保护功能;具有可扩展能力	单片化、体积小、功耗和成本低、可靠性高	在信号处理方面有得天独厚的优势
缺点	必须配备 ROM、RAM、总线接口和各种外设接口等	处理速度有限,进行一些复杂的应用很困难	DSP 是运算密集处理器,一般用于快速执行算法,为了追求高执行效率,不适合运行操作系统。核心代码使用汇编语言
代表	AM186/88、PowerPC	MCS-51、STM32 微控制器等	TI 的 TMS320 系列和 Motorola 的 DSP56000 系列

随着 EDA 技术的推广和 VLSI 设计的普及化及半导体工艺的迅速发展,在一个硅片上实现一个复杂系统的时代已经来临,这就是 System on Chip(SoC)。所谓 SoC 技术,是一种高度集成化、固件化的系统集成技术。SoC 的核心思想就是针对具体应用,把整个电子应用系统全部集成在一个芯片中,如图 1-6 所示。这些 SoC 芯片是高度集成且没有冗余的,真正体现了量体裁衣。SoC 不是各个芯片功能的简单叠加,而是从整个系统的功能和性能出发,用软硬结合的设计和验证方法,利用 IP 复用及深亚微米技术,在一个芯片上实现复杂的功能。各种通用处理器内核将作为 SoC 设计公司的标准库,和许多其他嵌入式系统外设一样,

成为 VLSI 设计中的一种标准的器件，用标准的 VHDL 等语言来描述，存储在器件库中。用户只需定义出其整个应用系统，仿真通过后，就可以将设计图交给半导体工厂制作样品。这样，除个别无法集成的外部电路或机械部分外，整个嵌入式系统的大部分均可集成到一块或几块芯片中去，应用系统电路板将变得很简洁。

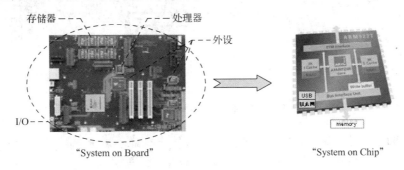

图 1-6　SoC 系统

SoC 具有如下优点。

【降低耗电量】随着电子产品向小型化、便携化方向发展，对其省电需求将大幅提升。由于 SoC 产品多采用内部信号的传输，因此可以大幅度降低功耗。

【减少体积】数颗 IC 整合为一颗 SoC 后，可有效缩小它在 PCB 上占用的面积，质量小、体积小。

【丰富系统功能】随着微电子技术的发展，在相同的内部空间，SoC 可整合更多的功能元件和组件，丰富了系统的功能。

【提高速度】随着芯片内部信号传递距离的缩短，信号的传输效率将得到提升，使产品性能有所提高。

【节省成本】理论上，IP 模块的出现可以减少研发成本，降低研发时间。不过，在实际应用中，由于芯片结构的复杂性增强，也有可能导致测试成本的增加，以及生产成品率的下降。

SoC 可以分为通用和专用两类。通用系列包括 Infineon 的 TriCore、Motorola 的 M-Core、某些 ARM 系列器件、Echelon 和 Motorola 联合研制的 Neuron 芯片等。专用 SoC 一般专用于某个或某类系统中，不为一般用户所知，其代表性的产品是 Philips 的 Smart XA，它将 XA 单片机内核和支持超过 2048 位复杂 RSA 算法的 CCU 单元制作在一块硅片上，形成一个可加载 Java 或 C 语言的专用的 SoC，可用于公众互联网（如 Internet）的安全方面。

SoC 使应用电子系统的设计技术，从选择厂家提供的定制产品时代进入了用户自行开发设计器件的时代。目前 SoC 的发展重点包括总线结构及互连技术；软、硬件的协同设计技术；IP 可重用技术；低功耗设计技术；可测性设计方法学；超深亚微米实现技术等。

1.1.4　嵌入式系统发展

计算机应用领域的划分如图 1-7 所示。嵌入式系统多属于小型专用型领域。

嵌入式系统发展主要经历如下 3 个阶段。

【20 世纪 70 年代】以嵌入式微处理器为基础的初级嵌入式系统。嵌入式系统最初的应用是基于单片机的。汽车、工业机器、通信装置等成千上万种产品通过内嵌电子装置获得更佳的性能。

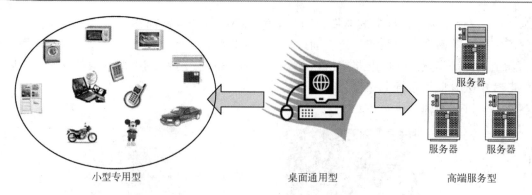

图 1-7 计算机应用领域的划分

【20世纪80年代】以嵌入式操作系统为标志的中级嵌入式系统。商业嵌入式实时内核包含传统操作系统的特征，开发周期缩短、成本降低、效率提高，促使嵌入式系统有了更为广阔的应用空间。

【20世纪90年代】以Internet和实时多任务操作系统为标志的高级嵌入式系统。软件规模的不断上升，对实时性要求的提高，使得实时内核逐步发展为实时多任务操作系统，并作为一种软件平台逐步成为国际嵌入式系统的主流。

嵌入式系统目前发展具有的特点见表1-4。

表1-4 嵌入式系统目前发展

特　点	实例或描述
经济性	很便宜，让更多的人能买得起
小型化	携带方便（如笔记本、PDA）
可靠性	能够在一般环境条件下是或苛刻的环境条件下运行
实时性	能够迅速完成数据计算或数据传输
智能性	知识推理、模糊查询、识别、感知运动
实用性	使人们用起来更习惯，对人们更有使用价值

嵌入式系统典型实例就是我们今天拿在手中一刻也离不开的手机。手机的技术发展如图1-8所示，它体现了嵌入式系统的技术发展历史。过去的手机不能安装程序，界面简单，只能进行简单的接/打电话、收/发短信，现在已进入智能手机时代。智能手机如图1-9所示，它是指"像个人电脑一样，具有独立的操作系统，可以由用户自行安装软件、游戏等第三方服务商提供的程序，通过此类程序来不断对手机的功能进行扩充，并可以通过移动通讯网络来实现无线网络接入的这样一类手机的总称"。

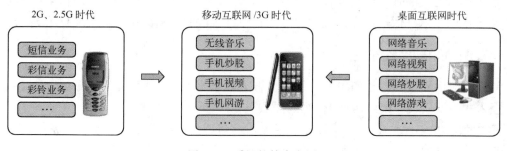

图1-8 手机的技术发展

图 1-9 智能手机

智能手机中的主流操作系统如图 1-10 所示。当手机向平板电脑及数字家庭领域拓展时，ARM 已经逐步替代 x86 成为未来信息社会处理器的主宰。正是看到了这一趋势，Apple 公司早在数年前便已经获取了 ARM 的 v7 架构许可并开发了用于 iPAD 的 A4 处理器。2010 年 7 月 23 日微软与 ARM 签署协议得到了授权 ARMv7 架构许可协议。微软与 ARM 签署 v7 许可协议，说明微软已经认识到在移动终端操作系统领域已落后竞争对手。虽然微软在 PC 领域占据垄断优势，但由于理念上的差异，这些年微软很难在新兴领域拔得头筹，互联网搜索全面落伍 Google，即使在投入最早的嵌入式操作系统领域，现在也已经被 Android 及 Apple 的 iOS 超越。微软授权 ARMv7 架构与其说是为了开发处理器，还不如说是微软认识到在移动终端及其开发的操作系统 Windows CE 或 Windows Mobile 相对 Apple 及 Google 已经落伍之后的弥补措施。上述事例说明了嵌入式操作系统的重要性。

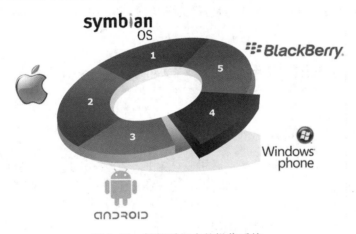

图 1-10 智能手机中的操作系统

嵌入式系统未来发展趋势是，支持联网（图 1-11 所示即为物联网支持的智能家居）；精简系统内核、算法，设备实现小尺寸、微功耗和低成本；提供精巧的多媒体人机界面。

2013 年 4 月，原联想集团总裁柳传志接受《中国经济周刊》记者采访时说："电脑（计算机）这样的终端设备将永远成为人类离不开的工具。只不过随着其他技术的变化，它还会有新的变化。比如现在医院里边的医疗仪器，像 B 超，它就是计算机加传感器，再加一个新的软件组成的，万变不离其宗。"这种"电脑"就是嵌入式系统中的微控制器。柳传志还认为，未来技术可能还会有新的突破，而这些新的突破都将进行一种所谓的模式转换，即

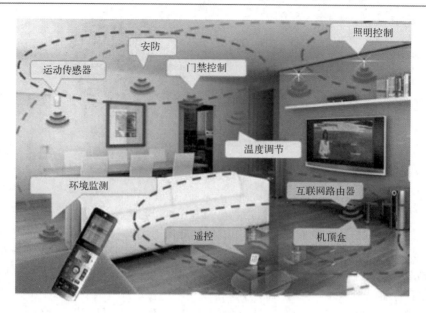

图 1-11 物联网支持的智能家居

把皮肤触觉等其他模式转化成为数据模式，然后再变成触摸的模式。由于移动互联网的出现，使得带宽变宽了，这就使得声音、图像等能够实现传输。

英特尔智能系统事业部总经理唐迪曼在 IDF2013 大会上接受采访时，针对英特尔在数据中心方面的未来部署说："未来的嵌入式系统或者嵌入式市场和今天肯定是不一样的。过去我们所强调的是用 CPU 来满足应用程序，但是在未来我们的重点则包括确保基于云端的服务，能够真正地渗透到智能系统里，以及我们是否能够把服务融合到端对端的基础架构里面。"

1.2 ARM 体系结构及微处理器系列

1.2.1 ARM 公司简介

ARM（Advanced RISC Machines）既可以认为是一个公司的名字，也可以认为是一类微处理器的统称，还可以认为是一种技术的名字。ARM 是有力的"胳膊"，也是致命的"武器"。ARM 的 4 层含义如下所述。

（1）ARM 是一种 RISC MPU 的体系结构，如同 x86 架构是一种 CISC 体系结构一样。另外，还有 MIPS 架构、PowerPC 架构等。

（2）ARM 是 Advanced RISC Machine Limited 公司的简称。

（3）ARM 是 Advanced RISC Machine Limited 公司的产品，该产品以 IP Core（Intellectual Property Core，知识产权核）的形式提供的。

（4）ARM 还用以泛指许多半导体厂商买了这种设计后生产出来的 ARM 处理器系列的芯片及其衍生产品。

随着 IT 行业的迅猛发展，Intel、摩托罗拉、TI 等上游厂商产品的数字架构都不同，这使得他们的处理器等基础器件也不相同。器件不同，软件就不同，而越来越多不同的指令集、工具和语言对整个数字电子技术的发展非常不利。全球工业价值链基本是大公司的天下,像摩托罗拉这样的公司在测试、制造、系统封装,甚至处理器设计等领域都处于垄断地位。直到 20 世纪 80 年代末,产业链开始出现分工,出现一个更上游的厂商来制定标准,而这个标准的统一,是从数字电子技术的核心处理器开始的,这个公司就是 ARM 公司。

1990 年,一位名叫 Robin Saxby 的英国人离开了摩托罗拉公司,与另外 12 名工程师一起开始了创业之旅,该公司正式成立于 1991 年 11 月,公司标志如图 1-12 所示。

为了防止由于嵌入式处理器芯片层次及生产方式上的复杂性而造成名词上的混乱,通常将图 1-13 中的处理器部分称为处理器核;把处理器核与其通用功能模块的组合称为处理器;而把在处理器基础上经芯片厂商二次开发,以芯片形式提供的用于嵌入式系统的产品称为嵌入式控制器。即 IP 商提供的是处理器核和处理器的知识产权,而半导体芯片厂商生产的则是嵌入式控制器芯片。

图 1-12　ARM 公司标志

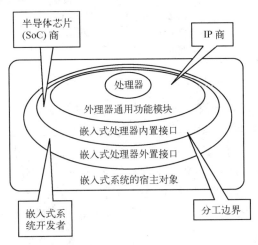

图 1-13　嵌入式产品的层次结构

ARM 公司是专门从事基于 RISC 技术芯片设计开发的公司,作为知识产权(IP)供应商,ARM 公司并不直接从事芯片生产,而是设计出高效的知识产权内核并授权给各半导体公司使用,世界各大半导体生产商从 ARM 公司购买其设计的 ARM 微处理器核,根据各自不同的应用领域,加入适当的外围电路,从而形成自己的 ARM 微处理器芯片进入市场,如图 1-14 和图 1-15 所示。最后,由 OEM 客户采用这些芯片来构建基于 ARM 技术的最终应用系统产品。所以,ARM 处理器一般是作为"内核"存在于一些专用控制器的内部,因而又常称为"ARM 核"。

图 1-14　电子设备产业链

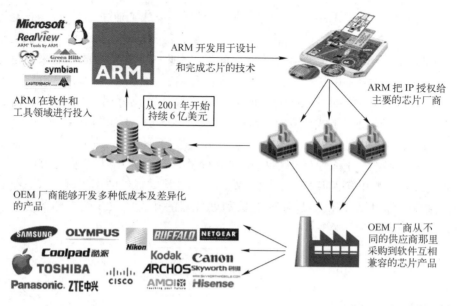

图 1-15 ARM 公司的运作过程

知识产权（IP）核有 5 个基本特征即第三方使用、按照复用原则设计、可读性强、完备的可测性和端口定义标准化。

目前，全世界有数十家大的半导体公司正在使用 ARM 公司的授权，如图 1-16 所示。正因如此，ARM 技术获得了更多的第三方工具、制造、软件的支持，使得整个系统的成本进一步降低，使产品更容易进入市场被消费者所接受，更具有竞争力。目前，采用 ARM 技术知识产权核的微处理器，即通常所说的 ARM 微处理器，已遍及工业控制、消费类电子产

图 1-16 ARM 合作伙伴

品、通信系统、网络系统、无线系统等各类产品市场，如图 1-17 所示。基于 ARM 技术的微处理器应用占据了 32 位 RISC 微处理器约 75% 以上的市场份额，ARM 技术正在逐步渗入到日常生活的各个方面。ARM 的成功是建立在一个简单而又强大的原始设计之上的，随着技术的不断进步，这个设计也在不断地改进。ARM 内核、处理器并不是单一的，而是遵循相同设计理念，使用相似指令集架构的一个处理器系列。

图 1-17　ARM 产品

在世界范围内，ARM 的主要对手就是 Intel 生产的处理器，有人根据其产品特点及公司名称英译戏称二者为柔弱的"安公子"和强悍的"硬铁哥（Intel）"。英特尔 x86 架构以超强的运算能力在计算领域占据统治地位，ARM 架构的计算能力稍弱，但解决了功耗问题，成为通信领域的主流架构。Intel 和 ARM 在芯片功耗技术的竞争体现在两家公司的发展历史中。1968 年 Intel 创立于硅谷，采用复杂指令系统，遵循摩尔定律不断更新工艺，击败了 IBM、惠普、SUN 等众多采用精简指令系统的处理器厂商，成为 PC 处理器领域的霸主。Intel 的发展史就是一部处理器性能的提升史。ARM 脱胎于英国 Acorn 电脑公司，1983 年为制造低价 PC 而成立的微处理器部门，Acorn 考虑到微处理器功耗使硬件成本高昂，专注开发采用精简指令系统的省电微处理器。ARM 微处理器没能占领 PC 市场，却借助诺基亚成功打入手机市场，并花了 10 年时间成为手机芯片领域幕后的霸主。2010 年苹果推出 iPad，采用了 ARM 的架构，使 ARM 几乎独霸平板电脑处理器市场。目前，Intel 的提升性能与 ARM 的省电设计基因不同，但路径正在逐步趋于一致。Intel 通过改进工艺并不断优化处理器结构来降低功耗，而 ARM 及其合作伙伴也在努力提升处理器性能。

1.2.2　ARM 体系结构简介

所谓"体系结构"，也可以称为"系统结构"，是指程序员在为特定处理器编制程序时所"看到"从而可以在程序中使用的资源及其相互之间的关系。体系结构定义了指令集（ISA）和基于该体系结构下处理器的编程模型。体系结构最为重要的就是处理器所提供的指令系统和寄存器组。基于同样体系结构的处理器可以有多种，每种处理器性能不同，所面向的应用也就不同。但每个处理器的实现都要遵循这一体系结构。ARM 体系结构为嵌入式系统发展商提供很高的系统性能，同时保持优异的功耗和面积效率。

1. ARM 体系结构

目前，ARM 体系结构共定义了 8 个版本，从版本 1 到版本 8，ARM 体系的指令集功能不断扩大。不同系列的 ARM 处理器的性能差别很大，应用范围和对象也不尽相同，见表 1-5。但如果是相同的 ARM 体系结构，那么基于它们的应用软件是兼容的。

表 1-5　ARM 体系结构发展

体系结构	内核实现范例	特　色
ARMv1	ARM1	第一个 ARM 处理器；26 位寻址
ARMv2	ARM2	乘法和乘加指令；协处理器指令；快速中断模式中的两个以上的分组寄存器；原子性加载/存储指令
ARMv2a	ARM3	片上 cache；原子交换指令
ARMv3	ARM6 和 ARM7DI	将寻址扩展到了 32 位；增加了程序状态保存寄存器（SPSR），以便出现异常时，保存 CPSR 中的内容；还增加了两种处理器模式（未定义指令和终止模式），以便在操作系统代码中有效地使用中止异常；允许访问 SPSR 和 CPSR；MMU 支持，虚拟存储
ARMv3M	ARM7M	有符号和无符号长乘法指令
ARMv4	StrongARM	不再支持 26 位寻址模式；半字加载/存储指令；字节和半字的加载和符号扩展指令
ARMv4T	ARM7TDMI 和 ARM9T	Thumb
ARMv5TE	ARM9E 和 ARM10E	ARMv4T 的超集；增加 ARM 与 Thumb 状态之间的切换；额外指令；增强乘法指令；额外的 DSP 类型指令；快速乘累加
ARMv5TEJ	ARM7EJ 和 ARM926EJ	Java 加速
ARMv6	ARM11	改进的多处理器指令；边界不对齐和混合大小端数据的处理；新的多媒体指令
ARMv7	A 款式	Thumb/Thumb-2 指令集；不再支持 ARM 指令集
	R 款式	
	M 款式	
ARMv8	Cortex-A50 系列	64 位处理器；AArch64、AArch32 两种主要执行状态

2. 命名规则

ARM 系列处理器早期采用在"ARM"后面追加字母和数字的方式来描述处理器的功能和特性。随着更多特性的增加，字母和数字的组合可能会改变。需要注意的是，命名规则不包含体系结构的版本信息。具体形式如下：

ARM{x}{y}{z}{T}{D}{M}{I}{E}{J}{F}{-S}

☺ x：系列；

☺ y：存储器管理/保护单元；

☺ z：cache；

☺ T：Thumb 16 位译码器；

☺ D：JTAG 调试器；

☺ M：快速乘法器；

☺ I：嵌入式跟踪宏单元；

☺ E：增强指令集（基于 TDMI）；
☺ J：Jazelle；
☺ F：向量浮点单元；
☺ S：可综合版本。

关于 ARM 命名法则，还有一些附加的要点：

（1）ARM7TDMI 之后的所有 ARM 内核，即使"ARM"标志后没有包含那些字符，也都包括了 TDMI 功能特性。

（2）处理器系列是共享相同硬件特性的一组处理器的具体实现。例如，ARM7TDMI、ARM740T 和 ARM720T 都共享相同的系列特性，都属于 ARM7 系列。

（3）JTAG 是以 IEEE1149.1 标准测试访问端口（Standard Test Access Port）和边界扫描结构来描述的。它是 ARM 用于发送和接收处理器内核与测试仪器之间调试信息的一系列协议，详见第 3 章。

（4）嵌入式 ICE 宏单元（Embedded ICE macrocell）是建立在处理器内部用于设置断点和观察点的调试硬件。

（5）"可综合"是指处理器内核是以源代码形式提供的，这种源代码形式又可以被编译成一种易于 EDA 工具使用的形式。

〖说明〗很多人会混淆 ARM7 和 ARMv7。ARM7 是一种微架构，使用的是 ARMv4 指令集，ARMv7 是一种体系结构。

芯片选型详见 http://www.arm.com/zh/products/processors/selector.php，该网页的基本内容如图 1-18 所示。

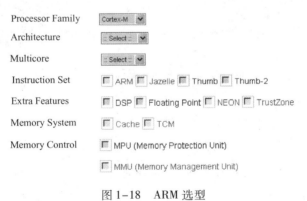

图 1-18 ARM 选型

3. ARMv7 简介

ARMv7 结构是在 ARMv6 架构的基础上诞生的。该架构采用了 Thumb－2 技术，它是在 ARM 的 Thumb 代码压缩技术的基础上发展起来的，并且保持了对现存 ARM 解决方案的完整的代码兼容性。Thumb－2 技术比纯 32 位代码少使用 31% 的内存，减少了系统开销，同时能够提供比已有的基于 Thumb 技术的解决方案高出 38% 的性能。ARMv7 体系结构还采用了 NEON 技术，将 DSP 和媒体处理器能力提高了近 4 倍，并支持改良的浮点运算，满足下一代 3D 图形、游戏物理应用及传统嵌入式控制应用的需求。在 ARMv7 架构版本中，内核架构首次从单一款式变成如下 3 种款式。

【款式 A】设计用于高性能的应用处理器（Application Processor）系列——越来越接近 PC。款式 A 是运行复杂应用程序的"应用处理器"。这里的"应用"尤指大型应用程序，如办公软件、导航软件和网页浏览器等。这些软件的使用习惯和开发模式都很像 PC 上的软件，但是没有实时要求。支持大型嵌入式操作系统，如 Linux 和 Windows CE。这些应用需要强劲的处理性能，并且需要硬件 MMU 实现完整而强大的虚拟内存机制，还配有 Java 支持，有时还要求一个安全程序执行环境（用于电子商务）。典型的产品包括高端手机和手持仪器，电子钱包及金融事务处理机。

图 1-19 所示为联芯科技发布的 LC1813，基于 40nm 工艺，采用四核 ARM Cortex A7 和双核 GPU，具备强大 CPU 和 GPU 处理能力，采用高集成度的 PMU、Codec 芯片，并搭载一颗性能优异的射频芯片。

图 1-19　联芯科技推出 TD 四核芯片 LC1813

【款式 R】用于实时控制处理（Real Time Control）系列。款式 R 是硬实时且高性能的处理器。目标是高端实时市场，如高档轿车的组件、大型发电机控制器和机器手臂控制器等，它们使用的处理器不仅要性能强，还要极其可靠，对事件的响应也要极其迅速。

【款式 M】微控制器（Micro Controller）系列，用于深度嵌入的单片机风格的系统中。款式 M 认准了旧时代单片机的应用而量身定制。在这些应用中，尤其是对于实时控制系统，低成本、低功耗、极速中断反应及高处理效率都是至关重要的。Cortex 系列是 v7 架构的首次亮相，其中 Cortex-M3 就是按款式 M 设计的。

4. ARM 微处理器主要特征

☺ 采用 RISC 体系结构；
☺ 大量的寄存器，可用于多种用途；
☺ Load/Store 体系结构；

☺ 每条指令均条件执行；
☺ 多寄存器的 Load/Store 指令，大多数数据操作都在寄存器中完成；
☺ 指令长度固定；
☺ 能够在单时钟周期执行的单条指令内完成一项普通的移位操作和一项普通的 ALU 操作；
☺ 通过协处理器指令集来扩展 ARM 指令集，包括在编程模式中增加新的寄存器和数据类型；
☺ 在 Thumb 体系结构中以高密度 16 位压缩形式表示指令集。

1.3 Cortex–M 系列处理器简介

1. Cortex–M0

ARM Cortex–M0（简称 CM0）处理器是目前最小的 ARM 处理器，其内部结构如图 1-20 所示。ARM 凭借其作为低能耗技术的领导者和创建超低能耗设备的主要推动者的丰富专业技术，使得 Cortex–M0 处理器在不到 12K 等效门（Equivalent Gate，是用于衡量数字电路的复杂程度的基本单位，它表示为完成一个电路功能而相互独立的逻辑门数量）的面积内能耗仅有 85μW/MHz。该处理器把 ARM 微控制器路线图扩展到超低能耗微控制器和 SoC 应用中，如医疗器械、电子测量、照明、智能控制、游戏装置、紧凑型电源、电源和电动机控制、精密模拟系统和 IEEE 802.15.4（ZigBee）及 Z–Wave 系统。Cortex–M0 处理器还适合拥有如智能传感器和调节器的可编程混合信号市场，这些应用以前一直要求使用独立的模拟设备和数字设备。

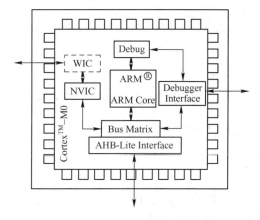

图 1-20 Cortex–M0 内部结构

CM0 主要特点如下所述。

【最小的 ARM 处理器】CM0 在代码密度和能效比方面的优势，使它成为 8/16 位微控制器的升级换代产品，同时它还保留了与更强大的 Cortex–M3 和 Cortex–M4 处理器的兼容性。

【低功耗】CM0 处理器在门数低于 12K 时的能耗仅为 16μW/MHz（90LP 工艺，最低配置）。

【开发简单】由于仅有 56 个指令，因此开发者可以快速掌握整个 CM0 指令集，使开发变得简单而快速。可供选择的具有完全确定性的指令和中断计时，使得计算响应时间十分容易。

【优化的连接性】支持实现低能耗网络互联设备（如 Bluetooth Low Energy（BLE）、IEEE 802.15 和 Z－wave），尤其是那些需要通过增强数字功能以高效地进行预处理和传输数据的模拟设备。

2. Cortex－M1

ARM Cortex－M1（简称 CM1）处理器是第一个专为实现 FPGA 功能而设计的 ARM 处理器，如图 1-21 所示。CM1 处理器得到领先的 FPGA 综合供应商、软件开发工具和实时操作系统的支持，为 FPGA 设计者带来前所未有的选择和灵活性。

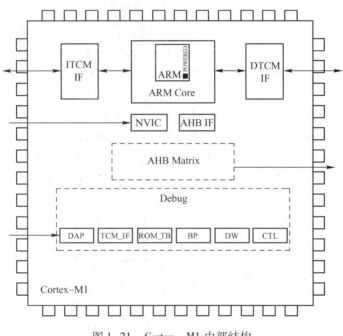

图 1-21　Cortex－M1 内部结构

3. Cortex－M3

ARM Cortex3（简称 CM3）微处理器是 ARM Cortex 系列处理器的第一款产品，特别针对价格敏感但又具备高系统效能需求的嵌入式应用而设计，包括微控制器、汽车车体系统、网络装置等应用。高性能 + 高代码密度 + 小硅片面积，三璧合一，使得 CM3 成为理想的处理平台。

ARM 公司在 2004 年推出了 CM3 内核，经过多年的市场积累，目前包括意法半导体、NXP、东芝、Atmel 和 Luminary（已被 TI 收购）等半导体公司已经推出了基于 CM3 内核的微控制器产品。随着 CM3 的流行，产品价格也得到了很好的控制，ARM 公司强调 CM3 能以

8 位的成本提供 32 位的性能。CM3 的详细介绍见第 2 章。

4. Cortex – M4

ARM Cortex – M4（简称 CM4）处理器将高效的信号处理功能与 Cortex – M 处理器系列的低功耗、低成本和易于使用的优点结合在一起，旨在满足专门面向电动机控制、汽车、电源管理、嵌入式音频和工业自动化市场的新兴领域的需求。其内部结构如图 1-22 所示（图中虚线框表示可选配部分）。

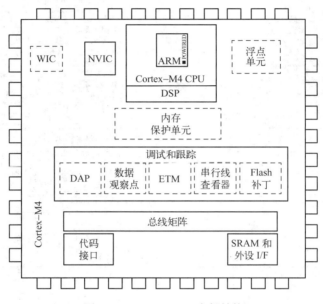

图 1-22 Cortex – M4 内部结构

CM4 主要特点如下所述。

【曾获大奖的高能效数字信号控制】Cortex – M4 提供了无可比拟的功能，将 32 位控制与领先的数字信号处理技术集成来满足需要很高能效级别的市场，如图 1-23 所示。

图 1-23 Cortex – M4 内部结构

【易于使用的技术】Cortex – M4 通过一系列出色的软件工具和 Cortex 微控制器软件接口标准（CMSIS），使信号处理算法开发变得十分容易。

CM0、CM1、CM3、CM4 指令集兼容关系如图 1-24 所示；其特性对比见表 1-6。

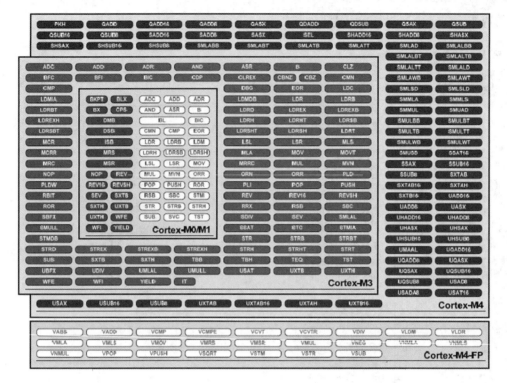

图 1-24 Cortex-M 系列兼容指令集

表 1-6 部分 ARM 处理器对比

	ARM7TDMI	Cortex-M0	Cortex-M3	Cortex-M4
架构版本	v4T	V6-M	v7-M	v7-ME
指令集	ARM, Thumb	Thumb, Thumb-2 系统指令	Thumb + Thumb-2	Thumb + Thumb-2, DSP, SIMD, FP
DMIPS/MH	0.72（Thumb）0.95（ARM）	0.95	1.25	1.25
总线接口	None	1	3	3
集成中断控制器	No	Yes	Yes	Yes
中断个数	2（IRQ and FIQ）	32 + NMI	240 + NMI	240 + NMI
中断优先级	None	4	8~256	8~256
断点 Watchpoints	2 Watchpoint Units	4, 2	8, 2	8, 2
内存保护单元（MPU）	No	No	Yes（Option）	Yes（Option）
集成跟踪模块（ETM）	Yes（Option）	No	Yes（Option）	Yes（Option）
单周期乘法	No	Yes（Option）	Yes	Yes
硬件除法	No	No	Yes	Yes
唤醒中断控制器	No	Yes	Yes	Yes
Bit banding	No	No	Yes	Yes
单周期 DSP/SIMD	No	No	No	Yes
浮点单元	No	No	No	Yes
总线	Use AHB bus wrapper	AHB Lite	AHB Lite, APB	AHB Lite, APB

第 1 章　嵌入式系统概述

目前应用 Cortex - M 系列处理器的部分主流微控制器厂家及产品见表 1-7。

表 1-7　以 Cortex - M 为核的微控制器

厂　　家	产品系列
德州仪器	（1）LM3Sxxxx 系列（M3） （2）LM4Fxxxx 系列（M4）
意法半导体	（1）STM32 F0xx 系列（M0　48MHZ） （2）STM32 Lxxx 系列（M3　32MHZ） （3）STM32 F1xx 系列（M3　72MHZ） （4）STM32 F2xx 系列（M3　120MHZ） （5）STM32 F4xx 系列（M4　168MHZ）
NXP	（1）LPC11xx、LPC12xx 系列（M0） （2）LPC13xx、LPC17xx、LPC18xx 系列（M3） （3）LPC43xx 系列（M4）
飞思卡尔	Kinetis L 系列（M0 +） Kinetis X 系列、K 系列（M4）
Atmel	（1）SAM3S/U/N 系列（M3） （2）SAM4S 系列（M4） （3）SAM7xxxx 系列（ARM7） （4）SAM9xxxx 系列（ARM9）
英飞凌	XCM4000 系列（M4，是英飞凌第一次推出 ARM 架构的 MCU）

1.4　STM32 系列微控制器简介

微控制器的发展方向是更高的性能、更低的功耗、更便宜的价格和更方便的开发。在微控制器的性能提升方面，除了处理器内核运算能力不断提升，一个重要的趋势就是集成更加丰富的外设接口，来满足更多的应用和电子产品融合化的需求。

按照应用的不同，微控制器产品有专用产品和通用产品之分。专用产品通常是为特定的应用而专门设计的产品，在指定的应用中达到了最大的集成度，并且没有或只有很少的冗余部件，如应用于电视机、机顶盒、玩具、USB 存储（U 盘）等；专用产品的特点是它所适用的产品面较小，但单一应用方向的用量巨大，并且对成本和性能的要求较高。通用微控制器产品不是为特定应用而设计的，通常可以适用于多个应用领域和多种应用场合；通用产品的特点是它所适用的产品品种众多，同时每一种产品的产量并不是很大；因为这一特点，通用微控制器产品集成了大量常用的部件，种类繁多配置各异，可以满足多种应用领域的需要。

STM32 是一个通用微控制器产品系列，在 2007 年 6 月被意法半导体（ST）公司发布。经过 6 年的发展，STM32 现已成为基于 ARM CM3 内核的业界应用最广的微控制器系列。STM32 所用的 Cortex - M 核如图 1-25 所示。STM32 系列微控制器主要基于突破性的 CM3 内核，这是一款专为嵌入式应用而开发的内核。STM32 系列产品得益于 CM3 在架构上进行的多项改进，较高代码密度的 Thumb - 2 指令集，提高中断响应实时性的新技术，而且所有新功能都同时具有业界最优的功耗水平。ST 是第一个推出基于 CM3 内核的主要微控制器厂商。STM32 系列产品的目的是为微控制器用户提供新的自由度。它提供了一个完整的 32 位产品系列，在结合高性能、低功耗和低电压特性的同时，保持了高度的集成性能和简易的开发特性。

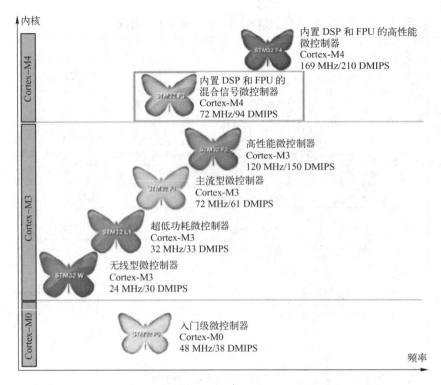

图 1-25 STM32 所用的 Cortex-M 核

目前，STM32 产品有完整的开发支持产业环境，包括 ST 免费提供的标准软件库、ST 的评估板和第三方开发的入门开发工具套件。客户还可以获得 ST 或第三方开发的 USB Device/Host/OTG 解决方案，以及第三方开发的 TCP/IP 协议栈，包括 ST 免费提供的 Interniche NicheLite 协议栈。此外，现在还有很多软件开发工具链支持 STM32 产品。Hitex、IAR、Keil 和 Raisonance 不久将在经过验证的基于 ARM 内核的工具解决方案的基础上推出入门级开发工具。目前，Hitex、IAR、Keil、、Raisonance 和 Rowley 的工具链支持 STM32。

STM32F 主要应用场合包括替代绝大部分 10 元以下的 8 位或 16 位单片机的应用；替代目前常用的嵌入 Flash 的 ARM7 微控制器的应用；与简单图形及语音相关的应用；与小型操作系统相关的应用；与较高速度要求相关的应用；与低功耗相关的应用。STM32 微控制器可以理想地应用于一些需要低功耗而功能强大的嵌入式系统设计中，或者很多可系统升级的方案中。

1. STM32F1xx 系列

STM32F1xx 早期有 6 大产品系列，分别为超值型系列 STM32F100、基本型系列 STM32F101、USB 基本型系列 STM32F102、增强型系列 STM32F103、互联型系列 STM32F105/107 和超低功耗系列 STM32L，如图 1-26 所示。它们带有丰富多样和功能灵活齐全的外设，并保持全产品系列上的引脚兼容，为用户提供了非常丰富的选型空间，为释放广大工程设计人员的创造力提供了更大的自由度。

增强型系列时钟频率达到 72MHz，是同类产品中性能最高的产品；基本型时钟频率为

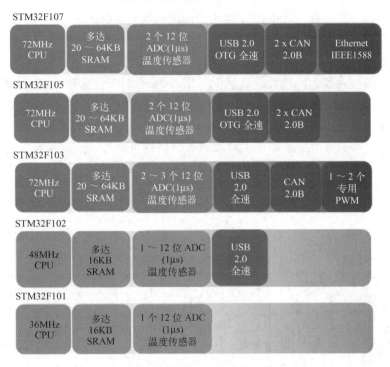

图 1-26 ST 公司 STM32 产品线

36MHz。两个系列都内置 32～128KB 的闪存,不同的是 SRAM 的最大容量与外设接口的组合。时钟频率 72MHz 时,从闪存执行代码,STM32 功耗仅 36mA,是 32 位市场上功耗最低的产品,相当于 0.5mA/MHz。

2009 年发布的互联产品线是 STM32 产品线中的新成员,其主要特征是新增了以太网、USB OTG、双 CAN 接口和音频级 I2S 功能。该互联系列下设两个产品系列,即内置 64KB、128KB 或 256KB 闪存的 STM32F105 和内置 128KB 或 256KB 闪存的 STM32F107。STM32F105 系列集成一个全速 USB 2.0 Host/Device/OTG 接口和两个具有先进过滤功能的 CAN2.0B 控制器;STM32F107 系列则在 STM32F105 系列基础增加一个 10/100M 以太网媒体访问控制器(MAC),虽然没有集成 PHY,但该以太网 MAC 支持 MII 和 RMII,提高了设计人员选择最佳的 PHY 芯片的灵活性,此外该 MAC 以完整的硬件支持 IEEE1588 精确时间协议,使设计人员能够为实时应用开发以太网连接功能。内置专用缓存让 USB OTG、两个 CAN 控制器和以太网接口实现了同时工作,以满足通信网关应用的需求,以及各种需要灵活工业标准连接功能的挑战性需求。

STM32 中小容量产品是指闪存存储器容量在 16～32KB 之间的 STM32F101xx、STM32F102xx 和 STM32F103xx 微控制器;中容量产品是指闪存存储器容量在 64～128KB 之间的 STM32F101xx、STM32F102xx 和 STM32F103xx 微控制器;大容量产品是指闪存存储器容量在 256～512KB 之间的 STM32F101xx 和 STM32F103xx 微控制器;互联型产品是指 STM32F105xx 和 STM32F107xx 微控制器。

2. STM32F2xx 系列

2010 年 11 月 30 日,ST 宣布将进一步扩展 STM32 系列微控制器产品发展蓝图,全新的

STM32F2 微控制器产品系列正式上市，其功能框图如图 1-27 所示。它把 CM3 架构性能发挥到极致。ST 全新的 STM32F2 先进微控制器产品系列整合 ST 先进的 90nm 制程与创新的自适应实时存储器加速器，成功发挥了 CM3 架构的极致性能。当以 120MHz 速度从闪存执行代码时，STM32F2 微控制器的处理性能高达 150 Dhrystone MIPS，这是 CM3 处理器在这个频率下的最高性能。CoreMark 测试结果显示，当从闪存执行代码时，该系列产品的动态功耗为 188μA/MHz，相当于在 120MHz 时消耗 22.5mA 电流。除内置现有 CM3 微控制器市场上最大容量的闪存外，新系列产品还加强了对视频影像、设备互连、安全加密、音频及控制应用的支持。对许多应用来说，STM32F2 微控制器为处理性能、动态功耗以及产品成本 3 个方面提供最佳的平衡。

F2 产品子系列包括 STM32F205、STM32F207、STM32F215 和 STM32F217。

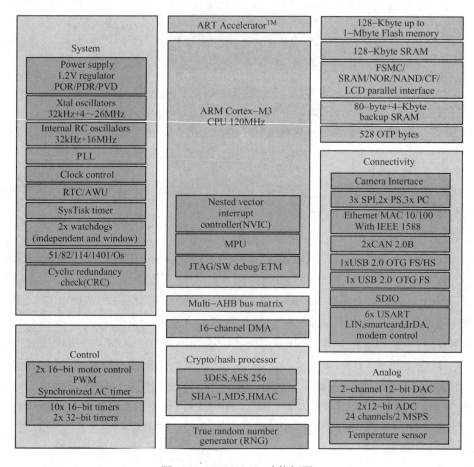

图 1-27　STM32 F2 功能框图

3. STM32F4xx 系列

2011 年，ST 宣布 STM32 F4 系列微控制器产品上市。作为 STM32 平台的新产品，STM32F4 系列基于最新的 ARM Cortex – M4 内核，在现有出色的 STM32 微控制器产品组合中新增了信号处理功能，并提高了运行速度，如图 1-28 所示。

STM32F4 的单周期 DSP 指令将催生数字信号控制器（DSC）市场，数字信号控制器适

图 1-28 STM32 F4 功能框图

用于高端电动机控制、医疗设备和安全系统等应用，这些应用在计算能力和 DSP 指令方面有很高的要求。新的 STM32 F4 系列的引脚和软件完全兼容 STM32 F2 系列，如果 STM32 F2 系列的用户想要更大的 SRAM 容量、更高的性能和更快速的外设接口，则可轻松地从 F2 升级到 F4 系列。此外，目前采用微控制器和数字信号处理器双片解决方案的客户可以选择 STM32 F4，它在一个芯片中整合了传统两个芯片的特性。

除引脚和软件兼容高性能的 F2 系列外，F4 的主频（168MHz）高于 F2 系列（120MHz），并支持单周期 DSP 指令和浮点单元、更大的 SRAM 容量（192KB，F2 是 128KB）、512KB～1MB 的嵌入式闪存，以及影像、网络接口和数据加密等更先进的外设。ST 的 90 nm CMOS 制造技术和芯片集成的 ST 实时自适应 ART 加速器，实现了零等待状态下程序运行性能（168MHz）和最佳的动态功耗。

F4 系列的专有技术优势包括采用多达 7 重 AHB 总线矩阵和多通道 DMA 控制器，支持程序执行和数据传输并行处理，数据传输速率极快，内置的单精度 FPU 提升控制算法的执行速度，给目标应用增加更多的功能，提高代码执行效率，缩短研发周期，减少了定点算法的缩放比和饱和负荷，且准许使用元语言工具。

STM32 F4 系列共有 4 款产品，分别为 STM32F405、STM32F407、STM32F415 和 STM32F417，所有产品均已投入量产。

1.5　STM32 教学开发板

实践是学习嵌入式系统的最好方式,因此,为使本书各章实例都具有一定针对性,开发了如图 1-29 所示的 STM32 开发板,选用的芯片型号为 STM32RBT6。开发板原理图见附录 D。

图 1-29　STM32 开发板

第 2 章　Cortex – M3 体系结构

【前导知识】微处理器、微型计算机、微型计算机系统、寄存器、RAM、ROM、堆栈、Flash、总线、地址总线、数据总线、控制总线、指令集。

2.1　CM3 微处理器核结构

CM3 处理器内核是嵌入式微控制器的中央处理单元。完整的基于 CM3 的微控制器还需要很多其他组件，如图 2-1 所示。芯片制造商得到 CM3 处理器内核 IP 的使用授权后，它们就可以把 CM3 内核用在自己的芯片设计中，添加存储器、外设、I/O 及其他功能模块。不同厂家设计出的微控制器会有不同的配置，包括存储器容量、类型、外设等，都各具特色。

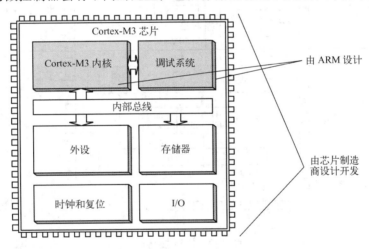

图 2-1　Cortex – M3 内核基本结构

CM3 具有下列特点。
☺ 内核是 ARMv7 – M 体系结构，如图 2-2 所示。
☺ 哈佛结构。哈佛结构的处理器采用独立的指令总线和数据总线，可以同时进行取指和数据读/写操作，从而提高了处理器的运行性能。
☺ 内核支持低功耗模式。CM3 加入了类似于 8 位单片机的内核低功耗模式，支持 3 种功耗管理模式，即睡眠模式、停止模式和待机模式。这使整个芯片的功耗控制更加有效。
☺ 引入分组堆栈指针机制，把系统程序使用的堆栈和用户程序使用的堆栈分开。如果再配上可选的存储器保护单元（MPU），处理器就能满足对软件健壮性和可靠性有严格要求的应用。
☺ 支持非对齐数据访问。CM3 的一个字为 32 位，但它可以访问存储在一个 32 位单元中

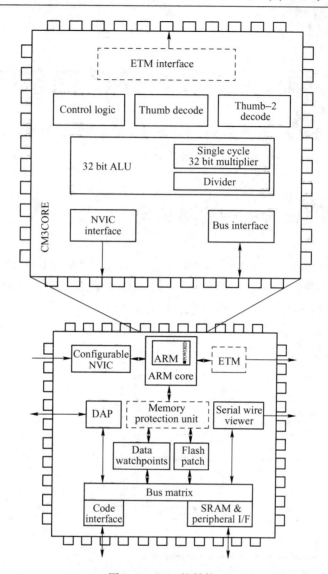

图 2-2 CM3 核结构

的字节/半字类型数据,这样 4 个字节类型或 2 个半字类型数据可以被分配在一个 32 位单元中,提高了存储器的利用率。对于一般的应用程序而言,这种技术可以节省约 25% 的 SRAM 使用量,从而应用时可以选择 SRAM 较小、更廉价的微控制器。

☺ 定义了统一的存储器映射。各厂家生产的基于 CM3 内核的微控制器具有一致的存储器映射,这使得用户对 CM3 的微控制器的选型及代码在不同微控制器上的移植非常便利。

☺ 位绑定操作。可以把它看成 51 单片机位寻址机制的加强版,详见 2.5.5 节。

☺ 高效的 Thumb-2 指令集。CM3 使用的 Thumb-2 指令集是一种 16/32 位混合编码指令,兼容 Thumb 指令。对于一个应用程序编译生成的 Thumb-2 代码,以接近 Thumb 编码程序存储器占用量,达到了接近 ARM 编码的运行性能。

☺ 32 位硬件除法和单周期乘法。CM3 加入了 32 位除法指令,弥补了以往的 ARM 处理器没有除法指令的缺陷。改进了乘法运算部件,32 位的乘法操作只要 1 个时钟周期,使得CM3进行乘加运算时，接近DSP的性能。
- ☺ 三级流水线和转移预测。现代处理器大多采用指令预取和流水线技术，以提高处理器的指令执行速度。高性能流水处理器中加入的转移预测部件，即在处理器从存储器预取指令时如遇到转移指令，能自动预测转移是否会发生，再从预测的方向进行取指令操作，从而提供给流水线连续的指令流，流水线就可以不断地执行有效指令，保证了其性能的发挥。
- ☺ 内置嵌套向量中断控制器。CM3首次在内核上集成了嵌套向量中断控制器（NVIC）。CM3中断延迟只有12个时钟周期，还使用尾链技术，使得背靠背（Back-to-Back）中断的响应只要6个时钟周期，而ARM7需要24～42个时钟周期。ARM7内核不带中断控制器，具体微控制器的中断控制器由各芯片厂家自己加入，这给用户使用及程序移植带来了很大麻烦。基于CM3的微控制器却具有统一的中断控制器，给中断编程带来了便利。
- ☺ 拥有先进的故障处理机制。支持多种类型的异常和故障，使故障诊断容易。
- ☺ 支持串行调试。CM3在保持ARM7的JTAG（Join Test Action Group）调试接口的基础上，还支持串行单总线调试SWD（Serial Wire Debug）。
- ☺ 极高性价比。基于CM3的微控制器相比于ARM7的微控制器，在相同的工作频率下平均性能都要高约30%；代码尺寸要比ARM编码小约30%；价格更低。

2.2 处理器的工作模式及状态

手机的辐射会对飞机的飞行安全造成影响，因此乘客在飞机起飞前必须关掉手机。这样做虽然消除了安全隐患，但手机的其他功能（如拍照、看电影、听音乐、玩游戏）也不能使用了，这些都是乘客打发旅途中无聊时间的娱乐功能，而且不会对安全造成影响。为了解决这个问题，有别于手机正常待机模式的飞行模式应运而生。当手机处于飞行模式时，手机的正常通话功能被关闭，手机不再产生辐射，但飞行模式的手机娱乐功能可以照常使用。飞行模式解决了手机娱乐功能在空中无法使用的问题。通常情况下，手机会一直处于正常待机模式，因为为用户提供通话功能是手机的基本用途之一，飞行模式仅在飞机上使用。不同的应用会有不同的模式，不同的模式解决不同的问题，模式代表着一组特定的应用或某类问题的解决方案。CM3中引入模式是为了区别普通应用程序的代码与异常和中断服务例程的代码。

CM3中提供一种存储器访问的保护机制，使得普通的用户程序代码不能意外地或恶意地执行涉及要害的操作，因此处理器为程序赋予两种权限，分别为特权级和用户级。特权执行可以访问所有资源。非特权执行时，对有些资源的访问受到限制或不允许访问。

CM3下的操作模式和特权级别见表2-1。操作模式转换图如图2-3所示。

表2-1 CM3下的操作模式和特权级别

	特 权 级	用 户 级
异常程序代码	处理者（Handler）模式	错误的用法
主程序代码	线程模式	线程模式

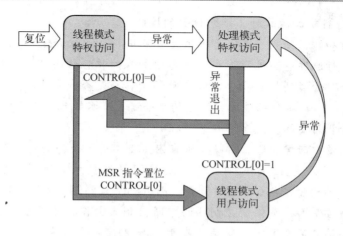

图 2-3 操作模式转换图

在 CM3 运行主应用程序（线程模式）时，既可以使用特权级，也可以使用用户级，但是异常服务例程必须在特权级下执行。复位后，处理器默认进入线程模式特权级访问。在特权级下，程序可以访问所有范围的存储器，并且可以执行所有指令，但如果有存储器保护单元 MPU，MPU 规定的禁地不能访问。在特权级下的程序功能比用户级多一些。一旦进入用户级，用户级的程序不能简单地试图改写 CONTROL 寄存器（详见2.3节）就回到特权级，它必须先执行一条系统调用指令（SVC），这会触发 SVC 异常（详见2.8节），然后由异常服务例程（通常是操作系统的一部分）接管，如果批准进入，则异常服务例程修改 CONTROL 寄存器，这样才能在用户级的线程模式下重新进入特权级。

事实上，从用户级到特权级的唯一途径就是异常，如果在程序执行过程中触发了一个异常，处理器先切换入特权级，并且在异常服务例程执行完毕退出时返回先前的状态，也可以手工指定返回的状态。

通过引入特权级和用户级，就能够在硬件上限制某些不受信任的或尚未调试好的程序，禁止它们随便地配置涉及重要的寄存器，因而系统的可靠性得到了提高。如果配置了 MPU，它还可以作为特权机制的补充——保护关键的存储区域不被破坏，这些区域通常是操作系统的区域。举例来说，操作系统的内核通常都在特权级下执行，所有未被 MPU 禁掉的存储器都可以访问。在操作系统开启了一个用户程序后，通常都会让它在用户级下执行，从而使系统不会因某个程序的崩溃或恶意破坏而受损。

CM3 还有 Thumb 状态和调试状态两种状态。Thumb 状态是 16 位和 32 位半字对齐的 Thumb 和 Thumb-2 指令的正常执行状态。当处理器调试时，进入调试状态。

处理器的工作模式、权限级别等的划分，使得处理器运行时更加安全，不会因为一些小的失误导致整个系统的崩溃。此外，CM3 处理器还专门配置了 MPU（内存保护单元），可以控制多片内存区域的读/写权限，从而有效地防止用户代码的非法访问。

 ## 2.3 寄存器

CM3 寄存器如图 2-4 所示。

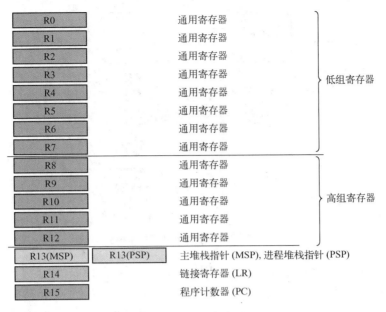

图 2-4　CM3 寄存器

1. 通用寄存器

通用寄存器包括 R0～R12。R0～R7 也被称为低组寄存器。它们的字长全是 32 位。所有指令（包括 16 位的和 32 位的）都能访问它们。复位后的初始值是随机的。

R8～R12 也被称为高组寄存器。它们的字长也是 32 位。16 位 Thumb 指令不能访问它们，32 位的 Thumb-2 指令则不受限制。复位后的初始值是随机的。

2. 堆栈指针 R13

在 CM3 处理器内核中共有两种堆栈指针，支持两个堆栈，分别为进程堆栈和主堆栈，这两种堆栈都指向 R13，因此在任何时候进程堆栈或主堆栈中只有一个是可见的。当引用 R13（或写做 SP）时，引用的是当前正在使用的那一个，另一个必须用特殊的指令来访问（MRS 或 MSR 指令）。这两个堆栈指针基本特点如下所述。

- ☺ 主堆栈指针（MSP），或者写做 SP_main。这是默认的堆栈指针，它由操作系统内核、异常服务例程，以及所有需要特权访问的应用程序代码来使用。
- ☺ 进程堆栈指针（PSP），或写做 SP_process。用于不处于异常服务例程中的常规的应用程序代码。

在处理模式和线程模式下，都可以使用 MSP，但只有线程模式可以使用 PSP。

堆栈与微处理器模式的对应关系如图 2-5 所示。使用两个堆栈的目的是为了防止用户堆栈的溢出影响系统核心代码（如操作系统内核）的运行。

3. 链接寄存器 R14

R14 是链接寄存器（LR）。在一个汇编程序中，可以把它写做 LR 或 R14。LR 用于在调用子程序时存储返回地址，也用于异常返回。

LR 的最低有效位是可读/写的，这是历史遗留的产物。在以前，由位 0 来指示 ARM/

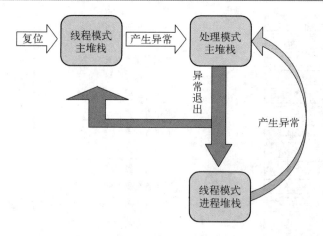

图 2-5 堆栈与微处理器工作模式

Thumb 状态。因为有些 ARM 处理器支持 ARM 和 Thumb 状态并存,为了方便汇编程序移植,CM3 需要允许最低有效位可读/写。

4. 程序计数器 R15

R15 是程序计数器,在汇编代码中一般将其称为 PC (Program Counter)。因为 CM3 内部使用了指令流水线,读 PC 时返回的值是当前指令的地址 +4。例如:

    0x1000:MOV R0,PC ; R0 = 0x1004

如果向 PC 中写数据,就会引起一次程序的分支(但不更新 LR 寄存器)。CM3 中的指令至少是半字对齐的,所以 PC 的最低有效位总是读回 0。

5. 程序状态寄存器

程序状态寄存器在其内部又被分为 3 个子状态寄存器,即应用程序 PSR (APSR)、中断 PSR (IPSR) 和执行 PSR (EPSR),如图 2-6 所示。通过 MRS/MSR 指令,这 3 个 PSR 既可以单独访问,也可以组合访问(2 个组合或 3 个组合都可以)。当使用三合一的方式访问时,应使用名字 "xPSR" 或 "PSR",如图 2-7 所示。程序状态寄存器各位域定义见表 2-2。

	31	30	29	28	27	26:25	24	23:20	19:16	15:10	9	8	7	6	5	4:0
APSR	N	Z	C	V	Q											
IPSR										中断号						
EPSR						ICI/IT	T			ICI/IT						

图 2-6 CM3 中的程序状态寄存器

	31	30	29	28	27	26:25	24	23:20	19:16	15:10	9	8	7	6	5	4:0
xPSR	N	Z	C	V	Q	ICI/IT	T			ICI/IT			中断号			

图 2-7 合体后的程序状态寄存器 (xPSR)

表 2-2　程序状态寄存器位域定义

位	名称	定义
[31]	N	负数或小于标志。1：结果为负数或小于；0：结果为正数或大于
[30]	Z	零标志。1：结果为 0；0：结果非 0
[29]	C	进位/借位标志。1：进位或借位；0：无进位或借位
[28]	V	溢出标志。1：溢出；0：无溢出
[27]	Q	Sticky saturation 标志
[26：25] [15：10]	IT	If-Then 位。它是 If-Then 指令的执行状态位，包含 If-Then 模块的指令数目和它的执行条件
	ICI	可中断/可继续指令位
[24]	T	T 位使用一条可相互作用的指令来清零，也可以使用异常出栈操作来清零。当 T 位为 0 执行指令会引起 INVSTATE 异常
[23：16]	—	
[9]	—	
[8：0]	ISR NUMBER	中断号

6. 异常中断寄存器

异常中断寄存器的功能描述见表 2-3。

表 2-3　异常中断寄存器的功能描述

名字	功能描述
PRIMASK	1 位寄存器。当置位时，它允许 NMI 和硬件默认异常，所有其他的中断和异常将被屏蔽
FAULTMASK	1 位寄存器。当置位时，它只允许 NMI，所有中断和默认异常处理被忽略
BASEPRI	9 位寄存器。它定义了屏蔽优先级。当它置位时，所有同级的或低级的中断被忽略

7. 控制寄存器

控制寄存器有两个用途，即定义特权级别和选择当前使用的堆栈指针。由两个位来行使这两个职能，见表 2-4。

表 2-4　CM3 的 CONTROL 寄存器

	CONTROL [0]	CONTROL [1]
0	特权级的线程模式	选择主堆栈指针 MSP（复位后的默认值）
1	用户级的线程模式	选择进程堆栈指针 PSP

因为处理者模式永远都是特权级的，因此 CONTROL[0] 仅对线程模式有效。仅当特权级下操作时才允许写 CONTROL[0] 位。一旦进入了用户级，唯一返回特权级的途径就是触发一个（软）中断，再由服务例程改写该位。

在 CM3 的处理者模式中，CONTROL[1] 总是 0。在线程模式中则可以为 0 或 1。因此，仅当处于特权级的线程模式下，此位才可写，其他场合下禁止写此位。

微处理器工作模式、堆栈、控制寄存器关系见表 2-5。

表 2-5 微处理器工作模式、堆栈、控制寄存器关系

执行模式	进入方式	堆栈 SP	用途
特权线程模式	（1）复位； （2）在特权处理模式下使用 MSR 指令清零 CONTROL[0]	使用 SP_main： （1）复位后默认； （2）在退出特权处理模式前； （3）清零 CONTROL [1]	线程模式（特权或非特权）+SP_process 多用于操作系统的任务状态
非特权线程模式	在特权线程模式或特权处理模式下使用 MSR 指令置位 CONTROL[0]	使用 SP_process； （1）在退出特权处理模式前； （2）置位 CONTROL [1]	
特权处理模式	出现异常	只能使用 SP_main	特权处理模式+SP_main 在前/后台和操作系统中用于中断状态

CM3 寄存器总结见表 2-6。

表 2-6 CM3 寄存器总结

寄存器名称	功能	寄存器名称	功能
MSP	主堆栈指针	xPSR	APSR、EPSR 和 IPSR 的组合
PSP	进程堆栈指针	PRIMASK	中断屏蔽寄存器
LR	链接寄存器	BASEPRI	可屏蔽等于和低于某个优先级的中断
APSR	应用程序状态寄存器	FAULTMASK	错误屏蔽寄存器
IPSR	中断状态寄存器	CONTROL	控制寄存器
EPSR	执行状态寄存器		

2.4 总线接口

片上总线标准繁多，而由 ARM 公司推出的 AMBA 片上总线受到广大开发商和 SoC 片上系统集成商的喜爱，已成为一种主流的工业片上结构。AMBA 规范主要包括 AHB（Advanced High performance Bus）系统总线和 APB（Advanced Peripheral Bus）外设总线。二者分别适用于高速与相对低速设备的连接。

CM3 是 32 位微处理器，即它的数据总线宽度是 32 位。用一个简单的例子来类比 32 位的好处：有一个巨大的图书馆，里面有许多藏书，还有一个管理员帮读者找书。管理员有 16 个助理，他们骑着自行车前去取书，然后交给管理员。某天来了一个借书的人，他想要关于恐龙的所有图书，图书馆有 33 本相关的书藉，那么助理们要跑 3 趟。第 1 趟取来 16 本，第 2 趟也是 16 本，最后一本还要一个助理跑一趟。无论如何，虽然最后只取一本书，还是要花 3 趟的时间。如果图书馆有 32 位助理，就只需要跑 2 趟。如此一来就能大大节省时间。假如图书馆有 128 本相关的图书，8 位助理要跑 16 趟，32 位就只跑 4 趟。CM3 的运行与此相似，它从内存获得数据，一个时钟周期内 32 位就可以取得 32 位的数据，如此一来速度、性能、效率就提高了。

由图 2-8 可以看出，处理器包含 5 个总线，即 I-code 存储器总线、D-code 存储器总线、系统总线、外部专用外设总线和内部专用外设总线。

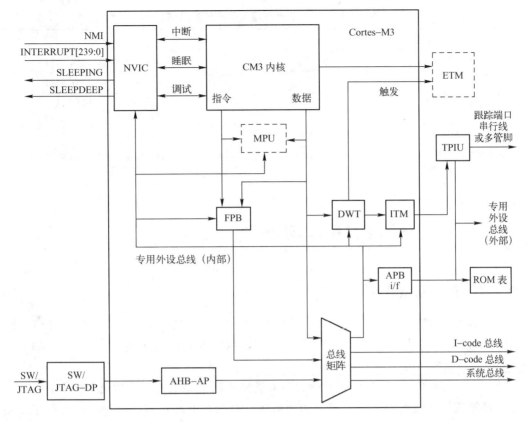

图 2-8 CM3 内部结构及总线连接

ICode 总线是 32 位的 AHB 总线，从程序存储器空间（0x00000000～0x1FFFFFFF）取指和取向量在此总线上完成。所有取指都是按字来操作的，每个字的取指数目取决于运行的代码和存储器中代码的对齐情况。

DCode 总线是 32 位的 AHB 总线，从程序存储器空间（0x00000000～0x1FFFFFFF）取数据和调试访问在此总线上完成。数据访问的优先级比调试访问要高，因此当总线上同时出现内核访问和调试访问时，必须在内核访问结束后才开始调试访问。

系统总线是 32 位的 AHB 总线，对系统存储空间（0x20000000～0xDFFFFFFF，0xE0100000～0xFFFFFFFF）的取指、取向量及数据和调试访问在此总线上完成。系统总线用于访问内存和外设，覆盖的区域包括 SRAM、片上外设、片外 RAM、片外扩展设备及系统级存储区的部分空间，详见 2.5.3 节。系统总线包含处理不对齐访问、FPB 重新映射访问、bit-band 访问及流水线取指的控制逻辑。

外部专用外设总线是 APB 总线，对 CM3 处理器外部外设存储空间（0xE0040000～0xE00FFFFF）的取数据和调试访问在此总线上完成。该总线用于 CM3 外部的 APB 设备、嵌入式跟踪宏单元（ETM）、跟踪端口接口单元（TPIU）和 ROM 表，也用于片外外设。

内部专用外设总线是 AHB 总线，对 CM3 处理器内部外设存储空间（0xE000 0000～0xE003 FFFF）的取数据和调试访问在此总线上完成。该总线用于访问嵌套向量中断控制器 NVIC、数据观察和触发（DWT）、Flash 修补和断点（FPB）、仪器化跟踪宏单元（ITM）及存储器保护单元（MPU）。CM3 处理器 5 个总线的总结见表 2-7。

表 2-7 CM3 处理器 5 个总线的总结

总线名称	类型	范围
ICode	AHB	0x0000 0000～0x1FFF FFFF
DCode	AHB	0x0000 0000～0x1FFF FFFF
系统总线	AHB	0x2000 0000～0xDFFF FFFF 0xE010 0000～0xFFFF FFFF
外部专用外设总线	APB	0xE004 0000～0xE00F FFFF
内部专用外设总线	AHB	0xE000 0000～0xE003 FFFF

2.5 存储器的组织与映射

2.5.1 存储器格式

ARM 体系结构将存储器看做是从地址 0 开始的字节的线性组合。在 0B～3B 放置第 1 个存储的字数据，在 4B～7B 放置第 2 个存储的字数据，依次排列。作为 32 位的微处理器，ARM 体系结构所支持的最大寻址空间为 4GB（2^{32}B）。

内存中有两种格式存储字数据，称之为大端格式和小端格式，具体说明如下。

【大端格式】在这种格式中，字数据的高字节存储在低地址中，而字数据的低字节则存放在高地址中。

【小端格式】与大端存储格式相反，在小端存储格式中，低地址中存放的是字数据的低字节，高地址存放的是字数据的高字节。如图 2-9 所示为 0x12345678 字数据的大、小端存储方式。

图 2-9 大端格式和小端格式

CM3 处理器支持的数据类型有 32 位字、16 位半字和 8 位字节。CM3 之前的 ARM 处理器只允许对齐的数据传送，这种对齐方式是指以字为单位的传送，其地址的最低两位必须是 0（即 4 个字节）；以半字为单位的传送，其地址最低位必须是 0；以字节为单位的传送中无所谓对齐。CM3 处理器支持非对齐的传送，数据存储器的访问无须对齐。

2.5.2 存储器层次结构

存储器的层次结构如图 2-10 所示。

ROM 和 RAM 指的都是半导体存储器，ROM 是 Read Only Memory 的缩写，RAM 是

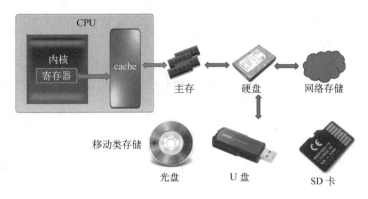

图 2-10　存储器的层次结构

Random Access Memory 的缩写。ROM 在系统停止供电时仍然可以保持数据，而 RAM 通常都是在掉电后就丢失数据，典型的 RAM 就是计算机的内存。ROM 和 RAM 的比较见表 2-8。

表 2-8　ROM 和 RAM 的比较

	全　　称	读/写	访问顺序
ROM	Read Only Memory	只读（名称体现）	顺序
RAM	Random Access Memory	可读/写	随机（名称体现）

　　RAM 有两大类，一种称为静态 RAM（Static RAM，SRAM），SRAM 速度非常快，是目前读/写速度最快的存储设备，但是它也非常昂贵，所以只在要求很苛刻的地方使用，如 CPU 的一级缓存和二级缓存。另一种称为动态 RAM（Dynamic RAM，DRAM），DRAM 保留数据的时间很短，读/写速度也比 SRAM 慢，不过它还是比 ROM 的读速度都要快，但从价格上来说，DRAM 比 SRAM 要便宜很多，计算机内存就是 DRAM 的。

　　ROM 也有很多种，如 PROM、EPROM（可擦除可编程 ROM）和 EEPROM（电可擦除可编程 ROM）等。PROM 早期的产品，软件下载后就无法修改了，是一次性的；EPROM 可通过紫外线的照射擦除已保存的程序；EEPROM 具有电擦除功能，价格很高，写入时间很长，写入很慢。

　　手机软件和通话记录一般放在 EEPROM 中（因此可以刷机），但最后一次通话记录在通话时并不保存在 EEPROM 中，而是暂时存在 SRAM 中的，因为当时有很重要工作（如通话）要做，如果写入 EEPROM，漫长的等待是让用户无法忍受的。

　　Flash 存储器又称闪存，它结合了 ROM 和 RAM 的长处，不仅具备电可擦除可编程（EEPROM 特点）的性能，还不会因断电而丢失数据，同时可以快速读取数据，U 盘和 MP3 里用的就是这种存储器。在过去的 20 年里，嵌入式系统一直使用 ROM（EPROM）作为其存储设备，然而近年来 Flash 全面替代了 ROM（EPROM）在嵌入式系统中的地位，用做存储 Bootloader、操作系统或程序代码，或者直接当做硬盘来使用（U 盘）。

　　目前 Flash 主要有两种，分别为 NOR Flash 和 NAND Flash。NOR Flash 的读取和常见的 SDRAM 的读取相同，用户可以直接运行装载在 NOR Flash 中的代码，这样可以减少 SRAM 的容量从而节约了成本。NAND Flash 没有采取内存的随机读取技术，它的读取是以一次读取一块的形式来进行的，通常是一次读取 512B，采用这种技术的 Flash 比较廉价。用户不能直接运行 NAND Flash 上的代码，因此许多使用 NAND Flash 的开发板除了使用 NAND Flash

外，还加上了一块小的 NOR Flash 来运行启动代码。一般小容量的用 NOR Flash，因为其读取速度快，多用于存储操作系统等重要信息；而大容量的用 NAND Flash，最常见的 NAND Flash 应用是嵌入式系统采用的 DOC（Disk On Chip）和常用的 U 盘，可以在线擦除。目前市面上的 Flash 主要来自 Intel、AMD、Fujitsu 和 Toshiba，而生产 NAND Flash 的主要厂家有 Samsung 和 Toshiba。

2.5.3 CM3 存储器组织

CM3 的存储系统采用统一的编址方式，如图 2-11 所示。CM3 预先定义好了"粗线条的"存储器映射，通过把片上外设的寄存器映射到外设区，就可以简单地以访问内存的方式来访问这些外设的寄存器，从而控制外设的工作。这种预定义的映射关系也可以对访问速度进行优化，而且使得片上系统的设计更易集成。

图 2-11 CM3 存储器组织

CM3 处理器为 4GB 的可寻址存储空间提供简单和固定的存储器映射。学习此部分要和 2.5.1 节总线结构对应起来。

CM3 的 Code 区为 0.5GB，在存储区的起始端。

CM3 片上 SRAM 区的容量是 0.5GB，这个区通过系统总线来访问。如图 2-11 所示，在这个区的下部，有一个 1MB 的区间，被称为"位绑定区（Bit-Band）"，详见 2.5.5 节。该位绑定区还有一个对应的 32MB 的"位绑定别名（Alias）区"，容纳了 8M 个位变量。位绑定区对应的是最低的 1MB 地址范围，而位绑定别名区里面的每个字对应位绑定区的 1 位。通过位绑定功能，可以把一个布尔型数据打包在一个单一的字中，从位绑定别名区中，像访问普通内存一样使用它们。位绑定别名区中的访问操作是原子的（不可分割），省去了传统的"读—修改—写" 3 个步骤。

与 SRAM 相邻的 0.5GB 范围由片上外设的寄存器来使用。这个区中也有一个 32MB 的位绑定别名区，以便于快捷地访问外设寄存器，其用法与片上 SRAM 区中的位绑定相同。

还有两个 1GB 的范围，分别用于连接片外 RAM 和片外外设。

最后还剩下 0.5GB 的区域，包括了系统及组件、内部私有外设总线、外部私有外设总线，以及由芯片供应商提供定义的系统外设，数据字节以小端格式存放在存储器中。

2.5.4 STM32 存储器映射

1. STM32 的总线结构

STM32 总线由以下部分构成。

☺ 4 驱动单元：CM3 内核 DCode 总线（D-Bus）、ICode 总线（I-Bus）和系统总线（S-Bus）、通用 DMA1 和通用 DMA2。

☺ 4 个被动单元：内部 SRAM、内部闪存存储器、FSMC、AHB 到 APB 的桥（AHB2APBx，它连接所有的 APB 设备）。

这些都是通过一个多级的 AHB 总线相互连接的，如图 2-12 所示。

ICode 总线将 CM3 内核的指令总线与闪存指令接口相连接。指令预取在此总线上完成。

DCode 总线将 CM3 内核的 DCode 总线与闪存存储器的数据接口相连接（常量加载和调试访问），用于查表等操作。

系统总线连接 CM3 内核的系统总线（外设总线）到总线矩阵，系统总线用于访问内存和外设，覆盖的区域包括 SRAM、片上外设、片外 RAM、片外扩展设备及系统级存储区的部分空间。

DMA 总线将 DMA 的 AHB 主控接口与总线矩阵相连，总线矩阵协调着 CPU 的 DCode 和 DMA 到 SRAM、闪存和外设的访问。

总线矩阵协调内核系统总线和 DMA 主控总线之间的访问仲裁，仲裁利用轮换算法。总线矩阵由 4 个驱动部件（CPU 的 DCode、系统总线、DMA1 总线和 DMA2 总线）和 4 个被动部件（闪存存储器接口 FLITF、SRAM、FSMC 和 AHB2APB 桥）构成。AHB 外设通过总线矩阵与系统总线相连，允许 DMA 访问。

AHB/APB 桥在 AHB 和两个 APB 总线之间提供同步连接。APB1 操作速度限于 36MHz，APB2 操作于全速（最高 72MHz）。当对 APB 寄存器进行 8 位或 16 位访问时，该访问会被自动转换成 32 位的访问；桥会自动将 8 位或 32 位的数据扩展，以配合 32 位的向量。

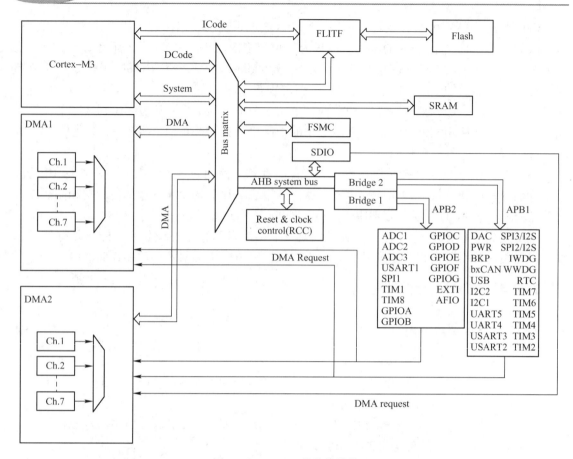

图 2-12 STM32 的总线结构

2. STM32 存储器映射

STM32 将可访问的存储器空间分成 8 个块,每块为 0.5GB。其他未分配给片上存储器和外设的空间都是保留的地址空间,如图 2-13 所示。

- 代码区 (0x0000 0000 ~ 0x1FFF FFFF):该区可以存放程序。
- SRAM 区 (0x2000 0000 ~ 0x3FFF FFFF):此区用于片内 SRAM。此区也可以存放程序,用于固件升级等维护工作。
- 片上外设区 (0x4000 0000 ~ 0x5FFF FFFF):该区用于片上外设。片上外设区存储结构如图 2-11 所示。STM32 分配给片上各个外围设备的地址空间按总线分成 3 类,APB1 总线外设存储地址见表 2-9,APB2 总线外设存储地址见表 2-10,AHB 总线外设存储地址见表 2-11。如果某款控制器不带有某个片上外设,则该地址范围保留。
- 外部 RAM 区的前半段 (0x6000 0000 ~ 0x7FFF FFFF):该区地址指向片上 RAM 或片外 RAM。
- 外部 RAM 区的后半段 (0x8000 0000 ~ 0x9FFF FFFF):同前半段。
- 外部外设区的前半段 (0xA000 0000 ~ 0xBFFF FFFF):用于片外外设的寄存器,也用于多核系统中的共享内存。
- 外部外设区的后半段 (0xC000 0000 ~ 0xDFFF FFFF):目前与前半段的功能完全一致。
- 系统区 (0xE000 0000 ~ 0xFFFF FFFF):此区是私有外设和供应商指定功能区。

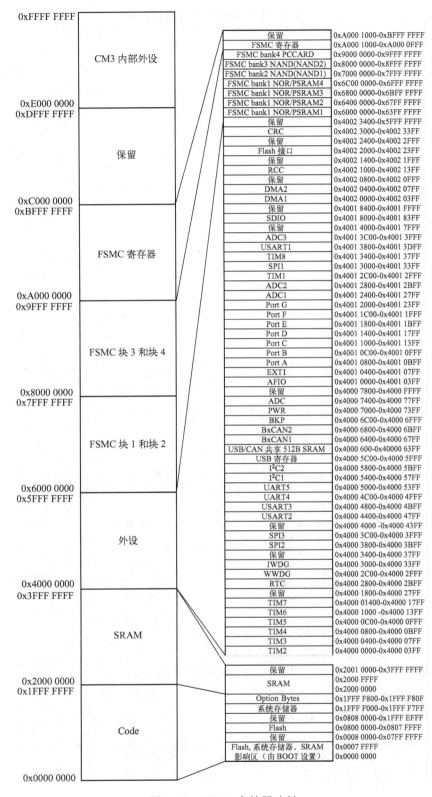

图 2-13 STM32 存储器映射

表2-9　APB1总线外设存储地址表

地址范围	外设	地址范围	外设
0x4000 0000～0x4000 03FF	TIM2 定时器	0x4000 4000～0x4000 43FF	保留
0x4000 0400～0x4000 07FF	TIM3 定时器	0x4000 4400～0x4000 47FF	USART2
0x4000 0800～0x4000 0BFF	TIM4 定时器	0x4000 4800～0x4000 4BFF	USART3
0x40000C00～0x4000 0FFF	TIM5 定时器	0x40004C00～0x4000 4FFF	USART4
0x4000 1000～0x4000 13FF	TIM6 定时器	0x4000 5000～0x4000 53FF	USART5
0x4000 1400～0x4000 17FF	TIM7 定时器	0x4000 5400～0x4000 57FF	I2C1
0x4000 1800～0x4000 1BFF	TIM12 定时器	0x4000 5800～0x4000 5BFF	I2C2
0x40001C00～0x4000 1FFF	TIM13 定时器	0x40005C00～0x4000 5FFF	USB 设备 FS 寄存器
0x4000 2000～0x4000 23FF	TIM14 定时器	0x4000 6000～0x4000 63FF	共享 USB/CAN SRAM 512B
0x4000 2400～0x4000 27FF	保留	0x4000 6400～0x4000 67FF	BxCAN1
0x4000 2800～0x4000 2BFF	RTC	0x4000 6800～0x4000 6BFF	BxCAN2
0x40002C00～0x4000 2FFF	WWDG	0x40006C00～0x4000 6FFF	BKP
0x4000 3000～0x4000 33FF	IWDG	0x4000 7000～0x4000 73FF	PWR
0x4000 3400～0x4000 37FF	保留	0x4000 7400～0x4000 77FF	DAC
0x4000 3800～0x4000 3BFF	SPI2/I2S	0x4000 7800～0x4000 FFFF	保留
0x40003C00～0x4000 3FFF	SPI3/I2S		

表2-10　APB2总线外设存储地址表

地址范围	外设	地址范围	外设
0x4001 0000～0x4001 03FF	AFIO	0x40012C00～0x4001 2FFF	TIM1 定时器
0x4001 0400～0x4001 07FF	EXTI	0x4001 3000～0x4001 33FF	SPI1
0x4001 0800～0x4001 0BFF	GPIO A	0x4001 3400～0x4001 37FF	TIM8 定时器
0x40010C00～0x4001 0FFF	GPIO B	0x4001 3800～0x4001 3BFF	USART1
0x4001 1000～0x4001 13FF	GPIO C	0x40013C00～0x4001 3FFF	ADC3
0x4001 1400～0x4001 17FF	GPIO D	0x4001 4000～0x4001 4BFF	保留
0x4001 1800～0x4001 1BFF	GPIO E	0x40014C00～0x4001 4FFF	TIM9 定时器
0x40011C00～0x4001 1FFF	GPIO F	0x4001 5000～0x4001 53FF	TIM10 定时器
0x4001 2000～0x4001 23FF	GPIO G	0x4001 5400～0x4001 57FF	TIM11 定时器
0x4001 2400～0x4001 27FF	ADC1	0x4001 5800～0x4001 7FFF	保留
0x4001 2800～0x4001 2BFF	ADC2		

表 2-11　AHB 总线外设存储地址表

地 址 范 围	外　设	地 址 范 围	外　设
0x4001 8000~0x4001 83FF	SDIO	0x4002 2000~0x4002 23FF	Flash 存储器接口
0x4001 8400~0x4001 FFFF	保留	0x4002 3000~0x4002 33FF	CRC
0x4002 0000~0x4002 03FF	DMA1	0x4002 3400~0x4002 7FFF	保留
0x4002 0400~0x4002 07FF	DMA2	0x4002 8000~0x4002 9FFF	Ethernet
0x4002 0800~0x4002 0FFF	保留	0x4003 0000~0x4FFF FFFF	保留
0x4002 1000~0x4002 13FF	RCC	0x5000 0000~0x5003 FFFF	USB OTG FS
0x4002 1400~0x4002 1FFF	保留		

2.5.5　位绑定操作

1. 位绑定操作定义

在 51 单片机中，以位（bit）为数据对象的操作称为位操作，例如：

　　P1.2 = 0;　　　　//将 P1 口的第 3 个脚(bit2)置 0
　　P1.2 = 1;　　　　//将 P1 口的第 3 个脚(bit2)置 1

类似位操作，位绑定操作把一个地址单元的 32 位变量中的每一位，通过一个简单的地址变换算法，映射到另一个地址空间，每一位占用 1 个地址。对此地址空间的操作，只有数据的最低位是有效的。这样对某空间位操作时，就可以不用屏蔽操作，优化了 RAM 和 I/O 寄存器的读/写，提高了位操作的速度。

CM3 中支持位绑定操作的地址区称为位绑定区。在寻址空间的另一地方，有一个"别名区"空间，从这个地址开始处，每一个字（32 位）就对应位绑定区的一位，而在位绑定区中，每一位都映射到别名地址区的一个字，对别名地址的访问最终会变换成对位绑定区的访问。

位绑定操作可以使代码量小，速度更快，效率更高，更安全。一般操作是"读—改—写"的方式，而位绑定别名区是"写"操作，防止中断对"读—改—写"方式的影响。

位绑定还能用于化简跳转程序。以前依据某个位跳转时，必须先读取整个寄存器，然后屏蔽不需要的位，最后比较并跳转。有了位绑定操作后，可以从位绑定别名区读取状态位，然后比较并跳转。除此之外，其他总线活动不能中断位绑定操作。

2. 支持位绑定操作的两个内存区

支持位绑定操作的两个内存区的范围如下所述。

☺ 0x2000 0000~0x200F FFFF（SRAM 区中的最低 1MB），如图 2-14 所示。
☺ 0x4000 0000~0x400F FFFF（片上外设区中的最低 1MB），如图 2-15 所示。

3. 位绑定区与位绑定别名区的对应关系

对于 SRAM 位绑定区的某个位，记它所在字节地址为 A，位序号为 n（$0 \leq n \leq 7$），则该位在别名区的地址为

$$AliasAddr = 0x22000000 + ((A - 0x20000000) \times 8 + n) \times 4$$

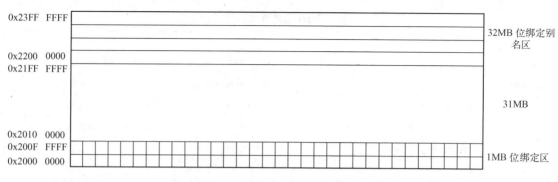

图 2-14　SRAM 中的位绑定区

$$= 0x22000000 + (A - 0x20000000) \times 32 + n \times 4$$

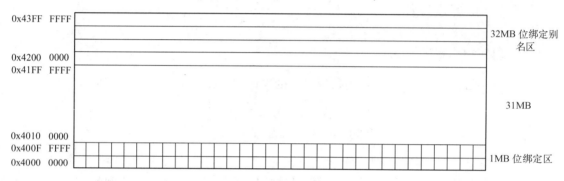

图 2-15　片上外设区中的位绑定区

对于片上外设位绑定区的某个位，记它所在字节的地址为 A，位序号为 n（0≤n≤7），则该位在别名区的地址为

$$AliasAddr = 0x42000000 + ((A - 0x40000000) \times 8 + n) \times 4$$
$$= 0x42000000 + (A - 0x40000000) \times 32 + n \times 4$$

上述两式中，"×4"表示一个字为 4B，"×8"表示一个字节中有 8bit。

下面的映射公式统一给出了别名区中的每个字与对应位绑定区的相应位的对应关系：

$$bit\_word\_addr = bit\_band\_base + (byte\_offset \times 32) + (bit\_number \times 4)$$

式中，bit_word_addr 是别名存储器区中字的地址，它映射到某个目标位；bit_band_base 是别名区的起始地址，对于 SRAM 位绑定区为 0x22000000，对于片上外设位绑定区为 0x42000000；byte_offset 是包含目标位的字节在位段里的序号；bit_number 是目标位所在位置（0~7）。

【例 2-1】写出图 2-16 中所示位绑定区与位绑定别名区的对应关系。

在图 2-16 中，位地址和别名区关系如下所述。

（1）地址 0x23FFFFE0 的别名字映射为 0x200FFFFF 的位绑定字节的位 0：
$$0x23FFFFE0 = 0x22000000 + (0xFFFFF \times 32) + 0 \times 4$$

（2）地址 0x23FFFFFC 的别名字映射为 0x200FFFFF 的位绑定字节的位 7：
$$0x23FFFFFC = 0x22000000 + (0xFFFFF \times 32) + 7 \times 4$$

（3）地址 0x22000000 的别名字映射为 0x20000000 的位绑定字节的位 0：
$$0x22000000 = 0x22000000 + (0 \times 32) + 0 \times 4$$

(4) 地址 0x220001C 的别名字映射为 0x20000000 的位绑字节的位 7：

$$0x2200001C = 0x22000000 + (0 \times 32) + 7 \times 4$$

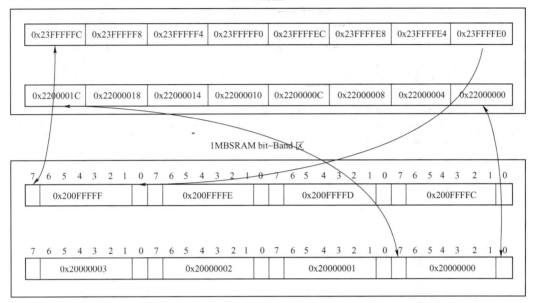

图 2-16 位绑定区与位绑定别名区的对应关系图

【例 2-2】SRAM 地址为 0x20000300 的字节中的第 2 位，对应别名区中地址是多少？

因为：$0x22006008 = 0x22000000 + (0x300 \times 32) + (2 \times 4)$

所以：对 0x22006008 地址的写操作与对 SRAM 中地址 0x20000300 字节的第 2 位执行"读—改—写"操作有着相同的效果。读 0x22006008 地址返回 SRAM 中地址 0x20000300 字节的第 2 位的值（0x01 或 0x00）。

【例 2-3】在 SRAM 的 0x20004000 地址定义一个长度为 512B（字节）的数组。

#pragma location = 0x20004000_root_no_init u8 Buffer [512];

该数组首字节的 bit0 对应的位绑定地址为

$$0x22000000 + (0x4000 \times 32) + (0 \times 4) = 0x22080000$$

【例 2-4】将例 2-3 中定义的数组每一位的电平通过 PA0 输出。

GPIOA 的端口输出数据寄存器位于地址 0x4001080C，对于 GPIOA 的 PIN0 来说，控制其输出电平的比特位的位绑定地址为

$$0x42000000 + (0x1080C \times 32) + (0 \times 4) = 0x42210180$$

将数组中的数据通过 GPIOA 的 PIN0 口输出，若不使用位绑定功能，其代码为：

```
U8 * pBuffer = (u8 *)0x20004000;
for(u16 cnt = 0; cnt < 512; cnt + +)
{
    for(u8 num = 0; num < 8; num + +)
```

```
      }
    if ( ( Buffer[cnt] >> num) & 0x01)
        GPIOA -> BSRR = 1;
    else
        GPIOA -> BRR = 1;
      }
    pBuffer + +;
  }
```

若使用位绑定功能,其代码为:

```
u32 * pBuffer = (u32 * )0x22080000;
u16 cnt = 512 * 8;
While ( cnt - - )
  {
  ( * ( ( u32 * )0x42210180 ) ) = * pBuffer + +;
  }
```

可见,使用了位绑定功能,运算量和代码量均大为减少。

 ## 2.6 指令集

计算机编程语言和人类语言一样,也包括字、词、句和段。如 C 语言中,各种类型的变量、常量、运算符(如赋值符"="、大于">"等)、关键字(如 if、else 等)都是"字";表达式即为"词";语句即为"句";函数、宏定义即为"段"。运算符、关键字就是"动词",变量、常量就是"名词"。ARM 汇编语言也离不开这 4 个单位,操作数(寄存器、立即数)、操作码和条件描述是"字";地址模式、带有条件描述的指令是表达式,是"词";每条汇编指令是"句",函数及宏是"段"。计算机编程语言是软件的载体,而软件和硬件的是通过指令集联系的,即指令集是计算机硬件和软件的接口,如图 2-17 所示。

图 2-17 软件、硬件和指令集的关系

2.6.1 ARM 指令集

ARM 微处理器的指令集是加载/存储(Load/Store)型的 32 位指令集,也即指令集仅能处理寄存器中的数据,而且处理结果都要送回寄存器中,但对系统存储器的访问则需要通过专门的加载/存储指令来完成。ARM 微处理器的指令集可以分为跳转指令、数据处理指令、程序状态寄存器(PSR)处理指令、加载/存储指令、协处理器指令和异常产生指令六大类。ARM 指令集和 x86 指令集的对比见表 2-12。

表 2-12　ARM 指令集和 x86 指令集的对比

类　　别	ARM 指令集	x86 指令集
类型	RISC	CISC
指令长度	定长,4B	不定长。1～15B
传送指令访问程序计数器	可以	不可以
状态标志位更新	由指令的附加位决定	指令隐含决定
是否对齐访问	4B 对齐	可在任意字节处取指
操作数个数	3 个	2 个
条件判断执行	每条指令	专用条件判断指令
堆栈操作指令	无,利用 LDM/STM 实现	有,PUSH/POP
DSP 处理的乘加指令	有	无
访问存储器指令	仅 Load/Store 指令	算术逻辑指令也能访问

在使用方面,ARM 指令的格式也要比 x86 的复杂一些。通常一条 ARM 指令有如下的形式:

< opcode > { < cond > } { S }　　< Rd > ,　　< Rn > { , < Operand2 > }

其中:

  < opcode >　　　　指令助记符(必有项),决定了指令的操作,如 ADD 表示算术加操作指令。
  { < cond > }　　　是指令执行的条件,可选项。
  { S }　　　　　　　决定指令的操作是否影响 CPSR 的值,可选项。
  < Rd >　　　　　　表示目标寄存器,必有项。
  < Rn >　　　　　　必有项,表示包含第 1 个操作数的寄存器,当仅需要一个源操作数时可省略。
  { Operand2 }　　　表示第 2 个操作数,可选项。

ARM 指令的寻址方式包括立即寻址、寄存器寻址、寄存器间接寻址、基址加变址寻址、堆栈寻址、块复制寻址和相对寻址。

ARM 指令系统是 RISC 指令集,指令系统优先选取使用频率高的指令,以及一些有用但不复杂的指令,指令长度固定,指令格式种类少,寻址方式少,只有存取指令访问存储器,其他的指令都在寄存器之间操作,且大部分指令都在一个周期内完成,以硬布线控制逻辑为主,不用或少用代码控制。ARM 更容易实现流水线等操作。ARM 采用长乘法指令和增强的 DSP 指令等指令类型,使得 ARM 集合了 RISC 和 CISC 的优势。同时,ARM 采用了快速中断响应、虚拟存储系统支持、高级语言支持、定义不同的操作模式等,使得 ARM 的功能更为强大。

在熟悉了基本的汇编格式后,读者就可以自行去查询基本的 ARM 汇编指令了。

2.6.2　Thumb 指令集

Thumb 指令集是 ARM 指令集的一个子集,指令的长度为 16 位。与等价的 32 位代码相比,Thumb 指令集在保留 32 位代码优势的同时,大大节省了系统的存储空间。

所有的 Thumb 指令都有对应的 ARM 指令,而且 Thumb 的编程模型也对应于 ARM 的编程模型。在应用程序的编写过程中,只要遵循一定的调用规则,Thumb 子程序和 ARM 子程序就可以互相调用。当处理器在执行 ARM 程序段时,称 ARM 处理器处于 ARM 工作状态;

当处理器在执行 Thumb 程序段时，称 ARM 处理器处于 Thumb 工作状态。

与 ARM 指令集相比较，Thumb 指令集中的数据处理指令的操作数仍然是 32 位的，指令地址也为 32 位，但 Thumb 指令集为了实现 16 位的指令长度，舍弃了 ARM 指令集的一些特性，如大多数的 Thumb 指令是无条件执行的，而几乎所有的 ARM 指令都是有条件执行的；大多数的 Thumb 数据处理指令的目的寄存器与其中一个源寄存器相同。Thumb 指令的条数较 ARM 指令多，完成相同的工作，ARM 可能只用一条语句，而 Thumb 需要用多条指令。在一般的情况下，Thumb 指令与 ARM 指令的时间效率和空间效率关系如下所述。

- ☺ Thumb 代码所需的存储空间约为 ARM 代码的 60%～70%。
- ☺ Thumb 代码使用的指令数比 ARM 代码多约 30%～40%。
- ☺ 若使用 32 位的存储器，ARM 代码比 Thumb 代码快约 40%。
- ☺ 若使用 16 位的存储器，Thumb 代码比 ARM 代码快约 40%～50%。
- ☺ 与 ARM 代码相比较，若使用 Thumb 代码，存储器的功耗会降低约 30%。

显然，ARM 指令集和 Thumb 指令集各有其优点，若对系统的性能有较高要求，应使用 32 位的存储系统和 ARM 指令集；若对系统的成本及功耗有较高要求，则应使用 16 位的存储系统和 Thumb 指令集。当然，若二者结合使用，充分发挥其各自的优点，会取得更好的效果。

2.6.3 Thumb-2 指令集

ARM 指令集的发展如图 2-18 所示。由图可见，每一代体系结构都会增加新技术。为兼容数据总线宽度为 16 位的应用系统，ARM 体系结构除支持执行效率很高的 32 位 ARM 指令集外，同时支持 16 位的 Thumb 指令集，称为 Thumb-2 指令集。CM3 只使用 Thumb-2 指令集。这是个很大的突破，因为它允许 32 位指令和 16 位指令优势互补（体现 CISC 特点），代码密度与处理性能兼顾。

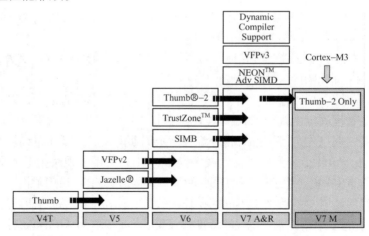

图 2-18　ARM 指令集的发展

Thumb-2 是一个突破性的指令集。它强大、易用、高效。Thumb-2 指令集是 16 位 Thumb 指令集的一个超集，在 Thumb-2 中，16 位指令首次与 32 位指令并存，结果在 Thumb 状态下指令集功能增强，同时指令周期数也明显下降。Thumb-2 指令集可以在单一的操作模式下完成所有处理，它使 CM3 在多个方面都比传统的 ARM 处理器更先进，既没有状态切换的额外开销，节省了执行时间和指令空间，也不再需要把源代码文件分成按 ARM 编译和按 Thumb 编译，软件开发的管理大大减少，更无须再反复地求证和测试，究竟该在何时何地切换到何种状态下，程序才最有效率，开发软件容易多了。利用 Thumb-2 指令集编写的程序所占用的存储空间相应小很多，而且功耗也比以前有很大改善，代码空间可以减少约 70%。Thumb-2 指令集能够更有效地使用高速缓存。由于高速缓存资源在嵌入式系统中是非常少的，Thumb-2 指令集高效使用高速缓存，会提高系统的整体性能。Thumb-2 指令集还有效减少了功耗，由于代码空间的压缩，在有限的高速缓存中所存放的常用代码必然增加，这样不仅提高了速度，而且降低了代码的读取次数，因此使用 Thumb-2 指令集的功耗也比其他传统代码要小。

需要说明的是，CM3 并不支持所有的 Thumb-2 指令，ARMv7-M 的说明书只要求实现 Thumb-2 的一个子集，如图 2-19 所示。举例来说，协处理器指

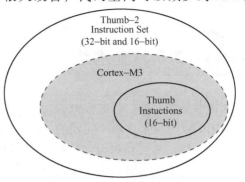

图 2-19　Thumb-2 指令集与 Thumb 指令集的关系

令就被裁剪掉了（可以使用外部的数据处理引擎来替代）。CM3 也没有实现 SIMD 指令集。Thumb-2 指令表详见附录 B。

表 2-13 是 51 单片机指令集和 Thumb-2 的编程比较，所完成的程序功能为 16 位数和 16 位数相乘。

表 2-13　51 单片机指令集和 Thumb-2 的编程比较

	8 位举例（8051）	ARM Cortex-M（Thumb-2）

代码	MOV A, XL；2B
	MOV B, YL；3B
	MUL AB；1B
	MOV R0, A；1B
	MOV R1, B；3B
	MOV A, XL；2B
	MOV B, YH；3B
	MUL AB；1B
	ADD A, R1；1B
	MOV R1, A；1B
	MOV A, B；2B
	ADDC A, #0；2B
	MOV R2, A；1B
	MOV A, XH；2B
	MOV B, YL；3B
	MUL AB；1B
	ADD A, R1；1B
	MOV R1, A；1B
	MOV A, B；2B
	ADDC A, R2；1B
	MOV R2, A；1B
	MOV A, XH；2B
	MOV B, YH；3B
	MUL AB；1B
	ADD A, R2；1B
	MOV R2, A；1B
	MOV A, B；2B
	ADDC A, #0；2B
	MOV R3, A；1B
		MULS r0, r1, r0

时间	48 个时钟周期	1 个时钟周期
代码大小	48B	2B

对于 Thumb-2 指令集，建议初学者利用英文还原法记忆指令功能，看到一段汇编的代码时，会去查找相关的指令集，读懂代码的意图和作用即可。

2.7 流水线

指令是如何被执行的？微处理器的功能是什么？Tom Shanley 在其名著《奔腾 4 大全》中的第 1 章给出了这两个问题的答案："微处理器就是一个从内存中读取指令（Fetch）、然后解码（Decode）和执行（Execute）的引擎"。

计算机中一条指令的执行可分为若干个阶段。由于每个阶段的操作相对都是独立的，因此可以采用流水线的重叠技术来提高系统的性能。在流水线填充满后，多个指令可以并行执行，这样可以充分利用现有的硬件资源，提高了微处理器的运行效率。

指令流水线的思想类似于现代化工厂的生产流水线，如图 2-20 所示。在工厂的生产流水线上，把生产装配的某个产品的过程分解成若干个工序，每个工序用同样的时间单位，在各自的工位上完成各自工序的工作。这样若干个产品可以在不同的工序上同时被装配，每个单位时间内都能完成一个产品的装配，生产出一个成品，即单位时间的成品流出率大大提高了。

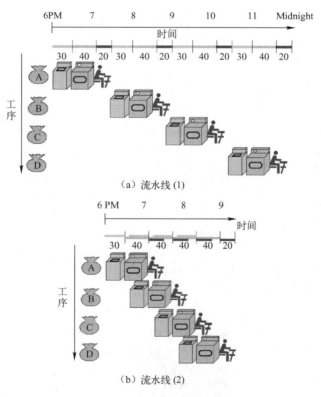

图 2-20 流水线示意图

CM3 处理器使用一个 3 级流水线，分别是取指、解码和执行，如图 2-21 所示。

当运行的指令大多数都是 16 位时，处理器会每隔一个周期做一次取指操作。这是因为

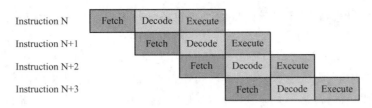

图 2-21　CM3 的 3 级流水线

CM3 有时可以一次取出两条指令（一次能取 32 位），因此在第 1 条 16 位指令取来时，也把第 2 条 16 位指令取来了。此时总线接口就可以先歇一个周期再取指。或者如果缓冲区是满的，总线接口就空闲下来了。有些指令的执行需要多个周期，在此期间流水线就会暂停。

当遇到分支指令时，译码阶段也包含取指预测，这提高了执行的速度。处理器在译码阶段自行对分支目的地指令进行取指。在稍后的执行过程中，处理完分支指令后，便知道下一条要执行的指令。如果分支不跳转，那么紧跟着的下一条指令随时可供使用。如果分支跳转，那么在跳转的同时分支指令可供使用，空闲时间限制为一个周期。

上述章节论述了 CM3 处理器的知识，主要包括以下方面（其他处理器类似）：

☺ 处理器的工作模式；
☺ 处理器的寄存器系统；
☺ 处理器一次可以访问的内存容量；
☺ 处理器可访问的地址空间；
☺ 处理器程序、数据存储空间分开编址或统一编址；
☺ 处理器 I/O 端口与存储器分开编址（独立编址）或统一编址；
☺ 处理器是否具有流水线；
☺ 处理器每次执行的指令长度（1B、2B、4B 或 8B）及指令是否是定长的；
☺ 处理器的指令周期大小及是否定长；
☺ 处理器的指令集为 RISC 或 CISC。

2.8　异常和中断

1. 异常和中断的概念

异常通常定义为在正常的程序执行流程中发生暂时的停止并转向相应的处理，包括 ARM 内核产生复位，取指或存储器访问失败，遇到未定义指令，执行软件中断指令，或者出现外部中断等。大多数异常都对应一个软件的异常处理程序，也就是在异常发生时执行的软件程序。在处理异常前，当前处理器的状态必须保留，这样当异常处理完成后，当前程序可以继续执行。处理器允许多个异常同时发生，它们将会按固定的优先级进行处理。

在本书中，经常混用术语"中断"与"异常"。若不加说明，则强调的都是它们对主程序所体现出来的"中断"性质，即指"由于接收到来自外围硬件（相对于 CPU 和内存）的异步信号或来自软件的同步信号，而进行相应的硬件/软件处理"，与以前学 51 单片机时所讲的中断概念是相同的。但中断与异常的区别在于，中断对 CM3 核来说都是"意外突发事件"，即该请求信号来自 CM3 内核的外面，来自各种片上外设或外扩的外设；而异常则是因 CM3 内核的活动产生的，即在执行指令或访问存储器时产生。

CM3 有 15 个异常，类型编号为 1～15 的系统异常见表 2-14（注意：没有编号为 0 的异常）；有 240 个中断源。因为芯片设计者可以修改 CM3 的硬件描述源代码，所以做成芯片后，支持的中断源数目常常不到 240 个，并且优先级的位数也由芯片厂商最终决定。

在 CM3 中，优先级的数值越小，则优先级越高。CM3 支持中断嵌套，使得高优先级异常会抢占（preempt）低优先级异常。有 3 个系统异常，即复位、NMI 和硬 fault，它们有固定优先级，并且它们的优先级号是负数，从而高于所有其他异常。所有其他异常的优先级都是可编程的，但不能被编程为负数。关于 CM3 优先级的详细内容详见第 6 章。

表 2-14 CM3 异常表

位 置	优 先 级	优先级类型	名 称	说 明	地 址
—	—	—	—	保留	0x0000 0000
—	-3（最高）	固定	Reset	复位	0x0000 0004
—	-2	固定	NMI	不可屏蔽中断，RCC 时钟安全系统（CSS）连接到 NMI 向量	0x0000 0008
—	-1	固定	硬件失效	所有类型的失效	0x0000000C
—	0	可设置	存储管理	存储器管理	0x0000 0010
—	1	可设置	总线错误	预取指失败，存储器访问失败	0x0000 0014
—	2	可设置	错误应用	未定义的指令或非法状态	0x0000 0018
—	—	—	—	保留	0x0000001C
—	—	—	—	保留	0x0000 0020
—	—	—	—	保留	0x0000 0024
—	—	—	—	保留	0x0000 0028
—	3	可设置	SVCall	通过 SWI 指令的系统服务调用	0x0000002C
—	4	可设置	调试监控	调试监控器	0x0000 0030
—	—	—	—	保留	0x0000 0034
—	5	可设置	PendSV	可挂起的系统服务	0x0000 0038
—	6	可设置	SysTick	系统滴答定时器	0x0000003C

在表 2-14 中，有 3 个异常是专为操作系统而设计的。

【SysTick 定时器】以前，大多操作系统需要一个硬件定时器来产生操作系统需要的分时复用定时，以此作为整个系统的时基。有了 SysTick 定时器，操作系统就不占用芯片的定时器外设，而且所有的 CM3 芯片都带有同样的 SysTick 定时器，软件的移植就得以简化。

【系统服务调用 SVC】多用于在操作系统之上的软件开发中，用于产生系统函数的调用请求。它使用户程序无须在特权级下执行，并使用户程序与硬件无关。SVC 相当于以前 ARM 中的"软件中断"的指令（SWI）。

【可挂起系统调用 PendSV】操作系统一般都不允许在中断处理过程中进行上/下文切换，当 SysTick 异常不是最低优先级时，它可能会在中断服务期间触发上/下文切换，这是无法完成的。引入 PendSV 后，可以直到其他重要的任务完成后才执行上/下文切换。

有了以上 3 个内核级的异常，使得 CM3 与实时嵌入式操作系统成了绝佳搭配。

2. 嵌套的向量式中断控制器

嵌套的向量式中断控制器 NVIC 基本功能包括支持向量中断，可屏蔽中断，支持嵌套中断,中断延迟很短,以及支持动态优先级调整。动态优先级调整指的是软件可以在运行期间更改中断的优先级。

如果一个发生的异常不能被立即响应,就称它被挂起。如果某中断服务程序修改了自己所对应中断的优先级,则这个中断可被更高级的中断挂起(pending),详见6.3节。

少数故障异常是不允许被挂起的。一个异常被挂起的原因,可能是系统当前正在执行一个更高优先级异常的服务程序,或者因相关屏蔽位被置位,导致该异常被禁止。对于每个异常源,在被挂起的情况下,都会有一个对应的"挂起状态寄存器"保存其异常请求。待到该异常能够响应时,执行其服务程序,这与传统的 ARM 是完全不同的。传统的 ARM 中断系统是由产生中断的设备保持请求信号,CM3 则由 NVIC 的挂起状态寄存器来解决这个问题,即使设备在后来已经释放了请求信号,曾经的中断请求也不会丢失。

CM3 处理器使用一个可以重复定位的向量表,表中包含了将要执行的函数的地址,可供具体的中断使用。中断被接受后,处理器通过指令总线接口从向量表中获取地址。向量表复位时指向零,编程控制寄存器可以使向量表重新定位到中断服务程序。

为了提高系统灵活性,当异常发生时,程序计数器、程序状态寄存器、链接寄存器和 R0～R3、R12 等通用寄存器将被压栈。在数据总线对寄存器压栈的同时,指令总线从程序存储器中取出异常向量,并获取异常代码的第 1 条指令。一旦压栈和取指完成,中断服务程序或故障处理程序就开始执行,随后寄存器自动恢复,被中断的程序也因此恢复正常的执行。由于采用硬件处理堆栈操作,CM3 处理器免去了在传统的 C 语言中断服务程序中完成堆栈处理所要编写的程序,这使应用程序的开发变得简单。

NVIC 还采用了支持内置睡眠模式的电源管理方案。

3. 中断、异常过程

当 CM3 进入相应中断或异常时,会经历如下步骤。

1) 保存现场 即压栈操作,处理器通过硬件自动把相关的寄存器 xPSR、PC、LR、R12 及 R0～R3 保存到当前使用的堆栈中。如果当前使用的是 PSP,则压入进程堆栈;反之则压入主堆栈。进入了服务例程后,就一直使用 MSP。

2) 取向量 CM3 处理器有专用的数据总线和指令总线。在 Dbus(数据总线)保存处理器状态的同时,处理器通过 Ibus(指令总线)从向量表中取出异常向量,并获取 ISR(中断服务程序)函数的地址,也就是保护现场与取异常向量是并行处理的。

3) 更新寄存器 执行服务例程前的最后一步就是更新通用寄存器。服务例程中将使用 MSP 来访问堆栈,故会将堆栈指针更新。xPSR 将会被写入中断编号。PC 指向服务例程的入口地址,准备执行服务例程。此时 LR 会更新为一个特殊的值,又叫 EXC_RETURN,发挥异常返回的作用。此时该寄存器仅低 4 位有效。

中断返回时,通过向 PC 中写 EXC_RETURN 的值来识别返回动作。返回后会依次恢复入栈的各个寄存器,并更新 NVIC 寄存器的值。CM3 支持嵌套中断,因此如果在响应中断时,有高优先级的中断到来时,需要再次执行入栈操作。这里有一个问题需要考虑,就是每增加一级嵌套,就需要至少 8W(字)的堆栈空间。由于响应中断时使用的是 MSP,故对主堆栈的堆栈空间有一定的要求。

除了通用寄存器,NVIC 中的相关寄存器也会被更新。例如,新响应中断的挂起位将被清除,同时其活动位将被置位。

4. 占先

在中断处理程序中，当一个新的中断比当前的中断优先级更高时，处理器将打断当前的流程，响应优先级更高的中断，此时产生中断嵌套。占先是一种对更高优先级中断的响应机制。CM3 中断占先的处理过程如图 2-22 所示。

5. 末尾连锁（Tail – Chaining）

当处理器响应某中断时，如果又发生其他中断，但其他中断优先级不高，则它们被挂起。在当前的中断执行返回后，系统处理挂起的中断时，传统的方法是先出栈，然后又把出栈的内容压栈，如图 2-23 所示。此时压栈 2 与出栈 1 的内容完全相同，因此 CM3 不再出栈这些寄存器，而是继续使用上一个中断已经压栈的成果，如图 2-24 所示。看上去好像后一个中断和前一个中断连接起来了，前、后只执行了一次压栈/出栈操作，称为末尾连锁。末尾连锁是处理器用于加速中断响应的一种机制，其时序图如图 2-25 所示。

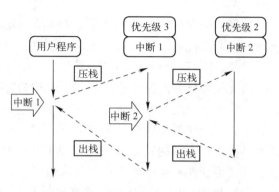

图 2-22　CM3 中断占先的处理过程

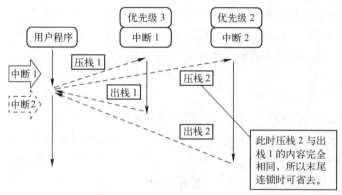

图 2-23　不用末尾连锁的情况

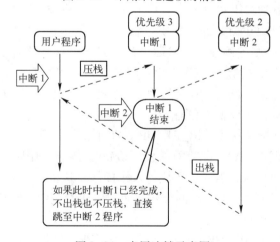

图 2-24　末尾连锁示意图

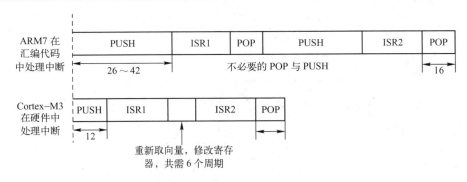

图 2-25　末尾连锁时序图

6. 迟来（Late – arriving）

如果前一个中断服务程序尚未进入执行阶段，并且迟来中断的优先级比前一个中断的优先级高，则迟来的中断能够抢占前一个中断得到优先服务，这种现象称为迟来。例如，若在响应某低优先级中断 1（优先级为 3）的早期，检测到了高优先级中断 2（优先级为 2），就能以"迟来"的方式处理——在压栈完成后采用末尾连锁技术，执行服务程序 2，如图 2-26 所示。因此可以说迟来是加速占先的一个机制。

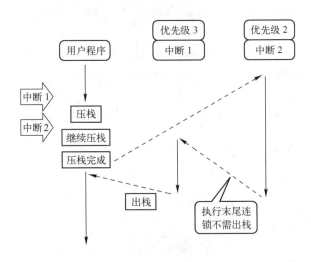

图 2-26　迟来示意图

7. 返回

CM3 中断返回的操作如图 2-27 所示。当从中断中返回时，处理器可能会处于以下 3 种情况之一。

（1）尾链到一个已挂起的中断，该中断比栈中所有中断的优先级都高。

（2）如果没有挂起的中断，或者栈中最高优先级的中断比挂起的最高优先级中断具有更高的优先级，则返回到最近一个已压栈的 ISR。

（3）如果没有中断被挂起或位于栈中，则返回到 Tread 模式。

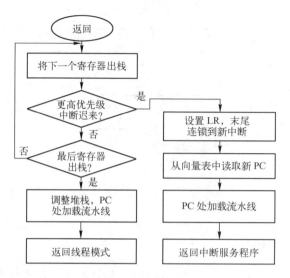

图 2-27 返回的流程图

在没有挂起中断或没有比被压栈的中断优先级更高的中断时,处理器执行出栈操作,并返回到被压栈的中断服务程序或线程模式,即在响应中断服务程序后,处理器通过出栈操作自动将处理器状态恢复为进入中断服务程序前的状态。如果在状态恢复过程中出现一个新的中断,并且该中断的优先级比正在返回的中断服务程序或线程更高,则处理器放弃状态恢复操作,并将新的中断作为末尾连锁处理。

寄存器出栈后,对于异常,它的活动位也被硬件清除;对于中断,若中断输入再次被置为有效,挂起位也将再次置位,新的中断响应序列也可随之再次开始。

中断基于优先级而采取的占先、末尾连锁、返回和迟来 4 种动作的区别见表 2-15。这 4 种方式最大的区别在于中断出现的时刻不同。

表 2-15 中断基于优先级而采取的 4 种动作的区别

动作	占先	末尾连锁	返回	迟来
产生条件	新的中断比当前的 ISR 或线程的优先级更高	当前 ISR 返回时,有新的中断执行	没有新的中断或没有比被压栈的 ISR 优先级更高的中断	新的中断比正在保存的中断占先优先级更高
发生时刻	ISR 或线程正在执行	当前 ISR 结束时	当前 ISR 结束时	当前 ISR 开始时
中断结果	当前处于线程状态,则进行挂起中断;当前处于 ISR 状态,则产生中断嵌套	跳过出栈操作,将控制权转向新的 ISR	执行出栈操作,并返回到被压栈的 ISR 或线程模式	处理器转去处理优先级更高的中断
附加动作	处理器自动保存状态并压栈	—	自动将处理器状态恢复为进入 ISR 前的状态	—

2.9 存储器保护单元 MPU

存储器保护单元是 CM3 内核可选择的外设。如果内核集成了存储器保护单元,这个外设提供一个强制的存储器保护区，以及在这个区域的存取规则。这个存储器保护单元支持多达 8 个不同区域的保护，并且每个区域又可分成 8 个大小相同的子区域。MPU 通过将关键数据、OS 内核及向量表等重要区域的属性设置为只读，可以防止用户应用程序的破坏，从而保证系统的安全性。

2.10 STM32 微控制器概述

2.10.1 STM32 命名

STM32 系列微控制器命名规则如图 2-28 所示。

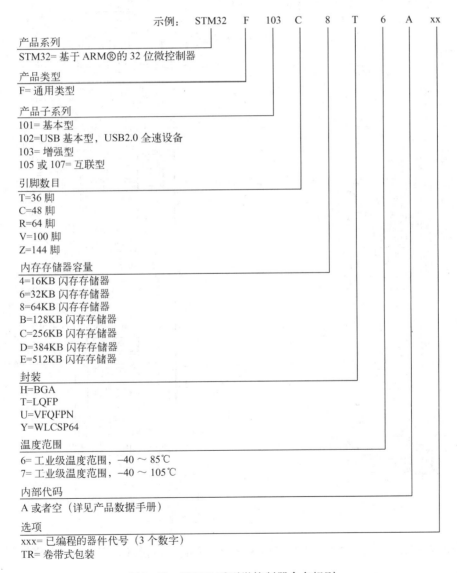

图 2-28 STM32 系列微控制器命名规则

每种STM32的产品都由16个字母或数字构成的编号标志,用户向ST公司订货时,必须使用这个编号指定自己需要的产品。

本书所用开发板上的微控制器型号为STM32RBT6,读者可以按照上述命名规则说明一下这款微控制器的性能指标。

2.10.2　STM32内部资源

STM32F103系列微控制器模块框图如图2-29所示,其内部资源见表2-16。

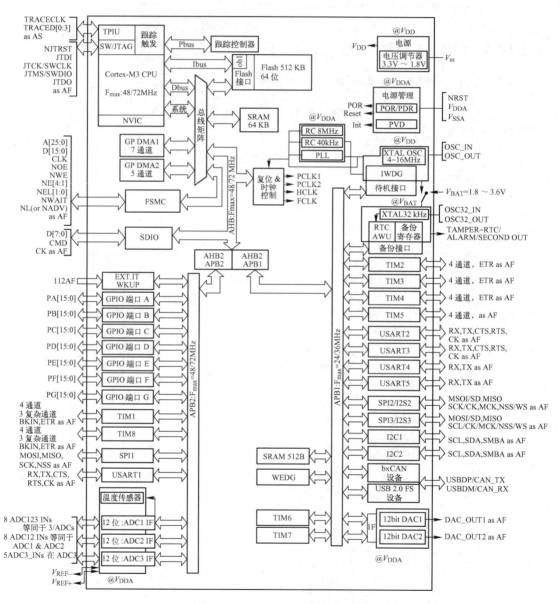

图2-29　STM32F103模块框图

本书以STM32F103系列芯片中的STM32RBT6为例进行讲解,其引脚图如图2-30所示,其封装图如图2-31所示。

第 2 章 Cortex-M3 体系结构

表 2-16 STM32F103 系列微控制器内部资源

外设		STM32F103Tx		STM32F103Cx			STM32F103Rx			STM32F103Vx	
闪存（KB）		32	64	32	64	128	32	64	128	64	128
RAM（KB）		10	20	10	20	20	10	20		20	
定时器	通用	2	3	2	3	3	2	3		3	
	高级	1		1			1			1	
通信	SPI	1	1	1	2	2	1	2		2	
	I²C	1	1	1	2	2	1	2		2	
	USART	2	2	2	3	3	2	3		3	
	USB	1	1	1	1	1	1	1		1	
	CAN	1	1	1	1	1	1	1		1	
通用 I/O 端口		26		37			51			80	
12 位同步 ADC		2 10 通道		2 10 通道			2 16 通道				
微处理器频率		72MHz									
工作电压		2.0～3.6V									
工作温度		-40～+85℃ / -40～+105℃									
封装		VFQFPN36		LQFP48			LQFP64			LQFP100 BGA100	

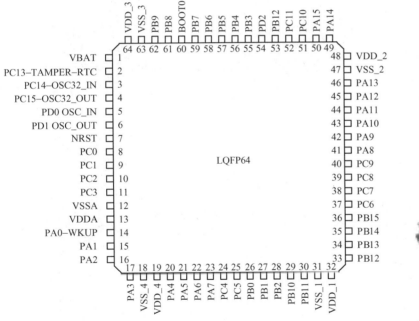

图 2-30 STM32RBT6 引脚图

LQFP64
10mm × 10 mm

图 2-31 STM32RBT6 封装图

STM32F103RB 的内部资源如下所述。

☺ 内核：ARM 32 位 CM3 微处理器；72MHz，1.25DMips/MHz（Dhrystone2.1），0 等待周期的存储器；单周期乘法和硬件除法。

☺ 存储器：128KB 的 Flash 程序存储器；20KB 的 SRAM。

☺ 时钟、复位和电源管理：2.0～3.6V 供电；上电/断电复位（POR/PDR）、可编程电压监测器（PVD）；内嵌 4～16MHz 高速晶体振荡器；内嵌经出厂调校的 8MHz 的 RC 振荡器；内嵌 40kHz 的 RC 振荡器；PLL 供应 CPU 时钟；带校准功能的 32kHz RTC 振荡器。

☺ 低功耗：3 种低功耗模式。

☺ 5 组 I/O 口：5 组多功能双向 5V 兼容的 I/O 口；所有 I/O 口可以映像到外部中断。

☺ DMA 控制器：支持定时器、ADC、SPI、I^2C 和 USART 等外设。

☺ 2 个 12 位 A/D 转换器：1μs 转换时间（16 通道）；转换范围为 0～3.6V；双采样和保持功能；温度传感器。

☺ 9 个通信接口：3 个 USART 接口，支持 ISO7816、LIN、IrDA 接口和调制解调控制；2 个 I^2C 接口（SMBus/PMBus）；2 个 SPI 同步串行接口（18Mb/s）；1 个 CAN 接口（2.0B 主动）；1 个 USB 2.0 全速接口。

☺ 2 个高级控制定时器，4 个通用定时器，2 个基本定时器，1 个实时时钟，2 个看门狗定时器和 1 个系统滴答定时器（SysTick 时钟）。

☺ 调试模式：串行线调试（SWD）和 JTAG 接口。

第 3 章 STM32 最小系统

【前导知识】电源、时序、晶振、复位、复位电路、时钟周期、指令周期、最小系统。

3.1 电源电路

3.1.1 供电方案

STM32 电源电路结构图如图 3-1 所示，其供电方案如图 3-2 所示。注意，V_{DDA} 和 V_{SSA} 必须分别连到 V_{DD} 和 V_{SS}。电源电路可分为如下 3 部分。

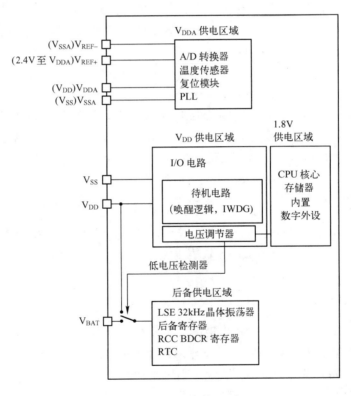

图 3-1 STM32 电源电路结构图

1. 数字部分

V_{DD} 接 2.0～3.6V 的直流电源。通常接 3.3V，供 I/O 端口等接口使用。内置的电压调节器提供 CM3 处理器所需的 1.8V 电源，即把外电源提供的 3.3V 转换成 1.8V。电压调节器主要有如下 3 种工作模式。

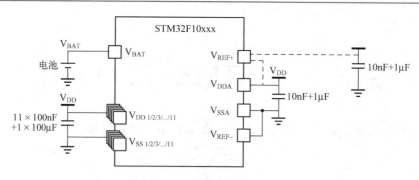

图 3-2　STM32 供电方案

【运行模式】提供 1.8V 电源（处理器、内存和外设），此种模式也称主模式（MR）。在运行模式下，可以通过降低系统时钟，或者关闭 APB 和 AHB 总线上未被使用的 CM3 处理器外的外设时钟来降低功耗。

【停止模式】选择性提供 1.8V 电源，即为某些模块提供电源，如为寄存器和 SRAM 供电以保存其中的内容。此种模式也称为电压调节器的低功耗模式（LPR）。

【待机模式】切断处理器电路的供电，调压器的输出为高阻状态，调压器处于零消耗关闭状态。除备用电路和备份域外，寄存器和 SRAM 的内容全部丢失。此种模式也称关断模式。

2. 模拟部分

为了提高转换精度，ADC 使用一个独立的电源供电，过滤和屏蔽来自 PCB 上的毛刺干扰。V_{SSA} 为独立电源地，V_{DDA} 接 2.0～3.6V，为 ADC、复位模块、RC 振荡器和 PLL 的模拟部分供电。当 $V_{DD} \geqslant 2.4V$ 时，ADC 工作；当 $V_{DD} \geqslant 2.7V$ 时，USB 工作。

V_{REF+} 电压范围为 2.4V 至 V_{DDA} 之间，可以连接到 V_{DDA} 外部电源。如果在 V_{REF+} 上使用单独的外部参考电压，必须在这个引脚上连接一个滤高频干扰的小电容。

〖说明〗V_{REF+} 引脚在 100 脚封装芯片和其他封装芯片中的情况是不同的，100 脚的芯片 V_{REF+} 和 A/D 供电电压是相互独立的，而在其他封装中它们是内部直接连接的。

3. 备份部分

备份电压指的是备份域使用的供电电源，也就是 V_{BAT} 引脚的供电，使用电池或其他电源连接到 V_{BAT} 脚上。V_{BAT} 为 1.8～3.6V，当主电源 V_{DD} 断电时，为 RTC、外部 32kHz 振荡器和后备寄存器供电。如果没有外部电池，这个引脚必须和一个滤高频干扰的小电容一起连接到 V_{DD} 电源上。当使用 V_{DD} 时，V_{BAT} 上无电流损失。

由图 3-2 可知，通常 V_{DD} 和 V_{DDA} 应连接到同一个电源上；$2.4V \leqslant V_{REF+} \leqslant V_{DDA}$；$V_{SS}$、$V_{SSA}$、$V_{REF-}$ 必须连接到地线。图中的电容皆为电源的退耦电容，容抗 $X_c = 1/(2\pi fC)$，可见同样电容量的电容器，频率越高其容抗越低。因此，为了达到一定的容抗，频率越高时所需要的电容量越小；反之就越大。

电源模块为系统其他模块提供所需要的电源。在电路设计中，除要考虑到电压范围和电流容量等基本参数外，还要在电源转换效率、降低噪声、防止干扰和简化电路等方面进行优化。可靠的电源方案是整个硬件电路稳定可靠运行的基础。

3.1.2 电源管理器

电源管理器硬件组成包括两个部分，即电源的上电复位（POR）和掉电复位（PDR）部分，以及可编程电压监测器（PVD）部分。电源的上电复位和掉电复位详见3.3节。

可编程电压监测器监视 V_{DD} 供电并与 PVD 阈值（如图 3-3 所示）比较，当 V_{DD} 低于或高于 PVD 阈值时，将产生中断，中断处理程序可以发出警告信息或将微控制器转入安全模式。对 PVD 的控制可通过对电压与电源控制寄存器（PWR_CR）写相应控制值来完成。

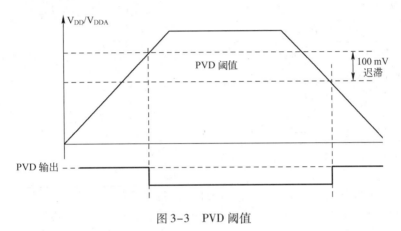

图 3-3　PVD 阈值

3.1.3 低功耗模式

在系统或电源复位后，微控制器处于运行状态。当处理器不需继续运行时（如等待某个外部事件），可以利用多种低功耗模式来节省功耗。用户需要根据最低电源消耗、最快速启动时间和可用的唤醒源等条件，选定一个最佳的低功耗模式。低功耗模式主要是对处理器、处理器外部外设、SRAM 和寄存器等供电的电源和时钟进行控制操作。

讨论 STM32 的功耗，要从以下两个方面来理解：CM3 处理器内的功率消耗硬件，包括处理器内的外设（如 NVIC，通过内部专用外设总线访问）和 CM3 处理器外部外设（通过外部专用外设总线访问）。关于 CM3 处理器外部外设功率消耗控制比较简单，只需控制相应总线时钟开关，让外设在不使用时的时钟尽量处于关闭状态。重点是 CM3 内的功率消耗，而 STM32 的低功耗模式重点也是指 CM3 处理器内的功耗。STM32F103xx 增强型支持 3 种低功耗模式，即睡眠模式（Sleep mode）、停止模式（Stop mode）和待机模式（Standby mode）。为便于读者比较，在下述介绍中，除按照功耗递减的顺序介绍低功耗模式外，也加入了非低功耗的运行模式（Run mode）。

【运行模式】电压调节器工作在正常状态；CM3 处理器正常运行，CM3 的内部外设（如 NVIC）正常运行；STM32 的 PLL、HSE、HSI 正常运行。

【睡眠模式】电压调节器工作在正常状态；CM3 处理器停止运行，但 CM3 的内部外设仍正常运行；STM32 的 PLL、HSE、HSI 也正常运行；所有的 SRAM 和寄存器内的内容被保留；但是所有的外设继续运行（除非它们被关闭），所有的 I/O 引脚都保持它们在运行模式时的状态；功耗相对于正常模式得到降低。

【停止模式】此模式也译为"深度睡眠模式"。电压调节器工作在停止模式,即选择性地为某些模块提供1.8V电源;CM3处理器停止运行,CM3的内部外设停止运行;STM32的PLL、HSE、HSI被关断;所有的SRAM和寄存器内的内容被保留。

【待机模式】电压调节器工作在待机模式,整个1.8V区域断电;CM3处理器停止运行,CM3的内部外设停止运行;STM32的PLL、HSE、HSI被关断;SRAM和寄存器内的内容丢失;备份寄存器内容保留;待机电路维持供电。

低功耗模式的比较见表3-1。

表3-1 低功耗模式的比较

模式	进入	唤醒	对1.8V区域时钟的影响	对V_{DD}区域时钟的影响	电压调节器
睡眠	WFI	任一中断	CPU时钟关,对其他时钟和ADC时钟无影响	无	开
	WFE	唤醒事件			
停止模式	PDDS和LPDS位 + SLEEPDEEP位 + WFI或WFE	任一外部中断(在外部中断寄存器中设置)	选择性提供1.8V	HSI和HSE的振荡器关闭	开启或处于低功耗模式(由PWR_CR设定)
待机模式	PDDS位 + SLEEPDEEP位 + WFI或WFE	WKUP引脚的上升沿、RTC闹钟事件、NRST引脚上的外部复位、IWDG复位	关闭所有1.8V区域的时钟		关

当STM32从3种低功耗模式恢复后的处理如下所述。

☺ 当STM32处于睡眠状态时,只有处理器停止工作,SRAM、寄存器的值仍然保留,程序当前执行状态的信息并未丢失,因此STM32从睡眠状态恢复后,回到进入睡眠状态指令的后一条指令开始执行。

☺ 当STM32处于停止状态时,SRAM、寄存器的值仍然保留,因此STM32从停止状态恢复后,回到进入停止状态指令的后一条指令开始执行。但不同于睡眠状态,进入停止状态后,STM32时钟关断,因此从停止状态恢复后,STM32将使用内部高速振荡器作为系统时钟(HSI,频率为不稳定的8MHz)。

☺ 当STM32处于待机状态时,所有SRAM和寄存器的值都丢失(恢复默认值),因此从待机状态恢复后,程序重新从复位初始位置开始执行,这相当于一次软件复位效果,它的退出方法(见表3-1)也说明了这一点。

〖说明〗在Windows操作系统中,很早就加入了待机、休眠等模式,如图3-4所示。而Windows Vista中更是新加入了一种睡眠模式,但很多人还是习惯在不使用计算机时将其彻底关闭。其实充分利用这些模式不仅可以节约电力消耗,还可以用尽可能短的时间把系统恢复到正常工作状态。

图3-4 Windows的待机和休眠模式

（1）待机（Standby）。将系统切换到该模式后，除了内存，计算机中其他设备的供电都将中断，只有内存依靠电力维持着其中的数据（因为内存是易失性的，只要断电，数据就会丢失）。这样在希望恢复时，就可以直接恢复到待机前的状态。这种模式并非完全不耗电，因此如果在待机状态下供电发生异常（如停电），那么下一次就只能重新开机，待机前未保存的数据都会丢失。但这种模式的恢复速度是最快的，一般 5s 之内就可以恢复。

（2）休眠（Hibernate）。将系统切换到该模式后，系统会自动将内存中的全部数据转存到硬盘上一个休眠文件中，然后切断对所有设备的供电。这样在恢复时，系统会从硬盘上将休眠文件的内容直接读入内存，并恢复到休眠前的状态。这种模式完全不耗电，因此不怕休眠后供电异常，但代价是需要一块和物理内存容量一样大小的硬盘空间。这种模式的恢复速度较慢（取决于内存大小和硬盘速度，一般约为 1min，甚至更久）。

（3）睡眠（Sleep）。这是 Windows Vista 中的新模式，如图 3-5 所示。这种模式结合了待机和休眠的所有优点。将系统切换到睡眠状态后，系统会将内存中的全部数据转存到硬盘上的休眠文件中（这一点类似休眠），然后关闭除内存外所有设备的供电，让内存中的数据依然维持着（这一点类似待机）。这样，当我们想要恢复正常工作时，如果在睡眠过程中供电没有发生过异常，就可以直接从内存中的数据恢复（类似待机），速度很快；但如果睡眠过程中供电异常，内存中的数据已经丢失，还可以从硬盘上恢复（类似休眠），只是速度会慢一点。不过无论如何，这种模式都不会导致数据丢失。正因为睡眠功能有这么多优点，因此 Windows Vista 开始菜单上的电源按钮默认就会将系统切换到睡眠模式。所以我们可以充分利用这一新功能，毕竟从睡眠状态下恢复的速度要比复位启动快很多。而且睡眠模式也不是一直进行下去的，如果系统进入睡眠模式一段时间后（具体时间可以设定）没有被唤醒，那么还会自动被转入休眠状态，并关闭对内存的供电，进一步节约能耗。

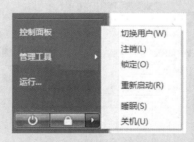

图 3-5　睡眠模式

3.2　时钟电路

STM32 时钟系统如图 3-6 所示。每个时钟源在不使用时都可以单独打开或关闭，这样就可以优化系统功耗。

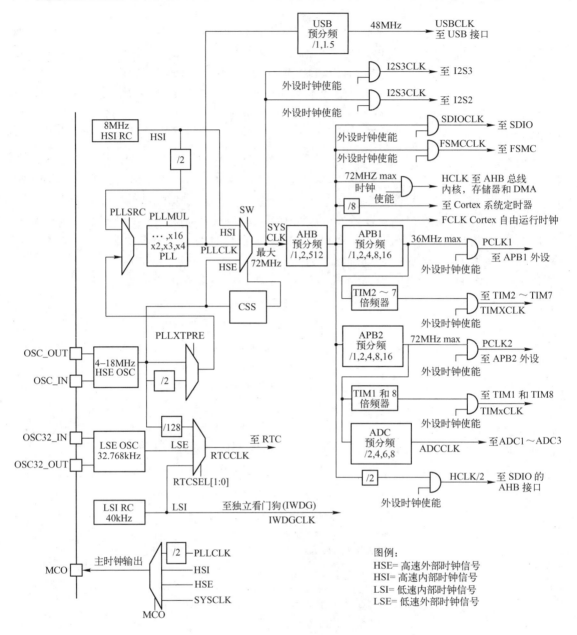

图 3-6 STM32 时钟系统

3.2.1 HSE 时钟和 HSI 时钟

1. HSE 时钟

高速外部时钟信号（HSE）由以下两种时钟源产生。

【HSE 外部时钟】如图 3-7 所示。在这种模式下，必须提供一个外部时钟源。它的频率可高达 25MHz。用户可以通过设置时钟信号控制寄存器 RCC_CR 中的 HSEBYP 位和 HSEON 位来选择该模式，此时 OSC_OUT 引脚为高阻状态。

【HSE 外部晶体/陶瓷谐振器】如图 3-8 所示。这个 4～16MHz 的外部晶振的优点在于能产生非常精确的主时钟。

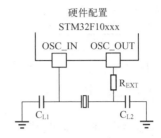

图 3-7 HSE 外部时钟　　　　　　　　图 3-8 HSE 用外部振荡器

图 3-8 中，谐振器和负载电容需要尽可能靠近振荡器的引脚，以减小输出失真和启动稳定时间。负载电容值必须根据选定的晶振进行调节。

2. HSI 时钟

HSI 时钟信号由内部 8MHz 的 RC 振荡器产生，可直接作为系统时钟或在 2 分频后作为 PLL 输入。HSI 的 RC 振荡器能够在不需要任何外部器件的条件下提供系统时钟。它的启动时间比 HSE 晶体振荡器短。然而，即使在校准后它的时钟频率精度仍较差。

3.2.2 PLL

许多电子设备要正常工作，通常需要外部的输入信号与内部的振荡信号同步，利用锁相环 PLL（Phase Locked Loop）就可以实现这个目的。锁相环是一种反馈控制电路，其特点是利用外部输入的参考信号控制环路内部振荡信号的频率和相位。因锁相环可以实现输出信号频率对输入信号频率的自动跟踪，所以锁相环通常用于闭环跟踪电路。锁相环在工作过程中，当输出信号的频率与输入信号的频率相等时，输出电压与输入电压保持固定的相位差值，即输出电压与输入电压的相位被锁住，这就是锁相环名称的由来。

内部 PLL 可以用于倍频 HSI 的 RC 输出时钟或 HSE 晶体输出时钟。PLL 的设置（选择 HSI 振荡器除 2 或 HSE 振荡器为 PLL 的输入时钟，然后选择倍频因子）必须在其被激活前完成。一旦 PLL 被激活，这些参数就不能被改动。如果 PLL 中断在时钟中断寄存器中被允许，当 PLL 准备就绪时，可产生中断申请。如果需要在应用中使用 USB 接口，PLL 必须被设置为输出 48 或 72MHz 时钟，用于提供 48MHz 的 USBCLK 时钟。

3.2.3 LSE 时钟和 LSI 时钟

LSE 是低速外部时钟，接频率为 32.768kHz 的石英晶体。低速外部时钟源（LSE）可以由如下两个时钟源来产生。

【LSE 用外部时钟】如图 3-9 所示，在这种模式下，必须提供一个外部时钟源。

【LSE 外部晶体/陶瓷谐振器】如图 3-10 所示，这个 LSE 晶体是一个 32.768kHz 的低速外部晶体或陶瓷谐振器。它的优点在于能为实时时钟部件（RTC）提供一个低速高精确的时钟源。RTC 可以用于时钟/日历或其他需要计时的场合。

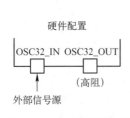 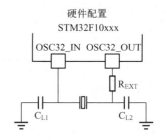

图 3-9　LSE 用外部时钟　　　　　图 3-10　LSE 用外部振荡器

注意，谐振器和加载电容需要尽可能近地靠近晶振引脚，这样能使输出失真和启动稳定时间减到最小。负载电容值必须根据选定的晶振进行调节。

LSI 是一个低功耗时钟源，它可以在停机模式或待机模式下保持运行，为独立看门狗和自动唤醒单元提供时钟。LSI 时钟频率大约 40kHz（在 30～60kHz 之间）。LSI 可以通过控制/状态寄存器（RCC_CSR）中的 LSION 位来启动或关闭。在控制/状态寄存器（RCC_CSR）中的 LSIRDY 位指示低速内部振荡器是否稳定。在启动阶段，直到这个位被硬件设置为 1 后，此时钟才被释放。如果在时钟中断寄存器（RCC_CIR）中被允许，将产生 LSI 中断申请。

总结，4 种主要时钟的频率如下所述。

（1）HSE 振荡器时钟，外部时钟，频率范围为 4～16MHz，常用值为 8MHz。

（2）HSI 振荡器时钟，内部 8MHz 时钟，可直接作为系统时钟或在 2 分频后作为 PLL 输入。

（3）LSE 时钟，外部 32.768kHz 时钟。

（4）LSI 时钟，内部 40kHz 时钟。

时钟设置需要先考虑系统时钟的来源，是内部时钟、外部晶振，还是外部的振荡器，是否需要 PLL；然后再考虑内部总线和外部总线，最后考虑外设的时钟信号。应遵从先倍频作为处理器的时钟，然后再由内向外分频的原则。

3.2.4　系统时钟 SYSCLK

如图 3-6 所示，STM32 将时钟信号（通常为 HSE）经过分频或倍频（PLL）后，得到系统时钟，系统时钟经过分频，产生外设所使用的时钟。其中，典型值为 40kHz 的 LSI 供独立看门狗 IWDG 使用，另外它还可以为实时时钟 RTC 提供时钟源。RTC 的时钟源也可以选择为 LSE，或者为 HSE 的 128 分频。RTC 的时钟源通过备份域控制寄存器（RCC_BDCR）的 RTCSEL[1:0] 来选择。

STM32 中有一个全速功能的 USB 模块，其串行接口需要一个频率为 48MHz 的时钟源。该时钟源只能从 PLL 输出端获取，可以选择为 1.5 分频或 1 分频，也就是当需要使用 USB 模块时，PLL 必须使能，并且时钟频率配置为 48MHz 或 72MHz。

另外，STM32 还可以选择一个时钟信号输出到 MCO 引脚（PA8）上，可以选择为 PLL 输出的 2 分频、HSI、HSE 或系统时钟，如图 3-6 中左下角所示。

系统时钟 SYSCLK 是供 STM32 中绝大部分部件工作的时钟源。如图 3-6 所示，系统时钟可选择为 PLL 输出、HSI 或 HSE，HSI 与 HSE 可以通过分频加至 PLLSRC，并由 PLLMUL 进行倍频后，直接充当 PLLCLK，经 1.5 分频或 1 分频后为 USB 串行接口提供一个 48MHz 的振荡频率，即当需要使用 USB 时，PLL 必须使能，并且时钟频率配置为 48MHz 或 72MHz，但这并不意味着 USB 模块工作时需要 48MHz，48MHz 仅提供给 USB 串行接口 SIE。系统时钟最大频率为 72MHz，它通过 AHB 分频器分频后送给各个模块，AHB 分频器输出的时钟送给如下 8 大模块使用。

- ☺ 送给 AHB 总线、内核、内存和 DMA 使用的 HCLK 时钟。
- ☺ 通过 8 分频后送给 CM3 的系统定时器时钟。
- ☺ 直接送给 CM3 的空闲运行时钟 FCLK。
- ☺ 送给 APB1 分频器。APB1 分频器可选择 1、2、4、8、16 分频，其输出一路供 APB1 外设使用（PCLK1，最大频率为 36MHz），另一路送给定时器 TIM2～TIM4 倍频器使用。该倍频器可选择 1 倍频或 2 倍频，时钟输出供定时器 2～定时器 4 使用。
- ☺ 送给 APB2 分频器。APB2 分频器可选择 1、2、4、8、16 分频，其输出一路供 APB2 外设使用（PCLK2，最大频率为 72MHz），另一路送给定时器 TIM1 倍频器使用。该倍频器可选择 1 倍频或 2 倍频，时钟输出供定时器 1 使用。另外，APB2 分频器还有一路输出供 ADC 分频器使用，分频后送给 ADC 模块使用。ADC 分频器可选择为 2、4、6、8 分频。
- ☺ 送给 SDIO 使用的 SDIOCLK 时钟。
- ☺ 送给 FSMC 使用的 FSMCCLK 时钟。
- ☺ 2 分频后送给 SDIO AHB 接口使用（HCLK/2）。

在以上的时钟输出中，有很多是带使能控制的，如 AHB 总线时钟、内核时钟，以及各种 APB1 外设、APB2 外设等。当需要使用某模块时，一定要先使能对应的时钟。如果不使用一个外设时，应将它的时钟关掉，从而降低系统的功耗，达到节能的效果。当 STM32 系统时钟为 72MHz 时，在运行模式下，打开全部外设时的功耗电流为 36mA，关闭全部外设时的功耗电流为 27mA。

需要注意的是定时器 2～定时器 4 的倍频器，当 APB1 的分频为 1 时，它的倍频值为 1，定时器时钟频率等于 APB1 的频率；当 APB1 的预分频系数为其他数值（即预分频系数为 2、4、8 或 16）时，它的倍频值为 2。连接在 APB1（低速外设）上的设备有电源接口、备份接口、CAN、USB、I2C1、I2C2、UART2、UART3、SPI2、窗口看门狗、TIM2、TIM3、TIM4。连接在 APB2（高速外设）上的设备有 UART1、SPI1、TIM1、ADC1、ADC2、所有普通 I/O 口（PA～PE）、第二功能 I/O 口。

为什么 ARM 的时钟这么复杂？原因之一是为了使外设和微处理器协调工作。随着芯片工艺的发展，台式机和嵌入式系统的处理器的频率越来越快，而外设接口（如串口）的时钟并没有那么快。如果处理器与外设接口使用同样的时钟，那么处理器在同一时间内要处理很多事情，外设接口才能处理一件事情。若处理器等了很久外设接口才传来一个数据，处理器的性能就不能发挥出来。时钟复杂的另一个原因就是时钟分开有助于实现低功耗。

3.2.5　RCC 寄存器

时钟配置是与 RCC 寄存器密切相关的，它能管理处理器内部和外部的外设时钟。RCC 寄存器地址映像和复位值见表 3-2。

表 3-2 RCC 寄存器地址映像和复位值

偏移	寄存器	31	30	29	28	27	26	25	24	23	22	21	20	19	18	17	16	15	14	13	12	11	10	9	8	7	6	5	4	3	2	1	0
000h	RCC_CR	保留						PLLRDY	PLLON	保留				CSSON	HSEBYP	HSERDY	HSEON	HSICAL[7:0]								HSITRIM[4:0]						HSIRDY	HSION
	复位值							0	0					0	0	0	0	x	x	x	x	x	x	x	x	0	0	0	0	0	0	0	0
004h	RCC_CFGR	保留								MCO[2:0]			保留	USBPRE	PLLMUL[3:0]				PLLXTPRE	PLLSRC	ADCPRE[1:0]		PPRE2[2:0]			PPRE1[2:0]			HPRE[3:0]				SWS[1:0]		SW[1:0]	
	复位值									0	0	0		0	0	0	0	0	0	0	0	0	0	0	0	0	0	0	0	0	0	0	0
008h	RCC_CIR	保留								CSSC	PLL3RDYC	PLL2RDYC	PLLRDYC	HSERDYC	HSIRDYC	LSERDYC	LSIRDYC	保留	PLL3RDYIE	PLL2RDYIE	PLLRDYIE	HSERDYIE	HSIRDYIE	LSERDYIE	LSIRDYIE	CSSF	PLL3RDYF	PLL2RDYF	PLLRDYF	HSERDYF	HSIRDYF	LSERDYF	LSIRDYF
	复位值									0	0	0	0	0	0	0	0		0	0	0	0	0	0	0	0	0	0	0	0	0	0	0
00Ch	RCC_APB2RSTR	保留																USARTIRST	保留		SPI1RST	TIM1RST	ADC2RST	ADC1RST	保留	IOPERST	IOPDRST	IOPCRST	IOPBRST	IOPARST	保留		AFIORST
	复位值																	0			0	0	0	0		0	0	0	0	0			0
010h	RCC_APB1RSTR	保留			DACRST	PWRRST	BKPRST	CAN2RST	CAN1RST	保留		USBRST	I2C2RST	I2C1RST	UART5RST	UART4RST	USART3RST	USART2RST	保留	SPI3RST	SPI2RST	保留		WWDGRST	保留		TIM7RST	TIM6RST	TIM5RST	TIM4RST	TIM3RST	TIM2RST
	复位值				0	0	0	0	0			0	0	0	0	0	0	0		0	0			0			0	0	0	0	0	0
014h	RCC_AHBENR	保留													ETHMACRXEN	ETHMACTXEN	ETHMACEN		CRCEN		保留				CRCEN		FLITEEN	SRAMEN	DMA2EN	DMA1EN		
	复位值														0	0	0		0						0		1	1	0	0		
018h	RCC_APB2ENR	保留																USARTIEN	保留		SPI1EN	TIM1EN	ADC2EN	ADC1EN	保留	IOPEEN	IOPDEN	IOPCEN	IOPBEN	IOPAEN	保留		AFIOEN
	复位值																	0			0	0	0	0		0	0	0	0	0			0
01Ch	RCC_APB1ENR	保留			DACEN	PWREN	BKPEN	CAN2EN	CAN1EN	保留		USBEN	I2C2EN	I2C1EN	UART5EN	UART4EN	USART3EN	USART2EN	保留	SPI3EN	SPI2EN	保留		WWDGEN	保留		TIM7EN	TIM6EN	TIM5EN	TIM4EN	TIM3EN	TIM2EN
	复位值				0	0	0	0	0			0	0	0	0	0	0	0		0	0			0			0	0	0	0	0	0
020h	RCC_BDCR	保留															BDRST	RTCEN	保留			RTCSEL[1:0]		保留						LSEBYP	LSERDYF	LSEON	
	复位值																0	0				0	0							0	0	0	
024h	RCC_CSR	LPWRRSTF	WWDGRSTF	IWDGRSTF	SFTRSTF	PORRSTF	PINRSTF	保留		RMVF	保留																					LSIRDY	LSION
	复位值	0	0	0	0	1	1			0																						0	0

定义 RCC 寄存器组的结构体 RCC_TypeDef 在库文件 stm32f10x.h 中:

```
/*-----------------------------Reset and Clock Control----------------------------*/
typedef struct
```

```
    vu32 CR;//时钟控制寄存器
    vu32 CFGR;
    vu32 CIR;
    vu32 APB2RSTR;
    vu32 APB1RSTR;
    vu32 AHBENR;
    vu32 APB2ENR;
    vu32 APB1ENR;
    vu32 BDCR;
    vu32 CSR;
} RCC_TypeDef;
/* Peripheral and SRAM base address in the bit-band region */
#define PERIPH_BASE            ((u32)0x40000000)
...
#define AHBPERIPH_BASE         (PERIPH_BASE + 0x20000)
...
#define RCC_BASE               (AHBPERIPH_BASE + 0x1000)
...
#ifdef _RCC
    #define RCC                ((RCC_TypeDef *) RCC_BASE)
#endif /* _RCC */
```

从上面的宏定义可以看出，对于程序中所有的 RCC，编译器的预处理程序将它替换成 ((RCC_TypeDef *) 0x40021000)，0x40021000 是 RCC 寄存器的存储映射首地址。首地址加上表 3-2 中各寄存器偏移就是寄存器在存储器中的位置。例如：

RCC_CFGR = RCC 首地址 + CFGR 地址偏移 = 0x40021000 + 0x004 = 0x40021004

在 STM32 固件库 3.0 中，对时钟频率的选择进行了很大的简化，以前的许多操作都放在后台进行。系统给出的函数为 SystemInit()，但在调用前还需要进行一些宏定义的设置，具体的设置在 system_stm32f10x.c 文件中。文件开始就有一个这样的定义：

```
//#define SYSCLK_FREQ_HSE    HSE_Value
//#define SYSCLK_FREQ_24MHz  24000000
//#define SYSCLK_FREQ_36MHz  36000000
//#define SYSCLK_FREQ_48MHz  48000000
//#define SYSCLK_FREQ_56MHz  56000000
#define SYSCLK_FREQ_72MHz    72000000
```

ST 官方推荐的外接晶振是 8MHz，所以库函数的设置都是假定硬件已经接了 8MHz 晶振来运算的。以上定义就是默认晶振 8MHz 时推荐的微处理器频率选择。

以下代码定义了微处理器频率为 72MHz 时各个系统的速度，分别是硬件频率、系统时钟、AHB 总线频率、APB1 总线频率和 APB2 总线频率。

```
#elif defined SYSCLK_FREQ_72MHz
```

```
const uint32_t SystemFrequency          = SYSCLK_FREQ_72MHz;
const uint32_t SystemFrequency_SysClk  = SYSCLK_FREQ_72MHz;
const uint32_t SystemFrequency_AHBClk  = SYSCLK_FREQ_72MHz;
const uint32_t SystemFrequency_APB1Clk = (SYSCLK_FREQ_72MHz/2);
const uint32_t SystemFrequency_APB2Clk = SYSCLK_FREQ_72MHz;
```

以下代码定义微处理器频率为 72MHz 时，设置时钟的函数。这个函数被 SetSysClock( ) 函数调用，而 SetSysClock( ) 函数则是被 SystemInit( ) 函数调用的，最后在主程序中调用 SystemInit( ) 函数。

```
#elif defined SYSCLK_FREQ_72MHz
static void SetSysClockTo72(void);
```

所以设置系统时钟的流程就是，先用户程序调用 SystemInit( ) 函数，然后在 SystemInit( ) 函数中进行一些寄存器必要的初始化后，调用 SetSysClock( ) 函数。SetSysClock( ) 函数根据#define SYSCLK_FREQ_72MHz 72000000 的宏定义，知道了要调用 SetSysClockTo72( ) 这个函数。

在 STM32 中有多种时钟信号，正确配置时钟是系统开发的第一步。在 STM32 中时钟源一般有两种，一种为 HSE，即高速外部时钟信号，由晶体或陶瓷的谐振器生成；另一种为 HSI，由内部的 8MHz 的 RC 振荡器生成。为了保证时钟的准确性，采用 8MHz 的晶体 HSE 时钟。8MHz 频率相对较小，在高速、高精度的运动扫描中需要以高频率的脉冲信号为基础，通常把外部时钟整数倍频后再作为标准时钟来使用。在 STM32 系统中，一般将 HSE 时钟 9 倍频后生成 72MHz 的 PLL 时钟，再将 PLL 时钟配置成系统时钟；设置系统时钟后，再配置 PCLK1 和 PCLK2 时钟，它们分别对应 APB1 和 APB2 桥总线，桥总线直接决定了各个外设和功能模块的时钟；最后根据系统的实际需求，把所需要的外设的时钟使能，这样外设才能够正常工作。

3.3 复位电路

STM32F10xxx 支持 3 种复位形式，即系统复位、电源复位和备份区域复位。

1. 系统复位

系统复位将复位除时钟控制器 CSR 中的复位标志和备用域寄存器外的所有寄存器。当下列事件有一个发生都将产生系统复位。

（1）NRST 引脚上出现低电平（外部复位），如图 3-11 所示。其复位效果与需要的时间、微控制器供电电压、复位阈值等相关。为了使其充分复位，在工作电压 3.3V 下，复位时间设置为 200ms。

在图 3-11 中，复位源将最终作用于 NRST 引脚，并在复位过程中保持低电平。复位入口矢量（详见 2.8 节表 2-14）被固定在地址 0x00000004。

（2）窗口看门狗计数终止（WWDG 复位）；

（3）独立看门狗计数终止（IWDG 复位）；

（4）软件复位（SW 复位），通过设置相应的控制寄存器位来实现；

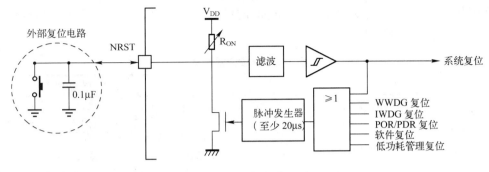

图 3-11　外部复位电路

(5) 低功耗管理复位,进入待机模式或停止模式时引起的复位。

可通过查看控制/状态寄存器(RCC_CSR,Control/Status Register)中的复位标志来识别复位源。

2. 电源复位

电源复位能复位除备份域寄存器外的所有寄存器。当以下事件发生时,将产生电源复位。

(1) 上电/掉电复位(POR/PDR 复位):STM32 集成了一个上电复位(POR)和掉电复位(PDR)电路,当供电电压达到 2V 时,系统就能正常工作。只要 V_{DD} 低于特定的阈值 $V_{POR/PDR}$,不需要外部复位电路,STM32 就一直处于复位模式。上电复位和掉电复位的波形图如图 3-12 所示。

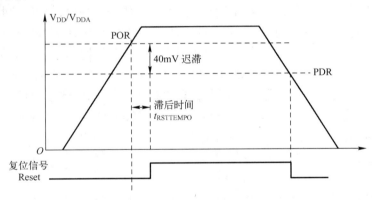

图 3-12　上电复位和掉电复位的波形图

(2) 从待机模式中返回:芯片内部的复位信号会在 NRST 引脚上输出,脉冲发生器保证每个外部或内部复位源都能有至少 20μs 的脉冲延时;当 NRST 引脚被拉低产生外部复位时,它将产生复位脉冲。

3. 备份区复位

当以下事件发生时,将产生备份区域复位。

(1) 软件复位:备份区域复位可由设置备份域控制寄存器(RCC_BDCR)中的 BDRST 位来产生。

（2）电源复位：在 V_{DD} 和 V_{BAT} 二者掉电的前提下，V_{DD} 或 V_{BAT} 上电将引发备份区域复位。复位方式总结见表 3-3。

表 3-3　复位方式总结

复位操作	引起复位原因	复位说明
系统复位	外部复位； 看门狗复位（包含独立和窗口看门狗）； 软件复位； 低功耗管理复位	复位除时钟控制器的复位标志位和备份区域中的寄存器外的所有寄存器
电源复位	上电/掉电复位； 待机模式返回	复位除备份区域外的所有寄存器
备份区复位	软件复位； V_{DD}/V_{BAT} 同时失效	复位备份区域

3.4　STM32 启动

每个处理器在出厂时均已固化好其寄存器的默认值，这些值决定了处理器上电（即给处理器供电）时刻的行为。程序计数器的默认值决定了处理器从哪个具体地址去获得第一条需要执行的指令，如 51 单片机上电后程序计数器为 0x0000，程序从此处开始执行。

假设某个处理器程序计数器上电时默认值是 0x2000 0000，0x2000 0000 对应哪个具体的存储设备呢？对于处理器来说，不论它的总线上挂接的是闪存、内存还是硬盘，它在启动时是一无所知的，需要通过硬件设计来告诉它存储第一条指令的外设，即处理器的第一条执行指令地址是通过硬件设计来实现的。处理器启动后，就会从 0x2000 0000 这个地址读取指令。读取第一条指令的同时，处理器会产生对应地址空间的片选信号，以使能位于 0x2000 0000 地址处的存储器件。如果希望 0x2000 0000 地址所对应的就是闪存的第一个字节，就要通过硬件设计，将闪存的片选信号与处理器的 0x2000 0000 地址所对应的片选信号相连，且通过恰当的地址线连接使得闪存的第一个字节就在 0x2000 0000 处，即硬件设计需要完成地址与外设之间的映射。

1. 启动设置

在 STM32F10xxx 里，可以通过 BOOT[1:0] 引脚选择 3 种不同启动模式，见表 3-4。其硬件连接如图 3-13 所示。

表 3-4　启动模式

启动模式选择引脚		启动模式	说　　明
BOOT1	BOOT0		
×	0	主闪存存储器	主闪存存储器被选为启动区域，这是正常的工作模式
0	1	系统存储器	系统存储器被选为启动区域，这种模式启动的程序功能由厂家设置
1	1	内置 SRAM	内置 SRAM 被选为启动区域，这种模式可以用于调试

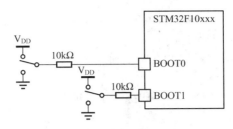

图 3-13　启动模式所需的外部连接

在系统复位后，SYSCLK 的第 4 个上升沿到来时，BOOT 引脚的值将被锁存。用户可以通过设置 BOOT1 和 BOOT0 引脚的状态，来选择在复位后的启动模式。

根据选定的启动模式，主闪存存储器、系统存储器或 SRAM 可以按照以下方式进行访问。

【从主闪存存储器启动】　主闪存存储器被映射到启动空间（0x0000 0000），但仍然能够在它原有的地址（0x0800 0000）访问它，即闪存存储器的内容可以在两个地址区域访问（0x0000 0000 或 0x0800 0000）。

【从系统存储器启动】　系统存储器被映射到启动空间（0x0000 0000），但仍能在其原有的地址（互联型产品原有地址为 0x1FFF B000，其他产品原有地址为 0x1FFF F000）访问它。

【从内置 SRAM 启动】　只能在 0x2000 0000 开始的地址区访问 SRAM。多数情况下，SRAM 只是在调试时使用，也可以用于其他一些用途。如做故障的局部诊断，写一段小程序加载到 SRAM 中诊断 PCB 上的其他电路，或者用此方法读写 PCB 上的 Flash 或 EEPROM 等。还可以通过这种方法解除内部 Flash 的读/写保护，当然在解除读/写保护的同时，Flash 的内容也被自动清除，以防止恶意的软件复制。

注意，当从内置 SRAM 启动，在应用程序的初始化代码中，必须使用 NVIC 的异常表和偏移寄存器，重新映射向量表到 SRAM 中。

2. 启动过程

嵌入式系统的启动还需要一段启动代码（Bootloader），类似于启动 PC 时的 BIOS，一般用于完成微控制器的初始化工作和自检。STM32 的启动代码在 startup_stm32f10x_xx.s（xx 根据微控制器所带的大、中、小容量存储器分别为 hd、md、ld）中，其中的程序功能主要包括初始化堆栈、定义程序启动地址、中断向量表和中断服务程序入口地址，以及系统复位启动时，从启动代码跳转到用户 main 函数入口地址。CM3 处理器启动有如下 3 种情况。

☺ 通过 BOOT 引脚设置可以将中断向量表定位于 SRAM 区，即起始地址为 0x2000000，同时复位后 PC 指针位于 0x2000000 处；

☺ 通过 BOOT 引脚设置可以将中断向量表定位于 FLASH 区，即起始地址为 0x08000000，同时复位后 PC 指针位于 0x08000000 处；

☺ 通过 BOOT 引脚设置可以将中断向量表定位于内置 Bootloader 区，本节不对这种情况做论述。

CM3 处理器规定，起始地址必须存放堆顶指针，而第 2 个地址则必须存储复位中断入口向量地址，这样在 CM3 处理器复位后，会自动从起始地址的下一个 32 位空间取出复位中断入口向量，跳转执行复位中断服务程序。下面以 STM32 的 3.0 固件库提供的启动文件"startup_stm32f10x_hd.s"为例，对 STM32 的启动过程做一个简要而全面的解析。

```
Stack_Size       EQU      0x00000400  ;伪指令 AREA,表示开辟一段大小为 Stack_Size 的内存空间
作为栈,段名是 STACK,可读可写
;NOINIT:指定此数据段仅保留了内存单元,而没有将各初始值写入内存单元,或者将各个内存单
元值初始化为 0
         AREA    STACK, NOINIT, READWRITE, ALIGN = 3

Stack_Mem        SPACE    Stack_Size  ;分配连续 Stack_Size 字节的存储单元并初始化为 0
__initial_sp     ;标号__initial_sp,表示栈空间顶地址


__initial_spTop EQU       0x20000400   ; stack used for SystemInit_ExtMemCtl
                                       ; always internal RAM used


Heap_Size        EQU      0x00000200
;ALIGN 用于指定对齐方式,8 字节对齐
     AREA    HEAP, NOINIT, READWRITE, ALIGN = 3
__heap_base              ;表示堆空间起始地址
Heap_Mem         SPACE    Heap_Size
__heap_limit             ;表示堆空间结束地址


PRESERVE8;指定当前文件保持堆栈八字节对齐
THUMB
;Vector Table Mapped to Address 0 at Reset ;实际上是在 CODE 区(假设 STM32 从 FLASH 启动,则
此中断向量表起始地址即为 0x08000000)
AREA RESET, DATA, READONLY ;定义一块数据段,只可读,段名字是 RESET
EXPORT __Vectors ;EXPORT:在程序中声明一个全局的标号__Vectors,该标号可在其他的文件中
引用
EXPORT __Vectors_End ;在程序中声明一个全局的标号__Vectors_End
EXPORT __Vectors_Size ;在程序中声明一个全局的标号__Vectors_Size
__Vectors ;建立中断向量表
;DCD 指令:作用是开辟一段空间,其意义等价于 C 语言中的地址符"&"。开始建立的中断向量表
则类似于使用 C 语言,其每个成员都是一个函数指针,分别指向各个中断服务函数
__Vectors        DCD      __initial_spTop           ; Top of Stack
                 DCD      Reset_Handler             ; Reset Handler
                 DCD      NMI_Handler               ; NMI Handler
                 DCD      HardFault_Handler         ; Hard Fault Handler
                 DCD      MemManage_Handler         ; MPU Fault Handler
                 DCD      BusFault_Handler          ; Bus Fault Handler
                 DCD      UsageFault_Handler        ; Usage Fault Handler
                 DCD      0                         ; Reserved
                 DCD      0                         ; Reserved
                 DCD      0                         ; Reserved
                 DCD      0                         ; Reserved
                 DCD      SVC_Handler               ; SVCall Handler
                 DCD      DebugMon_Handler          ; Debug Monitor Handler
```

```
        DCD     0                              ; Reserved
        DCD     PendSV_Handler                 ; PendSV Handler
        DCD     SysTick_Handler                ; SysTick Handler

; External Interrupts
        DCD     WWDG_IRQHandler                ; Window Watchdog
        DCD     PVD_IRQHandler                 ; PVD through EXTI Line detect
        DCD     TAMPER_IRQHandler              ; Tamper
        DCD     RTC_IRQHandler                 ; RTC
        DCD     FLASH_IRQHandler               ; Flash
        DCD     RCC_IRQHandler                 ; RCC
        DCD     EXTI0_IRQHandler               ; EXTI Line 0
        DCD     EXTI1_IRQHandler               ; EXTI Line 1
        DCD     EXTI2_IRQHandler               ; EXTI Line 2
        DCD     EXTI3_IRQHandler               ; EXTI Line 3
        DCD     EXTI4_IRQHandler               ; EXTI Line 4
        DCD     DMA1_Channel1_IRQHandler       ; DMA1 Channel 1
        DCD     DMA1_Channel2_IRQHandler       ; DMA1 Channel 2
        DCD     DMA1_Channel3_IRQHandler       ; DMA1 Channel 3
        DCD     DMA1_Channel4_IRQHandler       ; DMA1 Channel 4
        DCD     DMA1_Channel5_IRQHandler       ; DMA1 Channel 5
        DCD     DMA1_Channel6_IRQHandler       ; DMA1 Channel 6
        DCD     DMA1_Channel7_IRQHandler       ; DMA1 Channel 7
        DCD     ADC1_2_IRQHandler              ; ADC1 & ADC2
        DCD     USB_HP_CAN1_TX_IRQHandler      ; USB High Priority or CAN1 TX
        DCD     USB_LP_CAN1_RX0_IRQHandler     ; USB Low  Priority or CAN1 RX0
        DCD     CAN1_RX1_IRQHandler            ; CAN1 RX1
        DCD     CAN1_SCE_IRQHandler            ; CAN1 SCE
        DCD     EXTI9_5_IRQHandler             ; EXTI Line 9..5
        DCD     TIM1_BRK_IRQHandler            ; TIM1 Break
        DCD     TIM1_UP_IRQHandler             ; TIM1 Update
        DCD     TIM1_TRG_COM_IRQHandler        ; TIM1 Trigger and Commutation
        DCD     TIM1_CC_IRQHandler             ; TIM1 Capture Compare
        DCD     TIM2_IRQHandler                ; TIM2
        DCD     TIM3_IRQHandler                ; TIM3
        DCD     TIM4_IRQHandler                ; TIM4
        DCD     I2C1_EV_IRQHandler             ; I2C1 Event
        DCD     I2C1_ER_IRQHandler             ; I2C1 Error
        DCD     I2C2_EV_IRQHandler             ; I2C2 Event
        DCD     I2C2_ER_IRQHandler             ; I2C2 Error
        DCD     SPI1_IRQHandler                ; SPI1
        DCD     SPI2_IRQHandler                ; SPI2
        DCD     USART1_IRQHandler              ; USART1
        DCD     USART2_IRQHandler              ; USART2
```

```
            DCD     USART3_IRQHandler           ; USART3
            DCD     EXTI15_10_IRQHandler        ; EXTI Line 15..10
            DCD     RTCAlarm_IRQHandler         ; RTC Alarm through EXTI Line
            DCD     USBWakeUp_IRQHandler        ; USB Wakeup from suspend
            DCD     TIM8_BRK_IRQHandler         ; TIM8 Break
            DCD     TIM8_UP_IRQHandler          ; TIM8 Update
            DCD     TIM8_TRG_COM_IRQHandler     ; TIM8 Trigger and Commutation
            DCD     TIM8_CC_IRQHandler          ; TIM8 Capture Compare
            DCD     ADC3_IRQHandler             ; ADC3
            DCD     FSMC_IRQHandler             ; FSMC
            DCD     SDIO_IRQHandler             ; SDIO
            DCD     TIM5_IRQHandler             ; TIM5
            DCD     SPI3_IRQHandler             ; SPI3
            DCD     UART4_IRQHandler            ; UART4
            DCD     UART5_IRQHandler            ; UART5
            DCD     TIM6_IRQHandler             ; TIM6
            DCD     TIM7_IRQHandler             ; TIM7
            DCD     DMA2_Channel1_IRQHandler    ; DMA2 Channel1
            DCD     DMA2_Channel2_IRQHandler    ; DMA2 Channel2
            DCD     DMA2_Channel3_IRQHandler    ; DMA2 Channel3
            DCD     DMA2_Channel4_5_IRQHandler  ; DMA2 Channel4 & Channel5
__Vectors_End
__Vectors_Size EQU __Vectors_End - __Vectors ;得到向量表的大小,304B 也就是 0x130 个字节
AREA |.text|, CODE, READONLY ;定义一个代码段,可读,段名字是.text
; Reset handler
Reset_Handler PROC ;利用 PROC、ENDP 这一对伪指令把程序段分为若干个过程,使程序的结构更加清晰
EXPORT Reset_Handler [WEAK] ;在外部没有定义该符号时导出该符号 Reset_Handler
IMPORT __main ;IMPORT:伪指令用于通知编译器要使用的标号在其他的源文件中定义
IMPORT SystemInit ;但要在当前源文件中引用,而且无论当前源文件是否引用该标号,该标号均会被加入到当前源文件的符号表中
LDR R0, =SystemInit
BLX R0
LDR R0, =__main ;__main 为运行时库提供的函数;完成堆栈及其初始化等工作,会调用下面定义的__user_initial_stackheap
BX R0 ;跳到__main,进入 C 语言的世界
ENDP
; Dummy Exception Handlers (infinite loops which can be modified)
NMI_Handler     PROC
;WEAK 声明其他的同名标号优先于该标号被引用,就是说如果外面已声明,则调用外面的
EXPORT  NMI_Handler                [WEAK]
B       .
ENDP
……
```

```
OS_CPU_SysTickHandler PROC
    EXPORT OS_CPU_SysTickHandler [WEAK]
    B .
    ENDP
Default_Handler PROC
    EXPORT WWDG_IRQHandler [WEAK]
    ……
    EXPORT DMA2_Channel4_5_IRQHandler [WEAK]
WWDG_IRQHandler
……
DMA2_Channel4_5_IRQHandler
    B .
    ENDP
    ALIGN

    IF :DEF:__MICROLIB     ;判断是否使用 DEF:__MICROLIB(micro lib)
    EXPORT __initial_sp    ;若使用,则将栈顶地址,将堆始末地址赋予全局属性,
    EXPORT __heap_base     ;使外部程序可以使用
    EXPORT __heap_limit
    ELSE  ;如果使用默认 C 库运行时
    IMPORT __use_two_region_memory   ;定义全局标号__use_two_region_memory
    EXPORT __user_initial_stackheap  ;声明全局标号__user_initial_stackheap,这样外程序也可调用此
标号
;进行堆栈和堆的赋值,在__main 函数执行过程中调用
__user_initial_stackheap  ;标号__user_initial_stackheap,表示用户堆栈初始化程序入口
    LDR R0, = Heap_Mem                ;保存堆始地址
    LDR R1, = (Stack_Mem + Stack_Size) ;保存栈的大小
    LDR R2, = (Heap_Mem + Heap_Size)   ;保存堆的大小
    LDR R3, = Stack_Mem                ;保存栈顶指针
    BX LR
    ALIGN
    ENDIF
    END
```

上述程序中,首先对栈和堆的大小进行定义,并在代码区的起始处建立中断向量表,其第 1 个表项是栈顶地址,第 2 个表项是复位中断服务入口地址。然后在复位中断服务程序中跳转到 C/C++ 标准实时库的 __main 函数。假设 STM32 被设置为从内部 FLASH 启动,中断向量表起始地位为 0x08000000,则栈顶地址存放于 0x08000000 处,而复位中断服务入口地址存放于 0x08000004 处。当 STM32 遇到复位信号后,则从 0x08000004 处取出复位中断服务入口地址,继而执行复位中断服务程序,然后跳转__main 函数,最后来到 C 语言的世界。

 ## 3.5 程序下载电路

CM3 在保持 ARM7 的 JTAG(Join Test Action Group)调试接口的基础上,还支持串行单

总线调试 SWD（Serial Wire Debug）。

JTAG 于 1990 年被批准为 IEEE1149.1-1990 测试访问端口和边界扫描结构标准，此后 IEEE 又对该标准作了多次补充修订。JTAG 主要用于芯片的内部仿真与调试，JTAG 接口还常用于实现在线编程（In-System Programmable，ISP）。JTAG 编程方式是在线编程方式，这样就不需要先对器件编程再将器件固定到 PCB 上，可以加快工程进度。目前，绝大多数高级芯片均支持 JTAG 协议，如 ARM、STM32、FPGA 等。标准的 JTAG 接口主要的 4 个引脚，即 JTMS（测试模式选择引脚）、JTCK（测试时钟输入引脚）、JTDI（测试数据输入引脚）和 JTDO（测试数据输出引脚），如图 3-14 所示。

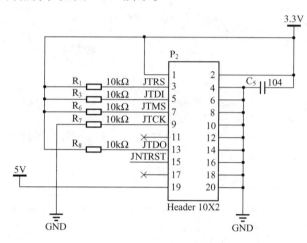

图 3-14 JTAG 原理图

SWD 调试方式主要有 SWDCLK、SWDIO 两根信号线，SWDCLK 为从主机到目标的时钟信号，SWDIO 为双向数据信号。

STM32F103 系列微处理器内核集成了串行线/JTAG 调试端口，它将 5 引脚的 JTAG-DP 接口和 2 引脚的 SWD-DP 接口结合在一起。STM32 调试端口功能见表 3-5。

表 3-5 STM32 调试端口功能

SWJ-DP 引脚名	JTAG 调试端口		SWJ 调试端口		引脚分配
	类型	描述	类型	调试分配	
JTMS/SWDIO	输入	JTAG 测试模式选择	I/O	数据 I/O	PA13
JTCK/SWDCLK	输入	JTAG 测试时钟	输入	串行线时钟	PA14
JTDI	输入	JTAG 测试数据输入			PA15
JTDO/TRACESWO	输出	JTAG 测试数据输出		异步跟踪	PB3
JNTRST	输入	JTAG 测试复位			PB4

JTAG IEEE 标准建议在 JTDI、JTMS 和 JNTRST 引脚上添加上拉电阻，但是对 JTCK 没有特别的建议。对于 STM32F103，由于 JTAG 输入引脚被直接连接至触发器以控制调试模式，所以必须保证 JTAG 输入引脚不是浮动的。为了避免任何不受控制的 I/O 电平，STM32F103 在 JTAG 输入引脚上嵌入了内部的上拉电阻和下拉电阻。JTAG 调试接口电路原理图见图 3-14。

3.6 STM32 的最小系统

嵌入式系统的最小系统是指以某控制器为核心,可以运行起来的最简单的硬件组成。

STM32 最小系统如图 3-15 所示,主要包括电源电路、时钟电路、复位电路、启动电路和程序下载电路。

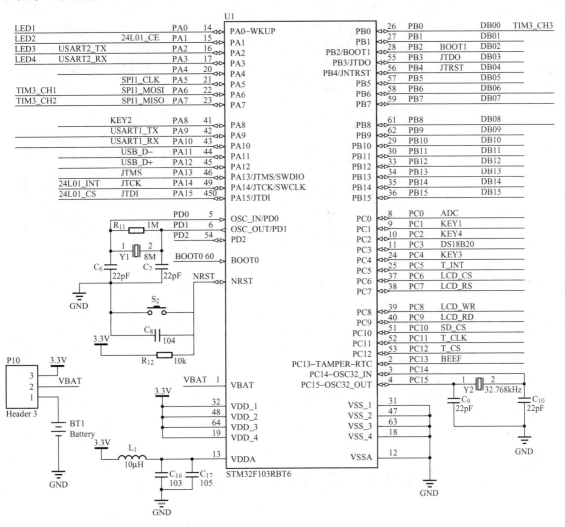

图 3-15 STM32 最小系统

实际上,上述 5 个部分是相关的。计算机系统最基本的操作就是执行指令,即在每个指令周期从存储器取出指令译码来执行,所以要有电源能量注入,时钟电路协调处理器和存储器间的信号交换,程序下载电路将程序下载到程序存储器,启动电路通知微处理器程序的存储位置,复位电路初始化内部数据存储器和寄存器。

第 4 章　STM32 程序设计

硬件逻辑被虚拟化成汇编语句，汇编语句再次被封装，虚拟成高级语言语句。高级语言的语句，再次被封装，形成一个特定目的的程序，或者称为函数，然后这些函数再通过互相调用，生成更复杂的函数，再将这些函数组合起来，就形成了最终的应用程序。程序再被操作系统虚拟成一个可执行文件。其实这个文件到了底层，就是逐次地对 CPU 的电路信号进行刺激。也就是说，硬件电路逻辑逐层地被虚拟化，最终虚拟成一个程序，程序就是对底层电路作用的一种表达形式。按照与硬件虚拟化关系的远近，计算机程序设计语言分为机器语言、汇编语言和高级语言，它们之间的关系如图 4-1 所示。

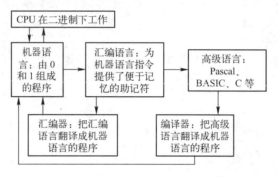

图 4-1　程序设计语言之间的关系

由于嵌入式系统自身的特点，不是所有的编程语言都适合于嵌入式软件的开发。汇编语言与硬件的关系非常密切，效率最高，但使用起来不方便，程序开发和维护的效率比较低。而 C 语言是一种"高级语言中的低级语言"，它既具有高级语言的特点，又比较"接近"于硬件，而且效率比较高。一般认为将汇编语言和 C 语言结合起来进行嵌入式系统软件设计是最佳选择。与硬件关系密切的程序或对性能有特殊要求的程序往往用汇编语言设计，上层应用软件则往往用 C 语言来设计。

 ## 4.1　嵌入式软件层次结构

1. 嵌入式系统程序设计的层次性

低级语言（如机器语言、汇编语言）依赖硬件，不具备可移植性和通用性，其实硬件对语言也是有依赖性的。例如，不同档次、不同品牌的 PC 存在硬件上的差异，但是 BIOS 及 DOS 功能调用掩盖了这种硬件上的差异。BIOS 和 DOS 功能调用程序为系统程序，它们介于系统硬件与用户程序之间，是系统的必备部分。它们除了掩盖系统硬件差异外，还屏蔽了烦琐、复杂的具体硬件操作控制。PC 用户程序对 I/O 的操作是通过中断调用完成的，用户程序中并不包含对硬件的直接驱动，这使得用户程序在一定程度上独立于硬件系统。简化了用户程序，使用用户系统易于维护及修改。图 4-2 所示的是 PC 系统体系结构，图 4-3 所示的是嵌入式系统软件结构。与 PC 不同，嵌入式系统用户程序直接建立在系统硬件之上，并完成对硬件的直接控制，包括复杂、烦琐的 I/O 控制。嵌入式系统的一个主要优点就在于系统的灵活配置，因此在实际应用中，嵌入式系统随着具体情况不同而千差万别。

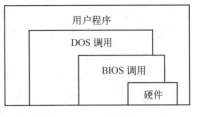

图 4-2　PC 体系结构

嵌入式系统程序设计方法是对 PC 程序设计方法的继承和发展。PC 的程序设计方法具有层次性，嵌入式系统程序设计也应具备这一特性，但它又不等同于 PC 的层次性，而是 PC 的延伸。图 4-4 给出了改进的嵌入式系统体系结构，用户程序划分为 3 个层次（按与硬件的距离划分），底层是虚拟 BIOS 子程序层，第 2 层为虚拟 DOS 子程序层，上层是高端用户程序层。各个层面相对独立，高层程序可以调用低层子程序。改进后的体系结构与 PC 的体系结构是相似的。实际上这一结构正是借鉴了 PC 的体系结构。

图 4-3　嵌入式系统体系结构

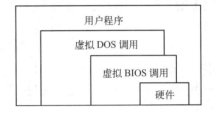

图 4-4　改进的嵌入式系统体系结构

PC 中的 DOS 功能调用和 BIOS 功能调用是系统的一部分，完全独立于用户程序。而嵌入式系统则不同，虚拟 BIOS 和 DOS 子程序层是用户程序中底层的靠近硬件的部分，其子程序从功能设计到维护修改都是由程序设计者根据实际情况完成的。正因为它们不是独立的，因此称为虚拟的。从作用上看，它们与 PC 的 BIOS 和 DOS 功能调用是一样的，一方面完成复杂、琐碎的硬件控制，使高端用户程序变的简洁明了，另一方面完成了对硬件的屏蔽，使高端用户程序不必直接作用于硬件，从而增强通用性和可移植性，使用户程序的修改和维护变得简单。嵌入式系统的虚拟层功能如下所述。

1）**虚拟 BIOS**　虚拟 BIOS 子程序完成对 I/O 口的基本控制，完成一次或多次 I/O 读/写。编写虚拟 BIOS 模块程序的要求如下所述。

☺ 尽可能将驱动模块的所有功能归纳为多个函数来实现（越少越好），清晰明了；
☺ 传递数据的全局变量尽量少用；
☺ 驱动模块程序尽可能占用少的系统资源，并应在注释中详细说明；
☺ 驱动模块程序函数接口简单，要有详细的使用说明；
☺ 驱动模块程序之间不能相互调用。

2）**虚拟 DOS**　虚拟 DOS 子程序则实现某个基本功能，这个功能可分解为数次或数十次的 I/O 操作。

3）**高端用户程序中的子程序**　高端用户程序中的子程序用于实现某些基本功能，它最终分解为数十或数百次 I/O 操作。

通过嵌入式系统软件结构的层次划分，就可以借鉴 PC 的程序设计方法，分别设计嵌入式系统高端用户程序及虚拟层的子程序，其设计步骤如下所述。

(1) 确认程序需完成的任务；
(2) 分解任务，绘制层次图；
(3) 确切地定义每个任务及如何与其他任务进行通信，写出模块说明；
(4) 完成每个任务的程序模块，并进行调试；
(5) 把模块连接起来，完成统调。

总之，嵌入式系统用户程序设计包括虚拟层子程序设计和高端用户程序两个部分，设计过程中，这两个部分交叉进行。虽然嵌入式系统程序的分层设计思想使整个用户程序结构变得复杂，但却简化了程序（尤其是大规模程序）的整体设计、修改和维护工作。

2. 程序调试、修改、移植

由于采用层次结构，这使得原来整个调试工作变为在 3 个层面上相互独立进行的调试过程，这样就降低了调试工作的复杂度和难度。调试次序依次为虚拟 BIOS 层子程序、虚拟 DOS 层子程序和用户程序。

层次结构同样使修改工作变得简单。当系统硬件重新设计、I/O 地址重新分配或系统功能调整时，并不需要重写整个程序，根据具体情况修改相应的部分即可。如果重新设计硬件而系统功能没有变化时，主要修改相应的虚拟 BIOS 或 DOS 层子程序，而高端用户程序不变；如果系统硬件不变，而系统功能发生变化时，相应地修改高端用户程序即可。

采用层次结构，使移植在一定程度上成为可能。之所以说是在一定程度上，是指当移植发生时，程序要做部分修改。

4.2 Cortex 微控制器软件接口标准

根据调查研究，软件开发的成本已经被嵌入式行业公认为最主要的开发成本。因此，ARM 与 Atmel、IAR、Keil、hami - nary Micro、Micrium、NXP、SEGGER 和 ST 等诸多芯片和软件厂商合作，将所有 Cortex 芯片厂商产品的软件接口标准化，在 2008 年 11 月 12 日发布了 CMSIS（Cortex Microcontroller Software Interface Standard）标准。此举意在降低软件开发成本，尤其针对新设备项目开发，或者将已有软件移植到其他芯片厂商提供的基于 Cortex 处理器的微控制器。有了该标准，芯片厂商就能够将其资源专注于产品外设特性的差异化，并且消除对微控制器进行编程时需要维持的不同的、互相不兼容的标准，从而达到降低开发成本的目的。

CMSIS 是独立于供应商的 Cortex 处理器系列硬件抽象层，为芯片厂商和中间件供应商提供了连续的、简单的处理器软件接口，简化了软件复用，降低了 Cortex 上操作系统的移植难度，并缩短了新入门的微控制器开发者的学习时间和新产品的上市时间。

1. 基于 CMSIS 标准的软件架构

如图 4-5 所示，基于 CMSIS 标准的软件架构主要分为 4 层，即用户应用层、操作系统及中间件接口层、CMSIS 层、硬件寄存器层。其中，CMSIS 层起着承上启下的作用，一方面该层对硬件寄存器层进行统一实现，屏蔽了不同厂商对 Cortex - M 系列微处理器核内外设寄存器的不同定义，另一方面又为上层的操作系统及中间件接口层和应用层提供接口，简化了应用程序开发难度，使开发人员能够在完全透明的情况下进行应用程序开发。因此，CMSIS 层的实现相对复杂。

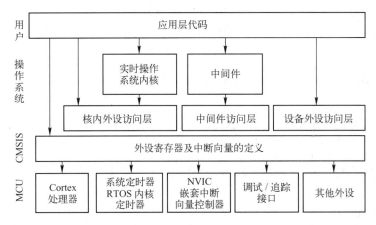

图 4-5 基于 CMSIS 标准的软件架构

CMSIS 层主要分为如下 3 部分。

【核内外设访问层（CPAL）】 由 ARM 公司负责实现。包括对寄存器地址的定义，对核寄存器、NVIC、调试子系统的访问接口定义，以及对特殊用途寄存器的访问接口（如 CONTROL 和 xPSR）定义。由于对特殊寄存器的访问以内联方式定义，所以 ARM 针对不同的编译器统一用_INLINE 来屏蔽其差异。该层定义的接口函数均是可重入的。

【中间件访问层（MWAL）】 由 ARM 公司负责实现，但芯片厂商需要针对所生产的设备特性对该层进行更新。该层主要负责定义一些中间件访问的 API 函数，如为 TCP/IP 协议栈、SD/MMC、USB 协议，以及实时操作系统的访问与调试提供标准软件接口。该层在 1.1 标准中尚未实现。

【设备外设访问层（DPAL）】 由芯片厂商负责实现。该层的实现与 CPAL 类似，负责对硬件寄存器地址及外设访问接口进行定义。该层可调用 CPAL 层提供的接口函数，同时根据设备特性对异常向量表进行扩展，以处理相应外设的中断请求。

CMSIS 为 CM3 系统定义了如下内容：访问外设寄存器的通用方法和定义异常向量的通用方法；内核设备的寄存器名称和内核异常向量的名称；独立于微控制器的 RTOS 接口、带调试通道；中间设备组件接口（TCP/IP 协议栈、闪存文件系统）。

2. CMSIS 规范

1) 文件结构 CMSIS 文件夹结构见表 4-1。

CMSIS 的文件结构如图 4-6 所示（以 STM32 为例）。其中，stdint. h 包括对 8 位、16 位、32 位等类型指示符的定义，主要用于屏蔽不同编译器之间的差异。

core_cm3. h 和 core_cm3. c 中包括 CM3 核的全局变量声明和定义，并定义一些静态功能函数。用于访问 CM3 内核及其设备（如 NVIC、SysTick 等）。

system_ < device >. h 和 system_ < device >. c（即图 4-6 中的 system_stm32. h 和 system_stm32. c）是不同芯片厂商定义的系统初始化函数 SystemInit()，以及一些指示时钟的变量。

表 4-1 CMSIS 文件夹结构

CMSIS				
Core				
Documentation	CM3			本文件夹包含 STM32F10x CMSIS 文件：微控制器外设访问层和内核设备访问层：core_cm3.h：CMSIS 的 Cortex-M3 内核设备访问层头文件 core_cm3.c：CMSIS 的 Cortex-M3 内核设备访问层源文件 stm32f10x.h：CMSIS 的 Cortex-M3 STM32F10xxx 微控制器外设访问层头文件 system_stm32f10x.h：CMSIS 的 Cortex-M3 STM32-F10xxx 微控制器外设访问层头文件 system_stm32f10x.c：CMSIS 的 Cortex-M3 STM32-F10xxx 微控制器外设访问层源文件
	Startup			
	iar	gcc	arm	
CMSIS 文档	IAR 编译器启动文件：startup_stm32f10x_hd.s：大容量产品启动文件 startup_stm32f10x_md.s：中容量产品启动文件 startup_stm32f10x_ld.s：小容量产品启动文件	GCC 编译器启动文件：startup_stm32f10x_hd.s：大容量产品启动文件 startup_stm32f10x_md.s：中容量产品启动文件 startup_stm32f10x_ld.s：小容量产品启动文件	ARM 编译器启动文件：startup_stm32f10x_hd.s：大容量产品启动文件 startup_stm32f10x_md.s：中容量产品启动文件 startup_stm32f10x_ld.s：小容量产品启动文件	

stm32.h 是提供给应用程序的头文件，它包含 core_cm3.h 和 system_<device>.h，定义了与特定芯片厂商相关的寄存器及各中断异常号，并可定制 M3 核中的特殊设备，如 MCU、中断优先级位数及 SysTick 时钟配置。

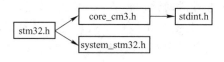

图 4-6 CMSIS 文件结构

2）工具链 CMSIS 支持目前嵌入式开发的三大主流工具链，即 ARM ReakView（armcc）、IAR EWARM（iccarm）及 GNU 工具链（gcc）。通过在 core_cm3.c 中的如下定义，来屏蔽一些编译器内置关键字的差异：

```
/* define compiler specific symbols */
#if defined ( __CC_ARM )
    #define __ASM    __asm    /*!< asm keyword for ARM Compiler      */
    #define __INLINE __inline /*!< inline keyword for ARM Compiler   */

#elif defined ( __ICCARM__ )
    #define __ASM    __asm /*!< asm keyword for IAR Compiler      */
    #define __INLINE inline /*!< inline keyword for IAR Compiler. Only avaiable in High optimization mode!                                                    */

#elif defined   ( __GNUC__ )
    #define __ASM    __asm  /*!< asm keyword for GNU Compiler      */
    #define __INLINE inline/*!< inline keyword for GNU Compiler   */
```

```
#elif defined    (    __TASKING__    )
  #define __ASM      __asm / * ! < asm keyword for TASKING Compiler      * /
  #define __INLINE   inline / * ! < inline keyword for TASKING Compiler  * /

#endif
```

4.3 FWLib 固件库

ST 公司为其各系列微控制器提供了丰富的固件函数库和技术支持。固件库是一个固件函数包，它由程序、数据结构和宏组成，包括微控制器所有外设的标准驱动函数（接口）。写程序时，只要去调用它即可。通过使用固件函数库，无须深入掌握细节，用户就可以轻松应用每个外设。因此，使用固态函数库可以大大减少用户的程序编写时间，进而降低开发成本。STM32 的 FWLib 固件函数库具有如下特点。

☺ 为每个外设提供了一个驱动描述和应用实例，每个外设驱动都由一组函数组成，这组函数覆盖了该外设的所有功能。

☺ 为每个器件的开发提供了一个通用 API 驱动，该 API 对该驱动程序的结构，函数和参数名称都进行了标准化，使得用户无须深入掌握细节就可以轻松应用每个外设。并且不用注释就能看懂变量或函数，可读性好，而且不会重名，嵌入式工程师应借鉴 ST 固件函数的命名规范，养成良好的编码风格。

☺ 严格按照"ANSI-C"标准编写，使固件函数库的使用不受开发环境的影响，可移植性好。

☺ 对所有函数的输入值进行动态校验来实现实时错误检测，方便用户应用程序的开发和调试，使软件有很好的鲁棒性。

☺ STM32F10xxx 系列的微控制器具有通用性，使用时对固件库进行相应配置即可。

固件库的缺点就是代码效率不高，实时性差。因此对于时序要求严格的地方，完全可以直接访问寄存器。要根据实际开发设计的要求来确定选择。

STM32F10xxx 固件库（FWLib）V2.0.3 是一个完整的固件包，2008 年 9 月 28 日发布，它适用于 STM32F10xxx 小容量、中容量和大容量产品。STM32F10xxx 标准外设库（StdPeriph_Lib）V3.0.0 由固件库（FWLib）V2.0.3 升级而来，其特点如下所述。

☺ 它使库与 Cortex-M 微控制器软件接口标准（CMSIS）兼容；

☺ 改进了库包的体系结构；

☺ 源代码符合 Doxygen 格式；

☺ 升级时不影响 STM32 外设驱动的 API（应用编程接口）。

下面以 V3.3.0 版固件库为例来介绍，V3.0.0 以上版本的固件库情况类似。

4.3.1 STM32 标准外设库

STM32F10xxx 固件函数库被压缩在一个 zip 文件中。解压该文件会产生一个文件夹，该文件夹主要由如图 4-7 所示的文件夹构成。从图 4-7 中可以看到，在多个源码文件并存时，一定要注意养成良好的文件组织习惯，使其结构清晰、合理，这是一个优秀的开发人员必备的素质。

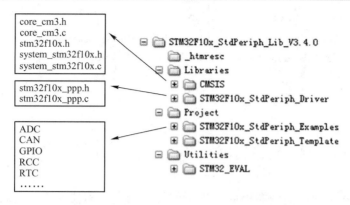

图 4-7 STM32F10xxx 标准外设库包结构

STM32F10xxx 标准外设库包里的新文件夹见表 4-2。表中，RVMDK、RIDE、EWARMv5 用于不同开发环境使用。

表 4-2 STM32F10xxx 标准外设库包文件夹描述

STM32F10×××_StdPeriph_Lib							
Utilities	Project				Libraries		_htmresc
Template	Template			Examples	STM32F10x_Std Periph_Driver	CMSIS	本文件夹包含了所有的 html 页面资源
STM32-EVAL	RVMDK	RIDE	EWARMv5		src	inc	
本文件夹包含用于 STM3210B-EVAL、STM3210E-EVAL 评估板的专用驱动	Keil RV-MDK 的项目模板示例	Raisonance RIDE 的项目模板示例	IAR EW-ARMv5 的项目模板示例	标准外设库驱动的完整例程	标准外设库驱动源文件	标准外设库驱动头文件	CMSIS 见表 4-1	本文件夹包含了所有的 html 页面资源

可将表 4-2 标准外设库分成 3 个层次，即硬件层、API 层和应用层，每层实现一定的功能，如图 4-8 所示。图中，stm32f10x_conf.h、main.c、stm32f10x_it.h 和 stm32f10x_it.c 为用户编程文件；stm32f10x.h、core_m3.h、system_stm32.h 和 system_stm32.c 是 CMSIS 文件；stm32f10x_ppp.c、stm32f10x_ppp.h、misc.c、misc.h 和 stm32f10x_rcc.h 是外设驱动文件，ppp 表示任意外设。

表 4-2 中 CMSIS 文件夹详见表 4-1，其中 CM3 文件夹包括微控制器外设访问层和内核设备访问层文件。在 CM3 文件夹中，core_cm3.h 是 CMSIS 的 Cortex – M3 内核设备访问层头文件；core_cm3.c 是 CMSIS 的 Cortex – M3 内核设备访问层源文件；stm32f10x.c 是 CMSIS 的 Cortex – M3 STM32F10xxx 微控制器外设访问层文件；system_stm32f10x.h 是 CMSIS 的 Cortex – M3 STM32F10xxx 微控制器外设访问层头文件；system_stm32f10x.c 是 CMSIS 的 Cortex – M3 STM32F10xxx 微控制器外设访问层源文件。

子文件夹 inc 包含固件函数库所需要的头文件，用户无须修改该文件夹。其中，stm32f10x_ppp.h 和 misc.h 详细说明见表 4-3。

子文件夹 src 包含固件函数库所需要的源文件，用户无须修改该文件夹。每个外设都有一个对应的源文件 stm32f10x_ppp.c 和一个对应的头文件 stm32f10x_ppp.h。stm32f10x_ppp.c

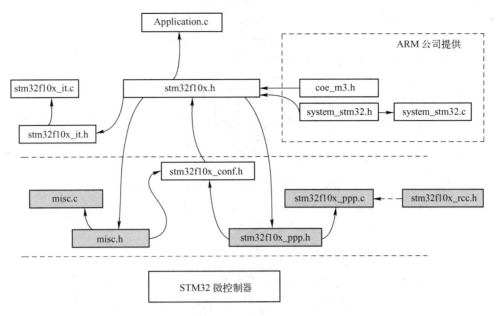

图 4-8 STM32F10xxx 标准外设库组织结构图

包含该外设使用的函数体。

常用固件函数库文件描述详见表 4-3。

表 4-3 固件函数库文件描述

文 件 名	描 述
main. c	主函数体，通过标准外设库提供的接口进行相应的外设配置和功能设计
stm32f10x. h	STM32F10xxx 系列片内外设寄存器的定义（基地址和布局）、位定义、中断向量表、存储空间映射等
stm32f10x_it. h	中断头文件，包含所有中断处理函数
stm32f10x_it. c	外设中断函数文件。用户可以加入自己的中断程序代码。对于指向同一个中断向量的多个不同中断请求，可以利用函数，通过判断外设的中断标志位来确定准确的中断源。固件函数库提供了这些函数的名称
stm32f10x_conf. h	用于设置与固件库交互的一些参数，是应用和库之间的界面。用户必须在运行自己的程序前修改该文件。用户可以利用模板使能或失能外设，可以修改外部晶振的参数，也可以在编译前使能 Debug 或 release 模式
misc. c	NVIC 的外设驱动（代替 2.0 库中 stm32f10x_nvic. c）
misc. h	misc. c 的头文件
stm32f10x_ppp. c	由 C 语言编写的外设 PPP 的驱动源程序文件
stm32f10x_ppp. h	外设 PPP 的头文件。包含外设 PPP 函数的定义和这些函数使用的变量
stm32f10x_rcc. h	处理内部时钟相关函数文件

用户可以通过文件 stm32f10x. h 中的预处理 define 来配置标准外设库，一个 define 对应一个产品系列。支持的产品系列包括 STM32F10x_LD（STM32 小容量产品）、STM32F10x_MD（STM32 中容量产品）和 STM32F10x_HD（STM32 大容量产品）。

这些 define 的作用范围如下所述。

☺ 文件 stm3210f10x.h 中的中断 IRQ 定义；
☺ 启动文件中的向量表，小容量、中容量、大容量产品各有一个启动文件；
☺ 外设存储器映像和寄存器物理地址；
☺ 产品设置，如外部晶振（HSE）的值等；
☺ 系统配置函数；
☺ 非 STM32 全系列兼容或不同型号产品之间有差异的功能特征。

4.3.2 固件库命名规则

STM32 固件库中包含了 STM32 系列控制器所有片内外设的功能函数与变量定义，通过了解这些外设函数、变量的命名规范与使用规律，可以为编程带来灵活性，利于增强程序的可读性与规范性。固态函数库遵从如下命名规则。

（1）PPP 表示任一外设缩写，如 ADC、CAN 等。更多缩写详见表 4-4。

表 4-4 外设缩写列表

缩 写	外 设 名 称	缩 写	外 设 名 称
ADC	A/D 转换器	I2S	I^2S 总线接口
BKP	备份寄存器	IWDG	独立看门狗
CAN	控制器局域网	NVIC	嵌套向量中断控制器
CRC	CRC 计算单元	PWR	电源控制
DAC	D/A 转换器	RCC	复位和时钟控制器
DBGMCU	MCU 调试模块	RTC	实时时钟
DMA	DMA 控制器	SDIO	SDIO 接口
EXTI	外部中断/事件寄存器	SPI	串行外设接口
FSMC	灵活的静态存储器控制器	SysTick	系统定时器
FLASH	闪存	TIM	高级、通用或基本定时器
GPIO	通用 I/O 出端口	USART	通用同步异步收发器
I2C	I^2C 总线接口	WWDG	窗口看门狗

（2）系统、源程序文件和头文件命名都以"stm32f10x_"作为开头，如 stm32f10x_conf.h。

（3）仅被应用于一个文件的常量，应定义于该文件中；被应用于多个文件的常量，在对应头文件中定义。所有常量都由英文字母大写书写。

（4）寄存器作为常量处理，其命名都由英文字母大写书写。

（5）外设函数的命名以该外设的缩写加下划线为开头。每个单词的第 1 个字母都由英文字母大写书写，如 SPI_SendData。在函数名中，只允许存在一个下划线，用以分隔外设缩写和函数名的其他部分。

（6）名为 PPP_Init 的函数，其功能是根据 PPP_InitTypeDef 中指定的参数，初始化外设 PPP，如 TIM_Init。

（7）名为 PPP_DeInit 的函数，其功能为复位外设 PPP 的所有寄存器至默认值，如 TIM_DeInit。

（8）名为 PPP_StructInit 的函数，其功能为通过设置 PPP_InitTypeDef 结构中的各种参数来定义外设的功能,如 USART_StructInit。

(9) 名为 PPP_Cmd 的函数,其功能为使能或失能外设 PPP,如 SPI_Cmd。

(10) 名为 PPP_ITConfig 的函数,其功能为使能或失能来自外设 PPP 某中断源,如 RCC_ITConfig。

(11) 名为 PPP_DMAConfig 的函数,其功能为使能或失能外设 PPP 的 DMA 接口,如 TIM1_DMAConfig。用以配置外设功能的函数,总是以字符串"Config"结尾,如 GPIO_PinRemapConfig。

(12) 名为 PPP_GetFlagStatus 的函数,其功能为检查外设 PPP 某标志位是否被设置,如 I2C_GetFlagStatus。

(13) 名为 PPP_ClearFlag 的函数,其功能为清除外设 PPP 标志位,如 I2C_ClearFlag。

(14) 名为 PPP_GetITStatus 的函数,其功能为判断来自外设 PPP 的中断是否发生,如 I2C_GetITStatus。

(15) 名为 PPP_ClearITPendingBit 的函数,其功能为清除外设 PPP 中断待处理标志位,如 I2C_ClearITPendingBit。

4.3.3 数据类型和结构

1. 变量

CMSIS 的 IO 类型限定词见表 4-5,CMSIS 和 STM32 固件库的数据类型对比见表 4-6。这些数据类型可以在 STM32F10x_StdPeriph_Lib_V3.3.0\Libraries\CMSIS\CM3 \DeviceSupport\ST\STM32F10x\stm32f10x.h 中找到具体的定义。

表 4-5　CMSIS IO 类型限定词

IO 类限定词	#define	描　　述
_I	volatile const	只读访问
_O	volatile	只写访问
_IO	volatile	读和写访问

表 4-6　固件库与 CMSIS 数据类型对比

固件库类型	CMSIS 类型	描　　述
s32	int32_t	有符号 32 位数据
s16	int16_t	只读有符号 16 位数据
s8	int8_t	只读有符号 8 位数据
sc32	const int32_t	只读有符号 32 位数据
sc16	const int16_t	只读有符号 16 位数据
sc8	const int8_t	只读有符号 8 位数据
vs32	_IO int32_t	读/写访问有符号 32 位数据
vs16	_IO int16_t	读/写访问有符号 16 位数据
vs8	_IO int8_t	读/写访问有符号 8 位数据
vsc32	_I int32_t	只读有符号 32 位数据

固件库类型	CMSIS 类型	描述
vsc16	_I int16_t	只读有符号 16 位数据
vsc8	_I int8_t	只读有符号 8 位数据
u32	uint32_t	无符号 32 位数据
u16	uint16_t	无符号 16 位数据
u8	uint8_t	无符号 8 位数据
uc32	const uint32_t	只读无符号 32 位数据
uc16	const uint16_t	只读无符号 16 位数据
uc8	const uint8_t	只读无符号 8 位数据
vu32	_IO uint32_t	读/写访问无符号 32 位数据
vu16	_IO uint16_t	读/写访问无符号 16 位数据
vu8	_IO uint8_t	读/写访问无符号 8 位数据
vuc32	_I uint32_t	只读无符号 32 位数据
vuc16	_I uint16_t	只读无符号 16 位数据
vuc8	_I uint8_t	只读无符号 8 位数据

2. 布尔型

stm32f10x.h 文件中还包含了常用的布尔型变量定义，如：

```
typedef enum {RESET = 0, SET = ! RESET} FlagStatus, ITStatus;
typedef enum {DISABLE = 0, ENABLE = ! DISABLE} FunctionalState;
#define IS_FUNCTIONAL_STATE(STATE) (((STATE) == DISABLE) || ((STATE) == ENABLE))
typedef enum {ERROR = 0, SUCCESS = ! ERROR} ErrorStatus;
```

不同版本的标准外设库的变量定义略有不同，如 3.4 版本中就没有之前版本的 TRUE 和 FALSE 的定义，用户也可以根据自己的需求按照上面的格式定义自己的布尔型变量。在使用标准外设库进行开发遇到相关的定义问题时，应首先找到对应的头文件定义。

3. 外设

用户可以通过指向各个外设的指针访问各外设的控制寄存器。这些指针所指向的数据结构与各个外设的控制寄存器布局一一对应。

1）外设控制寄存器结构　　文件 stm32f10x.h 包含了所有外设控制寄存器的结构，下例为 SPI 寄存器结构的声明：

```
/* ------------------Serial Peripheral Interface ---------------- */
typedef struct
{
vu16 CR1;
u16 RESERVED0;
vu16 CR2;
u16 RESERVED1;
```

```
    vu16 SR;
    u16 RESERVED2;
    vu16 DR;
    u16 RESERVED3;
    vu16 CRCPR;
    u16 RESERVED4;
    vu16 RXCRCR;
    u16 RESERVED5;
    vu16 TXCRCR;
    u16 RESERVED6;
} SPI_TypeDef;
```

2) 外设声明 寄存器命名遵循寄存器缩写的命名规则。其中,RESERVEDi(i 为一个整数索引值)表示被保留区域。

文件 stm32f10x.h 包含了所有外设的声明,下例为 SPI 外设的声明:

```
#ifndef EXT
#define EXT extern #endif ...
#define PERIPH_BASE ((u32)0x40000000)
#define APB1PERIPH_BASE PERIPH_BASE
#define APB2PERIPH_BASE (PERIPH_BASE + 0x10000)
...
/* SPI2 Base Address definition */
#define SPI2_BASE (APB1PERIPH_BASE + 0x3800)
...
/* SPI2 peripheral declaration */
#ifndef DEBUG
...
#ifdef _SPI2
#define SPI2 ((SPI_TypeDef *) SPI2_BASE)
#endif /* _SPI2 */
...
#else /* DEBUG */
...
#ifdef _SPI2
EXT SPI_TypeDef * SPI2;
#endif /* _SPI2 */
...
#endif /* DEBUG */
```

如果用户希望使用外设 SPI,那么必须在文件 stm32f10x_conf.h 中定义_SPI 标签。

通过定义标签_SPIn,用户可以访问外设 SPIn 的寄存器。例如,用户必须在文件 stm32f10x_conf.h 中定义标签_SPI2,否则是不能访问 SPI2 的寄存器的。在文件 stm32f10x_conf.h 中,用户可以按照下例定义标签_SPI 和_SPIn:

```
#define _SPI
```

```
#define _SPI1
#define _SPI2
```

每个外设都有若干寄存器专门分配给标志位，应按照相应的结构定义这些寄存器。标志位的命名同样应遵循外设缩写规范，以'PPP_FLAG_'开始。对于不同的外设，标志位都被定义在相应的文件 stm32f10x_ppp.h 中。

若用户想要进入除错（DEBUG）模式，必须在文件 stm32f10x_conf.h 中定义标签 DEBUG，这样会在 SRAM 的外设结构部分创建一个指针。在所有情况下，SPI2 都是一个指向外设 SPI2 首地址的指针。

4.3.4 固件库的应用

1. 标准外设库的使用流程

（1）创建一个工程，设置工具链的启动文件。根据使用的设备选择相应的启动文件。对于大容量产品，选择 startup_stm32f10x_hd.s；对于中容量产品，选择 startup_stm32f10x_md.s；对于小容量产品，选择 startup_stm32f10x_ld.s。

（2）将 stm32f10x.h 包含在工程的 main 函数中，并且配置此文件。根据选用的设备，注释或不注释相应的宏。

```
#if ! defined (STM32F10X_LD) && ! defined (STM32F10X_LD_VL) && ! defined (STM32F10X_MD) && ! defined (STM32F10X_MD_VL) && ! defined (STM32F10X_HD) && ! defined (STM32F10X_XL) && ! defined (STM32F10X_CL)
/* #define STM32F10X_LD */      /*!< STM32F10X_LD：STM32 Low density devices */
/* #define STM32F10X_LD_VL */   /*!< STM32F10X_LD_VL：STM32 Low density Value Line devices */
/* #define STM32F10X_MD */      /*!< STM32F10X_MD：STM32 Medium density devices */
/* #define STM32F10X_MD_VL */   /*!< STM32F10X_MD_VL：STM32 Medium density Value Line devices */
/* #define STM32F10X_HD */      /*!< STM32F10X_HD：STM32 High density devices */
/* #define STM32F10X_XL */      /*!< STM32F10X_XL：STM32 XL-density devices */
/* #define STM32F10X_CL */      /*!< STM32F10X_CL：STM32 Connectivity line devices */
#endif
```

如果用户应用程序开发基于 STM32 固件库，则应进行如下操作。

☺ 去掉文件 stm32f10x.h 中 #define USE_STDPERIPHE_DRIVER 的注释符号"#"。

☺ 在文件 stm32f10x_conf.h 中，选择要用外设（去掉包含相应头文件那一行代码的注释符号）。

☺ 利用外设驱动 API 开发应用程序。

如果用户应用程序开发基于直接访问 STM32 外设寄存器，则应进行如下操作。

☺ 注释文件 stm32f10x.h 中的 #define USE_STDPERIPHE_DRIVER。

☺ 利用外设寄存器结构和位定义文件 stm32f10x.h 来开发应用程序。

（3）在工程中增加 system_stm32f10x.c 文件，此文件中提供了一些启动 STM32 系统的函数。配置 PLL，系统时钟和初始化内置 Flash 接口。对于设置系统时钟频率，此文件提供了多种选择，用户可以按照下面所列来选择项目所需的频率。

```
#if defined (STM32F10X_LD_VL) || (defined STM32F10X_MD_VL)
/* #define SYSCLK_FREQ_HSE      HSE_Value */
#define SYSCLK_FREQ_24MHz    24000000
#else
/* #define SYSCLK_FREQ_HSE      HSE_Value */
/* #define SYSCLK_FREQ_24MHz   24000000 */
/* #define SYSCLK_FREQ_36MHz   36000000 */
/* #define SYSCLK_FREQ_48MHz   48000000 */
/* #define SYSCLK_FREQ_56MHz   56000000 */
#define SYSCLK_FREQ_72MHz    72000000
#endif
```

2. 外设的初始化和设置

初始化外设的操作步骤如下所述。

（1）在主应用文件中，声明一个结构 PPP_InitTypeDef，如 PPP_InitTypeDef PPP_InitStructure。这里 PPP_InitStructure 是一个位于内存中的工作变量，用于初始化一个或多个外设 PPP。

（2）为变量 PPP_InitStructure 的各个结构成员输入允许的值，可以采用以下两种方式。

【按照如下程序设置整个结构体】

```
PPP_InitStructure.member1 = val1;
PPP_InitStructure.member2 = val2;
PPP_InitStructure.memberN = valN;
/* where N is the number of the structure members */
```

以上步骤可以合并在同一行里，用以优化代码大小：

```
PPP_InitTypeDef PPP_InitStructure = {val1,val2,..., valN}
```

【仅设置结构体中的部分成员】 用户应当首先调用函数 PPP_StrucInit( )来初始化变量 PPP_InitStructure，然后再修改其中需要修改的成员。这样可以保证其他成员的值（多为默认值）被正确输入。

```
PPP_StructInit(&PPP_InitStructure);
PP_InitStructure.memberX = valX;
PPP_InitStructure.memberY = valY;
```

（3）调用函数 PPP_Init( )来初始化外设 PPP。

（4）在这一步，外设 PPP 已被初始化。可以调用函数 PPP_Cmd( )来实现。

```
PPP_Cmd(PPP,ENABLE);
```

然后可以通过调用一系列函数来使用外设，每个外设都拥有各自的功能函数。

3. STM32F103RB 串口标准外设库编程实例

下面以串口为例，具体说明使用标准外设库（StdPeriph_Lib）V3.3.0 来进行串口开发的方法。

开发工具为 Keil μVision4。以下程序在 Keil μVision4 下运行通过。

（1）在 Keil μVision4 中建立一个新工程，指定所使用的芯片，这里使用的是 STM32F103RBT6。

（2）添加启动文件，位于\STM32F10x_S tdPeriph_Lib_V3.3.0\Libraries\CMSIS\CM3\DeviceSupport\ST\STM32F10x\startup\arm 中。本例中使用 MDK，如果使用其他编译工具 GNU 或 IAR，可在对应文件夹下找到。

（3）添加 STM32F10x_StdPeriph_Lib_V3.3.0\Libraries\CMSIS\CM3\DeviceSupport\ST\STM32F10x\system _stm32f10x.c 及\STM32F10x_StdPeriph_Lib_V3.3.0\Libraries\CMSIS\CM3\CoreSupport\ core_cm3.c 到工程中，可建立一个 group（CMSIS）。这两个文件是编译链接 startup 文件必须的函数。

（4）添加 main.c/stm32f10x_it.c 到 group user 下，这部分需用户自己编程。

（5）配置 stm32f10x_conf.h 文件，添加必须的外设文件，同时把对应的 ppp.c 文件加入工程。

（6）在工程属性中 C/C++ 属性页的 "includepaths" 栏中加入固件库对应的 *.h 文件所在的文件夹（用于编译时链接，否则会链接到 MDK 自带的库，通常情况下会出现版本不匹配的现象，导致编译不成功）。添加完后会在下方的 "compiler control string" 栏中看到一个编译选项 –I..\USART –I.\inc –I"C:\Keil\ARM\INC\ST\STM32F10x"。其中 –I..\USART 和 –I.\inc 为用户添加的目录，–I"C:\Keil\ARM\INC\ST\STM32F10x" 为 MDK 默认的位置。

（7）在文件 stm32f10x.h 中根据选用的设备，注释或不注释相应的宏。

  #if !defined (STM32F10X_LD) && !defined (STM32F10X_LD_VL) && !defined (STM32F10X_MD) && !defined (STM32F10X_MD_VL) && !defined (STM32F10X_HD) && !defined (STM32F10X_XL) && !defined (STM32F10X_CL)
  /* #define STM32F10X_LD */ /*!< STM32F10X_LD: STM32 Low density devices */
  /* #define STM32F10X_LD_VL */ /*!< STM32F10X_LD_VL: STM32 Low density Value Line devices */
  /* #define STM32F10X_MD */ /*!< STM32F10X_MD: STM32 Medium density devices */
  /* #define STM32F10X_MD_VL */ /*!< STM32F10X_MD_VL: STM32 Medium density Value Line devices */
  /* #define STM32F10X_HD */ /*!< STM32F10X_HD: STM32 High density devices */
  #define STM32F10X_XL /*!< STM32F10X_XL: STM32 XL-density devices */
  /* #define STM32F10X_CL */ /*!< STM32F10X_CL: STM32 Connectivity line devices */
  #endif

这里使用的处理器芯片为 STM32F103RBT6，因此使用#define STM32F10X_XL 宏。若使用外设库，应启用# define USE_STDPERIPH_DRIVER 宏。

（8）在 main 函数中，首先定义一个变量：

  USART_InitTypeDef USART_InitStructure;

然后配置串口：

第 4 章 STM32 程序设计

USART_InitStructure. USART_BaudRate = 9600;//波特率
USART_InitStructure. USART_WordLength = USART_WordLength_8b;//数据位数
USART_InitStructure. USART_StopBits = USART_StopBits_1;//一个停止位
USART_InitStructure. USART_Parity = USART_Parity_No ;//无奇偶校验位
USART_InitStructure. USART_HardwareFlowControl = USART_HardwareFlowControl_None;//无硬件控制流
USART_InitStructure. USART_Mode = USART_Mode_Rx | USART_Mode_Tx;//发送接收均使能

初始化串口：

USART_Init(USART1, &USART_InitStructure);

使能串口中断：

USART_Cmd(USART1, ENABLE);
USART_ITConfig(USART1, USART_IT_RXNE, ENABLE);
USART_ITConfig(USART1, USART_IT_TXE, ENABLE);这样串口就配置好了。

（9）在 stm32f10x_it.c 文件中，有

void USARTx_IRQHandler(void)
{
}

在此函数中添加要完成的串口中断功能。

4.4　嵌入式 C 程序特点

代码效率包括两个方面内容，即代码占据存储器容量大小和代码执行速度。代码效率高是指代码精简和执行速度快。一般情况下，代码精简了，速度也就相应提上来了。单片机 ROM 和 RAM 空间都很有限，若编程时遇到单片机 ROM 和 RAM 不够用的情况，或者程序要求较高的执行速度时，就得解决代码效率问题了。如何提高代码效率呢？现以 51 单片机控制一个 LED 闪烁的程序为例探讨。

```
#include <reg52.h>//包含头文件
sbit LED = P2^0;//定义位变量 LED,使其关联单片机引脚 P2.0
void Delayms(unsigned int t);//定义延时函数
int main(void)//主函数(C 语言程序入口函数)
{
    while(1)
    {
        LED = 0;//P2.0 拉低,点亮 LED
        Delayms(500);//调用延时函数,延时 500ms
        LED = 1;//P2.0 拉高,熄灭 LED
        Delayms(500);//调用延时函数,延时 500ms
    }
```

```
        return 0;
    }
    void Delayms(unsigned int t)//延时函数
    {
        unsigned int i,j;
        for(i=0;i<t;i++)
            for(j=0;j<120;j++);//延时约1ms
    }
```

这是通过控制 P2.0 来控制 LED 闪烁的 C 源码，这个源码在 Keil μVision4 生成的程序代码大小是 67B。下面采用 7 种方法来提高这个程序的效率。

1. 尽量定义局部变量

单片机程序的全局变量一般存放在通用数据存储器（RAM）中，而局部变量一般存放在特殊功能寄存器中。处理寄存器数据的速度比处理 RAM 数据要快，如果在一个局部函数里调用一个全局变量将会多生成代码。所以，应少定义全局变量，多定义局部变量。如本例中，如果把延时函数里的 i 和 j 定义为全局变量，编译后程序代码会增加到 79B，多了 12B。

2. 省略函数定义

在一个单片机程序中，习惯上在 main 函数的前面先定义被调用函数，然后在 main 函数的下面实现被调用函数。这样的写法固然是一个好习惯，但每定义一个函数会增加代码，而且函数形参数据类型越大，形参越多，增加的代码就越多。如果不定义，编译器又会报错。由于 C 编译器的编译顺序是从上往下编译的，只要被调用的函数在主调函数调用前实现就没有问题了。所以，优化的写法是不用定义函数，但要按先后顺序（被调用函数一定要在主调函数前写好）来写函数实现，到最后再写 main 函数。这样做编译器不仅不会报错，而且代码得到精简。如本例中，把延时函数的定义删除了，然后把延时函数的实现搬到 main 函数的上面，编译后程序代码减少到 63B，减少了 4B。

3. 省略函数形参

函数带形参，是为了在函数调用时传递实参，这样不仅可以避免重复代码出现，还可以通过传递不同的实参值，多次调用函数且实现不同的函数功能，总体代码也会得到精简。但对于不是多次调用或多次调用但实参值不变的函数可以省略函数形参。如本例中的延时函数，我们把它改成不带形参的函数：

```
    void Delayms()//延时函数
    {
        unsigned int i,j;
        for(i=0;i<500;i++)
            for(j=0;j<120;j++);//延时约1ms
    }
```

编译后，程序代码变成了 56B，精简了 11B。

4. 改换运算符

C 运算符的运用也会影响程序代码的数量。如本例中，把延时函数里的自加运算符改成自减运算符后，如：

```
void Delayms(unsigned int t)//延时函数
{
    unsigned int i,j;
    for(i=t;i>0;i--)
        for(j=120;j>0;j--);//延时约1ms
}
```

编译后，程序代码变成了 65B，精简了 2B。

通过改换运算符能达到精简代码的例子还有如下 3 种。

☺ 把求余运算表达式改为位与运算表达式，如 b = a%8 可以改为 b = a&7。
☺ 把乘法运算表达式改为左移运算表达式，如 b = a*8 可以改为 b = a≪3。
☺ 把除法运算表达式改为右移运算表达式，如 b = a/8 可以改为 b = a≫3。

5. 选择合适的数据类型

在 C 语言中，选择变量的数据类型很讲究，若变量的数据类型过小，满足不了程序的要求；若变量的数据类型过大，会占用太多的 RAM 资源。如本例中，延时函数里的局部变量 j 定义的数据类型明显偏大，如果把它由 unsigned int 改成 unsigned char。编译后，程序代码变成了 59B，精简了 8B。

6. 直接嵌入代码

如果程序中某个函数只调用一次，而又要求代码提高执行速度，建议不要采用调用函数的形式，而应该将该函数中的代码直接嵌入主调函数里，这样代码的执行效率会大大提高。

7. 使用效率高的 C 语句

C 语言中有一个三目运算符 "?"，俗称 "问号表达式"。很多程序员都很喜欢使用，因为它逻辑清晰，表达简洁。例如，c = (a > b)? a + 1: b + 1; 实际上等效于以下的 if…else 结构：

```
if(a>b)
    c = a + 1;
else
    c = b + 1;
```

可以看到，使用问号表达式，语句相当简洁，但它的执行效率却很低，远没有 if…else 语句效率高。所以，如果程序要求提高执行速度，建议不使用问号表达式。

另外，do…while 语句也比 while 语句的效率高。

代码的效率问题，并不是编程中的主要问题，只有在程序要求较高的执行速度或单片机的 ROM 和 RAM 不够用时才会考虑。一般情况下，还要兼顾其他问题。如果仅追求高效率的代码,可能会影响代码的可读性和可维护性。

4.5 开发环境简介

1. 开发工具的发展

随着嵌入式系统应用软件需求的增加,开发工具集成了许多软件中间件。除编译、调试和集成开发环境外,开发工具还包含了对 RTOS(实时多任务操作系统)、文件系统、TCP/IP、USB 和 GUI 等软件中间件的支持。例如,ARM keil 工具一直以来在不断丰富自己的软件库,如新增 USB 和 CAN 总线协议等。

目前,开发工具还增加了软件工程、代码分析和软件测试特性。嵌入式软件代码量和复杂性不断增加,以汽车电子和航空航天为代表的电子系统的许多关键部件也多基于嵌入式系统设计而成,嵌入式系统软件开发正面临着复杂性和可靠性的挑战。Atollic TrueSTUDIO 开发工具既有针对嵌入式系统优化的编译、调试和集成开发环境,也有内置的复杂性管理功能,它可以减少开发者的负担,以保持代码重用。它还提供包括软件测试、MISRA C 检查和软件度量功能,拥有动态代码分析和自动化测试等工具。

基于智能手机的移动互联网 App(应用软件)已经迎来发展的高潮。基于 Android 和 iOS 的应用软件使用了 Java 和 Object C(类似 C)编程语言,而微处理器开发语言目前还主要是 C 语言。随着基于嵌入式系统物联网设备日益成熟和普及,嵌入式系统端的开发将与智能手机和云计算开发融合在一起,采用统一编程语言和接口的需求将逐渐提到日程上来,以 Java 和 C 为代表的面向对象的技术无疑将是最好的选择。与其他的互联网编程语言(如 Python、Ruby、Javascript 等)相比较,它们便于与 C 代码融合和过渡。

ST 公司 2012 年推出的 STM32Java 是一套在 STM32 微控制器上开发和运行 Java 应用的完整解决方案,用户花费不多就可以获得全套开发工具、1 年的技术支持和在 STM32 特定芯片的使用授权。Oracle 公司收购 Sun 获得了 Java 知识产权后,也在不断针对微处理器优化其 Java 技术,推出了 Java ME Embedded 版本,它可以运行在 Cortex M3 微处理器上。针对物联网应用的服务器端,Oracle 还提供了 Java Embedded Suite,这样两端的应用都可以基于Orcale 架构进行开发,充分发挥了 Orcale 在数据中心的优势。

总之,嵌入式系统因其自身与产品的高度融合性和产品持久性,使得微处理器软件开发继续呈现出百花齐放的形式。一方面,传统以基于 C 语言的微处理器裸机开发依然还是主流,但是代码复杂性日益增加,对于开发工具代码分析和测试的需求越来越大;另一方面,随着无线互联需求的增加,包括无线网络协议在内的软件库需求已经显现。Java 开发平台将在无线互联的消费电子产品这样的垂直市场试水,然后逐渐延伸到相关行业。

2. Keil 软件简介

Keil 是 KeilSoftware 公司推出的一款微控制器软件开发平台,是目前 ARM 内核微处理器开发的主流工具。Keil 提供了包括 C 编译器、宏汇编、连接器、库管理和一个功能强大的仿真调试器在内的完整开发方案,并通过一个集成开发环境(μVision)将这些功能组合在一起。Keil μVision3 除增加了源代码、功能导航器、模板编辑及改进的搜索功能外,还提供了一个配置向导功能,加速了启动代码和配置文件的生成,如图4-9所示。Keil μVision3 的主要特点是,功能齐全的源代码编辑器;用于配置开发工具的设备库;用于创建工程和维护工程的项目管理器;所有的工具配置均采用对话框进行;集成了源码级的仿真调试器,包括高速 CPU 和外设模拟器;有用于向 Flash 中下载应用程序的 Flash 编程工具;完备的开发工具帮助文档,设备数据表和用户使用向导。

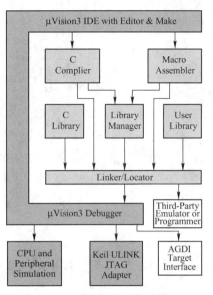

Keil 软件开发过程如下所述。

(1) 创建一个工程,选择一块目标芯片,并且做一些必要的工程配置;

(2) 编写 C 或汇编源文件;

(3) 编译应用程序;

(4) 修改源程序中的错误;

(5) 联机调试。

图4-9 μVision3 集成开发环境(IDE)

STM32 的程序下载调试可采用 J – Link 和 MDK 组合来在线调试程序。J – Link 是 SEGGER 公司为支持仿真 ARM 内核芯片推出的 JTAG 通用仿真器。配合 Keil 集成开发环境,支持 ARM7、ARM9、ARM11 和 Cortex – M0/M1/M3 内核芯片的仿真,通过 RDI 接口和 Keil 集成开发环境无缝链接,操作方便、链接方便,是开发 ARM 最好、最实用的开发工具。J – Link 与上位机和目标板下位机的连接如图4-10所示。J – Link 可以实现在目标板上创建、调试和下载嵌入式应用程序。

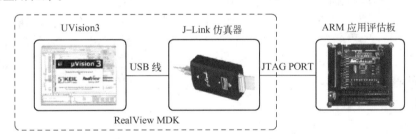

图4-10 J – Link 与上位机和目标板连接图

第 5 章 GPIO 原理及应用

本章开始介绍 STM32 的片内外设。要正确使用一个外设，首先要了解其主要功能和硬件结构，而硬件结构与开发者使用的开发环境有一定关系。本章包含很多外设寄存器的定义说明，如果使用固件库，就只需了解外设的功能和配置方法，而不必太注重那些寄存器的具体位定义。

5.1 GPIO 的硬件结构和功能

通用的 GPIO 引脚通常分组为 PA、PB、PC、PD 和 PE 等，统一写成 Px。每组中的各端口根据 GPIO 寄存器中每位对应的位置又分别编号为 0 ~ 15。

5.1.1 GPIO 硬件结构

在数字电路中，为了避免输入阻抗高，吸收杂散信号而损坏电路，在输入端电阻接电源正极为上拉，在输入端电阻接电源负极为下拉，不接为浮空。

GPIO 端口内部结构如图 5-1 所示。图中输出数据寄存器缩写成 ODR，输入数据寄存器缩写为 IDR。GPIO 端口的每个位可以由软件分别配置成多种模式，包括浮空输入、上拉输入、下拉输入、模拟输入、通用开漏输出、通用推挽输出、开漏复用输出和推挽复用输出。各模式特点见表 5-1 和表 5-2。在复位期间和刚复位后，复用功能未开启，I/O 端口被配置成浮空输入模式。

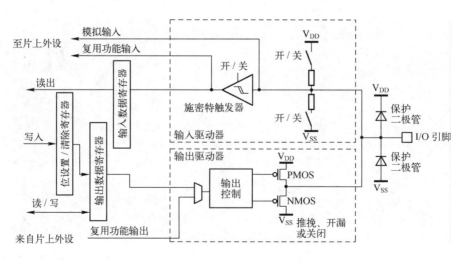

图 5-1 GPIO 端口内部结构

表 5-1　GPIO 输出模式

输出模式	输出信号来源	推挽或开漏	输出带宽
通用开漏输出	输出数据寄存器	开漏	可选： 2MHz 10MHz 50MHz
通用推挽输出	输出数据寄存器	推挽	
复用开漏输出	片上外设	开漏	
复用推挽输出	片上外设	推挽	

表 5-2　GPIO 输入模式

输入模式	输入信号去向	上拉或下拉	施密特触发器
模拟输入	片上模拟外设 ADC	无	关闭
浮空输入	输入数据寄存器或片上外设	无	激活
下拉输入	输入数据寄存器或片上外设	下拉	激活
上拉输入	输入数据寄存器或片上外设	上拉	激活

学习 STM32 的 8 种 I/O 模式的配置，需要根据功能框图分析数据和信号的传输通路，并弄清楚在传输通道上各种控制机制的硬件组成及其控制原理，然后是相关的控制寄存器，这样就可以全面地掌握该功能模块的操作原理。在实际应用中，根据需要选择不同的控制选项组合，就可以满足各种各样的不同应用要求。

以下对上述表格中出现的概念给予详细说明。

5.1.2　复用功能

51 单片机的 Port 3 组 I/O 端口也有复用功能，除传输 I/O 并行数据外，还可供中断、定时计数器、串口使用。STM32 的 GPIO 端口复用功能和 51 的类似，但是由于 STM32 的 GPIO 功能较多，因此设置更为复杂。作为片上外设的输入，需根据需要配置该引脚为浮空输入、带上拉输入或带下拉输入，同时使能该引脚对应的某个复用功能模块。作为片上外设的输出，应根据需要配置该引脚为复用推挽输出或复用开漏输出，同时使能该引脚对应的所有复用功能模块。注意，如果有多个复用功能模块对应同一个引脚，仅可使能其中之一，其他模块保持非使能状态。例如，要使用 STM32F103VBT6 的第 47 脚和第 48 脚的 USART3 功能，则需要配置第 47 脚为复用推挽输出或复用开漏输出，配置第 48 脚为某种输入模式，同时使能 USART3 并保持 I^2C 的非使能状态。

5.1.3　GPIO 输入功能

GPIO 端口输入结构如图 5-2 所示。GPIO 引脚在高阻输入模式下的等效结构示意图如图 5-3 所示。输入模式的结构比较简单，就是一个带有施密特触发输入的三态缓冲器（U_1），并具有很高的直流输入等效阻抗。施密特触发输入的作用是将缓慢变化的或畸变的输入脉冲信号整形成比较理想的矩形脉冲信号。执行 GPIO 引脚读操作时，在读脉冲（Read Pulse）的作用下，会把引脚的当前电平状态读到内部总线上（Internal Bus）。在不执行读操作时，外部引脚与内部总线之间是断开的。

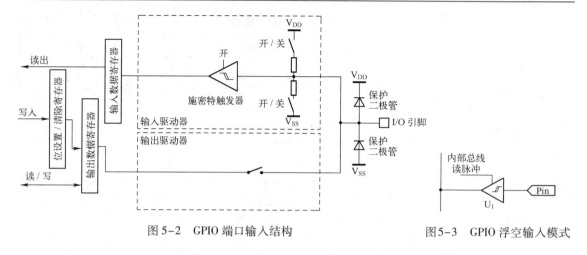

图 5-2　GPIO 端口输入结构　　　　图 5-3　GPIO 浮空输入模式

5.1.4　GPIO 输出功能

1. 推挽输出

1）推挽输出的基本功能　推挽电路是两个参数相同的晶体管或 MOSFET，分别受两个互补信号的控制，各负责正、负半周的波形放大任务，在一个晶体管导通时，另一个截止。电路工作时，两个对称的功率开关管每次只有一个导通，所以导通损耗小、效率高。输出既可以向负载灌电流，也可以从负载抽取电流。推挽式输出既提高电路的负载能力，又提高开关速度。

GPIO 端口输出结构如图 5-4 所示，GPIO 引脚在推挽输出模式下的等效结构示意图如图 5-5 所示。图中，U_1 是输出锁存器，执行 GPIO 引脚写操作时，在写脉冲（Write Pulse）的作用下，数据被锁存到 Q 和 $\overline{Q}$。VT_1 和 VT_2 构成 CMOS 反相器，VT_1 导通或 VT_2 导通时都表现出较低的阻抗，使 RC 常数很小，逻辑电平转换速度很快；但 VT_1 和 VT_2 不会同时导通或同时关闭，两个管交替工作，可以降低功耗，并提高每个管的承受能力。在推挽输出模式下，GPIO 还具有回读功能，但不常用。

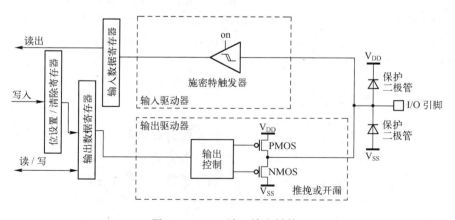

图 5-4　GPIO 端口输出结构

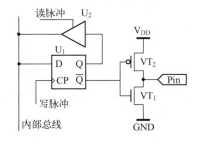

图 5-5　GPIO 推挽输出模式

2）通用推挽输出　通用推挽输出模式的信号流图如图 5-6 所示。当处理器在左侧编号①端通过位设置/清除寄存器,或者输出数据寄存器写入数据后,该数据位将通过编号②的输出控制电路传送到编号④的 I/O 端口,如果处理器写入的是逻辑"1",则编号③的 NMOS 管将处于关闭状态,此时 I/O 端口的电平将由外部的上拉电阻决定;如果处理器写入的是逻辑"0",则编号③的 NMOS 管将处于开启状态,此时 I/O 端口的电平被编号③的 NMOS 管拉到了 V_{SS} 的零电位。

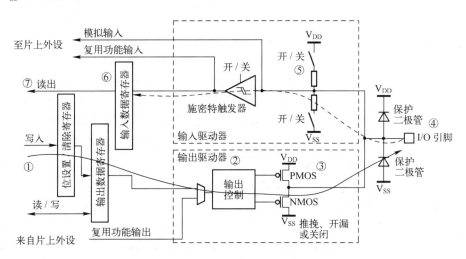

图 5-6　通用推挽输出模式的信号流图

在图的上半部,施密特触发器处于开启状态,这意味着处理器可以从"输入数据寄存器"读到外部电路的信号,监控 I/O 端口的状态。通过这个特性,还实现了虚拟的 I/O 端口双向通信,只要处理器输出逻辑"1",由于编号③的 NMOS 管处于关闭状态,I/O 端口的电平将完全由外部电路决定。

3）复用推挽输出　此模式供片内外设引脚(如 I2C 的 SCL、SDA 等)使用。此模式的信号流图如图 5-7 所示。与通用推挽输出类似,但编号②的输出控制电路的输入,与复用功能的输出端相连,此时输出数据寄存器与输出通道断开了。

2. 开漏输出

1）开漏输出的基本功能　开漏输出就是不输出电压,低电平时接地,高电平时不接地。如果外接上拉电阻,则在输出高电平时,电压会拉到上拉电阻的电源电压。这种方式适合连接的外设电压比单片机电压低的情况。

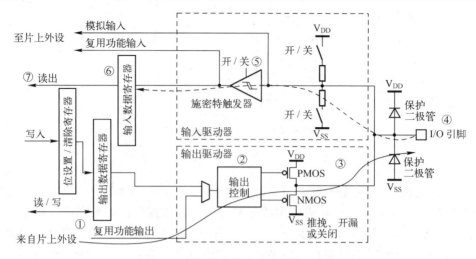

图 5-7 复用推挽输出模式的信号流图

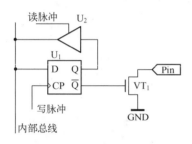

图 5-8 GPIO 开漏输出模式

GPIO 引脚在开漏输出模式下的等效结构示意图如图 5-8 所示。开漏输出和推挽输出的结构基本相同,即只有下拉晶体管 VT_1 而没有上拉晶体管。开漏输出的实际作用就是一个开关,输出"1"时断开、输出"0"时连接到 GND(有一定等效内阻)。开漏输出结构没有内部上拉电阻,因此在实际应用时,通常都要外接合适的上拉电阻(通常采用 4.7~10kΩ)。开漏输出能够方便地实现"线与"逻辑功能,即多个开漏的引脚可以直接并在一起(不需要缓冲隔离)使用,并统一外接一个合适的上拉电阻,就自然形成"逻辑与"关系。开漏输出的另一种用途是能够方便地实现不同逻辑电平之间的转换(如 3.3~5V 之间),只需外接一个上拉电阻,而不需要额外的转换电路。典型的应用例子就是基于开漏连接的 I^2C 总线。

2)通用开漏输出 通用开漏输出的信号流图与通用推挽输出的类似,但 GPIO 输出 0 时引脚接 GND,GPIO 输出 1 时引脚悬空,即图 5-6 中编号③的 PMOS 不起作用。该引脚需要外接上拉电阻,才能实现输出高电平。

3)复用开漏输出 此模式供片内外设使用。它的信号流图与复用推挽输出的类似,只是图 5-7 中编号③的 PMOS 不起作用。

5.1.5 GPIO 速度选择

在 I/O 口的输出模式下,有 3 种输出速度可选,分别为 2MHz、10MHz 和 50MHz。这里速度是指 I/O 口驱动电路的响应速度而不是输出信号的速度,输出信号的速度与程序有关。芯片内部在 I/O 口的输出部分安排了多个响应速度不同的输出驱动电路,用户可以根据自己的需要选择合适的驱动电路。通过选择速度来选择不同的输出驱动模块,达到最佳的噪声控制和降低功耗的目的。高频驱动电路噪声也高,当不需要高的输出频率时,应选用低频驱动电路,这样有利于提高系统的 EMI 性能。当然,如果要输出较高频率的信号,但却选用了较低频率的驱动模块,很可能会得到失真的输出信号,因为 GPIO 的引脚速度是跟应用匹配的。例如，对于串口，假如最大波特率只需115.2kb/s，那么用2MHz的GPIO的引脚速度就够了，既省电噪声也小；对于I²C接口，假如使用400kb/s波特率，若想把裕量留大些，那么用2MHz的GPIO的引脚速度或许不够，这时可以选用10MHz的GPIO引脚速度；对于SPI接口，假如使用18MHz或9MHz波特率，用10MHz的GPIO的引脚速度显然不够了，需要选用50MHz的GPIO的引脚速度。GPIO口设为输入时，输出驱动电路与端口是断开，所以输出速度配置无意义。

5.1.6 钳位功能

GPIO内部具有钳位保护二极管，如图5-9所示。其作用是防止从外部引脚输入的电压过高或过低。V_{DD}正常供电是3.3V，如果从Pin引脚输入的信号（假设任何输入信号都有一定的内阻）电压超过V_{DD}加上二极管VD_1的导通压降（假定约0.6V），则二极管VD_1导通，会把多余的电流引到V_{DD}，而真正输入到内部的信号电压不会超过3.9V。同理，如果从Pin输入的信号电压比GND还低，则由于二极管VD_2的作用，会把实际输入内部的信号电压钳制在约-0.6V。

假设$V_{DD}=3.3V$，GPIO设置在开漏模式下，外接10kΩ上拉电阻连接到5V电源，在输出"1"时，通过测量可以发现，GPIO引脚上的电压并不会达到5V，而是约为4V，这正是内部钳位二极管在起作用。虽然输出电压达不到满幅的5V，但对于实际的数字逻辑通常3.5V以上就算是高电平了。如果确实想进一步提高输出电压，一种简单的做法是先在GPIO引脚上串联一只二极管（如1N4148），然后再接上拉电阻。如图5-10所示，框内是芯片内部电路。向引脚写"1"时，VT_1关闭，在Pin处得到的电压约为4.5V，电压提升效果明显；向引脚写"0"时，VT_1导通，在Pin处得到的电压约为0.6V，仍属低电平。

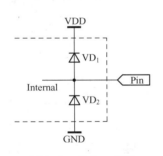

图5-9 钳位二极管

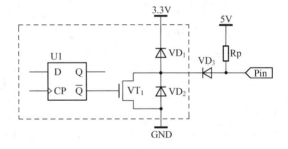

图5-10 解决开漏模式上拉电压不足的方法

5.2 GPIO寄存器

和51单片机一样，CM3的硬件驱动是经过一系列控制寄存器的写入操作来实现的。这些控制寄存器就像一些精巧的控制装置，能够接收指令，并操纵相关设备完成指令规定的行为或动作；也可以将其看做传真机上的键盘和显示屏，它们是设备制造商提供给用户的人机交换接口，键盘可以让用户控制传真机的行为，而显示屏可以让使用者了解传真机的当前状态。控制寄存器的作用与传真机的键盘、显示屏的作用完全相同，具有读取和写入这两种最基本的人机交互功能。图5-11很形象地描绘了控制寄存器、设备、用户三者之间的关系。

按下键盘相当于写寄存器，而观看显示屏则相当于读取寄存器，简单的读取和写入功能可以让系统完成复杂的行为和动作。如果从编程的角度来看，这些寄存器也可以看做是设备制造商提供的底层 API，只不过函数名改成了某个内存地址，而函数调用则改成了读/写这个地址。

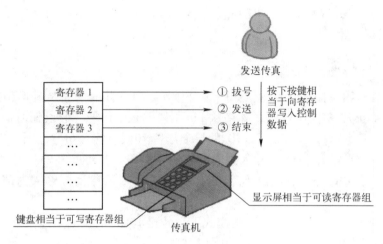

图 5-11 控制寄存器、设备、用户之间的关系

GPIO 相关寄存器功能见表 5-3。每个 GPIO 端口有两个 32 位配置寄存器（GPIOx_CRL 和 GPIOx_CRH），两个 32 位数据寄存器（GPIOx_IDR 和 GPIOx_ODR），一个 32 位置位/复位寄存器（GPIOx_BSRR），一个 16 位复位寄存器（GPIOx_BRR）和一个 32 位锁定寄存器（GPIOx_LCKR）。I/O 寄存器必须以 32 位字的形式访问。GPIO 寄存器地址映像和复位值见表 5-4。

表 5-3 GPIO 相关寄存器功能

寄 存 器	功 能
端口配置低位寄存器 GPIOx_CRL	用于设置端口低 8 位工作模式
端口配置高位寄存器 GPIOx_CRH	用于设置端口高 8 位工作模式
端口输入数据寄存器 GPIOx_IDR	如果端口被配置为输入端口，可以从 GPIOx_IDR 相应位读数据
端口输出数据寄存器 GPIOx_ODR	如果端口被配置为输出端口，可以从 GPIOx_ODR 相应位读或写数据
端口位设置/清除寄存器 GPIOx_BSRR	通过该寄存器可以对端口数据输出寄存器 GPIOx_ODR 每一位进行置 1 和复位操作
端口位清除寄存器 GPIOx_BRR	通过该寄存器可以对端口数据输出寄存器 GPIOx_ODR 每一位进行复位操作
端口配置锁定寄存器 GPIOx_LCKR	当执行正确的写序列设置了位 16（LCKK）时，该寄存器用于锁定端口位的配置

每个 I/O 端口位可以自由编程，但 I/O 端口寄存器必须按 32 位字被访问（不允许半字或字节访问）。寄存器 GPIOx_BSRR 和 GPIOx_BRR 寄存器允许对任何 GPIO 端口的读/写独立访问，这样在读和写访问之间产生中断时不会发生危险，避免了设置或清除 I/O 端口时的"读—修改—写"操作，使得设置或清除 I/O 端口的操作不会被中断处理打断而造成误动作。

第 5 章 GPIO 原理及应用

表 5-4 GPIO 寄存器地址映像和复位值

偏移	寄存器	31	30	29	28	27	26	25	24	23	22	21	20	19	18	17	16	15	14	13	12	11	10	9	8	7	6	5	4	3	2	1	0
000h	GPIOx_CRL	CNF7[1:0]		MODE7[1:0]		CNF6[1:0]		MODE6[1:0]		CNF5[1:0]		MODE5[1:0]		CNF4[1:0]		MODE4[1:0]		CNF3[1:0]		MODE3[1:0]		CNF2[1:0]		MODE2[1:0]		CNF1[1:0]		MODE1[1:0]		CNF0[1:0]		MODE0[1:0]	
	复位值	0	1	0	1	0	1	0	1	0	1	0	1	0	1	0	1	0	1	0	1	0	1	0	1	0	1	0	1	0	1	0	1
004h	GPIOx_CRH	CNF15[1:0]		MODE15[1:0]		CNF14[1:0]		MODE14[1:0]		CNF13[1:0]		MODE13[1:0]		CNF12[1:0]		MODE12[1:0]		CNF11[1:0]		MODE11[1:0]		CNF10[1:0]		MODE10[1:0]		CNF9[1:0]		MODE9[1:0]		CNF8[1:0]		MODE8[1:0]	
	复位值	0	1	0	1	0	1	0	1	0	1	0	1	0	1	0	1	0	1	0	1	0	1	0	1	0	1	0	1	0	1	0	1
008h	GPIOx_IDR	保留																IDR[15:0]															
	复位值																	0	0	0	0	0	0	0	0	0	0	0	0	0	0	0	0
00Ch	GPIOx_ODR	保留																ODR[15:0]															
	复位值																	0	0	0	0	0	0	0	0	0	0	0	0	0	0	0	0
010h	GPIOx_BSRR	BR[15:0]																BSR[15:0]															
	复位值	0	0	0	0	0	0	0	0	0	0	0	0	0	0	0	0	0	0	0	0	0	0	0	0	0	0	0	0	0	0	0	0
014h	GPIOx_BRR	保留																BR[15:0]															
	复位值																	0	0	0	0	0	0	0	0	0	0	0	0	0	0	0	0
018h	GPIOx_LCKR	保留															LCKK	LCK[15:0]															
	复位值																0	0	0	0	0	0	0	0	0	0	0	0	0	0	0	0	0

定义 GPIO 寄存器组的结构体 GPIO_TypeDef 在库文件 stm32f10x.h 中:

```
/* Peripheral and SRAM base address in the bit - band region */
#define PERIPH_BASE           ((u32)0x40000000)
…
/* Peripheral memory map */
#define APB2PERIPH_BASE       (PERIPH_BASE + 0x10000)
…
/* ----------------------- General Purpose and Alternate Function IO --------- */
typedef struct
{
    vu32 CRL;
    vu32 CRH;
    vu32 IDR;
    vu32 ODR;
    vu32 BSRR;
    vu32 BRR;
    vu32 LCKR;
} GPIO_TypeDef;
…
#define AFIO_BASE             (APB2PERIPH_BASE + 0x0000)
#define EXTI_BASE             (APB2PERIPH_BASE + 0x0400)
#define GPIOA_BASE            (APB2PERIPH_BASE + 0x0800)
#define GPIOB_BASE            (APB2PERIPH_BASE + 0x0C00)
#define GPIOC_BASE            (APB2PERIPH_BASE + 0x1000)
#define GPIOD_BASE            (APB2PERIPH_BASE + 0x1400)
#define GPIOE_BASE            (APB2PERIPH_BASE + 0x1800)
```

```
    #define GPIOF_BASE          (APB2PERIPH_BASE + 0x1C00)
    #define GPIOG_BASE          (APB2PERIPH_BASE + 0x2000)
    …
    #ifdef _AFIO
      #define AFIO              ((AFIO_TypeDef *) AFIO_BASE)
    #endif /* _AFIO */

    #ifdef _EXTI
      #define EXTI              ((EXTI_TypeDef *) EXTI_BASE)
    #endif /* _EXTI */

    #ifdef _GPIOA
      #define GPIOA             ((GPIO_TypeDef *) GPIOA_BASE)
    #endif /* _GPIOA */

    #ifdef _GPIOB
      #define GPIOB             ((GPIO_TypeDef *) GPIOB_BASE)
    #endif /* _GPIOB */

    #ifdef _GPIOC
      #define GPIOC             ((GPIO_TypeDef *) GPIOC_BASE)
    #endif /* _GPIOC */

    #ifdef _GPIOD
      #define GPIOD             ((GPIO_TypeDef *) GPIOD_BASE)
    #endif /* _GPIOD */

    #ifdef _GPIOE
      #define GPIOE             ((GPIO_TypeDef *) GPIOE_BASE)
    #endif /* _GPIOE */

    #ifdef _GPIOF
      #define GPIOF             ((GPIO_TypeDef *) GPIOF_BASE)
    #endif /* _GPIOF */

    #ifdef _GPIOG
      #define GPIOG             ((GPIO_TypeDef *) GPIOG_BASE)
    #endif /* _GPIOG */
```

从上面的宏定义可以看出，GPIOx（x = A、B、C、D、E）寄存器的存储映射首地址分别是 0x40010800、0x40010C00、0x40011000、0x40011400 和 0x40011800。首地址加上表 5-3 中各寄存器偏移即是寄存器在存储器中的位置。例如：

GPIOA_CRH = GPIOA 首地址 + CRH 地址偏移 = 0x40010800 + 0x004 = 0x40010804

【说明】在 MCS-51 单片机中，每个 I/O 端口只有一个设置寄存器。
  ☺ P0 端口寄存器：P0；
  ☺ P1 端口寄存器：P1；
  ☺ P2 端口寄存器：P2；
  ☺ P3 端口寄存器：P3。
而 STM32 单片机的 GPIO 的 I/O 数据寄存器的 I/O 设置是分开的，分别为 GPIOx_IDR 和 GPIOx_ODR。

5.3 GPIO 库函数

1. GPIO_Init 函数

GPIO_Init( ) 函数见表 5-5。

表 5-5 GPIO_Init( ) 函数

函数名	GPIO_Init
函数原型	void GPIO_Init(GPIO_TypeDef * GPIOx, GPIO_InitTypeDef * GPIO_InitStruct)
功能描述	根据 GPIO_InitStruct 中指定的参数初始化外设 GPIOx 寄存器
输入参数 1	GPIOx：x 可以是 A、B、C、D 或 E，以此来选择 GPIO 外设
输入参数 2	GPIO_InitStruct：指向结构 GPIO_InitTypeDef 的指针，包含了外设 GPIO 的配置信息。参阅 Section：GPIO_ InitTypeDef 查阅更多该参数允许取值范围
输出参数	无
返回值	无
先决条件	无
被调用函数	无

2. GPIO_SetBits 函数

GPIO_SetBits 函数见表 5-6。

表 5-6 GPIO_SetBits 函数

函数名	GPIO_SetBits
函数原型	void GPIO_SetBits(GPIO_TypeDef * GPIOx, u16 GPIO_Pin)
功能描述	设置指定的数据端口位
输入参数 1	GPIOx：x 可以是 A、B、C、D 或 E，以此来选择 GPIO 外设
输入参数 2	GPIO_Pin：待设置的端口位 该参数可以取 GPIO_Pin_x（x 可以是 0～15）的任意组合 参阅 Section：GPIO_Pin 查阅更多该参数允许取值范围
输出参数	无
返回值	无
先决条件	无
被调用函数	无

3. GPIO_ResetBits 函数

GPIO_ResetBits 函数见表 5-7。

表 5-7 GPIO_ResetBits 函数

函数名	GPIO_ResetBits
函数原型	void GPIO_ResetBits(GPIO_TypeDef* GPIOx, u16 GPIO_Pin)
功能描述	设置指定的数据端口位
输入参数 1	GPIOx：x 可以是 A、B、C、D 或 E，以此来选择 GPIO 外设
输入参数 2	GPIO_Pin：待清除的端口位 该参数可以取 GPIO_Pin_x（x 可以是 0~15）的任意组合 参阅 Section：GPIO_Pin 查阅更多该参数允许取值范围
输出参数	无
返回值	无
先决条件	无
被调用函数	无

GPIO_SetBits() 和 GPIO_ResetBits() 函数代码在 stm32f10x_gpio.c 文件中：

```
void GPIO_SetBits(GPIO_TypeDef* GPIOx, uint16_t GPIO_Pin)
{
    /* Check the parameters */
    assert_param(IS_GPIO_ALL_PERIPH(GPIOx));
    assert_param(IS_GPIO_PIN(GPIO_Pin));
    GPIOx->BSRR = GPIO_Pin;
}
void GPIO_ResetBits(GPIO_TypeDef* GPIOx, uint16_t GPIO_Pin)
{
    /* Check the parameters */
    assert_param(IS_GPIO_ALL_PERIPH(GPIOx));
    assert_param(IS_GPIO_PIN(GPIO_Pin));
    GPIOx->BRR = GPIO_Pin;
}
```

上述函数中，assert_param() 为断言机制函数，经常对某个条件进行检查，若为 1，说明满足条件，继续执行；否则为 0，则不满足条件，把出错的信息输出来。assert_param(IS_GPIO_ALL_PERIPH(GPIOx)) 这个宏定义的作用就是检查参数 PERIPH，判断参数 PERIPH 是否为 GPIOX（A...G）基址中的一个，只要有一个为真，则其值为真，否则为假。

4. GPIO_WriteBit 函数

GPIO_WriteBit 函数见表 5-8。

表 5-8 GPIO_WriteBit 函数

函数名	GPIO_WriteBit
函数原型	void GPIO_WriteBit(GPIO_TypeDef* GPIOx, u16 GPIO_Pin, BitAction BitVal)
功能描述	设置或清除指定的数据端口位
输入参数 1	GPIOx：x 可以是 A、B、C、D 或 E，以此来选择 GPIO 外设
输入参数 2	GPIO_Pin：待设置或清除的端口位 该参数可以取 GPIO_Pin_x（x 可以是 0~15）的任意组合 参阅 Section：GPIO_Pin 查阅更多该参数允许取值范围
输入参数 3	BitVal：该参数指定了待写入的值 该参数必须取枚举 BitAction 中的一个值 Bit_RESET：清除数据端口位 Bit_SET：设置数据端口位
输出参数	无
返回值	无
先决条件	无
被调用函数	无

函数源代码如下：

```
typedef enum
{ Bit_RESET = 0,
  Bit_SET
} BitAction;

void GPIO_WriteBit(GPIO_TypeDef* GPIOx, uint16_t GPIO_Pin, BitAction BitVal)
{
  /* Check the parameters */
  assert_param(IS_GPIO_ALL_PERIPH(GPIOx));
  assert_param(IS_GET_GPIO_PIN(GPIO_Pin));
  assert_param(IS_GPIO_BIT_ACTION(BitVal));

  if (BitVal != Bit_RESET)
  {
    GPIOx -> BSRR = GPIO_Pin;
  }
  else
  {
    GPIOx -> BRR = GPIO_Pin;
  }
}
```

5. GPIO_Write 函数

GPIO_Write 函数见表 5-9。

表 5-9 GPIO_Write 函数

函数名	GPIO_Write
函数原型	void GPIO_Write(GPIO_TypeDef * GPIOx, u16 PortVal)
功能描述	向指定 GPIO 数据端口写入数据
输入参数 1	GPIOx：x 可以是 A、B、C、D 或 E，以此来选择 GPIO 外设
输入参数 2	PortVal：待写入端口数据寄存器的值
输出参数	无
返回值	无
先决条件	无
被调用函数	无

函数源代码如下：

```
void GPIO_Write(GPIO_TypeDef * GPIOx, uint16_t PortVal)
{
  /* Check the parameters */
  assert_param(IS_GPIO_ALL_PERIPH(GPIOx));

  GPIOx->ODR = PortVal;
}
```

5.4 库函数和寄存器的关系

由上述库函数的内容可以看出，库函数的本质也是对外设的寄存器进行操作。下面以 GPIO_Configuration（void）函数为例，介绍库函数和寄存器关系。

1. GPIO_Configuration（void）分析

```
void GPIO_Configuration(void)
{
  GPIO_InitTypeDef GPIO_InitStructure;                        (1)
  GPIO_InitStructure.GPIO_Pin = GPIO_Pin_4;                   (2)
  GPIO_InitStructure.GPIO_Speed = GPIO_Speed_50MHz;           (3)
  GPIO_InitStructure.GPIO_Mode = GPIO_Mode_Out_PP;            (4)
  GPIO_Init(GPIOA, &GPIO_InitStructure);                      (5)
}
```

上述函数语句是在 STM32 的程序开发中经常使用到的 GPIO 初始化程序段，其功能是将 GPIOA.4 口初始化为推挽输出状态，且最大翻转速率为 50MHz。以下逐句进行详细解析。

（1）GPIO_InitTypeDef GPIO_InitStructure：该语句定义了一个 GPIO_InitTypeDef 类型的变量，名为 GPIO_InitStructure，GPIO_InitTypeDef 的原型位于"stm32f10x_gpio.h"文件，原型如下：

```
typedef struct
{
    u16 GPIO_Pin;
    GPIOSpeed_TypeDef GPIO_Speed;
    GPIOMode_TypeDef GPIO_Mode;
} GPIO_InitTypeDef;
```

由此可知，GPIO_InitTypeDef 是一个结构体类型同义字，其功能是定义一个结构体，该结构体有 3 个成员，分别是 u16 类型的 GPIO_Pin、GPIOSpeed_TypeDef 类型的 GPIO_Speed 和 GPIOMode_TypeDef 类型的 GPIO_Mode 。其中，GPIO_Pin 参数选择待设置的 GPIO 引脚，使用操作符"|"可以一次选中多个引脚。可以使用表 5-10 中所列的任意组合。

表 5-10 GPIO_Pin 值

GPIO_Pin	描　　述
GPIO_Pin_None	无引脚被选中
GPIO_Pin_0	选中引脚 0
GPIO_Pin_1	选中引脚 1
GPIO_Pin_2	选中引脚 2
GPIO_Pin_3	选中引脚 3
GPIO_Pin_4	选中引脚 4
GPIO_Pin_5	选中引脚 5
GPIO_Pin_6	选中引脚 6
GPIO_Pin_7	选中引脚 7
GPIO_Pin_8	选中引脚 8
GPIO_Pin_9	选中引脚 9
GPIO_Pin_10	选中引脚 10
GPIO_Pin_11	选中引脚 11
GPIO_Pin_12	选中引脚 12
GPIO_Pin_13	选中引脚 13
GPIO_Pin_14	选中引脚 14
GPIO_Pin_15	选中引脚 15
GPIO_Pin_All	选中全部引脚

在 stm32f10x_gpio.h 文件中找到对 GPIOSpeed_TypeDef 的定义：

```
typedef enum
{
    GPIO_Speed_10MHz = 1,
    GPIO_Speed_2MHz,
    GPIO_Speed_50MHz
} GPIOSpeed_TypeDef;
```

则可知 GPIOSpeed_TypeDef 枚举类型同义字，其功能是定义一个枚举类型变量，该变量可表示 GPIO_Speed_10MHz、GPIO_Speed_2MHz 和 GPIO_Speed_50MHz 三种含义。其中，GPIO_Speed_10MHz 已经定义为 1，GPIO_Speed_2MHz 则依次被编译器赋予 2，而 GPIO_Speed_50MHz 为 3。GPIO_Speed 用以设置选中引脚的速率。

GPIOMode_TypeDef 速度设置结构体在 stm32f10x_gpio.h 文件中：

```
typedef enum
{ GPIO_Mode_AIN = 0x0,
  GPIO_Mode_IN_FLOATING = 0x04,
  GPIO_Mode_IPD = 0x28,
  GPIO_Mode_IPU = 0x48,
  GPIO_Mode_Out_OD = 0x14,
  GPIO_Mode_Out_PP = 0x10,
  GPIO_Mode_AF_OD = 0x1C,
  GPIO_Mode_AF_PP = 0x18
}GPIOMode_TypeDef;
```

这同样是一个枚举类型同义字。GPIO_Mode 用以设置选中引脚的工作状态。表 5-11 给出了该参数可取的值。

表 5-11 GPIO_Mode 值

GPIO_Mode	描述
GPIO_Mode_AIN	模拟输入
GPIO_Mode_IN_FLOATING	浮空输入
GPIO_Mode_IPD	下拉输入
GPIO_Mode_IPU	上拉输入
GPIO_Mode_Out_OD	通用开漏输出
GPIO_Mode_Out_PP	通用推挽输出
GPIO_Mode_AF_OD	复用开漏输出
GPIO_Mode_AF_PP	复用推挽输出

【总结】该语句定义一个结构体类型的变量 GPIO_InitStructure，并且该结构体有 3 个成员，分别为 GPIO_Pin、GPIO_Speed 和 GPIO_Mode，并且 GPIO_Pin 表示 GPIO 设备引脚，GPIO_Speed 表示 GPIO 设备速率，GPIO_Mode 表示 GPIO 设备工作模式。

（2）GPIO_InitStructure.GPIO_Pin = GPIO_Pin_4：这是一个赋值语句，把 GPIO_Pin_4 赋给 GPIO_InitStructure 结构体中的成员 GPIO_Pin，可以在 stm32f10x_gpio.h 文件中找到对 GPIO_Pin_4 做的宏定义：

```
#define GPIO_Pin_4 ((u16)0x0010)
```

因此该语句的本质是将 16 位数 0x0010 赋给 GPIO_InitStructure 结构体中的成员 GPIO_Pin。

（3）GPIO_InitStructure.GPIO_Speed = GPIO_Speed_50MHz：将 GPIO_Speed_50MHz 赋给 GPIO_InitStructure 结构体中的成员 GPIO_Speed。但应注意，此处 GPIO_Speed_50MHz 只是一个枚举变量，按照 GPIOSpeed_TypeDef 的设置其值为 3。

（4）GPIO_InitStructure.GPIO_Mode = GPIO_Mode_Out_PP：把 GPIO_Mode_Out_PP 赋给 GPIO_InitStructure 结构体中的成员 GPIO_Mode。从上文可知，GPIO_Mode_Out_PP 的值为 0x10。

（5）GPIO_Init(GPIOA, &GPIO_InitStructure)：这是一个函数调用，即调用 GPIO_Init 函数，并提供给该函数两个参数，分别为 GPIOA 和 &GPIO_InitStructure，其中 &GPIO_InitStructure 表示结构体变量 GPIO_InitStructure 的地址，而 GPIOA 则可以在 stm32f10x.h 文件中找到定义：

```
#define GPIOA ((GPIO_TypeDef *) GPIOA_BASE)
```

这表示编译器会将代码中出现的 GPIOA 全部替换为((GPIO_TypeDef *) GPIOA_BASE)。从该句的 C 语言语法可以判断出((GPIO_TypeDef *) GPIOA_BASE)的功能是将 GPIOA_BASE 强制类型转换为指向 GPIO_TypeDef 类型的结构体变量。因此需要找出 GPIOA_BASE 的含义，在 stm32f10x.h 文件中找到如下内容：

```
#define GPIOA_BASE (APB2PERIPH_BASE + 0x0800)
……
#define APB2PERIPH_BASE (PERIPH_BASE + 0x10000)
……
#define PERIPH_BASE ((u32)0x40000000)
```

由此可以看出，GPIOA_BASE 表示一个地址，通过将以上 3 个宏展开可以得到：

GPIOA_BASE = 0x40000000 + 0x10000 + 0x0800

此处的关键便在于 0x40000000、0x10000 和 0x0800 这 3 个数值的来历。读者应该通过宏名猜到了，这就是 STM32 微控制器的 GPIOA 的设备地址。通过查阅 STM32 微控制器开发手册可以得知，STM32 的外设起始基地址为 0x40000000，而 APB2 总线设备起始地址相对于外设基地址的偏移量为 0x10000，GPIOA 设备相对于 APB2 总线设备起始地址偏移量为 0x0800。

【总结】调用 GPIO_Init 函数，并将 STM32 微控制器的 GPIOA 设备地址和所定义的结构体变量 GPIO_InitStructure 的地址传入。

2. GPIO_Init( ) 内部分析

```
void GPIO_Init(GPIO_TypeDef * GPIOx, GPIO_InitTypeDef * GPIO_InitStruct)
{
/*初始化各个变量*/
    uint32_t currentmode = 0x00, currentpin = 0x00, pinpos = 0x00, pos = 0x00;
```

```c
    uint32_t tmpreg = 0x00, pinmask = 0x00;
    //currentmode 用于存放临时的模式
    //currentpin 用于存放配置的引脚位
    //pinpos 用于存放当前操作的引脚号
    //pos 存放当前操作的引脚位
    //tmreg 当前的 CIR
    //pinmask
/*检查参数是否正确*/
    assert_param(IS_GPIO_ALL_PERIPH(GPIOx));
    assert_param(IS_GPIO_MODE(GPIO_InitStruct -> GPIO_Mode));
    assert_param(IS_GPIO_PIN(GPIO_InitStruct -> GPIO_Pin));
    //取出配置信息里面的模式信息并且取它的低 4 位
    currentmode = ((uint32_t)GPIO_InitStruct -> GPIO_Mode) & ((uint32_t)0x0F);
    if ((((uint32_t)GPIO_InitStruct -> GPIO_Mode) & ((uint32_t)0x10)) != 0x00) //输出模式
        //如果欲设置为任意一种输出模式,则再检查翻转速率参数是否正确
        assert_param(IS_GPIO_SPEED(GPIO_InitStruct -> GPIO_Speed));
        //将速度信息放入 currentmode 低 2 位
        currentmode |= (uint32_t)GPIO_InitStruct -> GPIO_Speed;
    }
/*设置低 8 位引脚(即 pin0~pin7)*/
    if (((uint32_t)GPIO_InitStruct -> GPIO_Pin & ((uint32_t)0x00FF)) != 0x00) //引脚有定义
    {
/*读出当前配置字*/
        tmpreg = GPIOx -> CRL;
        //循环低 8 位引脚
        for (pinpos = 0x00; pinpos < 0x08; pinpos++)
        {
/*获取将要配置的引脚号*/
            pos = ((uint32_t)0x01) << pinpos;
            //读取引脚信息里面的当前引脚
            currentpin = (GPIO_InitStruct -> GPIO_Pin) & pos;
            if (currentpin == pos)       //如果当前引脚在配置信息里存在
            {
/*先清除对应引脚的配置字*/
                pos = pinpos << 2; //pos = 引脚号 x4
                pinmask = ((uint32_t)0x0F) << pos; //1111 << 引脚号 x4,根据 CRL 的结构很容易理解
                tmpreg &= ~pinmask;  //当前应该操作的 CRL 位清 0
/*写入新的配置字*/
                tmpreg |= (currentmode << pos); //设置当前操作的 CRL 位
/*若欲配置为上拉/下拉输入,则需要配置 BRR 和 BSRR 寄存器*/
                if (GPIO_InitStruct -> GPIO_Mode == GPIO_Mode_IPD) //端口置为低电平
                {
                    GPIOx -> BRR = (((uint32_t)0x01) << pinpos);
                }
```

```c
            else
            {
                if (GPIO_InitStruct->GPIO_Mode == GPIO_Mode_IPU)    //端口置1
                {
                    GPIOx->BSRR = (((uint32_t)0x01) << pinpos);
                }
            }
        }
    }
    /* 写入低8位引脚配置字 */
    GPIOx->CRL = tmpreg;
}
/* 设置高8位引脚(即pin8~pin15),流程和第8位引脚配置流程一致,不再作解析 */
if (GPIO_InitStruct->GPIO_Pin > 0x00FF)
{
    tmpreg = GPIOx->CRH;
    for (pinpos = 0x00; pinpos < 0x08; pinpos++)
    {
        pos = (((uint32_t)0x01) << (pinpos + 0x08));
        /* Get the port pins position */
        currentpin = ((GPIO_InitStruct->GPIO_Pin) & pos);
        if (currentpin == pos)
        {
            pos = pinpos << 2;
            /* Clear the corresponding high control register bits */
            pinmask = ((uint32_t)0x0F) << pos;
            tmpreg &= ~pinmask;
            /* Write the mode configuration in the corresponding bits */
            tmpreg |= (currentmode << pos);
            /* Reset the corresponding ODR bit */
            if (GPIO_InitStruct->GPIO_Mode == GPIO_Mode_IPD)
            {
                GPIOx->BRR = (((uint32_t)0x01) << (pinpos + 0x08));
            }
            /* Set the corresponding ODR bit */
            if (GPIO_InitStruct->GPIO_Mode == GPIO_Mode_IPU)
            {
                GPIOx->BSRR = (((uint32_t)0x01) << (pinpos + 0x08));
            }
        }
    }
    GPIOx->CRH = tmpreg;
}
}
```

这段程序的流程是，首先检查由结构体变量 GPIO_InitStructure 所传入的参数是否正确，然后对 GPIO 寄存器进行"保存—修改—写入"的操作，完成对 GPIO 设备的设置工作。显然，结构体变量 GPIO_InitStructure 所传入参数的目的是设置对应 GPIO 设备的寄存器。而 STM32 的参考手册对关于 GPIO 设备设置寄存器的描述如图 5-12 所示。GPIOx_CRL 寄存器各位定义见表 5-12。

31	30	29	28	27	26	25	24	23	22	21	20	19	18	17	16
CNF7[1:0]		MODE7[1:0]		CNF6[1:0]		MODE6[1:0]		CNF5[1:0]		MODE5[1:0]		CNF4[1:0]		MODE4[1:0]	
rw	rw	rw	rw	rw	rw	rw	rw	rw	rw	rw	rw	rw	rw	rw	rw
15	14	13	12	11	10	9	8	7	6	5	4	3	2	1	0
CNF3[1:0]		MODE3[1:0]		CNF2[1:0]		MODE2[1:0]		CNF1[1:0]		MODE1[1:0]		CNF0[1:0]		MODE0[1:0]	
rw	rw	rw	rw	rw	rw	rw	rw	rw	rw	rw	rw	rw	rw	rw	rw

图 5-12 GPIOx_CRL 寄存器

表 5-12 GPIOx_CRL 寄存器各位定义

位	
31:30 27:26 23:22 19:18 15:14 11:10 7:6 3:2	CNFy[1:0]：端口 x 配置位（y = 0…7） 软件通过这些位配置相应的 I/O 端口。 在输入模式（MODE[1:0] = 00）： 00：模拟输入模式 01：浮空输入模式（复位后的状态） 10：上拉/下拉输入模式 11：保留 在输出模式（MODE[1:0] > 00）： 00：通用推挽输出模式 01：通用开漏输出模式 10：复用功能推挽输出模式 11：复用功能开漏输出模式
位 29:28 25:24 21:20 17:16 13:12 9:8 5:4 1:0	MODEy[1:0]：端口 x 的模式位（y = 0…7） 软件通过这些位配置相应的 I/O 端口。 00：输入模式（复位后的状态） 01：输出模式，最大速度 10MHz 10：输出模式，最大速度 2MHz 11：输出模式，最大速度 50MHz

该寄存器为 32 位，其中分为 8 份，每份 4 位，对应低 8 位引脚的设置。每个引脚的设置字分为两部分，分别为 CNF 和 MODE，各占 2 位。当 MODE 的设置字为 0 时，表示将对应引脚配置为输入模式，反之设置为输出模式，并有最大翻转速率限制；而当引脚配置为输出模式时，CNF 配置字决定引脚以何种输出方式工作（通用推挽输出、通用开漏输出等）。通过对程序进行阅读和分析不难发现，本文最初程序段中 GPIO_InitStructure 所传入参数对寄存器的作用如下所述。

（1）GPIO_Pin_4 被宏替换为 0x0010，对应图 5-12 可看出，这就是用于选择配置 GPIOx_CRL 的 [19:16] 位，分别为 CNF4[1:0]、MODE4[1:0]。

（2）GPIO_Speed_50MHz 为枚举类型，包含值 0x03，被用于将 GPIOx_CRL 位中的

MODE4[1:0]配置为11B（此处B意指二进制）。

（3）GPIO_Mode 也为枚举类型，包含值0x10，被用于将 GPIOx_CRL 位中的 MODE4[1:0] 配置为 00B。事实上，GPIO_Mode 的值直接影响寄存器的只有低4位，而高4位的作用可以从程序段2中看出，这是用于判断此参数是否用于 GPIO 引脚输出模式的配置的。

> 【总结】 固件库首先将各个设备所有寄存器的配置字进行预先定义，然后封装在结构或枚举变量中，待用户调用对应的固件库函数时，会根据用户传入的参数从这些封装好的结构或枚举变量中取出对应的配置字，最后写入寄存器中，完成对底层寄存器的配置。

可以看到，STM32 的固件库函数对于程序开发人员来说应用非常方便，只需要输入言简意赅的参数，就可以在完全不关心底层寄存器的前提下完成相关寄存器的配置，具有很好的通用性和易用性，固件库也采取了一定措施保证库函数的安全性（主要引入了参数检查函数 assert_param）。但同时，通用性、易用性和安全性的代价是加大了代码量，并增加了一些逻辑判断代码造成了一定的时间消耗，在对时间要求比较苛刻的应用场合，需要评估使用固件库函数对程序运行时间的影响。读者在使用 STM32 的固件库函数进行程序开发时，应该意识到这些问题。

5.5 应用实例

【任务功能】 实现 PA0 至 PA3 所接4个发光二极管（LED）顺次亮灭。

【硬件原理图】 流水灯硬件连接如图 5-13 所示。

【程序分析】

1) 配置输入的时钟

  SystemInit( );
  RCC_APB2PeriphClockCmd(RCC_APB2Periph_GPIOA, ENABLE);
  GPIO_Configuration( );

（1）SystemInit( ) 主要对 RCC 寄存器进行配置；

（2）由表 2-10 可知 GPIOA 连接在 APB2 上，因此 RCC_APB2PeriphClockCmd( ) 函数需要使能 RCC_APB2Periph_GPIOA。

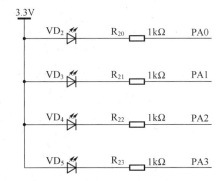

图 5-13 流水灯硬件连接图

2) 声明 GPIO 结构

  void GPIO_Configuration(void)
  {
    GPIO_InitTypeDef GPIO_InitStructure; //GPIO 状态恢复默认参数
    /* Configure PA. 0～3 as Output push-pull */
    GPIO_InitStructure. GPIO_Pin = GPIO_Pin_0 | GPIO_Pin_1 | GPIO_Pin_2 | GPIO_Pin_3; //引脚位置定义，标号可以是 NONE、ALL、0～15
    GPIO_InitStructure. GPIO_Speed = GPIO_Speed_50MHz; //输出速度50MHz

GPIO_InitStructure.GPIO_Mode = GPIO_Mode_Out_PP; //推挽输出模式
GPIO_Init(GPIOA, &GPIO_InitStructure); //A组GPIO初始化
    }

以上4行代码为一组，每组GPIO属性必须相同，默认的GPIO参数为：ALL，2MHz，FLATING。如果其中任意一行与前一组相应设置相同，那么该行可以省略，由此推论，如果前面已经将此行参数设定为默认参数（包括使用GPIO_InitTypeDef GPIO_InitStructure 代码），本组应用也是默认参数，那么也可以省略。以下重复这个过程直到所有应用的引脚全部被定义完毕。

3）应用GPIO端口

（1）方法1：ODR寄存器法。如果端口被配置成输出端口，可以从GPIOx_ODR相应位读/写数据。该寄存器地址偏移为0x0C，复位值为0x0000 0000。该寄存器只能以字的形式进行读取。如图5-14所示，图中"rw"缩写含义见附录A，ODR各位域定义见表5-13。

31	30	29	28	27	26	25	24	23	22	21	20	19	18	17	16
保留															

15	14	13	12	11	10	9	8	7	6	5	4	3	2	1	0
ODR15	ODR14	ODR13	ODR12	ODR11	ODR10	ODR9	ODR8	ODR7	ODR6	ODR5	ODR4	ODR3	ODR2	ODR1	ODR0
rw	rw	rw	rw	rw	rw	rw	rw	rw	rw	rw	rw	rw	rw	rw	rw

图5-14 端口输出数据寄存器（GPIOx_ODR）

表5-13 GPIOx_ODR位域定义

位	定　义
位31：16	保留，始终读为0。
位15：0	ODRy[15:0]：端口输出数据（y=0…15）。这些位可读可写并只能以半字（16位）的形式操作。注：对GPIOx_BSRR(x=A…E)，可以分别对各个ODR位进行独立的设置/清除

主程序代码如下：

```
while (1)
    {
    GPIOA -> ODR = 0xfffe;
    Delay(0XFFFFF);
    GPIOA -> ODR = 0xffff;
    Delay(0XFFFFF);
    GPIOA -> ODR = 0xfffd;
    Delay(0XFFFFF);
    GPIOA -> ODR = 0xffff;
    Delay(0XFFFFF);
    GPIOA -> ODR = 0xfffb;
    Delay(0XFFFFF);
    GPIOA -> ODR = 0xffff;
    Delay(0XFFFFF);
    GPIOA -> ODR = 0xfff7;
```

```
Delay(0XFFFFF);
GPIOA -> ODR = 0xffff;
Delay(0XFFFFF);
}
```

（2）方法2：位设置/清除寄存器法。端口位设置/清除寄存器（GPIOx_BSRR）(x = A…E)可以对端口数据输出寄存器 GPIOx_ODR 每位进行置1和复位操作。该寄存器地址偏移为 0x10，复位值为 0x0000 0000，如图 5-15 所示。其位域定义见表 5-14。

31	30	29	28	27	26	25	24	23	22	21	20	19	18	17	16
BR15	BR14	BR13	BR12	BR11	BR10	BR9	BR8	BR7	BR6	BR5	BR4	BR3	BR2	BR1	BR0
w	w	w	w	w	w	w	w	w	w	w	w	w	w	w	w

15	14	13	12	11	10	9	8	7	6	5	4	3	2	1	0
BS15	BS14	BS13	BS12	BS11	BS10	BS9	BS8	BS7	BS6	BS5	BS4	BS3	BS2	BS1	BS0
w	w	w	w	w	w	w	w	w	w	w	w	w	w	w	w

图 5-15　端口位设置/清除寄存器（GPIOx_BSRR）

表 5-14　GPIOx_BSRR 位域定义

位	定　　义
位 31:16	BRy：清除端口 x 的位 y(y = 0…15)。这些位只能写入并只能以半字（16 位）的形式操作。0：对相应的 ODRy 位不产生影响；1：清除对应的 ODRy 位为 0。注：如果同时设置了 BSy 和 BRy 的对应位，BSy 位起作用
位 15:0	BSy：设置端口 x 的位 y(y = 0…15)。这些位只能写入并只能以半字（16 位）的形式操作。0：对相应的 ODRy 位不产生影响；1：设置对应的 ODRy 位为 1

端口位清除寄存器（GPIOx_BRR）(x = A…E)可以对端口数据输出寄存器 GPIOx_ODR 每位进行复位操作。该寄存器地址偏移为 0x14，复位值为 0x0000 0000，如图 5-16 所示。其位域定义见表 5-15。

31	30	29	28	27	26	25	24	23	22	21	20	19	18	17	16
保留															

15	14	13	12	11	10	9	8	7	6	5	4	3	2	1	0
BR15	BR14	BR13	BR12	BR11	BR10	BR9	BR8	BR7	BR6	BR5	BR4	BR3	BR2	BR1	BR0
w	w	w	w	w	w	w	w	w	w	w	w	w	w	w	w

图 5-16　端口位清除寄存器（GPIOx_BRR）

表 5-15　GPIOx_BRR 位域定义

位	定　　义
位 31:16	保留
位 15:0	BRy：清除端口 x 的位 y(y = 0…15)。这些位只能写入并只能以半字（16 位）的形式操作。0：对对应的 ODRy 位不产生影响；1：清除对应的 ODRy 位为 0

主程序代码如下：

```
while (1)
{
```

```
        GPIOA -> BRR |= 0x0001;
        Delay(0XFFFFF);
        GPIOA -> BSRR |= 0x000f;
        Delay(0XFFFFF);
        GPIOA -> BRR |= 0x0002;
        Delay(0XFFFFF);
        GPIOA -> BSRR |= 0x000f;
        Delay(0XFFFFF);
        GPIOA -> BRR |= 0x0004;
        Delay(0XFFFFF);
        GPIOA -> BSRR |= 0x000f;
        Delay(0XFFFFF);
        GPIOA -> BRR |= 0x0008;
        Delay(0XFFFFF);
        GPIOA -> BSRR |= 0x000f;
        Delay(0XFFFFF);
    }
```

（3）方法 3：此方法只使用 GPIOx_BSRR 寄存器，可使一灯亮、一灯灭同步变化。

STM32 的 GPIOx_BSRR 和 GPIOx_BRR 寄存器可以直接对对应的 GPIOx 端口置 1 或置 0。GPIOx_BSRR 的高 16 位中每位对应端口 x 的相应位，对高 16 位中的某位置 1，则端口 x 的对应位被清 0；寄存器中的某位置 0，则对它对应的位不起作用。GPIOx_BSRR 的低 16 位中每位也对应端口 x 的相应位，对低 16 位中的某位置 1，则它对应的端口位被置 1；寄存器中的某位置 0，则对它对应的端口不起作用。简单地说，GPIOx_BSRR 的高 16 位称为清除寄存器，而 GPIOx_BSRR 的低 16 位称为设置寄存器。

主程序代码如下：

```
    while (1)
    {
        GPIOA -> BSRR = 0x00010008;
        Delay(0XFFFFF);
        Delay(0XFFFFF);
        GPIOA -> BSRR = 0x00020001;
        Delay(0XFFFFF);
        Delay(0XFFFFF);
        GPIOA -> BSRR = 0x00040002;
        Delay(0XFFFFF);
        Delay(0XFFFFF);
        GPIOA -> BSRR = 0x00080004;
        Delay(0XFFFFF);
        Delay(0XFFFFF);
    }
```

（4）方法 4：GPIO_WriteBit() 函数法。主程序代码如下：

```
while (1)
{
    GPIO_WriteBit(GPIOA, GPIO_Pin_0, (BitAction)0x00);//GPIOA_Pin_0 写入 0;
    Delay(0XFFFFFF);
    GPIO_WriteBit(GPIOA, GPIO_Pin_0, (BitAction)0x01);//GPIOA_Pin_0 写入 1;
    Delay(0XFFFFFF);
    GPIO_WriteBit(GPIOA, GPIO_Pin_1, (BitAction)0x00);//GPIOA_Pin_1 写入 0;
    Delay(0XFFFFFF);
    GPIO_WriteBit(GPIOA, GPIO_Pin_1, (BitAction)0x01);//GPIOA_Pin_1 写入 1;
    Delay(0XFFFFFF);
    GPIO_WriteBit(GPIOA, GPIO_Pin_2, (BitAction)0x00);//GPIOA_Pin_2 写入 0;
    Delay(0XFFFFFF);
    GPIO_WriteBit(GPIOA, GPIO_Pin_2, (BitAction)0x01);//GPIOA_Pin_2 写入 1;
    Delay(0XFFFFFF);
    GPIO_WriteBit(GPIOA, GPIO_Pin_3, (BitAction)0x00);//GPIOA_Pin_3 写入 0;
    Delay(0XFFFFFF);
    GPIO_WriteBit(GPIOA, GPIO_Pin_3, (BitAction)0x01);//GPIOA_Pin_3 写入 1;
    Delay(0XFFFFFF);
}
```

(5) 方法 5：置位复位库函数法。主程序代码如下：

```
while (1)
{
    /*循环点亮 LED*/
    GPIO_ResetBits(GPIOA, GPIO_Pin_0);
    Delay(0XFFFFFF);
    GPIO_SetBits(GPIOA, GPIO_Pin_0);
    Delay(0XFFFFFF);
    GPIO_ResetBits(GPIOA, GPIO_Pin_1);
    Delay(0XFFFFFF);
    GPIO_SetBits(GPIOA, GPIO_Pin_1);
    Delay(0XFFFFFF);
    GPIO_ResetBits(GPIOA, GPIO_Pin_2);
    Delay(0XFFFFFF);
    GPIO_SetBits(GPIOA, GPIO_Pin_2);
    Delay(0XFFFFFF);
    GPIO_ResetBits(GPIOA, GPIO_Pin_3);
    Delay(0XFFFFFF);
    GPIO_SetBits(GPIOA, GPIO_Pin_3);
    Delay(0XFFFFFF);
}
```

(6) 方法 6：位绑定操作法。PA0 ～ PA3 的位绑定别名地址的确定详见 2.5.5 节。主程序代码如下：

```c
while (1)
{
    /*循环点亮 LED*/
    (*((u32 *) 0x42210180)) = 0;//0x42000000 + (0x1080C × 32) + (0 × 4)
    Delay(0XFFFFFF);
    (*((u32 *) 0x42210180)) = 1;
    Delay(0XFFFFFF);
    (*((u32 *) 0x42210184)) = 0; //0x42000000 + (0x1080C × 32) + (1 × 4)
    Delay(0XFFFFFF);
    (*((u32 *) 0x42210184)) = 1;
    Delay(0XFFFFFF);
    (*((u32 *) 0x42210188)) = 0;//0x42000000 + (0x1080C × 32) + (2 × 4)
    Delay(0XFFFFFF);
    (*((u32 *) 0x42210188)) = 1;
    Delay(0XFFFFFF);
    (*((u32 *) 0x4221018C)) = 0; //0x42000000 + (0x1080C × 32) + (3 × 4)
    Delay(0XFFFFFF);
    (*((u32 *) 0x4221018C)) = 1;
    Delay(0XFFFFFF);
}
```

第6章 EXTI 原理及应用

【前导知识】中断、中断源、中断通道、中断屏蔽、中断优先级、中断向量和中断服务程序。

6.1 STM32 中断通道

中断通道（IRQ Channel）是处理中断的信号通路，每个中断通道对应唯一的中断向量和唯一的中断服务程序，但该中断通道可具有多个可以引起中断的中断源，这些中断源都能通过对应的"中断通道"向内核申请中断。例如，51 单片机的串行口对应一个中断通道，但却有 2 个中断源，即发送中断（中断标志 TI）和接收中断（中断标志 RI）。

CM3 的嵌套向量中断控制器 NVIC（详见 2.8 节）和处理器紧密耦合，支持 15 个异常（注意：没有编号为 0 的异常）和 240 个外部中断通道，有 256 级中断优先级。而 STM32 的中断系统并没有使用 CM3 的 NVIC 全部功能，除 15 个 CM3 异常外，STM32F103 具有 60 个中断通道，STM32F107 具有 68 个中断通道；中断优先级有 16 级。在 STM32 系列微控制器中，以下如不说明，"中断"是指"中断通道"。CM3 的 15 个异常向量表见表 2-14，STM32 的 68 个中断向量见表 6-1。

表 6-1 STM32 的 68 个中断向量表

位置	优先级	优先级类型	名称	说明	地址
0	7	可设置	WWDG	窗口看门狗定时器中断	0x0000 0040
1	8	可设置	PVD	连接到 EXTI 的电源电压检测（PVD）中断	0x0000 0044
2	9	可设置	TAMPER	侵入检测中断	0x0000 0048
3	10	可设置	RTC	实时时钟全局中断	0x0000 004C
4	11	可设置	FLASH	闪存全局中断	0x0000 0050
5	12	可设置	RCC	复位和时钟控制中断	0x0000 0054
6	13	可设置	EXTI0	EXTI 线 0 中断	0x0000 0058
7	14	可设置	EXTI1	EXTI 线 1 中断	0x0000 005C
8	15	可设置	EXTI2	EXTI 线 2 中断	0x0000 0060
9	16	可设置	EXTI3	EXTI 线 3 中断	0x0000 0064
10	17	可设置	EXTI4	EXTI 线 4 中断	0x0000 0068
11	18	可设置	DMA Channel1	DMA 通道 1 全局中断	0x0000 006C
12	19	可设置	DMA Channel2	DMA 通道 2 全局中断	0x0000 0070
13	20	可设置	DMA Channel3	DMA 通道 3 全局中断	0x0000 0074
14	21	可设置	DMA Channel4	DMA 通道 4 全局中断	0x0000 0078

续表

位置	优先级	优先级类型	名称	说明	地址
15	22	可设置	DMA Channel5	DMA 通道 5 全局中断	0x0000 007C
16	23	可设置	DMA Channel6	DMA 通道 6 全局中断	0x0000 0080
17	24	可设置	DMA Channel7	DMA 通道 7 全局中断	0x0000 0084
18	25	可设置	ADC	ADC 全局中断	0x0000 0088
19	26	可设置	USB_HP_CAN_TX	USB 高优先级或 CAN 发送中断	0x0000 008C
20	27	可设置	USB_HP_CAN_RX0	USB 低优先级或 CAN 接收 0 中断	0x0000 0090
21	28	可设置	CAN_RX1	CAN 接收 1 中断	0x0000 0094
22	29	可设置	CAN_SCE	CAN 的 SCE 中断	0x0000 0098
23	30	可设置	EXTI9_5	EXTI 线 [9:5] 中断	0x0000 009C
24	31	可设置	TIM1_BRK	TIM1 刹车中断	0x0000 00A0
25	32	可设置	TIM1_UP	TIM1 更新中断	0x0000 00A4
26	33	可设置	TIM1_TRG_COM	TIM1 触发和通信中断	0x0000 00A8
27	34	可设置	TIM1_CC	TIM1 截获比较中断	0x0000 00AC
28	35	可设置	TIM2	TIM2 全局中断	0x0000 00B0
29	36	可设置	TIM3	TIM3 全局中断	0x0000 00B4
30	37	可设置	TIM4	TIM4 全局中断	0x0000 00B8
31	38	可设置	I^2C1_EV	I^2C1 事件中断	0x0000 00BC
32	39	可设置	I^2C1_ER	I^2C1 错误中断	0x0000 00C0
33	40	可设置	I^2C2_EV	I^2C2 事件中断	0x0000 00C4
34	41	可设置	I^2C2_ER	I^2C2 错误中断	0x0000 00C8
35	42	可设置	SPI1	SPI1 全局中断	0x0000 00CC
36	43	可设置	SPI2	SPI2 全局中断	0x0000 00D0
37	44	可设置	USART1	USART1 全局中断	0x0000 00D4
38	45	可设置	USART2	USART2 全局中断	0x0000 00D8
39	46	可设置	USART3	USART3 全局中断	0x0000 00DC
40	47	可设置	EXTI15_10	EXTI 线 [15:10] 中断	0x0000 00E0
41	48	可设置	RTCAlarm	连接到 EXTI 的 RTC 闹钟中断	0x0000 00E4
42	49	可设置	USB WakeUp	连接到 EXTI 的从 USB 待机唤醒中断	0x0000 00E8
43	50	可设置	TIM8_BRK	TIM8 刹车中断	0x0000 00EC
44	51	可设置	TIM8_UP	TIM8 更新中断	0x0000 00F0
45	52	可设置	TIM8_TRG_COM	TIM8 触发和通信中断	0x0000 00F4
46	53	可设置	TIM8_CC	TIM8 截获比较中断	0x0000 00F8
47	54	可设置	ADC3	ADC3 全局中断	0x0000 00FC
48	55	可设置	FSMC	FSMC 全局中断	0x0000 0100
49	56	可设置	SDIO	SDIO 全局中断	0x0000 0104
50	57	可设置	TIM5	TIM5 全局中断	0x0000 0108
51	58	可设置	SPI3	SPI3 全局中断	0x0000 010C

续表

位置	优先级	优先级类型	名称	说明	地址
52	59	可设置	UART4	UART4 全局中断	0x0000 0110
53	60	可设置	UART5	UART5 全局中断	0x0000 0114
54	61	可设置	TIM6	TIM6 全局中断	0x0000 0118
55	62	可设置	TIM7	TIM7 全局中断	0x0000 011C
56	63	可设置	DMA2 Channel1	DMA2 通道 1 全局中断	0x0000 0120
57	64	可设置	DMA2 Channel2	DMA2 通道 2 全局中断	0x0000 0124
58	65	可设置	DMA2 Channel3	DMA2 通道 3 全局中断	0x0000 0128
59	66	可设置	DMA2 Channel4	DMA2 通道 4 全局中断	0x0000 012C
60	67	可设置	DMA2 Channel5	DMA2 通道 5 全局中断	0x0000 0130
61	68	可设置	ETH	以太网全局中断	0x0000 0134
62	69	可设置	ETH_WKUP	连接到 EXTI 的以太网唤醒中断	0x0000 0138
63	70	可设置	CAN2_TX	CAN2 发送中断	0x0000 013C
64	71	可设置	CAN2_RX0	CAN2 接收 0 中断	0x0000 0140
65	72	可设置	CAN2_RX1	CAN2 接收 1 中断	0x0000 0144
66	73	可设置	CAN2_SCE	CAN2 的 SCE 中断	0x0000 0148
67	74	可设置	OTG_FS	全速 USB OTG 全局中断	0x0000 014C

在固件库 stm32f10x.h 文件中，中断号宏定义将中断号和宏名联系起来。

```
typedef enum IRQn
{
/****** Cortex-M3 Processor Exceptions Numbers */
    NonMaskableInt_IRQn      = -14,   /*!< 2 Non Maskable Interrupt */
    MemoryManagement_IRQn    = -12,   /*!< 4 Cortex-M3 Memory Management Interrupt */
    BusFault_IRQn            = -11,   /*!< 5 Cortex-M3 Bus Fault Interrupt */
    UsageFault_IRQn          = -10,   /*!< 6 Cortex-M3 Usage Fault Interrupt */
    SVCall_IRQn              = -5,    /*!< 11 Cortex-M3 SV Call Interrupt */
    DebugMonitor_IRQn        = -4,    /*!< 12 Cortex-M3 Debug Monitor Interrupt */
    PendSV_IRQn              = -2,    /*!< 14 Cortex-M3 Pend SV Interrupt */
    SysTick_IRQn             = -1,    /*!< 15 Cortex-M3 System Tick Interrupt */

/****** STM32 specific Interrupt Numbers ******/
    WWDG_IRQn                = 0,
    PVD_IRQn                 = 1,
    TAMPER_IRQn              = 2,
    RTC_IRQn                 = 3,
    FLASH_IRQn               = 4,
    RCC_IRQn                 = 5,
    EXTI0_IRQn               = 6,
    EXTI1_IRQn               = 7,
```

```c
    EXTI2_IRQn               = 8,
    EXTI3_IRQn               = 9,
    EXTI4_IRQn               = 10,
    DMA1_Channel1_IRQn       = 11,
    DMA1_Channel2_IRQn       = 12,
    DMA1_Channel3_IRQn       = 13,
    DMA1_Channel4_IRQn       = 14,
    DMA1_Channel5_IRQn       = 15,
    DMA1_Channel6_IRQn       = 16,
    DMA1_Channel7_IRQn       = 17,

#ifdef STM32F10X_LD
......  /* 小容量 STM32 中断号 */
#endif  /* STM32F10X_LD */

#ifdef STM32F10X_MD
......  /* 中容量 STM32 中断号 */
#endif  /* STM32F10X_MD */

#ifdef STM32F10X_HD
......  /* 大容量 STM32 中断号 */
#endif  /* STM32F10X_HD */

#ifdef STM32F10X_CL
    ADC1_2_IRQn              = 18,
    CAN1_TX_IRQn             = 19,
    CAN1_RX0_IRQn            = 20,
    CAN1_RX1_IRQn            = 21,
    CAN1_SCE_IRQn            = 22,
    EXTI9_5_IRQn             = 23,
    TIM1_BRK_IRQn            = 24,
    TIM1_UP_IRQn             = 25,
    TIM1_TRG_COM_IRQn        = 26,
    TIM1_CC_IRQn             = 27,
    TIM2_IRQn                = 28,
    TIM3_IRQn                = 29,
    TIM4_IRQn                = 30,
    I2C1_EV_IRQn             = 31,
    I2C1_ER_IRQn             = 32,
    I2C2_EV_IRQn             = 33,
    I2C2_ER_IRQn             = 34,
    SPI1_IRQn                = 35,
    SPI2_IRQn                = 36,
    USART1_IRQn              = 37,
```

```
USART2_IRQn            = 38,
USART3_IRQn            = 39,
EXTI15_10_IRQn         = 40,
RTCAlarm_IRQn          = 41,
OTG_FS_WKUP_IRQn       = 42,
TIM5_IRQn              = 50,
SPI3_IRQn              = 51,
UART4_IRQn             = 52,
UART5_IRQn             = 53,
TIM6_IRQn              = 54,
TIM7_IRQn              = 55,
DMA2_Channel1_IRQn     = 56,
DMA2_Channel2_IRQn     = 57,
DMA2_Channel3_IRQn     = 58,
DMA2_Channel4_IRQn     = 59,
DMA2_Channel5_IRQn     = 60,
ETH_IRQn               = 61,
ETH_WKUP_IRQn          = 62,
CAN2_TX_IRQn           = 63,
CAN2_RX0_IRQn          = 64,
CAN2_RX1_IRQn          = 65,
CAN2_SCE_IRQn          = 66,
OTG_FS_IRQn            = 67
#endif / * STM32F10X_CL */
} IRQn_Type;
```

因此，使用时引用具体宏名即可。

6.2 STM32 中断的过程

如果把整个中断硬件结构按照模块化的思想来划分，可以将其简单地分为3部分，即中断通道、中断处理和中断响应，如图6-1所示。片内外设或外部设备是中断通道对应的中断源，它是中断的发起者。CM3 内核属于第3部分，它首先判断中断是否使能，根据中断号到中断向量表中查找中断服务函数 xxx_IRQHandler (void)的入口地址，即函数指针。然后执行中断服务程序，中断结束后返回主程序。以 EXTI0 所接中断源为例，其中断软件处理流程如图6-2所示。

（1）EXTI0 中断到达前，内核还在 0x00009C18 处执行程序。

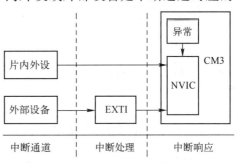

图 6-1 中断结构框图

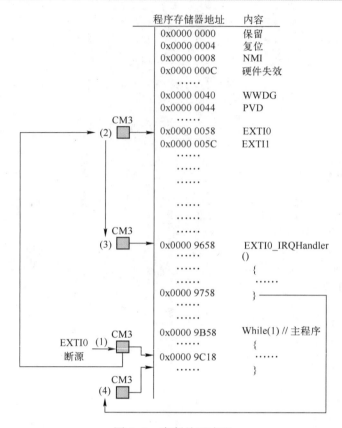

图 6-2 中断处理流程

（2）当 EXTI0 中断到达时，内核暂停当前程序执行，立即跳转到 0x0000 0058 处开始进行中断处理（参见表 6-1）。内核在 0x00000058 处是不能完成任务的，在这里它只能拿到一张"地图"，这张地图会告诉内核如何到达中断处理函数 EXTI0_IRQHandler( )。

（3）根据"地图"，内核又来到 0x00009658 处，在这里中断服务程序 EXTI0_IRQHandler( ) 得到执行。

（4）EXTI0_IRQHandler( ) 执行结束，内核返回到 0x00009C18 处恢复暂停程序的执行。

整个中断处理流程中，PC 指针被强制修改了 3 次，除第 1 次（第 2 步）是 CM3 内核自行修改外，其余两次都需要主动修改。对于第 2 次（第 3 步）修改，异常向量表提供了明确的转移地址；第 3 次（第 4 步）修改是由链接寄存器 R14 给出返回地址，详见 2.8 节。

 ## 6.3　NVIC 硬件结构及软件配置

6.3.1　NVIC 硬件结构

NVIC 结构如图 6-3 所示。从图 6-3 可知，STM32 的中断和异常是分别处理的，其硬件电路也是分开的。本章详细讲解中断的处理，关于异常的处理请参见手册。

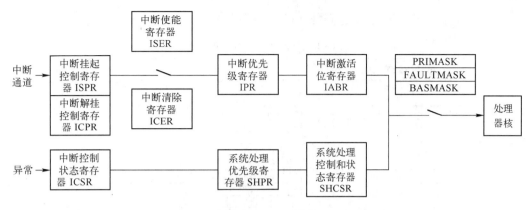

图 6-3 NVIC 结构

挂起指的是暂停正在进行的中断，而执行更高级别的中断。通过对 ISPR 寄存器置 1 来挂起正在进行的中断，通过对 ICPR 寄存器置 1 来解除挂起正在进行的中断。

中断使能寄存器 ISER 类似 51 单片机的中断允许寄存器 IE，其作用为对相应中断进行屏蔽。需要注意的是 51 的相应操作，中断允许为将 IE 的相应位置 1，中断屏蔽为将 IE 的相应位置 0；而 STM32 的相应操作是，中断允许为将 ISER 的相应位置 1，中断屏蔽为将 ICPR 的相应位置 1。

中断激活位寄存器 IABR 类似 51 单片机的中断标志寄存器。若 IABR 某位为 1，则表示该位所对应的中断正在被执行。这是一个只读寄存器，通过它可以知道当前正在执行的中断；在中断执行完成后，该位由硬件自动清零。

6.3.2　STM32 中断优先级

STM32 是依靠优先级来完成中断嵌套的。优先级分为两层，即占先优先级（Preemption Priority）和副优先级（Subpriority）。STM32 规定的嵌套规则如下所述。

（1）高占先优先级的中断可以打断低占先优先级的中断服务，从而构成中断嵌套。相同占先优先级的中断之间不能构成中断嵌套，即当一个中断到来时，如果 STM32 正在处理另一个同占先优先级的中断，这个后来的中断就要等到前一个中断处理完后才能被处理。

（2）副优先级不可以中断嵌套，但占先优先级相同但副优先级不同的多个中断同时申请服务时，STM32 首先响应副优先级高的中断。

（3）当相同占先优先级和相同副优先级的中断同时申请服务时，STM32 首先响应中断通道所对应的中断向量地址低的那个中断。

需要说明的是，中断优先级的概念是针对"中断通道"的。当中断通道的优先级确定后，该中断通道对应的所有中断源都享有相同的中断优先级。至于该中断通道对应的多个中断源的执行顺序，则取决于用户的中断服务程序。

STM32 目前支持的中断共为 83 个，分别为 15 个内核异常和 68 个外部中断通道。CM3 为每个中断通道都配备了 8 位中断优先级控制字 IP_n（因为共有 $2^8 = 256$ 个优先级），STM32 中只使用该字节高 4 位，这 4 位被分成 2 组，从高位开始，前面是定义占先式优先级的位，后面用于定义副优先级。4 位的中断优先级控制位分组组合见表 6-2。每 4 个通道的 8 位中断优先级控制字 IP_n 构成一个 32 位的优先级寄存器 IP。68 个通道的优先级控制字构成 17 个 32 位的优先级寄存器,它们是 NVIC 寄存器中的一个重要部分。

表 6-2 中断优先级控制位分组

组号	PRIGROUP	分配情况	说明
0	7 PRIGROUP=bit10,bit9,bit8 = 7,1,1,1	0:4 bit7~bit4 副优先级;bit3~bit0 未使用	无占先式优先级,16 个副优先级
1	6 PRIGROUP=bit10,bit9,bit8 = 6,1,1,0	1:3 bit7 占优;bit6~bit4 副优;bit3~bit0 未使用	2 个占先式优先级,8 个副优先级
2	5 PRIGROUP=bit10,bit9,bit8 = 5,1,0,1	2:2 bit7~bit6 占优;bit5~bit4 副优;bit3~bit0 未使用	4 个占先式优先级,4 个副优先级
3	4 PRIGROUP=bit10,bit9,bit8 = 4,1,0,0	3:1 bit7~bit5 占优;bit4 副优;bit3~bit0 未使用	8 个占先式优先级,2 个副优先级
4	3/2/1/0 PRIGROUP=bit10,bit9,bit8 = 3,0,1,1	4:0 bit7~bit4 占先优先级;bit3~bit0 未使用	16 个占先式优先级,无副优先级

在一个系统中,通常只使用表 6-2 中 5 种分配情况中的一种,具体采用哪一种,需要在初始化时写入到一个 32 位寄存器 AIRCR(Application Interrupt and Reset Control Register)的第[10:8]这 3 个位中。这 3 个位有专门的称呼——PRIGROUP。例如,将 0x05(即上表中的编号)写到 AIRCR 的[10:8]中,那么系统中只有 4 个占先式优先级和 4 个副优先级。上述分组在 STM32 的固件库 misc.h 中的宏定义如下所述。

```
/* Preemption Priority Group ------------------------------------ */
#define NVIC_PriorityGroup_0     ((u32)0x700) /* 0 bits for pre-emption priority
                                                 4 bits for subpriority */
#define NVIC_PriorityGroup_1     ((u32)0x600) /* 1 bits for pre-emption priority
                                                 3 bits for subpriority */
#define NVIC_PriorityGroup_2     ((u32)0x500) /* 2 bits for pre-emption priority
                                                 2 bits for subpriority */
#define NVIC_PriorityGroup_3     ((u32)0x400) /* 3 bits for pre-emption priority
                                                 1 bits for subpriority */
#define NVIC_PriorityGroup_4     ((u32)0x300) /* 4 bits for pre-emption priority
                                                 0 bits for subpriority */
```

6.3.3 中断向量表

在 3.4 节介绍的 startup_stm32f10x_xx.s 文件中的中断向量表与表 6-1 是对应的。

中断服务程序全部保存在 stm32f10x_it.c 文件中,这里的每个 xx_IRQHandler()文件都是空的,可以根据需要编写相应代码。每个 xx_IRQHandler()与 startup_stm32f10x_ xx.s 中的中断向量表中名字一致。因此，只要是有中断被触发而且被响应，硬件就会自动跳到固定地址的硬件中断向量表中，无须人为操作（即编程）就能通过硬件自身的总线来读取向量，然后找到 xx_IRQHandler( ) 程序入口地址，放到 PC 去进行跳转，这是 STM32 的硬件机制。

表 6-1 中最右列的中断向量表地址为相对地址，如果存放在 RAM 中，其起始地址为 0x20000000；如果存放在 FLASH 中，其起始地址为 0x08000000。在 misc.h 文件中有如下说明：

```
#define NVIC_VectTab_RAM          ((uint32_t)0x20000000)
#define NVIC_VectTab_FLASH        ((uint32_t)0x08000000)
```

根据中断号到中断向量表中查找中断服务程序的函数为 misc.c 中的 NVIC_SetVectorTable (uint32_t NVIC_VectTab, uint32_t Offset)：

```
//设置向量表偏移地址
//NVIC_VectTab:基址
//Offset:偏移量
void NVIC_SetVectorTable(uint32_t NVIC_VectTab, uint32_t Offset)
{
    /* Check the parameters */
    assert_param(IS_NVIC_VECTTAB(NVIC_VectTab));
    assert_param(IS_NVIC_OFFSET(Offset));

    SCB->VTOR = NVIC_VectTab | (Offset & (uint32_t)0x1FFFFF80);
}
```

在 NVIC_PriorityGroupConfig( ) 库函数中，引用 Nvic_SetVectorTable( ) 设置中断向量表在存储器 SRAM 或 FLASH 中。

```
//设置 NVIC 分组
void Nvic_PriorityGroupConfig( u8 NVIC_Group)
{
    u32 temp,temp1;
    //配置向量表
    #ifdef  VECT_TAB_RAM
        Nvic_SetVectorTable(NVIC_VectTab_RAM, 0x0);
    #else
        Nvic_SetVectorTable(NVIC_VectTab_FLASH, 0x0);
    #endif
    ……
}
```

6.3.4 NVIC 寄存器

1. NVIC 寄存器

NVIC 寄存器名称见表 6-3。

表6-3 NVIC 寄存器名称

缩 写	全 称	翻 译
ISER	Interrupt Set Enable Register	中断使能设置寄存器
ICER	Interrupt Clear Enable Register	中断使能清除寄存器
ISPR	Interrupt Set Pending Register	中断悬挂设置寄存器
ICPR	Interrupt Clear Pending Register	中断悬挂清除寄存器
IABR	Interrupt Active Bit Register	中断激活位寄存器
IP	Interrupt Priority Register	中断优先级寄存器
STIR	Software Trigger Interrupt Register	软件触发中断寄存器

ISER[x]寄存器族定义见表6-4所示。

表6-4 ISER[x]寄存器族（0xE000 E100～0xE000 E11C）定义

名 称	类 型	地 址	复位值	描 述
ISER[0]	R/W	0xE000 E1000	0	中断0～31的使能寄存器，共32个使能位[n]，中断#n 使能（异常号16 + n）
ISER[1]	R/W	0xE000 E104	0	中断32～63的使能寄存器，共32个使能位
……				
ISER[7]	R/W	0xE000 E11C	0	中断224～239的使能寄存器，共16个使能位

ICER[x]寄存器族定义见表6-5。

表6-5 ICER[x]寄存器族（0xE000 E1800～0xE000 E19C）定义

名 称	类 型	地 址	复位值	描 述
ICER[0]	R/W	0xE000 E1800	0	中断0～31的失能寄存器，共32个使能位[n]，中断#n 使能（异常号16 + n）
ICER[1]	R/W	0xE000 E184	0	中断32～63的失能寄存器，共32个使能位
……				
ICER[7]	R/W	0xE000 E19C	0	中断224～239的失能寄存器，共16个使能位

ISPR[x]寄存器族定义见表6-6。

表6-6 ISPR[x]寄存器族（0xE000 E200～0xE000 E21C）定义

名 称	类 型	地 址	复位值	描 述
ISPR[0]	R/W	0xE000 E200	0	中断0～31的悬挂寄存器，共32个悬挂位
ISPR[1]	R/W	0xE000 E204	0	中断32～63的悬挂寄存器，共32个悬挂位
……				
ISPR[7]	R/W	0xE000 E21C	0	中断224～239的悬挂寄存器，共16个悬挂位

ICPR[x]寄存器族定义见表6-7。

表6-7 ICPR[x]寄存器族（0xE000 E280～0xE000 E29C）定义

名 称	类 型	地 址	复位值	描 述
ICPR[0]	R/W	0xE000 E280	0	中断0～31的解悬寄存器，共32个解悬位
ICPR[1]	R/W	0xE000 E284	0	中断32～63的解悬寄存器，共32个解悬位
……				
ICPR[7]	R/W	0xE000 E29C	0	中断224～239的解悬寄存器，共16个解悬位

IABR[x]寄存器族定义见表6-8。

表6-8 IABR[x]寄存器族（0xE000 E300～0xE000 E31C）定义

名 称	类 型	地 址	复位值	描 述
IABR[0]	R	0xE000 E300	0	中断0～31的激活位寄存器，共32个状态位
IABR[1]	R	0xE000 E304	0	中断32～63的激活位寄存器，共32个状态位
……				
IABR[7]	R	0xE000 E31C	0	中断224～239的激活位寄存器，共16个状态位

IP[x]寄存器族定义见表6-9。

表6-9 IP[x]寄存器族（0xE000 E400～0xE000 E4EF）定义

名 称	类 型	地 址	复位值	描 述
IP[0]	R/W	0xE000 E400	0x00	中断#0的优先级
IP[1]	R/W	0xE000 E401	0x00	中断#1的优先级
……				
IP[239]	R/W	0xE000 E4EF	0x00	中断#239的优先级

定义NVIC_TypeDef的结构体在库文件core_cm3.h文件中：

```
typedef struct
{
    __IO uint32_t ISER[8];
         uint32_t RESERVED0[24];
    __IO uint32_t ICER[8];
         uint32_t RSERVED1[24];
    __IO uint32_t ISPR[8];
         uint32_t RESERVED2[24];
    __IO uint32_t ICPR[8];
         uint32_t RESERVED3[24];
    __IO uint32_t IABR[8];
         uint32_t RESERVED4[56];
    __IO uint8_t  IP[240];
         uint32_t RESERVED5[644];
    __O  uint32_t STIR;
} NVIC_Type;
/* Memory mapping of Cortex - M3 Hardware */
```

```
#define SCS_BASE            (0xE000E000)
#define NVIC_BASE           (SCS_BASE + 0x0100)
/*!< NVIC Base Address                       */

#define NVIC                ((NVIC_Type *)       NVIC_BASE)
/*!< NVIC configuration struct               */
```

2. 系统控制寄存器（SCB）

系统控制寄存器名称见表6-10。

表6-10 系统控制寄存器名称

缩 写	全 称
CPUID	CPU ID Base Register
ICSR	Interrupt Control State Register
VTOR	Vector Table Offset Register
AIRCR	Application Interrupt / Reset Control Register
SCR	System Control Register
CCR	Configuration Control Register
SHP	System Handlers Priority Registers
SHCSR	System Handler Control and State Register
CFSR	Configurable Fault Status Register
HFSR	Hard Fault Status Register
DFSR	Debug Fault Status Register
MMFAR	Memory Manage Address Register
BFAR	Bus Fault Address Register
AFSR	Auxiliary Fault Status Register
PFR	Processor Feature Register
DFR	Debug Feature Register
ADR	Auxiliary Feature Register
MMFR	Memory Model Feature Register
ISAR	ISA Feature Register

VTOR 寄存器见表6-11。

表6-11 VTOR 寄存器（0xE000 ED08）

位 段	名 称	类 型	复 位 值	描 述
29	TBLBASE	R/W	0x00	0：向量表在 Flash 区 1：向量表在 SRAM 区
28:7	TBLOFF	R	—	向量表的起始地址

AIRCR 寄存器见表6-12。

表6-12 AIRCR 寄存器（0xE000 ED08）

位 段	名 称	类 型	复 位 值	描 述
31:16	VECTKEY	R/W	0x00	任何对该寄存器的写操作，都必须同时把 0x05FA 写入此段，否则写操作被忽略；若读取此半字，则为 0xFA05
15	ENDIANESS	R	—	指示端设置。1=大端（BE8），0=小端。此值是在复位时确定的，不能更改
10:8	PRIGROUP	R/W	0	优先级分组
2	SYSRESETREQ	W	—	请求芯片控制逻辑产生一次复位
1	VECTCLRACTIVE	W	—	清零所有异常的活动状态信息。通常只在调试时用，或者在 OS 从错误中恢复时使用
0	VECTRESET	W	—	复位 CM3 处理器内核（调试逻辑除外），但是此复位不影响芯片上在内核以外的电路

定义 SCB_Type 的结构体在 3.0 库 core_cm3.h 文件中：

```
/* memory mapping struct for System Control Block */
typedef struct
{
    __I  uint32_t CPUID;
    __IO uint32_t ICSR;
    __IO uint32_t VTOR;
    __IO uint32_t AIRCR;
    __IO uint32_t SCR;
    __IO uint32_t CCR;
    __IO uint8_t  SHP[12];
    __IO uint32_t SHCSR;
    __IO uint32_t CFSR;
    __IO uint32_t HFSR;
    __IO uint32_t DFSR;
    __IO uint32_t MMFAR;
    __IO uint32_t BFAR;
    __IO uint32_t AFSR;
    __I  uint32_t PFR[2];
    __I  uint32_t DFR;
    __I  uint32_t ADR;
    __I  uint32_t MMFR[4];
    __I  uint32_t ISAR[5];
} SCB_Type;
    /* Memory mapping of Cortex - M3 Hardware */
    #define SCS_BASE           (0xE000E000)
    #define SCB_BASE    (SCS_BASE + 0x0D00) /*!< System Control Block Base Address */

    #define SCB       ((SCB_Type *)    SCB_BASE) /*!<    SCB configuration struct      */
```

6.3.5 NVIC 库结构

NVIC 初始化结构体在 misc.h 文件中：

```
typedef struct
{
    uint8_t NVIC_IRQChannel;                        //中断通道号
    uint8_t NVIC_IRQChannelPreemptionPriority;      //中断占先优先级
    uint8_t NVIC_IRQChannelSubPriority;             //中断副优先级
    FunctionalState NVIC_IRQChannelCmd;             //中断使能
} NVIC_InitTypeDef;
```

STM32 还可以通过 PRIMASK 和 FAULTMASK 对中断进行统一屏蔽（类似 51 中的 $\overline{EA}$ 位），其中 PRIMASK 用于允许 NMI 和 hard fault 异常，其他中断/异常均被屏蔽；FAULTMASK 用于允许 NMI，其他中断/异常均被屏蔽。

6.4 EXTI 硬件结构及软件配置

6.4.1 EXTI 硬件结构

STM32 的外部中断/事件控制器（EXTernal Interrupt/event controller，EXTI）对应 19 个中断通道，其中 16 个中断通道 EXTI0～EXTI15 对应 GPIOx_Pin0～GPIOx_Pin15，另外 3 个是 EXTI16 连接 PVD 输出（表 6-1 中第 1 号中断）、EXTI17 连接到 RTC 闹钟事件（表 6-1 中第 41 号中断）和 EXTI18 连接到 USB 唤醒事件（表 6-1 中第 42 号中断）。每个中断通道的输入线可以独立地配置输入类型（脉冲或挂起）和对应的触发事件（上升沿、下降沿或双边沿触发）。每个输入线都可以独立地被屏蔽。挂起寄存器保持着状态线的中断请求。EXTI 硬件结构如图 6-4 所示。

图 6-4 中上部的实线箭头标出了外部中断信号的传输路径，首先外部信号从编号①的芯片引脚进入，经过编号②的边沿检测电路，通过编号③的或门进入中断（挂起请求寄存器），最后经过编号④的与门输出到 NVIC 中断控制器。在这个通道上有 4 个控制部分。

（1）图中②处，外部的信号首先经过边沿检测电路，这个边沿检测电路受上升沿或下降沿选择寄存器控制，用户可以使用这两个寄存器控制需要哪一个边沿产生中断，因为选择上升沿或下降沿是分别受 2 个寄存器控制，所以用户可以同时选择上升沿或下降沿。

（2）编号③的或门一个输入是边沿检测电路处理的外部中断信号，另一个输入是"软件中断/事件寄存器"，从这里可以看出，软件可以优先于外部信号请求一个中断或事件，既当"软件中断/事件寄存器"的对应位为"1"时，不管外部信号如何，编号③的或门都会输出有效信号。

（3）中断或事件请求信号经过编号③的或门后，进入挂起请求寄存器，挂起请求寄存

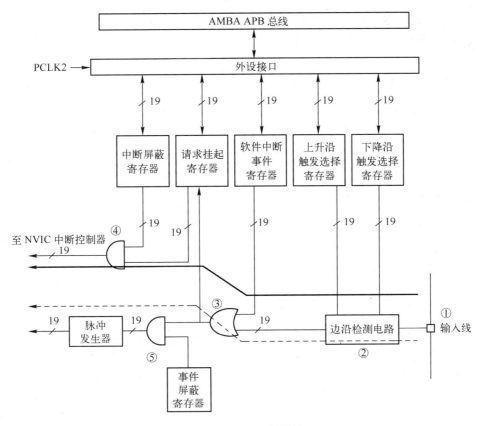

图 6-4 EXTI 硬件结构

器中记录了外部信号的电平变化。到此之前,中断和事件的信号传输通路都是一致的。

(4)图中④处,外部请求信号最后经过编号④的与门,向 NVIC 中断控制器发出一个中断请求,如果中断屏蔽寄存器的对应位为"0",则该请求信号不能传输到与门的另一端,实现了中断的屏蔽。

图 6-4 中下部的虚线箭头,标出了外部事件信号的传输路径,外部请求信号经过编号③的或门后,进入编号⑤的与门,这个与门的作用与编号④的与门类似,用于引入事件屏蔽寄存器的控制;最后脉冲发生器把一个跳变的信号转变为一个单脉冲,输出到芯片中的其他功能模块。

在图 6-4 上部的 APB 总线和外设模块接口,是每一个功能模块都有的部分,CPU 通过这样的接口访问各个功能模块。

〖说明〗 EXTI 类似 51 单片机的外部中断 INT0 和 INT1。

6.4.2 中断及事件

由图 6-4 可知,从外部激励信号来看,中断和事件是没有区别的,只是在芯片内部才区分开,中断信号会向 CPU 产生中断请求,事件信号会向其他功能模块发送脉冲触发信号,其他功能模块如何响应这个触发信号则由对应的模块来决定。事件是表示检测到某触发事件发生了。中断是指有某个事件发生并产生中断,并跳转到对应的中断处理程序中。事件可以触发中断，也可以不触发中断。中断有可能被更优先的中断屏蔽；事件则不会。中断和事件的比较见表 6-13。

表 6-13 中断和事件的比较

	中　　断	事　　件
异	向 CPU 产生中断请求	向其他功能模块发送脉冲触发信号
	某个事件发生并产生中断，并跳转到对应的中断处理程序中	事件是表示某件触发事件发生
	中断有可能被更优先的中断嵌套	事件不会被嵌套
同	外部激励信号相同	

一个中断/事件请求通过在软件中断/事件寄存器写 1 来产生，即软件可以优先于外部信号请求一个中断或事件。当软件中断/事件寄存器的对应位为 1 时，不管外部信号如何，也会产生一个中断/事件请求，对应的挂起请求寄存器相应位也被置 1。

6.4.3　EXTI 中断通道和中断源

图 6-4 中，①处的输入线对应中断通道，对于 STM32F103 来说，每个中断通道对应 5 个中断源，每个中断源的选择由 AFIO_EXTICRx（x：1～3）寄存器决定。AFIO_EXTICR1 中的 EXTI0［3：0］的含义为：0000—PA［0］引脚；0001—PB［0］引脚；0010—PC［0］引脚；0011—PD［0］引脚；0100—PE［0］引脚。EXTI1［3：0］的含义为：0000—PA［1］引脚；0001—PB［1］引脚；0010—PC［1］引脚；0011—PD［1］引脚；0100—PE［1］引脚。以此类推。

对于某一中断线，如中断线 0，PA［0］、PB［0］、PC［0］、PD［0］和 PE［0］均可映射为中断线 0；当某一 GPIO 引脚（如 PB［0］）映射为中断线 0 时，PA［0］、PC［0］、PD［0］和 PE［0］就不能再映射成中断引脚。

图 6-5 所示为 EXTI 中断通道和中断源。

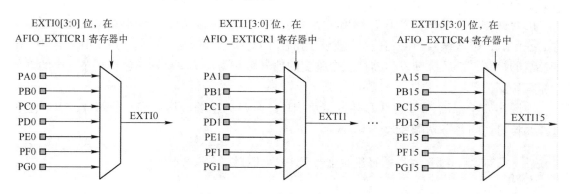

图 6-5　EXTI 中断通道和中断源

6.4.4　EXTI 寄存器

EXTI 寄存器不可以位寻址。EXTI 相关寄存器功能见表 6-14。EXTI 寄存器映像和复位值见表 6-15。

表6-14 EXTI 相关寄存器功能

寄存器	功能
中断屏蔽寄存器（EXTI_IMR）	用于设置是否屏蔽中断请求线上的中断请求
事件屏蔽寄存器（EXTI_EMR）	用于设置是否屏蔽事件请求线上的中断请求
上升沿触发选择寄存器（EXTI_RTSR）	用于设置是否用上升沿来触发中断和事件
下降沿触发选择寄存器（EXTI_FTSR）	用于设置是否用下降沿来触发中断和事件
软件中断事件寄存器（EXTI_SWIER）	用于软件触发中断/事件
挂起寄存器（EXTI_PR）	用于保存中断/事件请求线上是否有请求

表6-15 EXTI 寄存器映像和复位值

偏移	寄存器	31:19	18:0
000h	EXTI_IMR	保留	MR[18:0]
	复位值		0 0 0 0 0 0 0 0 0 0 0 0 0 0 0 0 0 0 0
004h	EXTI_EMR	保留	MR[18:0]
	复位值		0 0 0 0 0 0 0 0 0 0 0 0 0 0 0 0 0 0 0
008h	EXTI_RTSR	保留	TR[18:0]
	复位值		0 0 0 0 0 0 0 0 0 0 0 0 0 0 0 0 0 0 0
00Ch	EXTI_FTSR	保留	TR[18:0]
	复位值		0 0 0 0 0 0 0 0 0 0 0 0 0 0 0 0 0 0 0
010h	EXTI_SWIER	保留	SWIER[18:0]
	复位值		0 0 0 0 0 0 0 0 0 0 0 0 0 0 0 0 0 0 0
014h	EXTI_PR	保留	PR[18:0]
	复位值		0 0 0 0 0 0 0 0 0 0 0 0 0 0 0 0 0 0 0

定义 EXTI 寄存器组的结构体 EXTI_TypeDef 在库文件 stm32f10x.h 中：

```
typedef struct
{
    vu32 IMR;
    vu32 EMR;
    vu32 RTSR;
    vu32 FTSR;
    vu32 SWIER;
    vu32 PR;
} EXTI_TypeDef;
/* Peripheral and SRAM base address in the bit-band region */
#define PERIPH_BASE         ((u32)0x40000000)
…
/* Peripheral memory map */
#define APB2PERIPH_BASE     (PERIPH_BASE + 0x10000)
…
#define EXTI_BASE           (APB2PERIPH_BASE + 0x0400)
…
#ifdef _EXTI
    #define EXTI            ((EXTI_TypeDef *) EXTI_BASE)
#endif /* _EXTI */
```

从上面的宏定义可以看出，EXTI 寄存器的存储映射首地址是 0x40010400。

将 EXTI 中断通道和 GPIO 匹配的 AFIO 寄存器见表6-16 和表6-17。

表 6-16 AFIO 寄存器名称

寄存器	名称
AFIO_EVCR	事件控制寄存器
AFIO_MAPR	复用重映射和调试 I/O 配置寄存器
AFIO_EXTICRx	外部中断配置寄存器

表 6-17 AFIO 寄存器映像和复位值

偏移	寄存器	31-8	7	6 5 4	3 2 1 0
000h	AFIO_EVCR	保留	EVOE	PORT[2:0]	PIN[3:0]
	复位值		0	0 0 0	0 0 0 0

偏移	寄存器	31-27 保留	26-24 SWJ_CFG[1:0] (位25:24)	23-17 保留	16 PD01_REMAP	15 14 CAN_REMAP[1:0]	13 TIM4_REMAP	12 11 TIM3_REMAP[1:0]	10 9 TIM2_REMAP[1:0]	8 7 TIM1_REMAP[1:0]	6 5 USART3_REMAP[1:0]	4 USART2_REMAP	3 USART1_REMAP	2 I2C1_REMAP	1 SPI1_REMAP
004h	AFIO_MAPR	保留	0 0	保留	0	0 0	0	0 0	0 0	0 0	0 0	0	0	0	0

偏移	寄存器	31-16	15-12	11-8	7-4	3-0
008h	AFIO_EXTICR1	保留	EXTI3[3:0]	EXTI2[3:0]	EXTI1[3:0]	EXTI0[3:0]
	复位值		0 0 0 0	0 0 0 0	0 0 0 0	0 0 0 0
00Ch	AFIO_EXTICR2	保留	EXTI7[3:0]	EXTI6[3:0]	EXTI5[3:0]	EXTI4[3:0]
	复位值		0 0 0 0	0 0 0 0	0 0 0 0	0 0 0 0
010h	AFIO_EXTICR3	保留	EXTI11[3:0]	EXTI10[3:0]	EXTI9[3:0]	EXTI8[3:0]
	复位值		0 0 0 0	0 0 0 0	0 0 0 0	0 0 0 0
014h	AFIO_EXTICR4	保留	EXTI15[3:0]	EXTI14[3:0]	EXTI13[3:0]	EXTI12[3:0]
	复位值		0 0 0 0	0 0 0 0	0 0 0 0	0 0 0 0

AFIO_TypeDef 定义于 stm32f10x.h 文件中：

```
typedef struct
{
    vu32 EVCR;
    vu32 MAPR;
    vu32 EXTICR[4];
} AFIO_TypeDef;
```

6.4.5 EXTI 库函数

EXTI 中断事件选择结构体定义 EXTIMode_TypeDef 在 stm32f10x_exti.h 文件中：

```
typedef enum
{
    EXTI_Mode_Interrupt = 0x00,
    EXTI_Mode_Event = 0x04
} EXTIMode_TypeDef;
```

EXTI 外部中断触发方式结构体定义 EXTITrigger_TypeDef 在 stm32f10x_exti.h 文件中：

```
typedef enum
{
    EXTI_Trigger_Rising = 0x08,
    EXTI_Trigger_Falling = 0x0C,
```

```
        EXTI_Trigger_Rising_Falling = 0x10
    } EXTITrigger_TypeDef;
```

EXTI 初始化结构体定义 EXTI_InitTypeDef 在 stm32f10x_exti.h 文件中：

```
    typedef struct
    {
        uint32_t EXTI_Line;                      //中断引脚设置
        EXTIMode_TypeDef EXTI_Mode;              //中断事件选择
        EXTITrigger_TypeDef EXTI_Trigger;        //中断触发方式
        FunctionalState EXTI_LineCmd;            //外部中断使能
    } EXTI_InitTypeDef;
```

6.5 应用实例

EXTI 程序设计的一般步骤如下所述。

(1) 配置 GPIO 端口工作方式；
(2) 配置 GPIO 端口时钟、GPIO 和 EXTI 映射关系；
(3) 配置 EXTI 触发条件；
(4) 配置相应 NVIC；
(5) 编写中断服务函数。

上述步骤中，NVIC 的相关配置如下所述。

(1) 设置优先级组寄存器，使用 1 组（1 位占先优先级，3 位副优先级）；

(2) 如果需要重定位向量表，需先把硬故障和 NMI 服务例程的入口地址写到新向量表项所在的地址中；

(3) 若需重定位，则配置向量表偏移量寄存器，使之指向新的向量表；

(4) 为该中断建立中断向量。因为向量表可能已经重定位了，需要先读取向量表偏移量寄存器的值，然后根据该中断在表中的位置，计算出对应的表项，再把服务例程的入口地址输入进去。如果一直使用程序存储器中的向量表，则无须此步骤；

(5) 为该中断设置占先优先级和副优先级；
(6) 使能该中断。

6.5.1 按键中断

【任务要求】按下 PC1、PA8、PC4、PC2 所接按键，触发中断，中断服务程序中相应 PA0 至 PA3 所接发光二极管状态改变。

【硬件原理图】LED 显示原理图如图 5-13 所示；键盘硬件原理图如图 6-6 所示。

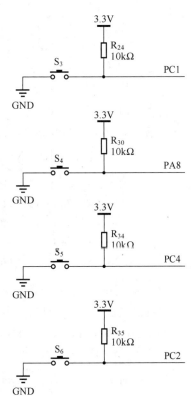

图 6-6 键盘硬件原理图

【程序分析】

1) 时钟配置　配置 SystemInit( )函数, 使系统时钟为 72MHz。

2) GPIO 配置

　　GPIO_Configuration( );

在 GPIO_Configuration( )函数中包含如下两段代码。

（1）由于 PA0 至 PA3 需要驱动 LED 显示, 因此其工作模式配置成推挽输出, 代码如下:

　　GPIO_InitStructure. GPIO_Pin = GPIO_Pin_0 | GPIO_Pin_1 | GPIO_Pin_2 | GPIO_Pin_3;
　　GPIO_InitStructure. GPIO_Speed = GPIO_Speed_50MHz;
　　GPIO_InitStructure. GPIO_Mode = GPIO_Mode_Out_PP;
　　GPIO_Init(GPIOA, &GPIO_InitStructure);

（2）PC1、PA8、PC4、PC2 接按键, 因此设置成输入模式, 代码如下:

　　/* Configure PC.1, PC.2, PC.4 in Input Pull - Up mode */
　　GPIO_InitStructure. GPIO_Pin = GPIO_Pin_1 | GPIO_Pin_2 | GPIO_Pin_4;
　　GPIO_InitStructure. GPIO_Speed = GPIO_Speed_50MHz;
　　GPIO_InitStructure. GPIO_Mode = GPIO_Mode_IPU;
　　GPIO_Init(GPIOC, &GPIO_InitStructure);

　　/* Configure PA.8 in Input Pull - Up mode */
　　GPIO_InitStructure. GPIO_Pin = GPIO_Pin_8;
　　GPIO_InitStructure. GPIO_Speed = GPIO_Speed_50MHz;
　　GPIO_InitStructure. GPIO_Mode = GPIO_Mode_IPU;
　　GPIO_Init(GPIOA, &GPIO_InitStructure);

3) EXTI 配置　EXTI 配置涉及的函数为 EXTI_Configuration(void)。

（1）引脚选择。首先指明当前系统中使用哪个引脚作为触发外部中断的引脚, 这里直接使用固件库中提供 GPIO_EXTILineConfig( )函数即可。

　　EXTI_InitTypeDef EXTI_InitStructure;
　　　GPIO_EXTILineConfig(GPIO_PortSourceGPIOC, GPIO_PinSource1); //Selects PC.01 as EXTI Line 1
　　　GPIO_EXTILineConfig(GPIO_PortSourceGPIOC, GPIO_PinSource2); //Selects PC.02 as EXTI Line 2
　　　GPIO_EXTILineConfig(GPIO_PortSourceGPIOC, GPIO_PinSource4); //Selects PC.04 as EXTI Line 4
　　　GPIO_EXTILineConfig(GPIO_PortSourceGPIOA, GPIO_PinSource8); //Selects PA.08 as EXTI Line 8

（2）使用 EXTI_ClearITPendingBit( )函数清除中断标志位。进入中断服务程序后, 首先要做的就是清除中断标志位, 否则它会不断响应中断, 不断进入中断函数。另外需要说明的是, EXTI_Line0 表示的是中断线 0, 以此类推, 对于外部中断中的 GPIO, 有 16 个中断线, 分别是 0 ~ 15, 刚好对应于每个 GPIO 端口的 0 ~ 15 引脚。

　　EXTI_ClearITPendingBit(EXTI_Line1); //Clears the EXTI line 1 interrupt pending bit
　　EXTI_ClearITPendingBit(EXTI_Line2); //Clears the EXTI line 2 interrupt pending bit
　　EXTI_ClearITPendingBit(EXTI_Line4); //Clears the EXTI line 4 interrupt pending bit

EXTI_ClearITPendingBit(EXTI_Line8);//Clears the EXTI line 8 interrupt pending bit

（3）设置外部中断结构体的成员，如 EXTI_Mode_Interrupt（即中断）；还有一个是 EXTI_Mode_Event（即事件请求）。

```
EXTI_InitStructure.EXTI_Mode = EXTI_Mode_Interrupt;
    EXTI_InitStructure.EXTI_Trigger = EXTI_Trigger_Falling;
    EXTI_InitStructure.EXTI_Line = EXTI_Line1 | EXTI_Line2 | EXTI_Line4 | EXTI_Line8;
    EXTI_InitStructure.EXTI_LineCmd = ENABLE;
    EXTI_Init(&EXTI_InitStructure);
```

4) NVIC 配置 NVIC 配置涉及的函数为 NVIC_Config(void)。此函数分为 4 部分，分别针对中断线 0 到中断线 3，结构都相同。NVIC_PriorityGroupConfig() 函数配置占先式优先级和副优先级，参考 6.1 节。

```
    NVIC_PriorityGroupConfig(NVIC_PriorityGroup_1);// Configure the Priority Grouping with 1 bit
    /* Enable EXTI1 interrupt with Preemption Priority 0 and Sub
    Priority as 2 */
    NVIC_InitStructure.NVIC_IRQChannel = EXTI1_IRQChannel;
    NVIC_InitStructure.NVIC_IRQChannelPreemptionPriority = 0;
    NVIC_InitStructure.NVIC_IRQChannelSubPriority = 2;
    NVIC_InitStructure.NVIC_IRQChannelCmd = ENABLE;
    NVIC_Init(&NVIC_InitStructure);

    NVIC_PriorityGroupConfig(NVIC_PriorityGroup_1);
    NVIC_InitStructure.NVIC_IRQChannel = EXTI2_IRQChannel;
    NVIC_InitStructure.NVIC_IRQChannelPreemptionPriority = 0;
    NVIC_InitStructure.NVIC_IRQChannelSubPriority = 2;
    NVIC_InitStructure.NVIC_IRQChannelCmd = ENABLE;
    NVIC_Init(&NVIC_InitStructure);

    NVIC_PriorityGroupConfig(NVIC_PriorityGroup_1);
    NVIC_InitStructure.NVIC_IRQChannel = EXTI4_IRQChannel;
    NVIC_InitStructure.NVIC_IRQChannelPreemptionPriority = 0;
    NVIC_InitStructure.NVIC_IRQChannelSubPriority = 2;
    NVIC_InitStructure.NVIC_IRQChannelCmd = ENABLE;
    NVIC_Init(&NVIC_InitStructure);

    NVIC_PriorityGroupConfig(NVIC_PriorityGroup_1);
    NVIC_InitStructure.NVIC_IRQChannel = EXTI9_5_IRQChannel;//注意 EXTI8 是这样配置的,还要注意中断函数的写法
    NVIC_InitStructure.NVIC_IRQChannelPreemptionPriority = 0;
    NVIC_InitStructure.NVIC_IRQChannelSubPriority = 2;
    NVIC_InitStructure.NVIC_IRQChannelCmd = ENABLE;
    NVIC_Init(&NVIC_InitStructure);
```

5) 中断子函数 PC1 中断服务程序如下所述。

```
void EXTI1_IRQHandler(void)
{
    if( EXTI_GetITStatus(EXTI_Line1)!=RESET )//判断是否有键按下
    {
        Delay(140);
        if((GPIO_ReadInputData(GPIOC)&0x0016)!=0x0016)
        {
            while((GPIO_ReadInputData(GPIOC)&0x0016 )!=0x0016)
            {
            }
            //使 LED 状态翻转
            GPIO_WriteBit(GPIOA,GPIO_Pin_0,(BitAction)!(GPIO_ReadInputDataBit(GPIOA, GPIO_Pin_0)));
        }
    }
    EXTI_ClearITPendingBit(EXTI_Line1);//清中断
}
```

PA8 中断服务程序如下所述。

```
void EXTI9_5_IRQHandler(void)
{
    if(EXTI_GetITStatus(EXTI_Line8)!=RESET )
    {
        Delay(140);
        if(!(GPIO_ReadInputDataBit(GPIOA,GPIO_Pin_8)))
        {
            while(!(GPIO_ReadInputDataBit(GPIOA,GPIO_Pin_8)))
            {
            }
            //使 LED 状态翻转
            GPIO_WriteBit(GPIOA,GPIO_Pin_1,(BitAction)!(GPIO_ReadInputDataBit (GPIOA, GPIO_Pin_1)));
        }

    }
    EXTI_ClearITPendingBit(EXTI_Line8);//清中断
}
```

〖说明〗中断服务程序比较简单，很容易读懂，但在写中断函数入口时，要注意函数名的写法，函数名只有如下 3 种命名方法。

(1) EXTI0_IRQHandler; EXTI Line 0
　　EXTI1_IRQHandler; EXTI Line 1
　　EXTI2_IRQHandler; EXTI Line 2
　　EXTI3_IRQHandler; EXTI Line 3
　　EXTI4_IRQHandler; EXTI Line 4
(2) EXTI9_5_IRQHandler; EXTI Line5～9
(3) EXTI15_10_IRQHandler; EXTI Line 10～15

只要是中断线5后的就不能像中断线0～4那样单独一个函数名，都必须写成EXTI9_5_IRQHandler和EXTI15_10_IRQHandler。假如写成EXTI5_IRQHandler、EXTI6_IRQHandler…EXTI15_IRQHandler，编译器不会报错，但中断服务程序不能工作。

中断线5后，如何判断是哪根中断线产生中断的呢？由于每个中断线都有专用的状态位，因此只需要在中断服务程序中判断中断线标志位即可。例如，可以利用if(EXTI_GetITStatus(EXTI_Line5)!=RESET)语句来判断是否是中断线5引起了中断。

6) **编写主程序while( )函数**　其他功能函数详见源程序。

6.5.2　中断嵌套案例1

【任务要求】设计一个中断优先级抢占实例。设置3个中断，即EXTI1、EXTI2和SysTick，初始优先级参数PreemptionPriorityVale=0，3个中断的优先级设置见表6-18。

表6-18　中断源优先级

	占先优先级	副优先级
EXTI1	PreemptionPriorityVale	0
EXTI2	0	1
SysTick	! PreemptionPriorityVale	0

如果EXTI1被SysTick抢占，则PA2和PA3的LED闪烁；如果EXTI1抢占SysTick，则PA2和PA3的LED状态保持；EXTI1和SysTick优先级切换通过EXTI2来完成。

【硬件原理图】如图5-13所示，PA2和PA3接LED；键盘硬件原理图如图6-6所示。

【程序分析】

1) 部分初始化参数源代码

　　……
　　bool PreemptionOccured = FALSE;
　　unsigned char PreemptionPriorityVale = 0;
　　……

NVIC_Config( )初始化设置函数如下所述。

　　void NVIC_Config(void)
　　{
　　　　NVIC_SetVectorTable(NVIC_VectTab_FLASH,0X0);
　　　　NVIC_PriorityGroupConfig(NVIC_PriorityGroup_1);

NVIC_InitStructure. NVIC_IRQChannel = EXTI1_IRQn；//通道
NVIC_InitStructure. NVIC_IRQChannelPreemptionPriority = PreemptionPriorityVale；
NVIC_InitStructure. NVIC_IRQChannelSubPriority = 0；
NVIC_InitStructure. NVIC_IRQChannelCmd = ENABLE；
NVIC_Init(&NVIC_InitStructure)；

NVIC_InitStructure. NVIC_IRQChannel = EXTI2_IRQn；//通道
NVIC_InitStructure. NVIC_IRQChannelPreemptionPriority = 0；
NVIC_InitStructure. NVIC_IRQChannelSubPriority = 1；
NVIC_InitStructure. NVIC_IRQChannelCmd = ENABLE；
NVIC_Init(&NVIC_InitStructure)；

NVIC_SetPriority(SysTick_IRQn, NVIC_EncodePriority(NVIC_GetPriorityGrouping(),!PreemptionPriorityVale, 0))；
}

2）主函数 main( ) 中的主线程 设置全局变量 PreemptionOccured，记录是否 EXTI0 被 SysTick 抢占，若抢占则 Pin_2 和 Pin_3 的 LED 闪烁。源代码如下所述。

```
while(1)
    {
        if(PreemptionOccured! = FALSE)
        {
            //Pin_2 和 Pin_3 的发光二极管闪烁
GPIO_WriteBit(GPIOA, GPIO_Pin_2, (BitAction)(1 - GPIO_ReadOutputDataBit(GPIOA, GPIO_Pin_2)))；
            Delay(100)；
GPIO_WriteBit(GPIOA, GPIO_Pin_3, (BitAction)(1 - GPIO_ReadOutputDataBit(GPIOA, GPIO_Pin_3)))；
            Delay(100)；
        }
    }
```

3）EXTI1 中断服务函数 屏蔽 SysTick 中断，源代码如下：

```
void EXTI1_IRQHandler(void)
{
    SCB -> ICSR | = 0x04000000；          //屏蔽 SysTick 中断
    EXTI_ClearITPendingBit(EXTI_Line1)；   //清 EXTI1 中断标志
}
```

4）EXTI2 中断服务函数 将 PreemptionOccured 标志置为 FALSE 使 LED 停止闪烁；改变 EXTI0 和 SysTick 优先级，使二者优先级顺序对换。源代码如下：

```
void EXTI2_IRQHandler(void)
{
    if(EXTI_GetITStatus(EXTI_Line2)! = RESET)
```

```
            PreemptionOccured = FALSE;//优先级是否被抢占标志
            PreemptionPriorityVale = ! PreemptionPriorityVale;//改变 EXTI1 优先级
            NVIC_InitStructure. NVIC_IRQChannel = EXTI1_IRQn;
            NVIC_InitStructure. NVIC_IRQChannelPreemptionPriority = PreemptionPriorityVale;
            NVIC_InitStructure. NVIC_IRQChannelSubPriority = 0;
            NVIC_InitStructure. NVIC_IRQChannelCmd = ENABLE;
            NVIC_Init(&NVIC_InitStructure);
            //改变 SysTick 优先级
            NVIC_SetPriority(SysTick_IRQn, NVIC_EncodePriority(NVIC_GetPriorityGrouping(), ! PreemptionPriorityVale, 0));
            EXTI_ClearITPendingBit(EXTI_Line2);//清 EXTI2 中断标志
        }
    }
```

5) SysTick 中断服务函数 判断 EXTI0 是否有中断申请,若有则 EXTI0 中断标志置位,将 PreemptionOccured 标志置为 TRUE,使 LED 闪烁。源代码如下:

```
        void SysTick_Handler(void)
        {
            if(EXTI_GetFlagStatus(EXTI_Line1)! =0)//按键0是否有中断申请
            {
                PreemptionOccured = TRUE;
                EXTI_ClearITPendingBit(EXTI_Line1);
            }
        }
```

由上述程序分析可知,程序初始执行时,PreemptionOccured = FALSE,因此 LED 不闪烁;PreemptionPriorityVale = 0,说明 EXTI1 的优先级高于 SysTick,因此按下 PC1,则 EXTI1 优先 SysTick 执行,LED 仍不闪烁。

按下 PC2 按键后,由于 EXTI1 的优先级高于 SysTick,因此执行 EXTI1 中断服务程序,将 EXTI1 的优先级改为低(0),将 SysTick 改为高(1),此后再 PC1 按键,由于 EXTI1 的优先级低于 SysTick,因此 EXTI1 中断标志置位但 EXTI1 中断服务程序不执行;SysTick 抢占 EXTI1 执行,判断 EXTI1 中断标志置位后将 PreemptionOccured = TRUE,此时 LED 闪烁,说明 SysTick 抢占 EXTI1 成功。

然后再按下 PC2 按键,将 PreemptionOccured = FALSE,使 LED 不闪烁;EXTI1 的优先级改为高(1),将 SysTick 改为低(0),SysTick 无法抢占 EXTI1,因此再按下 PC1 按键,LED 也不会闪烁。

6.5.3 中断嵌套案例 2

【任务要求】 配置 3 个 EXTI 外部中断,即 EXTI1、EXTI2 和 EXTI3,并分别赋予它们由低到高的抢占优先级。首先触发 EXTI1 中断,并在其中断服务返回前触发 EXTI2 中断;同样,在 EXTI2 中断服务返回前触发 EXTI3 中断。按照此流程,共发生两次中断嵌套,并且在 EXTI3 中断服务完成后依 EXTI3→EXTI2→EXTI1 的次序进行中断返回。以上过程使用串口向上位机打印信息，其程序流程图如图6-7所示。

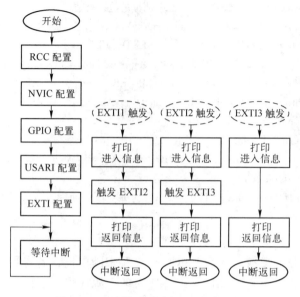

图6-7 中断嵌套案例2程序流程图

【硬件原理图】USART原理图如图6-8所示。

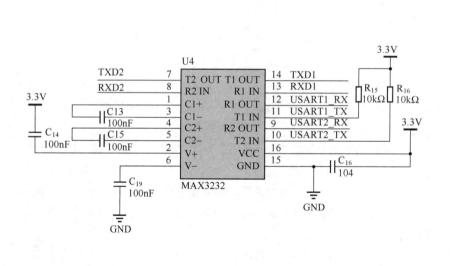
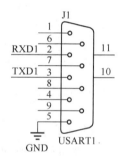
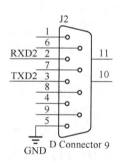

图6-8 USART原理图

【程序分析】

1) PC1 初始化函数 GPIO_Configuration(void)

GPIO_InitStructure. GPIO_Pin = GPIO_Pin_1;

GPIO_InitStructure. GPIO_Speed = GPIO_Speed_50MHz;

GPIO_InitStructure. GPIO_Mode = GPIO_Mode_IPU;

```
        GPIO_Init(GPIOC,&GPIO_InitStructure);
```

2) EXTI 初始化函数 EXTI_Configuration(void)

```
        void EXTI_Configuration(void)
        {
            EXTI_InitTypeDef EXTI_InitStructure;
            GPIO_EXTILineConfig(GPIO_PortSourceGPIOC, GPIO_PinSource1);
            GPIO_EXTILineConfig(GPIO_PortSourceGPIOC, GPIO_PinSource2);
            GPIO_EXTILineConfig(GPIO_PortSourceGPIOC, GPIO_PinSource3);
            EXTI_ClearITPendingBit(EXTI_Line3);
            EXTI_ClearITPendingBit(EXTI_Line2);
            EXTI_ClearITPendingBit(EXTI_Line1);


            EXTI_InitStructure.EXTI_Mode = EXTI_Mode_Interrupt;
            EXTI_InitStructure.EXTI_Trigger = EXTI_Trigger_Falling;
            EXTI_InitStructure.EXTI_Line = EXTI_Line1 | EXTI_Line2 | EXTI_Line3;
            EXTI_InitStructure.EXTI_LineCmd = ENABLE;
            EXTI_Init(&EXTI_InitStructure);
        }
```

3) NVIC 初始化函数 NVIC_Config(void)

```
        void NVIC_Config(void)
        {
        NVIC_InitTypeDef NVIC_InitStructure;

        NVIC_PriorityGroupConfig(NVIC_PriorityGroup_2);
        NVIC_InitStructure.NVIC_IRQChannel = EXTI1_IRQChannel;
        NVIC_InitStructure.NVIC_IRQChannelPreemptionPriority = 3;
        NVIC_InitStructure.NVIC_IRQChannelSubPriority = 0;
        NVIC_InitStructure.NVIC_IRQChannelCmd = ENABLE;
        NVIC_Init(&NVIC_InitStructure);

        NVIC_PriorityGroupConfig(NVIC_PriorityGroup_2);
        NVIC_InitStructure.NVIC_IRQChannel = EXTI2_IRQChannel;
        NVIC_InitStructure.NVIC_IRQChannelPreemptionPriority = 2;
        NVIC_InitStructure.NVIC_IRQChannelSubPriority = 0;
        NVIC_InitStructure.NVIC_IRQChannelCmd = ENABLE;
        NVIC_Init(&NVIC_InitStructure);

        NVIC_PriorityGroupConfig(NVIC_PriorityGroup_2);
        NVIC_InitStructure.NVIC_IRQChannel = EXTI3_IRQChannel;
        NVIC_InitStructure.NVIC_IRQChannelPreemptionPriority = 1;
        NVIC_InitStructure.NVIC_IRQChannelSubPriority = 0;
        NVIC_InitStructure.NVIC_IRQChannelCmd = ENABLE;
        NVIC_Init(&NVIC_InitStructure);
        }
```

由上述程序可以看出，PC3 的抢占优先级高于 PC2，PC2 高于 PC1。

4) 中断服务程序

```c
void EXTI1_IRQHandler(void)
{
    if(EXTI_GetITStatus(EXTI_Line1)! = RESET)
    {
        EXTI_ClearFlag(EXTI_Line1);
        printf("\r\nEXIT1 IRQHandler enter.\r\n");
        EXTI_GenerateSWInterrupt(EXTI_Line2);
        printf("\r\nEXIT1 IRQHandler return.\r\n");
        EXTI_ClearITPendingBit(EXTI_Line1);
        EXTI_ClearITPendingBit(EXTI_Line2);
        EXTI_ClearITPendingBit(EXTI_Line3);
    }
}

void EXTI2_IRQHandler(void)
{
    if(EXTI_GetITStatus(EXTI_Line2)! = RESET)
    {
        EXTI_ClearFlag(EXTI_Line2);
        printf("\r\nEXIT2 IRQHandler enter.\r\n");
        EXTI_GenerateSWInterrupt(EXTI_Line3);
        printf("\r\nEXIT2 IRQHandler return.\r\n");
        EXTI_ClearITPendingBit(EXTI_Line1);
        EXTI_ClearITPendingBit(EXTI_Line2);
        EXTI_ClearITPendingBit(EXTI_Line3);
    }
}

void EXTI3_IRQHandler(void)
{
    if(EXTI_GetITStatus(EXTI_Line3)! = RESET)
    {
        printf("\r\nEXIT3 IRQHandler enter.\r\n");
        printf("\r\nEXIT3 IRQHandler return.\r\n");
        EXTI_ClearITPendingBit(EXTI_Line1);
        EXTI_ClearITPendingBit(EXTI_Line2);
        EXTI_ClearITPendingBit(EXTI_Line3);
    }
}
```

在上述程序中，EXTI_GenerateSWInterrupt(EXTI_Line2) 和 EXTI_GenerateSWInterrupt(EXTI_Line3) 为产生软件中断的子函数。

第7章 USART 原理及应用

【前导知识】并行通信、串行通信、单工、半双工、双工、同步通信、异步通信、RS-232、RS-485。

在"异步通信"方式发送字符时，所发送的字符之间的时间间隔可以是任意的，因此接收端必须时刻做好接收的准备。发送端可以在任意时刻开始发送字符，因此必须在每个字符的开始和结束的地方加上标志，即加上起始位和停止位，以便使接收端能够正确地将每个字符接收下来。而"同步通信"方式的通信双方必须先建立同步，即双方的时钟要调整到同一个频率。收、发双方不停地发送和接收连续的同步比特流。

通用同步/异步串行收发器是一种能够把二进制数据按位传送的通信装置，其主要功能是在输出数据时，把数据进行并/串转换，即将8位并行数据送到串口输出；在输入数据时，把数据进行串/并转换，即从串口读入外部串行位数据，并将其转换为8位并行数据。

7.1 端口重映射

STM32 上有很多 I/O 口，也有很多的内置外设，为了节省引脚，这些内置外设都是与 I/O 口共用引脚，STM32 称其为 I/O 引脚的复用，类似 51 单片机的 P3 端口。很多复用功能的引脚还可以通过重映射，从不同的 I/O 引脚引出，即复用功能的引脚是可以通过程序改变的。重映射功能的直接好处是 PCB 设计人员可以在需要的情况下，不必把某些信号在 PCB 上绕一大圈完成联接，在方便 PCB 设计的同时，潜在地减少了信号的交叉干扰。重映射功能的潜在好处是在不需要同时使用多个复用功能时，虚拟地增加复用功能的数量。例如，STM32 上最多有 3 个 USART 接口，当需要更多 USART 接口而又不需要同时使用它们时，可以通过这个重映射功能实现更多的 USART 接口。USART2 外设的 TX、RX 分别对应 PA2、PA3，但若 PA2、PA3 引脚接了其他设备，却还要用 USART2，就需要打开 GPIOD 重映射功能，把 USART2 设备的 TX、RX 映射到 PD5、PD6 上。读者可能会问：USART2 是不是可以映射到任意引脚呢？答案是否定的，它只能映射到固定的引脚。表 7-1 是 USART2 重映射表。

表 7-1 USART2 重映射

复用功能	USART2_REMAP = 0	USART2_REMAP = 1
USART2_CTS	PA0	PD3
USART2_RTS	PA1	PD4
USART2_TX	PA2	PD5
USART2_RX	PA3	PD6

其他外设的重映射可以参考 STM32F103 手册。

STM32 模块具有重映射功能的引脚包括晶体振荡器的引脚（在不接晶体时，可以作为普通 I/O 口）；CAN 模块；JTAG 调试接口；大部分定时器的引出接口；大部分 USART 的引出接口；I2C1 的引出接口；SPI1 的引出接口，如图 7-1 所示。

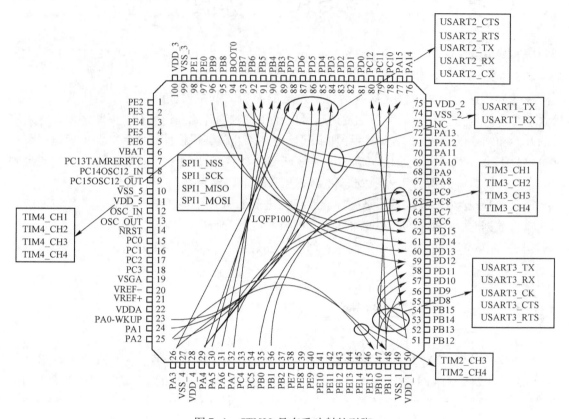

图 7-1　STM32 具有重映射的引脚

7.2　USART 功能和结构

STM32F10x 处理器的通用同步/异步收发器（USART）单元提供 2～5 个独立的异步串行通信接口，皆可工作于中断和 DMA 模式，如图 7-2 所示。而 STM32F103 内置 3 个通用同

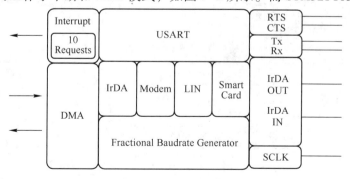

图 7-2　USART 功能模块

步/异步收发器（USART1、USART2 和 USART3）和 2 个通用异步收发器（UART4 和 UART5）。

7.2.1 USART 功能

STM32F10x 处理器的 5 个接口提供异步通信、支持 IrDA SIR ENDEC 传输编解码、多处理器通信模式、单线半双工通信模式和 LIN 主/从功能。

USART1 接口通信速率可达 4.5Mb/s，其他接口的通信速率可达 2.25Mb/s。USART1、USART2 和 USART3 接口具有硬件的 CTS 和 RTS 信号管理、兼容 ISO7816 的智能卡模式和类 SPI 通信模式，除 UART5 外，所有其他接口都可以使用 DMA 操作。

作为串行接口，其基本性能如下所述。

（1）单线半双工通信，只使用 Tx 引脚，如图 7-3 所示。

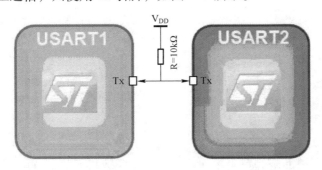

图 7-3　单线半双工通信

（2）全双工同步、异步通信。同步通信仅可用于主模式，通过 SPI 总线和外设通信，如图 7-4 所示。

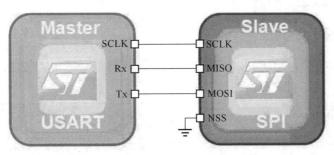

图 7-4　全双工同步通信

（3）分数波特率发生器系统，最高达 4.5Mb/s。
（4）发送方为同步传输提供时钟。
（5）单独的发送器和接收器使能位（51 单片机只有接收使能）。
（6）检测标志：接收缓冲器满、发送缓冲器空和传输结束标志。
（7）可编程数据字长度（8 位或 9 位）；可配置的停止位，支持 1 或 2 个停止位。
（8）校验控制：发送校验位；对接收数据进行校验。
（9）4 个错误检测标志：溢出错误、噪声错误、帧错误和校验错误。
（10）硬件数据流控制。
（11）从静默模式中唤醒（通过空闲总线检测或地址标志检测）。

（12）两种唤醒接收器的方式：地址位（MSB，第9位），总线空闲。

与处理器相关的控制功能如下所述。

（1）10个带标志的中断源：CTS改变、LIN断开符检测、发送数据寄存器空、发送完成、接收数据寄存器满、检测到总线为空闲、溢出错误、帧错误、噪声错误和校验错误；

（2）2路DMA通道。

附加其他协议的串口功能如下所述。

（1）多处理器通信：如果地址不匹配，则进入静默模式。

（2）红外IrDA SIR编码器、解码器，如图7-5所示。IrDA是红外数据组织（Infrared Data Association）的简称，另外也是Infra Red Data Association的缩写，即红外线接口。

（3）智能卡模拟功能，如图7-6所示。智能卡接口支持ISO7816-3标准中定义的异步智能卡协议。

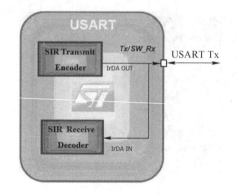

图7-5　红外IRDA SIR通信　　　　　　图7-6　智能卡模拟

（4）LIN（局域互联）功能。

7.2.2　USART结构

STM32的USART硬件结构如图7-7所示。接口通过RX（接收数据输入）、TX（发送数据输出）和GND三个引脚与其他设备连接在一起。

> 【说明】按奈奎斯特采样定理，采样率需大于或等于被采样信号最高频率的2倍，即采样率等于2倍最高信号频率即可满足要求；而采样率大于2倍以上被采样信号最高频率的采样就是过采样。当然，在实际应用中，通常的过采样至少是4倍以上，甚至是8倍、16倍或更高。过采样技术主要用于提高信噪比及保真度。通过多次反复地对信号进行采样，然后通过高性能的滤波器（特别包括数字滤波器），滤除噪声，提取有用的信号，这对在恶劣环境中提取有效的弱信号是一种非常有效的手段。同样，过采样及有效的滤波可以使采样结果尽可能贴近真实的信号，从而提高信号的保真度。

RX通过过采样技术来区别数据和噪声，从而恢复数据。当发送器被禁止时，输出引脚恢复到它的I/O端口配置。当发送器被激活，并且不发送数据时，TX引脚处于高电平。USART硬件结构可分为以下4部分。

（1）发送部分和接收部分，包括相应的引脚和寄存器；收发控制器根据寄存器配置对数据存储转移部分的移位寄存器进行控制。

第 7 章 USART 原理及应用

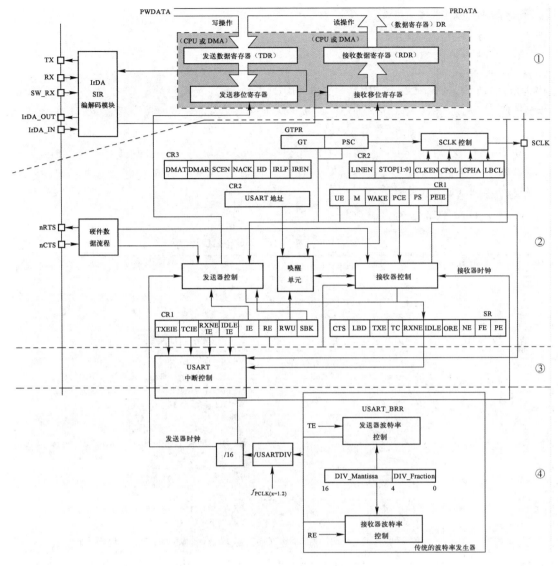

图 7-7 USART 框图

当需要发送数据时，内核或 DMA（详见第 8 章）外设把数据从内存（变量）写入到发送数据寄存器 TDR 后，发送控制器将适时地自动把数据从 TDR 加载到发送移位寄存器中，然后通过串口线 TX，把数据逐位地发送出去。在数据从 TDR 转移到移位寄存器时，会产生发送寄存器 TDR 已空事件 TXE；当数据从移位寄存器全部发送出去时，会产生数据发送完成事件 TC，这些事件可以在状态寄存器中查询到。

而接收数据则是一个逆过程，数据从串口线 RX 逐位地输入到接收移位寄存器中，然后自动地转移到接收数据寄存器 RDR，最后用软件程序或 DMA 读取到内存（变量）中。

（2）发送器控制和接收器控制，包括相应的控制寄存器。围绕着发送器和接收器控制部分，有多个寄存器（CR1、CR2、CR3、SR），即 USART 的 3 个控制寄存器（Control Register）及一个状态寄存器（Status Register）。通过向寄存器写入各种控制参数来控制发送和接收，如奇偶校验位、停止位等，还包括对 USART 中断的控制；串口的状态在任何时候都可以从状态寄存器中查询到。

(3) 中断控制。

(4) 波特率控制部分。

〖说明〗51 单片机中,发送 SBUF 和接收 SBUF 在物理上是分开的,但对应一个访问寄存器 SBUF,地址为 99H;STM32 与 51 类似,发送寄存器 TDR 和接收寄存器 RDR 在物理上是分开的,但对应一个数据寄存器 USART_DR。

MCS-51 单片机的串行通信接口适用于传送距离不大于 15m,速度不高于 20kb/s 的本地设备之间通信;STM32 单片机的 USART 串口采用分数波特率发生器,串行发送、接收数据的最高速率 =4.5Mb/s。

51 单片机和 STM32 的串口比较见表 7-2。

表 7-2 51 单片机和 STM32 的串口比较

步骤	内容	51 单片机	STM32
1	通信模式配置	通过定时器、串口的 TMOD、TH1、TL1、SCON、PCON、TR1 等寄存器的配置来实现	调用 STM32 固件库 USART_Init 函数来实现。在底层对 STM32 的 USART 控制寄存器进行初始化
2	中断配置	通过配置 IP、IE 寄存器来实现	调用 STM32 固件库 USART_ITConfig 函数来实现
3	数据发送	把数据放入 SBUF 寄存器: SBUF = ch; While(TI == 0); TI = 0;	把数据放入 USART 的 DR 寄存器: USARTx→DR = (Data&(unit16_t)0x01FF); While(!(USARTx→SR & USART_FLAG_TC))
4	数据接收	从 SBUF 寄存器读取数据: Receive_buffer = SBUF;	从 USART 的 DR 寄存器读取数据: Receive_buffer = (unit16_t)(USARTx→DR & (unit16_t)0x01FF);
5	接收中断函数	void serial() Interrupt 4 using 3	void USART_IRQHandler(void)
6	串口 IO 引脚配置	不用配置,可直接使用	RX:GPIO_Mode_IN_FLOATING TX:GPIO_Mode_AF_PP
7	接收发送方式	接收数据:查询、中断等方式 发送数据:直接发送	接收数据:查询、中断、DMA 等方式 发送数据:直接和 DMA 发送

7.3 USART 帧格式

STM32 帧格式如图 7-8 所示,字长可以为 8 或 9 位。在起始位期间,TX 引脚处于低电平;在停止位期间,TX 引脚处于高电平。

完全由 1 组成的帧称为空闲帧;完全由 0 组成的帧称为断开帧。

停止位有 0.5、1、1.5、2 位的情况,如图 7-9 所示。

☺ 1 个停止位:停止位位数的默认值。

☺ 2 个停止位:可用于常规 USART 模式、单线模式及调制解调器模式。

☺ 0.5 个停止位:在智能卡模式下接收数据时使用。

☺ 1.5 个停止位:在智能卡模式下发送和接收数据时使用。

第 7 章　USART 原理及应用

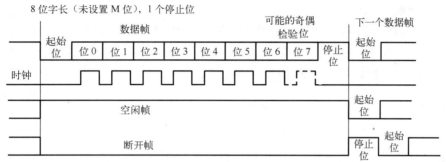

图 7-8　帧格式

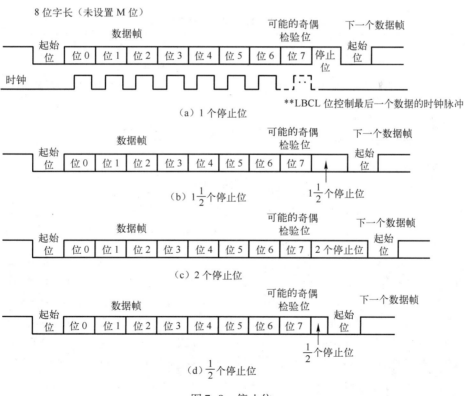

图 7-9　停止位

7.4 波特率设置

波特率是每秒钟传送二进制位数,单位为位/秒(bit per second, bps)。波特率是串行通信的重要指标,用于表征数据传输的速度,但与字符的实际传输速度不同。字符的实际传输速度是指每秒钟内所传字符帧的帧数,与字符帧格式有关。例如,波特率为1200b/s的通信系统,若采用11数据位字符帧,则字符的实际传输速度为1200/11 = 109.09 帧/秒,每位的传输时间为1/1200s。

接收器和发送器的波特率在USARTDIV的整数和小数寄存器中的值应设置成相同的。波特率通过USART_BRR寄存器来设置,包括12位整数部分和4位小数部分。USART_BRR寄存器如图7-10所示,其各位域定义见表7-3。

31	30	29	28	27	26	25	24	23	22	21	20	19	18	17	16
							保留								

15	14	13	12	11	10	9	8	7	6	5	4	3	2	1	0
				DIV_Mantissa[11:0]									DIV_Fraction[3:0]		
rw	rw	rw	rw	rw	rw	rw	rw	rw	rw	rw	rw	rw	rw	rw	rw

图 7-10 USART_BRR 寄存器

表 7-3 USART_BRR 各位域定义

位	定 义
位 31:16	保留位,硬件强制为 0
位 15:4	DIV_Mantissa[11:0]:USARTDIV 的整数部分。这 12 位定义了 USART 分频器除法因子(USARTDIV)的整数部分。
位 3:0	DIV_Fraction[3:0]:USARTDIV 的小数部分。这 4 位定义了 USART 分频器除法因子(USARTDIV)的小数部分。

发送和接收的波特率计算公式为

$$波特率 = f_{PCLKx}/(16 \times USARTDIV)$$

式中,f_{PCLKx}($x=1、2$)是给外设的时钟,PCLK1 用于 USART2、3、4、5,PCLK2 用于 USART1。

USARTDIV 是一个无符号的定点数。USARTDIV 的计算见下例。

【例 7-1】 如果 DIV_Mantissa = 27,DIV_Fraction = 12(USART_BRR = 0x1BC),则 Mantissa(USARTDIV)= 27;Fraction(USARTDIV)= 12/16 = 0.75,所以 USARTDIV = 27.75。

【例 7-2】 要求 USARTDIV = 25.62,则 DIV_Fraction = 16 × 0.62 = 9.92。取最接近的整数是:10 = 0x0A。DIV_Mantissa = mantissa(25.620)= 25 = 0x19,于是 USART_BRR = 0x19A。

【例 7-3】 要求 USARTDIV = 50.99,则 DIV_Fraction = 16 × 0.99 = 15.84。最接近的整数是 16 = 0x10 → DIV_frac[3:0]溢出→进位必须加到小数部分。DIV_Mantissa = mantissa(50.990 + 进位)= 51 = 0x33,则 USART_BRR = 0x330,USARTDIV = 51。

在《STM32 参考手册》中列举了一些常用的波特率设置及其误差,见表 7-4。

表 7-4 波特率设置

波特率期望值 (kb/s)	$f_{PCLK}=36MHz$			$f_{PCLK}=72MHz$		
	实际值	误差%	USART_BRR 中的值	实际值	误差	USART_BRR 中的值
2.4	2.400	0	937.5	2.400	0	1875
9.6	9.600	0	234.375	9.600	0	468.75
19.2	19.200	0	117.1875	19.200	0	234.375
57.6	57.600	0	39.0625	57.600	0	78.125
115.2	115.384	0.15%	19.5	115.200	0	39.0625
230.4	230.769	0.16%	9.75	230.769	0.16%	19.5
460	461.538	0.16%	4.875	461.538	0.16%	9.75
921.6	923.076	0.16%	2.4375	923.076	0.16%	4.875
2250	2250	0	1	2250	0	2
4500	不可能	不可能	不可能	4500	0	1

7.5 硬件流控制

数据在两个串口之间传输时,经常会出现丢失的现象,或者两台计算机的处理速度不同,如台式机与单片机之间的通信,接收端数据缓冲区已满,则此时继续发送来的数据就会丢失。硬件流控制可以解决这个问题,当接收端数据处理能力不足时,就发出"不再接收"的信号,发送端即停止发送,直至收到"可以继续发送"的信号再发送数据。因此,硬件流控制可以控制数据传输的进程,防止数据的丢失。硬件流控制常用的有 RTS/CTS(请求发送/清除发送)流控制和 DTR/DSR(数据终端就绪/数据设置就绪)流控制。用 RTS/CTS 流控制时,应将通信两端的 RTS、CTS 线对应相连,数据终端设备(如计算机)使用 RTS 来起始调制解调器或其他数据通信设备的数据流,而数据通信设备(如调制解调器)则用 CTS 来启动和暂停来自计算机的数据流。这种硬件握手方式的过程为:在编程时根据接收端缓冲区大小设置一个高位标志和一个低位标志,当缓冲区内数据量达到高位时,在接收端设置 CTS 线,当发送端的程序检测到 CTS 有效后,就停止发送数据,直到接收端缓冲区的数据量低于低位而将 CTS 取反。RTS 则用于表明接收设备是否准备好接收数据。

利用 nCTS 输入和 nRTS 输出可以控制两个设备之间的串行数据流。图 7-11 所示为两个 USART 之间的硬件流控制。

1. RTS 流控制

如果 RTS 流控制被使能(RTSE=1),只要 USART 接收器准备好接收新的数据,nRTS 就变成有效(低电平)。当接收寄存器内有数据到达时,nRTS 被释放,由此表明希望在当前帧结束时停止数据传输。图 7-12 所示的是一个启用 RTS 流控制通信的例子。

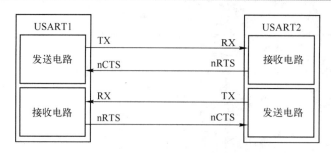

图 7-11　两个 USART 之间的硬件流控制

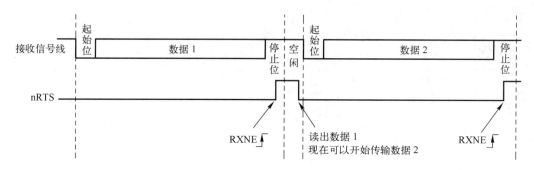

图 7-12　启用 RTS 流控制通信的例子

2. CTS 流控制

如果 CTS 流控制被使能（CTSE = 1），发送器在发送下一帧前检查 nCTS 输入。如果 nCTS 有效（低电平），则下一个数据被发送（假设那个数据是准备发送的，即 TXE = 0），否则下一帧数据不被发出去。若 nCTS 在传输期间变成无效，当前的传输完成后停止发送。当 CTSE = 1 时，只要 nCTS 输入变换状态，硬件就自动设置 CTSIF 状态位，它表明接收器是否已准备好进行通信。如果设置了 USART_CR3 寄存器的 CTSIE 位，则产生中断。图 7-13 所示的是一个启用 CTS 流控制通信的例子。

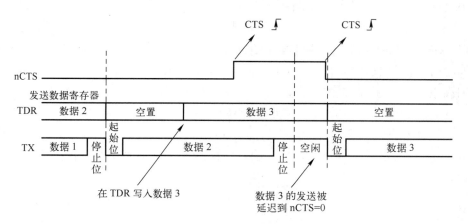

图 7-13　启用 CTS 流控制通信的例子

7.6 USART 中断请求

USART 中断请求见表 7-5。

表 7-5 USART 中断请求

中　　断	中断标志	使　能　位
发送数据寄存器空	TXE	TXEIE
CTS 标志	CTS	CTSIE
发送完成	TC	TCIE
接收数据就绪（可读）	RXNE	RXNEIE
检测到数据溢出	ORE	
检测到空闲线路	IDLE	IDLEIE
奇偶检验错	PE	PEIE
断开标志	LBD	LBDIE
噪声标志，多缓冲通信中的溢出错误和帧错误	NE 或 ORT 或 FE	EIE

USART 的各种中断事件被连接到同一个中断向量，如图 7-14 所示。

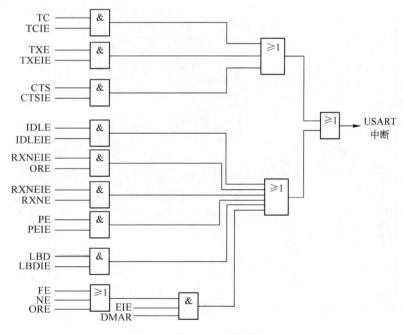

图 7-14 USART 中断映像图

☺ 发送期间的中断事件包括发送完成、清除发送和发送数据寄存器空。
☺ 接收期间的中断事件包括空闲总线检测、溢出错误、接收数据寄存器非空、校验错误、LIN 断开符号检测、噪声标志（仅在多缓冲器通信）和帧错误（仅在多缓冲器通信）。

☺ 如果设置了对应的使能控制位,这些事件就可以产生各自的中断。

7.7 USART 寄存器

USART 相关寄存器功能见表 7-6。USART 寄存器地址映像及其复位值见表 7-7,可以用半字(16 位)或字(32 位)的方式操作这些外设寄存器。

表 7-6 USART 相关寄存器功能

寄存器	功能
状态寄存器(USART_SR)	反映 USART 单元的状态
数据寄存器(USART_DR)	用于保存接收或发送的数据
波特比率寄存器(USART_BRR)	用于设置 USART 的波特率
控制寄存器 1(USART_CR1)	用于控制 USART
控制寄存器 2(USART_CR2)	用于控制 USART
控制寄存器 3(USART_CR3)	用于控制 USART
保护时间和预分频寄存器(USART_GTPR)	保护时间和预分频

表 7-7 USART 寄存器地址映像及其复位值

偏移	寄存器	31	30	29	28	27	26	25	24	23	22	21	20	19	18	17	16	15	14	13	12	11	10	9	8	7	6	5	4	3	2	1	0
000h	USART_SR	保留																						CTS	LBD	TXEIE	TC	RXNE	IDLE	ORE	NE	FE	PE
	复位值																							0	0	1	1	0	0	0	0	0	0
004h	USART_DR	保留																							DR[8:0]								
	复位值																							0	0	0	0	0	0	0	0	0
008h	USART_BRR	保留																DIV_Mantissa[15:4]											DIV_Fraction[3:0]			
	复位值																	0	0	0	0	0	0	0	0	0	0	0	0	0	0	0	0
00Ch	USART_CR1	保留																		UE	M	WAKE	PCE	PS	PEIE	TXEIE	TCIE	RXNEIE	IDLEIE	TE	RE	PWU	SBK
	复位值																			0	0	0	0	0	0	0	0	0	0	0	0	0	0
010h	USART_CR2	保留																	LINEN	STOP[1:0]		CLKEN	CPOL	CPHA	LBCL	保留	LBDIE	LBDL	保留	ADD[3:0]			
	复位值																		0	0	0	0	0	0	0		0	0		0	0	0	0
014h	USART_CR3	保留																					CTSIE	CTSE	RTSE	DMAT	DMAR	SCEN	NACK	HDSEL	IRLP	IREN	EIE
	复位值																						0	0	0	0	0	0	0	0	0	0	0
018h	USART_CTPR	保留																								GT[7:0]							
	复位值																									0	0	0	0	0	0	0	0

定义 USART 寄存器组的结构体 USART_TypeDef 在库文件 STM32f10x.h 中:

```
/* ---------------- Universal Synchronous Asynchronous Receiver Transmitter -- */
typedef struct
{
    vu16 SR;
```

```
    u16    RESERVED0;
    vu16 DR;
    u16    RESERVED1;
    vu16 BRR;
    u16    RESERVED2;
    vu16 CR1;
    u16    RESERVED3;
    vu16 CR2;
    u16    RESERVED4;
    vu16 CR3;
    u16    RESERVED5;
    vu16 GTPR;
    u16    RESERVED6;
} USART_TypeDef;
/* Peripheral and SRAM base address in the bit-band region */
#define PERIPH_BASE              ((u32)0x40000000)
…
/* Peripheral memory map */
#define APB2PERIPH_BASE          (PERIPH_BASE + 0x10000)
…
#define USART1_BASE              (APB2PERIPH_BASE + 0x3800)
…
#ifdef _USART1
  #define USART1                 ((USART_TypeDef *) USART1_BASE)
#endif /* _USART1 */
```

从上面的宏定义可以看出，USART1 寄存器的存储映射首地址是 0x40013800，参见表 2-10。

7.8　USART 库函数

USART 初始设置结构体定义 USART_InitTypeDef 在 STM32f10x_usart.h 文件中：

```
/* USART Init Structure definition */
typedef struct
{
  uint32_t USART_BaudRate;              //波特率
  uint16_t USART_WordLength;            //字长
  uint16_t USART_StopBits;              //停止位长度
  uint16_t USART_Parity;                //奇偶校验
  uint16_t USART_Mode;                  //接收或发送模式
  uint16_t USART_HardwareFlowControl;   //硬件流控制
} USART_InitTypeDef;
```

(1) USART_WordLength 提示了在一个帧中传输或接收到的数据位数,见表 7-8。

表 7-8 USART_WordLength 定义

USART_WordLength	描 述
USART_WordLength_8b	8 位数据
USART_WordLength_9b	9 位数据

(2) USART_StopBits 定义了发送的停止位数目,见表 7-9。

表 7-9 USART_StopBits 定义

USART_StopBits	描 述
USART_StopBits_1	在帧结尾传输 1 个停止位
USART_StopBits_0.5	在帧结尾传输 0.5 个停止位
USART_StopBits_2	在帧结尾传输 2 个停止位
USART_StopBits_1.5	在帧结尾传输 1.5 个停止位

(3) USART_Parity 定义了奇偶模式。奇偶校验一旦使能,在发送数据的 MSB 位插入经计算的奇偶位(字长 9 位时的第 9 位,字长 8 位时的第 8 位),见表 7-10。

表 7-10 USART_Parity 定义

USART_Parity	描 述
USART_Parity_No	奇偶失能
USART_Parity_Even	偶模式
USART_Parity_Odd	奇模式

(4) USART_HardwareFlowControl 指定了硬件流控制模式是否使能,见表 7-11。

表 7-11 USART_HardwareFlowControl 定义

USART_HardwareFlowControl	描 述
USART_HardwareFlowControl_None	表示硬件流控制失能
USART_HardwareFlowControl_RTS	发送请求 RTS 使能
USART_HardwareFlowControl_CTS	接收请求 CTS 使能
USART_HardwareFlowControl_RTS_CTS	RTS 和 CTS 使能

(5) USART_Mode 指定了使能或失能发送和接收模式,见表 7-12。

表 7-12 USART_Mode 定义

USART_Mode	描 述
USART_Mode_Tx	发送使能
USART_Mode_Rx	接收使能

USART 时钟初始设置结构体定义 USART_InitTypeDef 在 STM32f10x_usart.h 文件中:

```
/* USART Clock Init Structure definition */
```

```
typedef struct
{
    u16 USART_Clock;        //时钟使能
    u16 USART_CPOL;         //指定了 SCLK 引脚上时钟输出的极性
    u16 USART_CPHA;         //指定了 SCLK 引脚上时钟输出的相位
    u16 USART_LastBit;      //是否在同步模式下,在 SCLK 引脚上输出最后发送的那个数据字
} USART_ClockInitTypeDef;
```

(1) USART_CLOCK 表明了 USART 时钟是否使能,见表 7-13。

表 7-13 USART_CLOCK 定义

USART_Mode	描 述
USART_Clock_Enable	时钟使能
USART_Clock_Disable	时钟失能

(2) USART_CPOL 指定了 SCLK 引脚上时钟输出的极性,见表 7-14。

表 7-14 USART_CPOL 定义

USART_CPOL	描 述
USART_CPOL_High	时钟高电平
USART_CPOL_Low	时钟低电平

(3) USART_CPHA 指定了 SCLK 引脚上时钟输出的相位,与 CPOL 位一起配合来产生用户希望的时钟/数据的采样关系,见表 7-15。

表 7-15 USART_CPHA 定义

USART_CPHA	描 述
USART_CPHA_1Edge	时钟第 1 个边沿进行数据捕获
USART_CPHA_2Edge	时钟第 2 个边沿进行数据捕获

(4) USART_LastBit 用于控制是否在同步模式下,在 SCLK 引脚上输出最后发送的那个数据字(MSB)对应的时钟脉冲,见表 7-16。

表 7-16 USART_LastBit 定义

USART_LastBit	描 述
USART_LastBit_Disable	最后一位数据的时钟脉冲不从 SCLK 输出
USART_LastBit_Enable	最后一位数据的时钟脉冲从 SCLK 输出

7.9 USART 应用实例

7.9.1 直接传送方式

每片 STM32 芯片内部拥有一个独一无二的 96 位 Unique Device ID。这个 ID 的作用如下

所述。

- 可以把 ID 做为用户最终产品的序列号,帮助用户进行产品的管理。
- 在某些需要保证安全性的功能代码运行前,通过校验此 ID,保证最终产品的某些功能的安全性。
- 用 ID 配合加/解密算法,对芯片内部的代码进行加/解密,以保证用户产品的安全性和不可复制性。

这个 ID 号是放在片内 Flash 中位于地址 0x1FFFF7E8 ～ 0x1FFFF7F3 的系统存储区,由 ST 公司在工厂中写入(用户不能修改),用户可以以字节、半字或字的方式单独读取其间的任一地址。

【程序功能】从 FLASH 的固定地址读出 STM32 芯片内的 ID 号,然后通过串口上传至 PC,通过串口工具软件显示出来。

【硬件原理图】如图 7-15 所示。

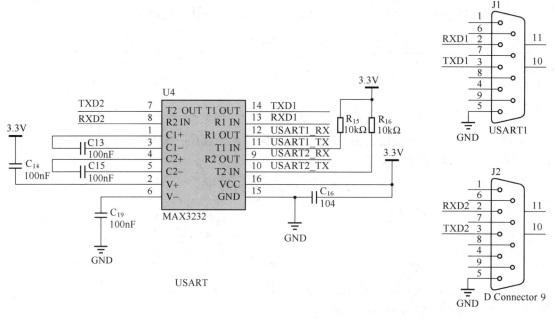

图 7-15 开发板 USART 原理图

本程序通过 STM32 的 USART1 端口上传 ID 号,所以要将 GPIOPA 端口的 PA9、PA10 复用成 TXD、RXD 端口。

【软件分析】

(1) 主程序初始化。首先定义 12 个存储单元:

　　unsigned char a0,a1,a2,a3,a4,a5,a6,a7,a8,a9,a10,a11;

然后配置时钟:

```
/* SetupSTM32 system(clock, PLL and flash configuration) */
SystemInit(); RCC_APB2PeriphClockCmd( RCC_APB2Periph_GPIOA | RCC_APB2Periph_GPIOB |
RCC_APB2Periph_GPIOC | RCC_APB2Periph_GPIOD | RCC_APB2Periph_USART1 | RCC_APB1Periph_USART2 | RCC_APB2Periph_AFIO,ENABLE);// USART1 在 APB2 总线上
```

(2) 串口配置 USART_Config (void)。声明 2 个结构：

```
GPIO_InitTypeDef GPIO_InitStructure;
USART_InitTypeDef USART_InitStructure;
```

这里也声明了 GPIO 的结构。其原因是串口需要使用 I/O 口来进行发送和接收。GPIO 成员设置如下：

```
/* Configure USART1_Tx as alternate function push-pull */
    GPIO_InitStructure.GPIO_Pin = GPIO_Pin_9;
    GPIO_InitStructure.GPIO_Speed = GPIO_Speed_50MHz;
    GPIO_InitStructure.GPIO_Mode = GPIO_Mode_AF_PP;
    GPIO_Init(GPIOA, &GPIO_InitStructure);
    /* Configure USARTy */
    /* Configure USART1_Rx as input floating */
    GPIO_InitStructure.GPIO_Pin = GPIO_Pin_10;
    GPIO_InitStructure.GPIO_Mode = GPIO_Mode_IN_FLOATING;
    GPIO_Init(GPIOA, &GPIO_InitStructure);
```

USART 成员设置如下：

```
//USART 工作在异步模式下
    USART_InitStructure.USART_BaudRate = 9600;//波特率
    USART_InitStructure.USART_WordLength = USART_WordLength_8b;//数据位数
    USART_InitStructure.USART_StopBits = USART_StopBits_1;          //一个停止位
    USART_InitStructure.USART_Parity = USART_Parity_No;             //无奇偶校验位
    USART_InitStructure.USART_HardwareFlowControl = USART_HardwareFlowControl_None;
                                                                    //无硬件控制流
    USART_InitStructure.USART_Mode = USART_Mode_Rx | USART_Mode_Tx;
                                                                    //发送、接收均使能
/* Configure the USARTx */
    USART_Init(USART1, &USART_InitStructure);
```

外设使能设置：

```
/* Enable the USARTx */
    USART_Cmd(USART1, ENABLE);// USART1 使能
    USART_ITConfig(USART1, USART_IT_RXNE, ENABLE);      //接收使能
    USART_ITConfig(USART1, USART_IT_TXE, ENABLE);       //发送使能
```

(3) 操作串口函数。读字节函数为：

```
void USART1_Putc(char c)
{
    USART_SendData(USART1, c);
        /* Loop until the end of transmission */
        while(USART_GetFlagStatus(USART1, USART_FLAG_TXE) == RESET);
}
```

其中，USART_SendData(USART1, c) 函数功能为向 USART1 端口发送字符"c"，函数

代码如下:

```c
void USART_SendData(USART_TypeDef* USARTx, uint16_t Data)
{
    /* Check the parameters */
    assert_param(IS_USART_ALL_PERIPH(USARTx));
    assert_param(IS_USART_DATA(Data));

    /* Transmit Data */
    USARTx->DR = (Data & (uint16_t)0x01FF);//利用 DR 寄存器发送字符 Data
}
```

(4) 主程序。

```c
while (1)
{
//串口读 ID
    a0 = *(u8*)(0x1FFFF7E8);//读 ID 号
    a1 = *(u8*)(0x1FFFF7E9);
    a2 = *(u8*)(0x1FFFF7EA);
    a3 = *(u8*)(0x1FFFF7EB);
    a4 = *(u8*)(0x1FFFF7EC);
    a5 = *(u8*)(0x1FFFF7ED);
    a6 = *(u8*)(0x1FFFF7EE);
    a7 = *(u8*)(0x1FFFF7EF);
    a8 = *(u8*)(0x1FFFF7F0);
    a9 = *(u8*)(0x1FFFF7F1);
    a10 = *(u8*)(0x1FFFF7F2);
    a11 = *(u8*)(0x1FFFF7F3);

    USART1_Putc(0);//上传 ID
    USART1_Putc(0);
    USART1_Putc(a0);
    USART1_Putc(a1);
    USART1_Putc(a2);
    USART1_Putc(a3);
    USART1_Putc(a4);
    USART1_Putc(a5);
    USART1_Putc(a6);
    USART1_Putc(a7);
    USART1_Putc(a8);
    USART1_Putc(a9);
    USART1_Putc(a10);
    USART1_Putc(a11);

}
```

7.9.2 中断传送方式

【程序功能】 同 7.9.1 节的程序功能。

【硬件原理图】 如图 7-15 所示。

【软件分析】 串口中断设置函数：

```
void NVIC_Config(void)
{
    NVIC_InitTypeDef NVIC_InitStructure;
    NVIC_PriorityGroupConfig(NVIC_PriorityGroup_0);
    NVIC_InitStructure.NVIC_IRQChannel = USART1_IRQn;
    NVIC_InitStructure.NVIC_IRQChannelSubPriority = 0;
    NVIC_InitStructure.NVIC_IRQChannelCmd = ENABLE;
    NVIC_Init(&NVIC_InitStructure);
}
```

初始化设置与 7.9.1 节的相同，主程序如下：

```
        a1[0] = *(u8*)(0x1FFFF7E8);//将 ID 号保存至数组 a1
        a1[1] = *(u8*)(0x1FFFF7E9);
        a1[2] = *(u8*)(0x1FFFF7EA);
        a1[3] = *(u8*)(0x1FFFF7EB);

        a1[4] = *(u8*)(0x1FFFF7EC);
        a1[5] = *(u8*)(0x1FFFF7ED);
        a1[6] = *(u8*)(0x1FFFF7EE);
        a1[7] = *(u8*)(0x1FFFF7EF);

        a1[8] = *(u8*)(0x1FFFF7F0);
        a1[9] = *(u8*)(0x1FFFF7F1);
        a1[10] = *(u8*)(0x1FFFF7F2);
        a1[11] = *(u8*)(0x1FFFF7F3);

        a1[12] = 0;
        a1[13] = 0;
    while(1)
      {

      }
```

串口中断程序如下：

```
    void USART1_IRQHandler(void)
    {

        if(USART_GetITStatus(USART1, USART_IT_TXE) != RESET)
```

```
        {
            USART_SendData(USART1, a1[count1++]);
            if(count1 == 14)
            {
//USART_ITConfig(USART1, USART_IT_TXE,DISABLE);
                count1 = 0;
            }
        }
    }
}
```

7.9.3 串口 Echo 回应程序

【**程序功能**】PC 上位机通过串口下传一个字符给 STM32，STM32 收到后再回传 PC。
【**硬件原理图**】如图 7-15 所示。
【**软件分析**】初始化设置与 7.9.1 节的相同，主程序如下：

```
while (1)
{
    k3 = USART1_ReceiveChar();
    USART_SendData(USART1, k3);
}
```

7.9.4 利用 printf( )的串口编程

重定向是指用户可以自己重写 C 语言的库函数，当连接器检查到用户编写了与 C 语言库函数相同名字的函数时，优先采用用户编写的函数，这样用户就可以实现对库的修改了。若要 printf( ) 函数工作，需要把 printf( ) 重新定向到串口函数。为了实现重定向 printf( ) 函数，需要重写 fputc( ) 这个 C 标准库函数，因为 printf( ) 在 C 标准库函数中实质是一个宏，最终是调用了 fputc( ) 函数。

fputc(int ch, FILE *f) 函数可在 main.c 文件中编写，这个函数的具体实现如下所述。

```
/****************************************************************
 * Function Name   : fputc
 * Description     : Retargets the C library printf function to the USART.
 * Input           : None
 * Output          : None
 * Return          : None
 ****************************************************************/
int fputc(int ch,FILE *f)
{
    /* Place your implementation of fputc here */
    /* e.g. write a character to the USART */
    USART_SendData(USART1, (u8) ch);
```

```
/* Loop until the end of transmission */
while(USART_GetFlagStatus(USART1, USART_FLAG_TC) == RESET)
{
}

return ch;
}
```

这个代码中调用了两个 ST 库函数，即 USART_SendData( ) 和 USART_GetFlagStatus( )。USART_SendData( )把数据转移到发送数据寄存器 TDR，触发串口向 PC 发送一个相应的数据。调用完 USART_SendData( )后，要使用 while(USART_GetFlagStatus (USART1，USART_FLAG_TC) != SET) 语句不停地检查串口发送是否完成的标志位 TC，一直检测到标志为完成，才进入下一步的操作，这样可以避免出错。在这段 while 的循环检测延时中，串口外设已经由发送控制器根据配置把数据从移位寄存器逐位地通过串口线 Tx 发送出去了。

在使用 printf( )前要完成如下配置。

（1）在 main.c 文件中包含"stdio.h"。

（2）在 main.c 文件中加入 fputc(int ch, FILE *f)函数代码。

（3）在工程属性对话框中选择"Target"选项卡，在"Code Generation"区域中选中"Use MicroLIB"选项，如图 7-16 所示。

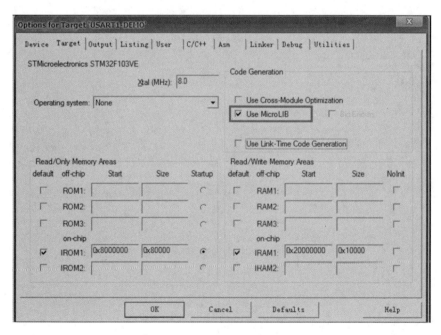

图 7-16　工程属性对话框

这样在使用 printf 时就会调用自定义的 fputc 函数来发送字符。

【程序功能】STM32 通过串口向 PC 循环发送"USART printf test"。

【硬件原理图】如图 7-15 所示。

【软件分析】
（1） main.c 头文件设置：

   #include <stdio.h>

（2） main.c 包含 fputc(int ch, FILE *f)代码。
（3） 调用 printf( )。初始化设置与 7.9.1 节的相同，主程序如下：

   while(1)
     {
       printf("\r\USART printf test.\r\n");
     }

第 8 章 定时器原理及应用

【前导知识】定时器、计数器。

8.1 STM32 定时器概述

大容量的 STM32F103 增强型系列产品包含 2 个高级控制定时器、4 个通用定时器、2 个基本定时器、1 个实时时钟、2 个看门狗定时器和 1 个系统滴答定时器（SysTick 时钟）。

4 个可同步运行的通用定时器（TIM2、TIM3、TIM4 和 TIM5）中，每个定时器都有一个 16 位的自动加载递增/递减计数器、一个 16 位的预分频器和 4 个独立的通道。它适用于多种场合，包括测量输入信号的脉冲长度（输入捕获），或者产生需要的输出波形（输出比较、产生 PWM、单脉冲输出等）。

2 个 16 位高级控制定时器（TIM1 和 TIM8）由一个可编程预分频器驱动的 16 位自动装载计数器组成，与通用定时器有许多共同之处，但其功能更强大，适合多种用途，包含测量输入信号的脉冲宽度（输入捕获），或者产生输出波形（输出比较，产生 PWM、具有带死区插入的互补 PWM 输出、单脉冲输出等）。

2 个基本定时器（TIM6 和 TIM7）主要用于产生 DAC 触发信号，也可当做通用的 16 位时基计数器。

上述定时器比较见表 8-1。

表 8-1 定时器比较

定时器	计数器分辨率	计数器类型	预分频系数	产生 DMA 请求	捕获/比较通道	互补输出
TIM1 TIM8	16 位	向上、向下、向上/向下	1～65536 之间的任意数	可以	4	有
TIM2 TIM3 TIM4 TIM5	16 位	向上、向下、向上/向下	1～65536 之间的任意数	可以	4	无
TIM6 TIM7	16 位	向上	1～65536 之间的任意数	可以	0	无

实时时钟（RTC）器件是一种能提供日历/时钟、数据存储等功能的专用集成电路，常用做各种计算机系统的时钟信号源和参数设置存储电路。RTC 具有计时准确、耗电低和体积小等特点，特别适合在各种嵌入式系统中用于记录事件发生的时间和相关信息，如通信工程、电力自动化、工业控制等自动化程度高并且无人值守的领域。

看门狗（Watchdog）的作用是在微控制器受到干扰进入错误状态后，使系统在一定时间间隔内复位。因此看门狗是保证系统长期、可靠和稳定运行的有效措施。目前大部分的嵌入式芯片内部都集成了看门狗定时器来提高系统运行的可靠性。STM32 处理器内置了 2 个看门狗，即独立看门狗 IWDG 和窗口看门狗 WWDG，它们可用于检测和解决由软件错误引起的故障。独立看门狗基于一个 12 位的递减计数器和一个 8 位的预分频器，独立看门狗采用内部独立的 32kHz 的低速时钟，即使主时钟发生故障，它也仍然有效，所以它可以运行于停机模式或待机模式。它还可以用于在发生问题时复位整个系统，或者作为一个自由定时器为应用程序提供超时管理。窗口看门狗内有一个 7 位的递减计数器，其时钟则从 APB1 时钟分频后获得，通过可配置的时间窗口来检测应用程序的非正常行为。因此，独立看门狗适合作为独立于整个应用程序的看门狗，能够完全独立工作，对时间精度要求较低；而窗口看门狗则适合要求在精确计时窗口起作用的应用程序。

SysTick 时钟位于 CM3 内核中，是一个 24 位递减计数器。将其设定初值并使能后，每经过 1 个计数周期，计数值就减 1。计数到 0 时，SysTick 计数器自动重装初值并继续计数，同时内部的 COUNTFLAG 标志会置位，从而触发中断。在 STM32 的应用中，使用 CM3 内核的 SysTick 作为定时时钟，主要用于精确延时。

8.2 通用定时器 TIMx 功能

☺ 16 位向上、向下、向上/向下自动装载计数器。
☺ 16 位可编程（可以实时修改）预分频器，计数器时钟频率的分频系数为 1 ～ 65535 之间的任意数值。
☺ 4 个独立通道，即输入捕获、输出比较、PWM 生成（边沿或中间对齐模式）和单脉冲模式输出。
☺ 使用外部信号和多个定时器内部互连，构成同步电路来控制定时器。
☺ 下述事件发生时产生中断或 DMA 更新：计数器向上/向下溢出，计数器初始化（通过软件或内部/外部触发）；触发事件（计数器启动、停止、初始化，或者由内部/外部触发计数）；输入捕获；输出比较。
☺ 支持针对定位的增量（正交）编码器和霍尔传感器电路。
☺ 触发输入作为外部时钟，或者按周期的电流管理。

8.3 通用定时器 TIMx 结构

通用定时器的核心是可编程预分频器驱动的 16 位自动装载计数器。STM32 的 4 个通用定时器 TIMx（TIM2 ～ TIM5）硬件结构如图 8-1 所示，图中的缩写含义如表 8-2 所示。硬件结构可分成 3 个部分，即时钟源、时钟单元、捕获和比较通道。

第8章 定时器原理及应用

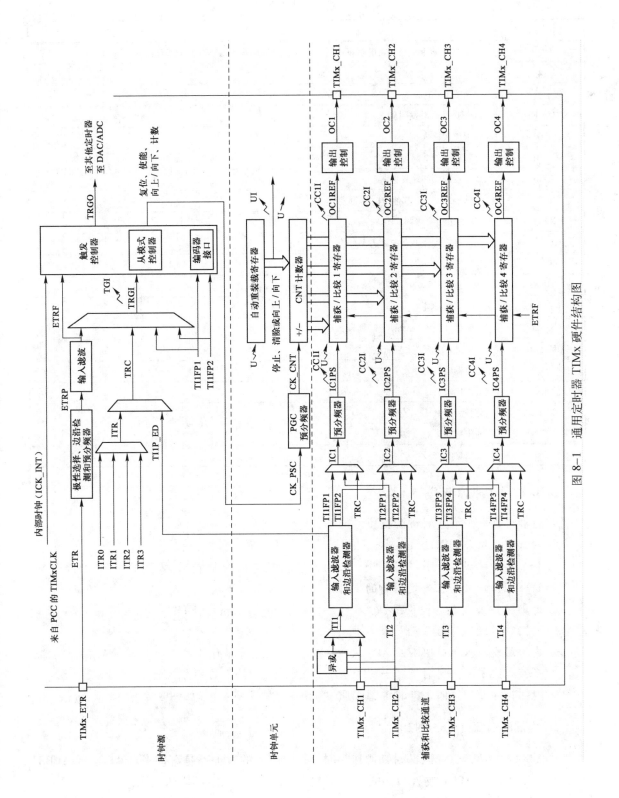

图 8-1 通用定时器 TIMx 硬件结构图

表 8-2　图 8-1 中图示的含义

图示	含义
Reg	根据控制位的设定，在更新事件时传送预装载寄存器的内容至影子寄存器
↘	事件
↗	中断或 DMA
TIMx_ETR	TIMER 外部触发引脚
ETR	外部触发输入
ETRP	分频后的外部触发输入
ETRF	滤波后的外部触发输入
ITRx	内部触发 x（由其他定时器触发）
TI1F_ED	TI1 的边沿检测器
TI1FP1/2	滤波后定时器 1/2 的输入
TRGI	触发输入
TRGO	触发输出
CK_PSC	分频器时钟输入
CK_CNT	定时器计数值（计算定时周期）
TIMx_CHx	TIMER 的捕获/比较通道引脚
TIx	定时器输入信号 x
ICx	输入比较 x
ICxPS	分频后的 ICx
OCx	输出捕获 x
OCxREF	输出参考信号

8.3.1　时钟源选择

定时器时钟可由下述时钟源提供。

☺ 内部时钟（CK_INT，Internal clock）。
☺ 外部时钟模式 1：外部输入脚（TIx），包括外部比较捕获引脚 TI1F_ED、TI1FP1 和 TI2FP2，计数器在选定引脚的上升沿或下降沿开始计数。
☺ 外部时钟模式 2：外部触发输入（External Trigger Input，ETR），计数器在 ETR 引脚的上升沿或下降沿开始计数。
☺ 内部触发输入（ITRx，x = 0，1，2，3）：一个定时器作为另一个定时器的预分频器，如可以配置一个定时器 TIM1 作为另一个定时器 TIM2 的预分频器。

除内部时钟外，其他 3 种时钟源都通过 TRGI（触发输入），如图 8-2 所示。

1. 内部时钟源（CK_INT）

如图 8-3 所示，选择内部时钟源作为时钟，定时器的时钟不是直接来自 APB1 或 APB2，而是来自于输入为 APB1 或 APB2 的一个倍频器（如图 8-3 中的阴影框所示）。

当 APB1 的预分频系数为 1 时，这个倍频器不起作用，定时器的时钟频率等于 APB1 的频率；当 APB1 的预分频系数为其他数值（即预分频系数为 2、4、8 或 16）时，这个倍频器

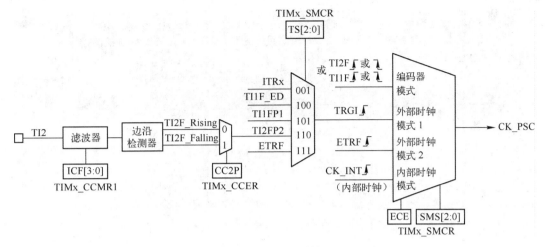

图 8-2 定时器时钟源

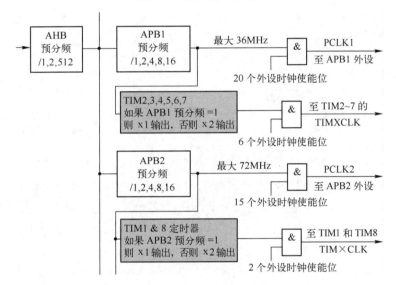

图 8-3 部分时钟系统

起作用,定时器的时钟频率等于 APB1 的频率 2 倍。例如,当 AHB 为 72MHz 时,APB1 的预分频系数必须大于 2,因为 APB1 的最大输出频率只能为 36MHz。如果 APB1 的预分频系数为 2,则因为这个倍频器 2 倍的作用,TIM2～7 仍然能够得到 72MHz 的时钟频率。

在 APB1 输出为 72MHz 时,直接取 APB1 的预分频系数 =1,可以保证 TIM2～7 的时钟频率为 72MHz,但这样就无法为其他外设提供低频时钟;设置图 8-3 中阴影部分的倍频器,可以在保证其他外设使用较低的时钟频率时,TIM2～7 仍能得到较高的时钟频率。

2. 外部时钟源模式 1(TIx)

包括 TI1F_ED、TI1FP1、TI2FP2 等,见图 8-2。
TI1FP1、TI2FP2 可使多个定时器与外部触发信号同步,如图 8-4 所示。

3. 外部时钟源模式 2

外部时钟源模式 2 如图 8-5 所示。

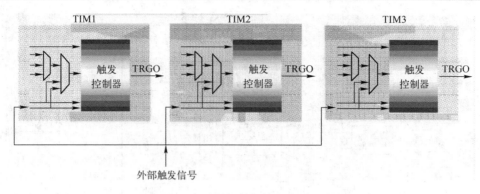

图 8-4　定时器与外部触发信号同步

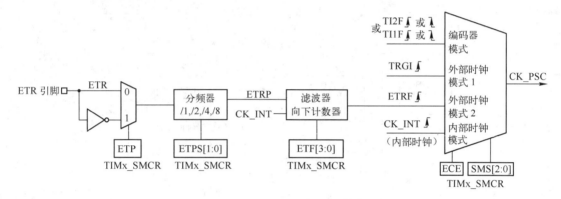

图 8-5　外部时钟模式 2

从图 8-5 中可以看出，ETR 可以直接作为时钟输入，也可以通过触发输入（TRGI）来作为时钟输入，即在 TRGI 中触发源选择为 ETR，二者效果上是一样的。看起来好像这个外部时钟模式 ETRF 没有什么用处，实际上它可以跟一些从模式（复位、触发、门控）进行组合。

4. 内部触发输入（ITRx）

该引脚可通过主（Master）和从（Slave）模式使定时器同步。如图 8-6 所示，TIM2 需设置成 TIM1 的从模式和 TIM3 的主模式。

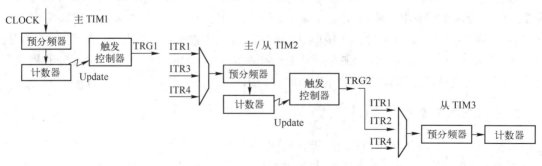

图 8-6　定时器的级联

8.3.2　时基单元

STM32 的通用定时器的时基单元包含计数器（TIMx_CNT）、预分频器（TIMx_PSC）和自动装载寄存器（TIMx_ARR）等，如图 8-7 所示。计数器、自动装载寄存器和预分频器可以由软件进行读/写操作，在计数器运行时仍可以读/写。

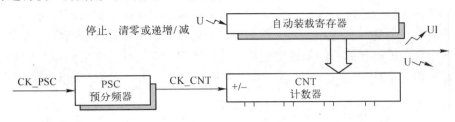

图 8-7　定时器时基单元

从时钟源送来的时钟信号，首先经过预分频器的分频，降低频率后输出信号 CK_CNT，送入计数器进行计数，预分频器的分频取值范围可以是 1～65536 之间的任意数值。一个 72MHz 的输入信号经过分频后，可以产生最小接近 1100Hz 的信号。

计数器具有 16 位计数功能，它可以在时钟控制单元的控制下，进行递增计数、递减计数或中央对齐计数（即先递增计数，达到自动重装载寄存器的数值后再递减计数）。计数器还可以通过时钟控制单元的控制，直接被清零，或者在计数值到达重装载寄存器的数值后被清零；计数器还可以直接被停止，或者在计数值到达重装载寄存器的数值后被停止；或者暂停一段时间计数，然后在控制单元的控制下再恢复计数。

自动装载寄存器类似 51 单片机定时器/计数器工作于方式 2 时保存初值的 THx（x = 0, 1），当 CNT 计满溢出后，自动装载寄存器保存的初值赋给 CNT，继续计数。

在图 8-7 中，部分寄存器框图有阴影，表示该寄存器在物理上对应两个寄存器，一个是程序员可以写入或读出的寄存器，称为预装载寄存器（Preload Register），另一个是程序员看不见的、但在操作中真正起作用的寄存器，称为影子寄存器（Shadow Register），如图 8-8 所示。

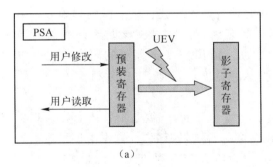
(a)

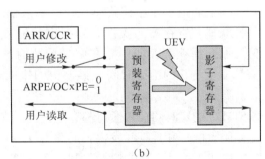
(b)

图 8-8　预装载寄存器和影子寄存器

根据 TIMx_CR1 寄存器中 ARPE 位的设置，当 ARPE = 0 时，预装载寄存器的内容可以随时传送到影子寄存器，即两者是连通的（Permanently）；当 ARPE = 1 时，在每次更新事件（UEV，如当计数器溢出时产生一次 UEV 事件）时，才把预装载寄存器的内容传送到影子寄存器，如图 8-8 所示。设计预装载寄存器和影子寄存器是为了让真正起作用的影子寄存器在同一个时间（发生更新事件时）被更新为所对应的预装载寄存器的内容，这样可以保证多个通道的操作能够准确地同步进行。

如果没有影子寄存器，或者预装载寄存器和影子寄存器是直通的，即软件更新预装载寄存器时，同时更新了影子寄存器，因为软件不可能在同一时刻同时更新多个寄存器，结果造成多个通道的时序不能同步，如果再加上其他因素，多个通道的时序关系有可能是不可预知的。设置影子寄存器后，可以保证当前正在进行的操作不受干扰，同时用户可以十分精确地控制电路的时序；另外，所有影子寄存器都是可以通过更新事件来被刷新的，这样可以保证定时器的各个部分能够在同一时刻改变配置，从而实现所有 I/O 通道的同步。STM32 的高级定时器就是利用这个特性实现 3 路互补 PWM 信号的同步输出，完成三相变频电动机的精确控制。

在图 8-7 中，自动装载寄存器左侧有一个大写的 U 和一个向下的箭头 ⬇，表示对应寄存器的影子寄存器可以在发生更新事件时，被更新为它的预装载寄存器的内容；而在自动重装载寄存器右侧的箭头标志，表示自动重装载的动作可以产生一个更新事件（U）或更新事件中断（UI）。

> 【总结】预分频寄存器用于设定计数器的时钟频率；自动装载寄存器的内容是预先装载的，每次更新事件 UEV 发生时，其内容传送到影子寄存器，若无 UEV，则永久保存在影子寄存器中；当计数器达到溢出条件且当 TIMx_CR1 寄存器中的 UDIS 位为 0 时，产生更新事件。

8.3.3 捕获和比较通道

TIMx 的捕获和比较通道又可以分解为两部分，即输入通路和输出通路。当一个通道工作于捕获模式时，该通道的输出部分自动停止工作；同样，当一个通道工作于比较模式时，该通道的输入部分自动停止工作。

1. 捕获通道

当一个通道工作于捕获模式时，输入信号从引脚经输入滤波、边沿检测和预分频电路后，控制捕获寄存器的操作。当指定的输入边沿到来时，定时器将该时刻计数器的当前数值复制到捕获寄存器，并在中断使能时产生中断。读出捕获寄存器的内容，就可以知道信号发生变化的准确时间。该通道的作用是测脉冲宽度，类似 51 单片机定时计数器的 gate 引脚。

STM32 的定时器输入通道都有一个滤波单元，分别位于每个输入通路上（见图 8-9 中的左侧阴影框）和外部触发输入通路上（见图 8-9 中的右侧阴影框），其作用是滤除输入信号上的高频干扰。干扰的频率限制由 TIM_TimeBaseInitTypeDef 中的 TIM_ClockDivision 设定，它对应 TIMx_CR1 中 bit8 和 bit9 的 CKD[1:0]。

2. 比较通道

当一个通道工作于比较模式时，用户程序将比较数值写入比较寄存器，定时器会不停地将该寄存器的内容与计数器的内容进行比较，一旦比较条件成立，则产生相应的输出。如果使能了中断，则产生中断；如果使能了引脚输出，则按照控制电路的设置产生输出波形。这个通道最重要的应用就是输出 PWM（Pulse Width Modulation）波形，如图 8-10 所示。PWM 控制即脉冲宽度调制技术，通过对一系列脉冲的宽度进行调制，来等效地获得所需要波形（含形状和幅值）。PWM 控制技术在逆变电路中应用最广，应用的逆变电

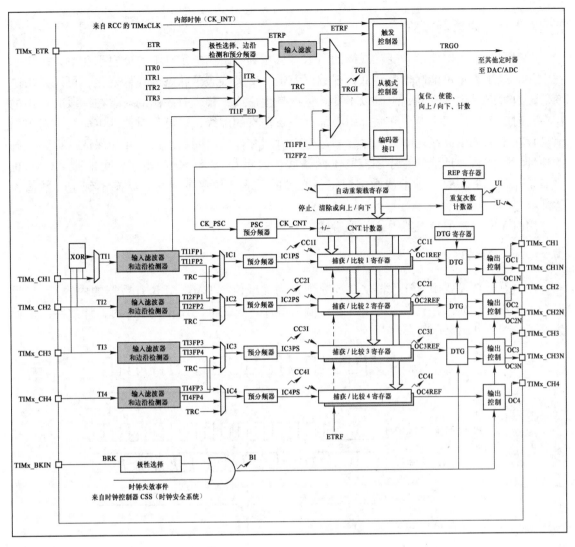

图 8-9 滤波单元

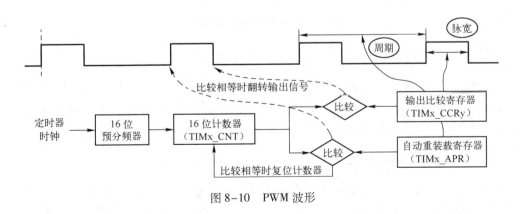

图 8-10 PWM 波形

路绝大部分是 PWM 型，PWM 控制技术正是由于在逆变电路中的应用，才确定了它在电力电子技术中的重要地位。

8.3.4 计数器模式

时序图是描述电路信号变化规律的图示。从左到右，高电平在上，低电平在下，高阻态在中间。双线表示可能高也可能低，视数据而定。交叉线表示状态的高低变化，可以是由高变低，也可以是由低变高，也可以不变。竖线是生命线，代表时序图的对象在一段时期内的存在，时序图中的每个对象和底部中心都有一条垂直的虚线，这就是对象的生命线，对象的消息存在于两条生命线之间。时序要满足建立时间和保持时间的约束，才能保证锁存到正确的地址。数据或地址线的时序图有 0/1 两条线，表示是一个固定的电平，可能是 "0"，也可能是 "1"，视具体的地址或数据而定；交叉的线表示电平的变化，状态不确定，数值无意义。

用时序图描述的计数器模式如下所述。

1. 向上计数模式

在向上计数模式中，计数器从 0 计数到自动加载值（TIMx_ARR 计数器的内容），然后重新从 0 开始计数，并且产生一个计数器溢出事件。当 TIMx_ARR = 0x36 时，计数器向上计数模式如图 8-11 所示。

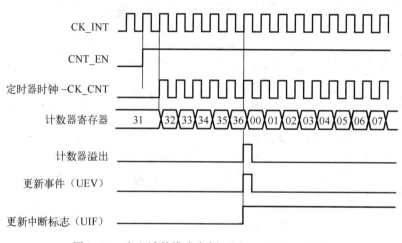

图 8-11 向上计数模式实例（TIMx_ARR = 0x36）

2. 向下计数模式

在向下模式中，计数器从自动装入的值（TIMx_ARR 计数器的值）开始向下计数到 0，然后从自动装入的值重新开始计数，并且产生一个计数器向下溢出事件。当 TIMx_ARR = 0x36 时，计数器向下计数模式如图 8-12 所示。

3. 中央对齐模式（向上/向下计数）

在中央对齐模式中，计数器从 0 开始计数到自动加载的值（TIMx_ARR 寄存器），产生一个计数器溢出事件，然后向下计数到 0，并且产生一个计数器下溢事件；然后再从 0 开始重新计数。当 TIMx_ARR = 0x06 时，计数器向下计数模式如图 8-13 所示。

计数器模式由 TIM_TimeBaseInitTypeDef 中的 TIM_CounterMode 设定。模式的定义在

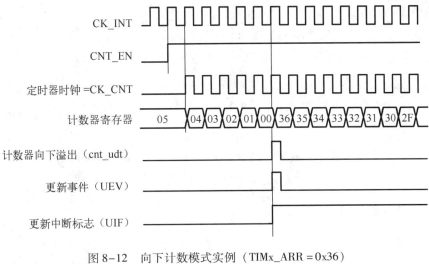

图 8-12　向下计数模式实例（TIMx_ARR = 0x36）

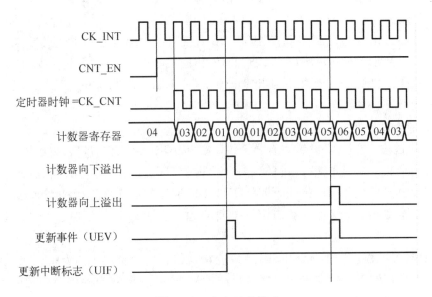

图 8-13　中央对齐模式

stm32f10x_tim.h 文件中：

```
#define TIM_CounterMode_Up                ((uint16_t)0x0000)    //向上计数模式
#define TIM_CounterMode_Down              ((uint16_t)0x0010)    //向下计数模式
#define TIM_CounterMode_CenterAligned1    ((uint16_t)0x0020)    //中央对齐模式
#define TIM_CounterMode_CenterAligned2    ((uint16_t)0x0040)    //中央对齐模式
#define TIM_CounterMode_CenterAligned3    ((uint16_t)0x0060)    //中央对齐模式
```

8.3.5　定时时间的计算

定时时间由 TIM_TimeBaseInitTypeDef 中的 TIM_Prescaler 和 TIM_Period 设定。TIM_Period 的大小实际上表示的是需要经过 TIM_Period 次计数后才会发生一次更新或中断。TIM_Prescaler 是时钟预分频数。

设脉冲频率为 TIMxCLK，定时公式为

$$T = (TIM\_Period + 1) \times (TIM\_Prescaler + 1)/TIMxCLK$$

假设系统时钟是 72MHz，时钟系统部分初始化程序如下所述：

TIM_TimeBaseStructure.TIM_Prescaler = 35999;   //分频 35999
TIM_TimeBaseStructure.TIM_Period = 1999;   //计数值 1999

定时时间为

$$T = (TIM\_Period + 1) \times (TIM\_Prescaler + 1)/TIMxCLK$$
$$= (1999 + 1) \times (35999 + 1)/72M = 1s$$

8.3.6 定时器中断

TIM2 中断通道在表 6-1 中的序号为 28，优先级为 35。TIM2 能够引起中断的中断源或事件有很多，如更新事件（上溢/下溢）、输入捕获、输出匹配、DMA 申请等。所有 TIM2 的中断事件都是通过一个 TIM2 中断通道向 CM3 内核提出中断申请的。CM3 内核对于每个外部中断通道都有相应的控制字和控制位，用于控制该中断通道（详见 6.3 节）。与 TIM2 中断通道相关的，在 NVIC 中有 13 位，它们是 PRI_28(IP[28])的 8 位（只用高 4 位）；加上中断通道允许，中断通道清除（相当禁止中断），中断通道 Pending 置位，中断 Pending 位清除，正在被服务的中断（Active）标志位，各 1 位。

TIM2 的中断过程如下所述。

1) 初始化过程 首先要设置寄存器 AIRC 中 PRIGROUP 值，规定系统中的占先优先级和副优先级的个数（在 4 位中占用的位数）；设置 TIM2 寄存器，允许相应的中断，如允许 UIE（TIM2_DIER 的第[0]位）；设置 TIM2 中断通道的占先优先级和副优先级（IP[28]，在 NVIC 寄存器组中）；设置允许 TIM2 中断通道。在 NVIC 寄存器组的 ISER 寄存器中的 1 位。

2) 中断响应过程 当 TIM2 的 UIE 条件成立（更新、上溢或下溢）时，硬件将 TIM2 本身的寄存器中的 UIE 中断标志置位，然后通过 TIM2 中断通道向内核申请中断服务。此时内核硬件将 TIM2 中断通道的 Pending 标志置位，表示 TIM2 有中断申请。如果当前有中断正在处理，TIM2 的中断级别不够高，那么就保持 Pending 标志（当然用户可以在软件中通过写 ICPR 寄存器中相应的位将本次中断清除掉）。当内核有空时，开始响应 TIM2 的中断，进入 TIM2 的中断服务。此时硬件将 IABR 寄存器中相应的标志位置位，表示 TIM2 中断正在被处理。同时硬件清除 TIM2 的 Pending 标志位。

3) 执行 TIM2 的中断服务程序 所有 TIM2 的中断事件都是在一个 TIM2 中断服务程序中完成的，所以进入中断程序后，中断程序需要首先判断是哪个 TIM2 的中断源需要服务，然后转移到相应的服务代码段去。注意，不要忘记把该中断源的中断标志位清除掉，硬件是不会自动清除 TIM2 寄存器中具体的中断标志位的。如果 TIM2 本身的中断源多于 2 个，那么它们服务的先后次序就由用户编写的中断服务程序决定。所以用户在编写服务程序时，应该根据实际的情况和要求，通过软件的方式，将重要的中断优先处理。

4) 中断返回 内核执行完中断服务程序后，便进入中断返回过程。在这个过程中，硬件将 IABR 寄存器中相应的标志位清除，表示该中断处理完成。如果 TIM2 本身还有中断标

志位被置位,表示 TIM2 还有中断在申请,则重新将 TIM2 的 Pending 标志置为 1,等待再次进入 TIM2 的中断服务。

TIM2 中断服务函数是 stm32f10x_it.c 中的函数 TIM2_IRQHandler(),具体应用详见 8.6 节。

8.4 通用定时器 TIMx 寄存器

通用定时器 TIMx 相关寄存器功能见表 8-3。通用定时器 TIMx 寄存器图和复位值见表 8-4。

表 8-3 通用定时器 TIMx 相关寄存器功能

寄 存 器	功 能
控制寄存器 1(TIMx_CR1)	用于控制独立通用定时器
控制寄存器 2(TIMx_CR2)	用于控制独立通用定时器
模式控制寄存器(TIMx_SMCR)	用于从模式控制
DMA/中断使能寄存器(TIMx_DIER)	用于控制定时器的 DMA 及中断请求
状态寄存器(TIMx_SR)	保存定时器状态
事件产生寄存器(TIMx_EGR)	
捕获/比较模式寄存器 1(TIMx_CCMR1)	用于捕获/比较模式,其各位的作用在输入和输出模式下不同
捕获/比较模式寄存器 2(TIMx_CCMR2)	用于捕获/比较模式,其各位的作用在输入和输出模式下不同
捕获/比较使能寄存器(TIMx_CCER)	用于允许捕获/比较
DMA 控制寄存器(TIMx_DCR)	用于控制 DMA 操作
计数器(TIMx_CNT)	用于保存计数器的计数值
预分频器(TIMx_PSC)	用于设置预分频器的值。计数器的时钟频率 CK_CNT = $f_{CK\_PSC}/(PSC[15:0]+1)$
自动重装载寄存器(TIMx_ARR)	保存计数器自动重装的计数值,当自动重装载的值为空时,计数器不工作
捕获/比较寄存器 1(TIMx_CCR1)	保存捕获/比较通道 1 的计数值
捕获/比较寄存器 2(TIMx_CCR2)	保存捕获/比较通道 2 的计数值
捕获/比较寄存器 3(TIMx_CCR3)	保存捕获/比较通道 3 的计数值
捕获/比较寄存器 4(TIMx_CCR4)	保存捕获/比较通道 4 的计数值
连续模式的 DMA 地址(TIMx_DMAR)	对 TIMx_DMAR 寄存器的读或写会导致对以下地址所在寄存器的存取操作:TIMx_CR1 地址 + DBA + DMA 索引,其中,"TIMx_CR1 地址"是控制寄存器 1(TIMx_CR1)所在的地址;"DBA"是 TIMx_DCR 寄存器中定义的基地址;"DMA 索引"是由 DMA 自动控制的偏移量,它取决于 TIMx_DCR 寄存器中定义的 DBL

表 8-4 通用定时器 TIMx 寄存器图和复位值

偏移	寄存器	31	30	29	28	27	26	25	24	23	22	21	20	19	18	17	16	15	14	13	12	11	10	9	8	7	6	5	4	3	2	1	0
000h	TIMx_CR1																保留										CKD[1:0]		ARPE	CMS[1:0]		DIR	OPM	URS	UDIS	CEN
	复位值																									0	0	0	0	0	0	0	0	0
004h	TIMx_CR2																保留									TI1S	MMS[2:0]			CCDS	保留			
	复位值																									0	0	0	0	0				
008h	TIMx_SMCR																保留		ETP	ECE	ETPS[1:0]		ETF[3:0]				MSM	TS[2:0]			保留	SMS[2:0]		
	复位值																		0	0	0	0	0	0	0	0	0	0	0	0		0	0	0
00Ch	TIMx_DIER																保留		TDE	保留	CC4DE	CC3DE	CC2DE	CC1DE	UDE	保留	TIE	保留	CC4IE	CC3IE	CC2IE	CC1IE	UIE
	复位值																		0		0	0	0	0	0		0		0	0	0	0	0
010h	TIMx_SR																保留				CC4OF	CC3OF	CC2OF	CC1OF	保留		TIF	保留	CC4IF	CC3IF	CC2IF	CC1IF	UIF
	复位值																				0	0	0	0			0		0	0	0	0	0
014h	TIMx_EGR																保留								TG	保留	CC4G	CC3G	CC2G	CC1G	UG			
	复位值																								0		0	0	0	0	0			
018h	TIMx_CCMR1																保留		OC2CE	OC2M[2:0]			OC2PE	OC2FE	CC2S[1:0]		OC1CE	OC1M[2:0]			OC1PE	OC1FE	CC1S[1:0]	
	复位值																		0	0	0	0	0	0	0	0	0	0	0	0	0	0	0	0
	TIMx_CCMR1																保留		IC2F[3:0]				IC2PSC[1:0]		CC2S[1:0]		ICIF[3:0]				IC1PSC[1:0]		CC1S[1:0]	
	复位值																		0	0	0	0	0	0	0	0	0	0	0	0	0	0	0	0
01Ch	TIMx_CCMR2																保留		OC4CE	OC4M[2:0]			OC4PE	OC4FE	CC4S[1:0]		OC3CE	OC3M[2:0]			OC3PE	OC3FE	CC3S[1:0]	
	复位值																		0	0	0	0	0	0	0	0	0	0	0	0	0	0	0	0
	TIMx_CCMR2																保留		IC4F[3:0]				IC4PSC[1:0]		CC4S[1:0]		IC3F[3:0]				IC3PSC[1:0]		CC3S[1:0]	
	复位值																		0	0	0	0	0	0	0	0	0	0	0	0	0	0	0	0
020h	TIMx_EGR																保留				CC4P	CC4E	保留		CC3P	CC3E	保留		CC2P	CC2E	保留		CC1P	CC1E
	复位值																				0	0			0	0			0	0			0	0
024h	TIMx_CNT																保留		CNT[15:0]															
	复位值																		0	0	0	0	0	0	0	0	0	0	0	0	0	0	0	0
028h	TIMx_PSC																保留		PSC[15:0]															
	复位值																		0	0	0	0	0	0	0	0	0	0	0	0	0	0	0	0
02Ch	TIMx_ARR																保留		ARR[15:0]															
	复位值																		0	0	0	0	0	0	0	0	0	0	0	0	0	0	0	0
030h	保留																																	
034h	TIMx_CCR1																保留		CCR1[15:0]															
	复位值																		0	0	0	0	0	0	0	0	0	0	0	0	0	0	0	0
038h	TIMx_CCR2																保留		CCR2[15:0]															
	复位值																		0	0	0	0	0	0	0	0	0	0	0	0	0	0	0	0
03Ch	TIMx_CCR3																保留		CCR3[15:0]															
	复位值																		0	0	0	0	0	0	0	0	0	0	0	0	0	0	0	0
040h	TIMx_CCR4																保留		CCR4[15:0]															
	复位值																		0	0	0	0	0	0	0	0	0	0	0	0	0	0	0	0
044h	保留																																	
048h	TIMx_DCR																保留					DBL[4:0]					保留			DBA[4:0]				
	复位值																					0	0	0	0	0				0	0	0	0	0
04Ch	TIMx_DMAR																保留		DMAB[15:0]															
	复位值																		0	0	0	0	0	0	0	0	0	0	0	0	0	0	0	0

定义定时器寄存器组的结构体 TIM2 在库文件 stm32f10x.h 中：

```c
/* ------------------------TIM ------------------------------------------ */
typedef struct
{
    vu16 CR1;
    u16  RESERVED0;
    vu16 CR2;
    u16  RESERVED1;
    vu16 SMCR;
    u16  RESERVED2;
    vu16 DIER;
    u16  RESERVED3;
    vu16 SR;
    u16  RESERVED4;
    vu16 EGR;
    u16  RESERVED5;
    vu16 CCMR1;
    u16  RESERVED6;
    vu16 CCMR2;
    u16  RESERVED7;
    vu16 CCER;
    u16  RESERVED8;
    vu16 CNT;
    u16  RESERVED9;
    vu16 PSC;
    u16  RESERVED10;
    vu16 ARR;
    u16  RESERVED11;
    vu16 RCR;
    u16  RESERVED12;
    vu16 CCR1;
    u16  RESERVED13;
    vu16 CCR2;
    u16  RESERVED14;
    vu16 CCR3;
    u16  RESERVED15;
    vu16 CCR4;
    u16  RESERVED16;
    vu16 BDTR;
    u16  RESERVED17;
    vu16 DCR;
    u16  RESERVED18;
    vu16 DMAR;
```

```
        u16   RESERVED19;
} TIM_TypeDef;
/* Peripheral and SRAM base address in the bit-band region */
#define PERIPH_BASE              ((u32)0x40000000)
…
/* Peripheral memory map */
#define APB1PERIPH_BASE          PERIPH_BASE
…
#define TIM2_BASE                (APB1PERIPH_BASE + 0x0000)
…
#ifdef _TIM2
    #define TIM2                 ((TIM_TypeDef *) TIM2_BASE)
#endif /* _TIM2 */
```

从上面的宏定义可以看出，TIM2 寄存器的存储映射首地址是 0x40000000。

8.5 通用定时器 TIMx 库函数

与定时器寄存器初始化相关的数据结构在 stm32f10x_tim.h 中：

```
typedef struct
{
    uint16_t TIM_Prescaler;            //预分频因子
    uint16_t TIM_CounterMode;          //定时器计数模式
    uint16_t TIM_Period;               //定时周期个数
    uint16_t TIM_ClockDivision;        //定时器分频因子
    uint8_t  TIM_RepetitionCounter;
} TIM_TimeBaseInitTypeDef;
```

TIM_Prescaler 写入预分频器中，将计数器的时钟频率按 1 ~ 65536 之间的任意值分频。预分频器是一个 16 位计数器。这个控制寄存器带有缓冲器，它能够在工作时被改变。新的预分频器参数在下一次更新事件到来时被采用。计数器由预分频器的时钟输出 CK_CNT 驱动，仅当设置计数器 TIMx_CR1 寄存器中的计数器使能位（CEN）时，CK_CNT 才有效。真正的计数器使能信号 CNT_EN 是在 CEN 的一个时钟周期后被设置的。

8.6 TIM2 应用实例

8.6.1 秒表

【程序功能】LED 按照"分:秒"格式显示时间。

【硬件电路】LED 电路如图 8-14 所示。

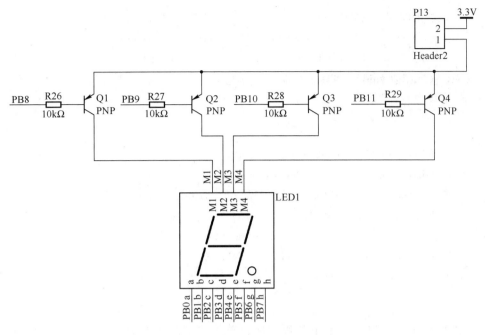

图 8-14　LED 显示电路

【程序分析】

1）主程序初始化　系统配置 SystemInit()，包括时钟 RCC 的配置，倍频到 72MHz。主要代码如下：

```
RCC_APB2PeriphClockCmd(RCC_APB2Periph_GPIOA | RCC_APB2Periph_GPIOB | RCC_APB2Periph
_GPIOC | RCC_APB2Periph_GPIOD | RCC_APB2Periph_USART1 | RCC_APB1Periph_USART2 | RCC
_APB2Periph_AFIO, ENABLE);
GPIO_Configuration();                                          //键盘 LED 的端口配置
GPIO_PinRemapConfig(GPIO_Remap_SWJ_Disable, ENABLE);            //处理 GPIO 复用
```

2）Timer_Config(void)

```
void Timer_Config(void)
{
    TIM_TimeBaseInitTypeDef TIM_TimeBaseStructure;
    RCC_APB1PeriphClockCmd(RCC_APB1Periph_TIM2, ENABLE);   //开启 TIM2
    TIM_DeInit(TIM2);                                       //复位 TIM2 定时器,使之进入初始状态
    TIM_TimeBaseStructure.TIM_Period = (20 - 1);            //自动重装载寄存器的值
    TIM_TimeBaseStructure.TIM_Prescaler = (36000 - 1);      //时钟预分频数
    TIM_TimeBaseStructure.TIM_ClockDivision = TIM_CKD_DIV1; //采样分频
    TIM_TimeBaseStructure.TIM_CounterMode = TIM_CounterMode_Up;  //向上计数
    TIM_TimeBaseInit(TIM2, &TIM_TimeBaseStructure);
    TIM_ClearFlag(TIM2, TIM_FLAG_Update);                   //清除溢出中断标志
    TIM_ITConfig(TIM2, TIM_IT_Update, ENABLE);
    TIM_Cmd(TIM2, ENABLE);
}
```

由上述初始化设置及定时计算公式可知,每次定时时间为

$$T = (TIM\_Period + 1) \times (TIM\_Prescaler + 1)/TIMxCLK$$
$$= (20 - 1 + 1) \times (36000 - 1 + 1)/72M = 10^{-2}s$$

3)NVIC_Config(void) TIM2 中断配置函数:

```
void NVIC_Config(void)
{
    NVIC_InitTypeDef NVIC_InitStructure;
    NVIC_PriorityGroupConfig(NVIC_PriorityGroup_0);
    NVIC_InitStructure. NVIC_IRQChannel = TIM2_IRQChannel;        //通道
    NVIC_InitStructure. NVIC_IRQChannelPreemptionPriority = 0;
    NVIC_InitStructure. NVIC_IRQChannelSubPriority = 0;
    NVIC_InitStructure. NVIC_IRQChannelCmd = ENABLE;
    NVIC_Init(&NVIC_InitStructure);
}
```

4)中断服务函数 进入中断服务程序后,首先要清除中断标志位。由于使用的是向上溢出模式,因此使用的函数如下所述。

```
void TIM2_IRQHandler(void)
{
    if (TIM_GetITStatus(TIM2, TIM_IT_Update) != RESET)
    {
        TIM_ClearITPendingBit(TIM2, TIM_FLAG_Update);
        count ++;
        if(count >= 100)
        {
            count = 0;
            sec ++;

            if(sec == 60)
            {
                sec = 0;
                min ++;
                if(min == 60)
                {
                    min = 0;
                }
            }
        }
    }
}
```

5) 主循环程序

```
while (1)
{
    segshow(sec,min);        //显示当前时间
}
```

8.6.2 输出比较案例1

【程序功能】PA 口所接的 LED 按如下方式闪烁。

☺ PA0 引脚所接 LED 以 4s 周期闪烁；
☺ PA1 引脚所接 LED 以 2s 周期闪烁；
☺ PA2 引脚所接 LED 以 1s 周期闪烁；
☺ PA3 引脚所接 LED 以 0.5s 周期闪烁。

此程序与第 5 章案例的功能一样，使 LED 按一定频率闪烁。在第 5 章中，用延时程序实现；此处采用定时器方式来实现。

【硬件电路】如图 5-13 所示。

【程序分析】

1) 主程序初始化

```
int main(void)
{
    /* 设置系统时钟 */
    RCC_Configuration();
    /* 设置 NVIC */
    NVIC_Configuration();
    /* 设置 GPIO 端口 */
    GPIO_Configuration();
    /* 设置 TIM */
    TIM_Configuration();
    while (1);
}
```

(1) RCC_Configuration(void)：

```
/* 打开 TIM2 时钟 */
RCC_APB1PeriphClockCmd(RCC_APB1Periph_TIM2,ENABLE);
/* 打开 APB 总线上的 GPIOA 时钟 */
RCC_APB2PeriphClockCmd(RCC_APB2Periph_GPIOA,ENABLE);
```

(2) GPIO_Configuration(void)：

```
void GPIO_Configuration(void)
{
    /* 定义 GPIO 初始化结构体 GPIO_InitStructure */
    GPIO_InitTypeDef GPIO_InitStructure;
```

```c
    /*配置 GPIOA.0,GPIOA.1,GPIOA.2,GPIOA.3 为推挽输出 */
    GPIO_InitStructure.GPIO_Pin = GPIO_Pin_0 | GPIO_Pin_1 | GPIO_Pin_2 | GPIO_Pin_3;
    GPIO_InitStructure.GPIO_Mode = GPIO_Mode_Out_PP;
    GPIO_InitStructure.GPIO_Speed = GPIO_Speed_50MHz;
    GPIO_Init( GPIOA,&GPIO_InitStructure);
}
```

(3) TIM_Configuration(void):

```c
vu16 CCR1_Val = 40000;          /* 初始化输出比较通道1 计数周期变量*/
vu16 CCR2_Val = 20000;          /* 初始化输出比较通道2 计数周期变量*/
vu16 CCR3_Val = 10000;          /* 初始化输出比较通道3 计数周期变量*/
vu16 CCR4_Val = 5000;           /* 初始化输出比较通道4 计数周期变量*/
void TIM_Configuration(void)
{
    /*定义 TIM_TimeBase 初始化结构体 TIM_TimeBaseStructure */
    TIM_TimeBaseInitTypeDef    TIM_TimeBaseStructure;
    /*定义 TIM_OCInit 初始化结构体 TIM_OCInitStructure */
    TIM_OCInitTypeDef    TIM_OCInitStructure;
    /*
    * 计数重载值为 65535
    * 预分频值为(7199 + 1 = 7200)
    * 时钟分割 0
    * 向上计数模式
    */
    TIM_TimeBaseStructure.TIM_Period = 65535;
    TIM_TimeBaseStructure.TIM_Prescaler = 0;
    TIM_TimeBaseStructure.TIM_ClockDivision = 0;
    TIM_TimeBaseStructure.TIM_CounterMode = TIM_CounterMode_Up;
    TIM_TimeBaseInit(TIM2, &TIM_TimeBaseStructure);

    /*设置预分频值,且立即装入 */
    TIM_PrescalerConfig(TIM2, 7199, TIM_PSCReloadMode_Immediate);

    /*
    * 设置 OC1,OC2,OC3,OC4 通道
    * 工作模式为计数器模式
    * 使能比较匹配输出极性
    * 时钟分割 0
    * 向上计数模式
    */

    TIM_OCInitStructure.TIM_OCMode = TIM_OCMode_Timing;
    TIM_OCInitStructure.TIM_OutputState = TIM_OutputState_Enable;
    TIM_OCInitStructure.TIM_OCPolarity = TIM_OCPolarity_High;
```

```
    TIM_OCInitStructure.TIM_Pulse = CCR1_Val;
    TIM_OC1Init(TIM2,&TIM_OCInitStructure);

    TIM_OCInitStructure.TIM_Pulse = CCR2_Val;
    TIM_OC2Init(TIM2,&TIM_OCInitStructure);

    TIM_OCInitStructure.TIM_Pulse = CCR3_Val;
    TIM_OC3Init(TIM2,&TIM_OCInitStructure);

    TIM_OCInitStructure.TIM_Pulse = CCR4_Val;
    TIM_OC4Init(TIM2,&TIM_OCInitStructure);

    /*禁止预装载寄存器*/
    TIM_OC1PreloadConfig(TIM2, TIM_OCPreload_Disable);
    TIM_OC2PreloadConfig(TIM2, TIM_OCPreload_Disable);
    TIM_OC3PreloadConfig(TIM2, TIM_OCPreload_Disable);
    TIM_OC4PreloadConfig(TIM2, TIM_OCPreload_Disable);

    /*使能 TIM 中断*/
    TIM_ITConfig(TIM2, TIM_IT_CC1 | TIM_IT_CC2 | TIM_IT_CC3 | TIM_IT_CC4, ENABLE);

    /*启动 TIM 计数*/
    TIM_Cmd(TIM2, ENABLE);
}
```

〖说明〗

(1) TIM_PrescalerConfig(TIM2, 7199, TIM_PSCReloadMode_Immediate)表明 TIM2 预分频初值为 7199,则 TIM2 单次定时时间为

$$T = (7199+1)/72\text{MHz} = 100 \times 10^{-6}\text{s}$$

(2) 每个通道的计数值为

$$t_{\text{CHN1}} = 40000 \times 100 \times 10^{-6}\text{s} = 4\text{s}$$

$$t_{\text{CHN2}} = 20000 \times 100 \times 10^{-6}\text{s} = 2\text{s}$$

$$t_{\text{CHN3}} = 10000 \times 100 \times 10^{-6}\text{s} = 1\text{s}$$

$$t_{\text{CHN4}} = 5000 \times 100 \times 10^{-6}\text{s} = 0.5\text{s}$$

所以,

```
    vu16 CCR1_Val = 40000;      /*初始化输出比较通道 1 计数周期变量*/
    vu16 CCR2_Val = 20000;      /*初始化输出比较通道 2 计数周期变量*/
    vu16 CCR3_Val = 10000;      /*初始化输出比较通道 3 计数周期变量*/
    vu16 CCR4_Val = 5000;       /*初始化输出比较通道 4 计数周期变量*/
```

(3) TIM_TimeBaseStructure.TIM_CounterMode = TIM_CounterMode_Up 表明 TIM2 使用向上计数模式,表示定时器从 0 开始计数;TIM_TimeBaseStructure.TIM_Period = 65535 表明定时器计数值增至 65535 将从 0 开始向上计数。

(4) NVIC_Configuration(void):

```c
void NVIC_Configuration(void)
{
    /*定义 NVIC 初始化结构体*/
    NVIC_InitTypeDef NVIC_InitStructure;
/* #ifdef...#else...#endif 结构的作用是根据预编译条件决定中断向量表起始地址*/
#ifdef  VECT_TAB_RAM
    /*中断向量表起始地址从 0x20000000 开始*/
    NVIC_SetVectorTable(NVIC_VectTab_RAM, 0x0);
#else   /*VECT_TAB_FLASH*/
    /*中断向量表起始地址从 0x08000000 开始*/
    NVIC_SetVectorTable(NVIC_VectTab_FLASH, 0x0);
#endif
    /*选择优先级分组 0*/
    NVIC_PriorityGroupConfig(NVIC_PriorityGroup_0);
    /*开启 TIM2 中断,0 级先占优先级,0 级后占优先级*/
    NVIC_InitStructure.NVIC_IRQChannel = TIM2_IRQChannel;
    NVIC_InitStructure.NVIC_IRQChannelPreemptionPriority = 0;
    NVIC_InitStructure.NVIC_IRQChannelSubPriority = 0;
    NVIC_InitStructure.NVIC_IRQChannelCmd = ENABLE;
    NVIC_Init(&NVIC_InitStructure);
}
```

2) TIM2_IRQHandler(void)

```c
void TIM2_IRQHandler(void)
{
    vu16  capture = 0;                  /*当前捕获计数值局部变量*/
    /*
     *TIM2 时钟 = 72MHz,分频数 = 7199 + 1,TIM2 counter clock = 10kHz
     *CC1 更新率 = TIM2 counter clock/CCRx_Val
     */
    if(TIM_GetITStatus(TIM2,TIM_IT_CC1) != RESET)
    {
    GPIO_WriteBit(GPIOA, GPIO_Pin_0, (BitAction)(1 - GPIO_ReadOutputDataBit(GPIOA, GPIO_Pin_0)));

        /*读出当前计数值*/
        capture = TIM_GetCapture1(TIM2);
        /*根据当前计数值更新输出捕获寄存器*/
        TIM_SetCompare1(TIM2, capture + CCR1_Val);
        TIM_ClearITPendingBit(TIM2, TIM_IT_CC1);
    }
    else if (TIM_GetITStatus(TIM2, TIM_IT_CC2) != RESET)
```

```
                }
                    GPIO_WriteBit(GPIOA,GPIO_Pin_1,(BitAction)(1 - GPIO_ReadOutputDataBit(GPIOA,
GPIO_Pin_1)));
                    capture = TIM_GetCapture2(TIM2);
                    TIM_SetCompare2(TIM2,capture + CCR2_Val);
                    TIM_ClearITPendingBit(TIM2,TIM_IT_CC2);
                }
                else if (TIM_GetITStatus(TIM2,TIM_IT_CC3) != RESET)
                {
                    GPIO_WriteBit(GPIOA,GPIO_Pin_2,(BitAction)(1 - GPIO_ReadOutputDataBit(GPIOA,
GPIO_Pin_2)));
                    capture = TIM_GetCapture3(TIM2);
                    TIM_SetCompare3(TIM2,capture + CCR3_Val);
                    TIM_ClearITPendingBit(TIM2,TIM_IT_CC3);
                }
                else
                {
                    GPIO_WriteBit(GPIOA,GPIO_Pin_3,(BitAction)(1 - GPIO_ReadOutputDataBit(GPIOA,
GPIO_Pin_3)));
                    capture = TIM_GetCapture4(TIM2);
                    TIM_SetCompare4(TIM2,capture + CCR4_Val);
                    TIM_ClearITPendingBit(TIM2,TIM_IT_CC4);
                }
        }
```

以下以通道1（OC1）来论述中断服务程序。

(1) 通道1的匹配比较计数值为40000，因为使能了计数比较匹配功能，当计数至40000时，发生计数比较匹配事件，并且因为开启了通道1匹配中断，此计数比较匹配事件将请求计数比较匹配中断，执行计数比较匹配中断服务。

(2) 执行计数比较匹配中断服务程序，更新通道1匹配比较计数值为"当前计数值 + 匹配比较计数值"，即40000 + 40000 = 80000，但定时器最大计数值仅为65535，则此处实际上更新比较匹配值为80000 - 65535 = 14465。

(3) 清除中断标志，中断返回，计数值继续从40000处向上计数直至65535，在下一次计数时将发生一个计数值向上溢出事件（该事件会导致计数值重装载，但因为禁止了预装载寄存器，因此并不会发生寄存器重装载），计数值归0，重新向上计数。

(4) 计数至14465时，再次发生匹配事件，依次循环。

8.6.3 输出比较案例2

【程序功能】同8.6.2节程序，但TIM2的4个通道设置为比较触发模式，因此本节的程序省略了驱动GPIO翻转电平的工作。

【硬件电路】如图5-13所示。

【程序分析】本小节程序可在8.6.2节的基础上进行修改，修改的主要代码如下所述。

1) GPIO_Configuration(void) 的修改

```
void GPIO_Configuration(void)
{
    /* 定义 GPIO 初始化结构体 GPIO_InitStructure */
    GPIO_InitTypeDef GPIO_InitStructure;
    /* 设置 GPIOA 上 TIM2 的 1,2,3,4 通道对应引脚 PA.0,PA.1,PA.2,PA.3 为第 2 功能推挽输出 */
    GPIO_InitStructure.GPIO_Pin = GPIO_Pin_0 | GPIO_Pin_1 | GPIO_Pin_2 | GPIO_Pin_3;
    GPIO_InitStructure.GPIO_Mode = GPIO_Mode_AF_PP;
    GPIO_InitStructure.GPIO_Speed = GPIO_Speed_50MHz;
    GPIO_Init(GPIOA,&GPIO_InitStructure);
}
```

2) TIM_Configuration(void)

```
void TIM_Configuration(void)
{
    /* 定义 TIM_TimeBase 初始化结构体 TIM_TimeBaseStructure */
    TIM_TimeBaseInitTypeDef  TIM_TimeBaseStructure;
    /* 定义 TIM_OCInit 初始化结构体 TIM_OCInitStructure */
    TIM_OCInitTypeDef  TIM_OCInitStructure;
    /*
     * 计数重载值为 65535
     * 预分频值为(7199 + 1 = 7200)
     * 时钟分割 0
     * 向上计数模式
     */
    TIM_TimeBaseStructure.TIM_Period = 65535;
    TIM_TimeBaseStructure.TIM_Prescaler = 0;
    TIM_TimeBaseStructure.TIM_ClockDivision = 0;
    TIM_TimeBaseStructure.TIM_CounterMode = TIM_CounterMode_Up;
    TIM_TimeBaseInit(TIM2, &TIM_TimeBaseStructure);
    /* 设置预分频值,且立即装入 */
    TIM_PrescalerConfig(TIM2, 7199, TIM_PSCReloadMode_Immediate);
    /*
     * 设置 OC1,OC2,OC3,OC4 通道
     * 工作模式为输出比较模式
     * 使能比较匹配输出极性
     * 时钟分割 0
     * 向上计数模式
     */
    TIM_OCInitStructure.TIM_OCMode = TIM_OCMode_Toggle;
    TIM_OCInitStructure.TIM_OutputState = TIM_OutputState_Enable;
    TIM_OCInitStructure.TIM_OCPolarity = TIM_OCPolarity_High;
    TIM_OCInitStructure.TIM_Pulse = CCR1_Val;
```

```
    TIM_OC1Init(TIM2,&TIM_OCInitStructure);
    TIM_OCInitStructure.TIM_Pulse = CCR2_Val;
    TIM_OC2Init(TIM2,&TIM_OCInitStructure);
    TIM_OCInitStructure.TIM_Pulse = CCR3_Val;
    TIM_OC3Init(TIM2,&TIM_OCInitStructure);
    TIM_OCInitStructure.TIM_Pulse = CCR4_Val;
    TIM_OC4Init(TIM2,&TIM_OCInitStructure);
    /*禁止预装载寄存器*/
    TIM_OC1PreloadConfig(TIM2, TIM_OCPreload_Disable);
    TIM_OC2PreloadConfig(TIM2, TIM_OCPreload_Disable);
    TIM_OC3PreloadConfig(TIM2, TIM_OCPreload_Disable);
    TIM_OC4PreloadConfig(TIM2, TIM_OCPreload_Disable);
    /*使能TIM中断*/
    TIM_ITConfig(TIM2, TIM_IT_CC1 | TIM_IT_CC2 | TIM_IT_CC3 | TIM_IT_CC4, ENABLE);
    /*启动TIM计数*/
    TIM_Cmd(TIM2, ENABLE);
}
```

3) 去掉中断程序中的 GPIO 操作

```
void TIM2_IRQHandler(void)
{
    u16 capture = 0;
    if(TIM_GetITStatus(TIM2,TIM_IT_CC1) != RESET)
    {
        TIM_ClearITPendingBit(TIM2,TIM_IT_CC1);
        capture = TIM_GetCapture1(TIM2);
        TIM_SetCompare1(TIM2,capture + CCR1_Val);
    }
    if (TIM_GetITStatus(TIM2,TIM_IT_CC2) != RESET)
    {
        TIM_ClearITPendingBit(TIM2,TIM_IT_CC2);
        capture = TIM_GetCapture2(TIM2);
        TIM_SetCompare2(TIM2,capture + CCR2_Val);
    }
    if (TIM_GetITStatus(TIM2,TIM_IT_CC3) != RESET)
    {
        TIM_ClearITPendingBit(TIM2,TIM_IT_CC3);
        capture = TIM_GetCapture3(TIM2);
        TIM_SetCompare3(TIM2,capture + CCR3_Val);
    }
    if (TIM_GetITStatus(TIM2,TIM_IT_CC4) != RESET)
    {
        TIM_ClearITPendingBit(TIM2,TIM_IT_CC4);
        capture = TIM_GetCapture4(TIM2);
```

```
                TIM_SetCompare4(TIM2,capture + CCR4_Val);
            }
        }
```

8.6.4 PWM 输出

【程序功能】 利用 TIM3 的 PWM 输出模式产生一个由 TIM3_ARR 寄存器确定的频率,由 TIM3_CCRx 寄存器确定占空比的信号,在 TIM3 通道引脚上输出,改变引脚输出的平均电流,驱动三色 LED 显示不同的颜色。

TIM3 工作在 PWM1 模式下的工作原理是,当定时器启动计数后,若当前计数值小于某通道(假设为 x 通道)比较值,则对应 x 通道的输出引脚保持高电平;若当前计数值增至大于 x 通道比较值,则引脚翻转为低电平;计数值继续增大至重装值,引脚恢复高电平,计数值重装再次计数,上述过程重复执行。如果将输出比较值设为 N_{COM},重装值设为 N_{PRER},则 PWM 信号频率 f_{PWM} 为

$$f_{PWM} = 72 \times 10^6 / N_{PRER}$$

式中,72×10^6 为 TIM3 计数时钟 1 分频所得,而该 PWM 信号的占空比 D_{duty} 为

$$D_{duty} = N_{COM} / N_{PRER}$$

【硬件电路】 贴片三色 LED 的实物图如图 8-15 所示。其中,三色是指红、绿、黄三色,通过颜色组合来达到显示不同颜色的目的。在一定的电流范围内(每种颜色 LED 电流大小不同),电流的大小和亮度呈正比。假设每个 LED 有 8 个挡位的电流强度(电流大小),那么就可以发出 $8^3 = 512$ 种颜色的光。例如,其中 RGY(红绿黄)电流的大小为 008,那么颜色为黄色;080 为绿色;800 为红色;888 为白色;000 为黑色(不亮);333 为灰色。如果电流可以调制成任意大小(在 LED 线性范围内),那么就可以调出任意颜色。

图 8-15 贴片三色 LED 的实物图

PWM 输出实验原理图如图 8-16 所示。

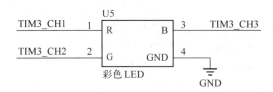

图 8-16 PWM 输出实验原理图

【程序分析】 本小节程序可在 8.6.3 节的基础上进行修改。首先去掉中断服务程序,其他修改的主要代码如下所述。

1) 初始化定义

vu16 CCR_Val[8] = {500,375,250,125,80,50,30,10};/*初始化输出比较通道计数周期变量*/

2) **TIM_Configuration(void)**

```
void TIM_Configuration(void)
{
    /*定义 TIM_TimeBase 初始化结构体 TIM_TimeBaseStructure*/
    TIM_TimeBaseInitTypeDef   TIM_TimeBaseStructure;
    /*定义 TIM_OCInit 初始化结构体 TIM_OCInitStructure*/
    TIM_OCInitTypeDef   TIM_OCInitStructure;
    /*
     *计数重载值为 60000
     *预分频值为(0+1=1)
     *时钟分割 0
     *向上计数模式
     */
    TIM_TimeBaseStructure.TIM_Period = 60000;
    TIM_TimeBaseStructure.TIM_Prescaler = 0;
    TIM_TimeBaseStructure.TIM_ClockDivision = 0;
    TIM_TimeBaseStructure.TIM_CounterMode = TIM_CounterMode_Up;
    TIM_TimeBaseInit(TIM3, &TIM_TimeBaseStructure);
    /*设置 OC1,OC2,OC3 通道
     *工作模式为 PWM 输出模式
     *使能比较匹配输出
     *时钟分割 0
     *向上计数模式
     *
     *设置各匹配值分别为 CCR_Val[0],CCR_Val[1],CCR_Val[2]
     *得到的占空比分别为 50%,37.5%,25%
     */
    TIM_OCInitStructure.TIM_OCMode = TIM_OCMode_PWM1;
    TIM_OCInitStructure.TIM_OutputState = TIM_OutputState_Enable;
    TIM_OCInitStructure.TIM_OCPolarity = TIM_OCPolarity_High;
    TIM_OCInitStructure.TIM_Pulse = CCR_Val[0];
    TIM_OC1Init(TIM3, &TIM_OCInitStructure);
    TIM_OCInitStructure.TIM_Pulse = CCR_Val[1];
    TIM_OC2Init(TIM3, &TIM_OCInitStructure);
    TIM_OCInitStructure.TIM_Pulse = CCR_Val[5];
    TIM_OC3Init(TIM3, &TIM_OCInitStructure);
    /*使能预装载寄存器*/
    TIM_OC1PreloadConfig(TIM3, TIM_OCPreload_Enable);
    TIM_OC2PreloadConfig(TIM3, TIM_OCPreload_Enable);
    TIM_OC3PreloadConfig(TIM3, TIM_OCPreload_Enable);
```

```
        TIM_ARRPreloadConfig(TIM3,ENABLE);
        /*启动 TIM 计数*/
        TIM_Cmd(TIM3,ENABLE);
}
```

8.6.5 PWM 输入捕获

输入捕获功能是指 TIMx 可以检测某个通道对应引脚上的电平边沿，并在电平边沿产生的时刻将当前定时器计数值写入捕获/比较寄存器中。输入捕获主要用于测量脉冲宽度。

PWM 输入捕获功能可以测量定时器某个输入通道上的 PWM 信号频率与占空比，这个功能是在基本输入捕获功能基础上进行升级扩展得到的功能，因此 PWM 输入捕获功能需要多加一个捕获比较寄存器。例如，TIM2 的通道 2，当它作为 PWM 输入捕获通道时，其工作原理如下所述。

(1) 实现 PWM 输入捕获需占用 TIM2 的两个通道，第 2 通道对应引脚上的电平变化可以同时被第 1 通道和第 2 通道检测到。两个通道分别被设置成主机和从机。如果设置第 2 通道的 PWM 输入捕获功能，则第 1 通道为从机，反之亦然。

(2) 如果输入的 PWM 信号从低电平开始跳变，则在第 1 个上升沿来临时，第 1 通道和第 2 通道同时检测到这个上升沿。而从机设置为复位模式，所以将 TIM2 的计数值复位至 0（注意，此时并不能产生中断请求）。

(3) 按照 PWM 信号特点，下一个到来的电平边沿应该是一个下降沿。该下降沿到达时，第 1 通道发生捕获事件，将当前计数值存储至第 1 通道捕获/比较寄存器中，记为 CCR1。

(4) 接着是 PWM 信号的第 2 个上升沿，此时第 2 通道发生捕获事件，将当前计数值存储至第 2 通道捕获/比较寄存器中，记为 CCR2。

(5) PWM 信号频率为

$$f_{PWM} = 72 \times 10^6 / CCR2$$

占空比 D_{duty} 为

$$D_{duty} = CCR1/CCR2 \times 100\%$$

【程序功能】TIM3 的第 1 通道产生一定频率和占空比的 PWM 信号，然后将其连接到 TIM2 的第 1 通道，使用 TIM2 的 PWM 输入捕获功能检测 TIM3 所产生的 PWM 信号的频率和占空比，然后通过 USART1 发送到 PC 上，比较测量值和设置值是否一致。

配置 PA1 引脚为浮空输入模式；PA6 为第 2 功能推挽输出模式；TIM2 的第 2 通道为 PWM 输入捕获功能，设置为上升沿捕获，选择触发源、从机复位模式并打开其中断；TIM3 的第 1 通道输出 PWM 信号，重装值为 60000，脉冲宽度 15000，则频率为 1.2kHz，占空比 25%。

【硬件电路】可通过杜邦线将开发板上的 PA6（TIM3 第 1 通道）连接到 PA1（TIM2 第 2 通道）。

【程序分析】
1) 主程序初始化

```
int main(void)
{
```

```c
    /*设置系统时钟*/
    RCC_Configuration();
    /*设置 NVIC*/
    NVIC_Configuration();
    /*设置 GPIO 端口*/
    GPIO_Configuration();
    /*设置 USART*/
    USART_Configuration();
    /*设置 TIM*/
    TIM_Configuration();
    while(1);
}
```

(1) GPIO_Configuration(void):

```c
void GPIO_Configuration(void)
{
    /*定义 GPIO 初始化结构体 GPIO_InitStructure*/
    GPIO_InitTypeDef GPIO_InitStructure;
    /*设置 TIM2 的第 2 通道对应引脚 PA.1 为浮空输入引脚*/
    GPIO_InitStructure.GPIO_Pin = GPIO_Pin_1;
    GPIO_InitStructure.GPIO_Mode = GPIO_Mode_IN_FLOATING;
    GPIO_Init(GPIOA, &GPIO_InitStructure);
    /*设置 GPIOA 上 TIM3 的第 1 通道对应引脚 PA.6 为第 2 功能推挽输出*/
    GPIO_InitStructure.GPIO_Pin = GPIO_Pin_6;
    GPIO_InitStructure.GPIO_Mode = GPIO_Mode_AF_PP;
    GPIO_InitStructure.GPIO_Speed = GPIO_Speed_50MHz;
    GPIO_Init(GPIOA, &GPIO_InitStructure);
    /*设置 USART1 的 Tx 脚(PA.9)为第 2 功能推挽输出功能*/
    GPIO_InitStructure.GPIO_Pin = GPIO_Pin_9;
    GPIO_InitStructure.GPIO_Mode = GPIO_Mode_AF_PP;
    GPIO_InitStructure.GPIO_Speed = GPIO_Speed_50MHz;
    GPIO_Init(GPIOA, &GPIO_InitStructure);
    /*设置 USART1 的 Rx 脚(PA.10)为浮空输入引脚*/
    GPIO_InitStructure.GPIO_Pin = GPIO_Pin_10;
    GPIO_InitStructure.GPIO_Mode = GPIO_Mode_IN_FLOATING;
    GPIO_Init(GPIOA, &GPIO_InitStructure);
}
```

(2) TIM_Configuration(void):

```c
void TIM_Configuration(void)
{
    /*定义各初始化结构体 TIM_ICInitStructure*/
    TIM_ICInitTypeDef    TIM_ICInitStructure;
    TIM_TimeBaseInitTypeDef    TIM_TimeBaseStructure;
```

```
    TIM_OCInitTypeDef   TIM_OCInitStructure;
    /*
     *选择 TIM2 第 2 通道
     *捕获输入上升沿
     *TIM 输入 2 与 IC2 相连
     *TIM 捕获在捕获输入上每探测到一个边沿就执行一次
     *选择输入比较滤波器 0x0
     */
    TIM_ICInitStructure. TIM_Channel = TIM_Channel_2;
    TIM_ICInitStructure. TIM_ICPolarity = TIM_ICPolarity_Rising;
    TIM_ICInitStructure. TIM_ICSelection = TIM_ICSelection_DirectTI;
    TIM_ICInitStructure. TIM_ICPrescaler = TIM_ICPSC_DIV1;
    TIM_ICInitStructure. TIM_ICFilter = 0x00;
    TIM_PWMIConfig(TIM2,&TIM_ICInitStructure);
    /*选择 TIM2 输入触发源:TIM 经滤波定时器输入 2*/
    TIM_SelectInputTrigger(TIM2,TIM_TS_TI2FP2);
    /*选择从机模式:复位模式 */
    TIM_SelectSlaveMode(TIM2,TIM_SlaveMode_Reset);
    /*开启复位模式 */
    TIM_SelectMasterSlaveMode(TIM2,TIM_MasterSlaveMode_Enable);
    /*开启 CC2 中断 */
    TIM_ITConfig(TIM2,TIM_IT_CC2,ENABLE);
    TIM_Cmd(TIM2,ENABLE);
    TIM_TimeBaseStructure. TIM_Period = 60000;
    TIM_TimeBaseStructure. TIM_Prescaler = 0;
    TIM_TimeBaseStructure. TIM_ClockDivision = 0;
    TIM_TimeBaseStructure. TIM_CounterMode = TIM_CounterMode_Up;
    TIM_TimeBaseInit(TIM3, &TIM_TimeBaseStructure);
    TIM_OCInitStructure. TIM_OCMode = TIM_OCMode_PWM1;
    TIM_OCInitStructure. TIM_OutputState = TIM_OutputState_Enable;
    TIM_OCInitStructure. TIM_Pulse = 15000;
    TIM_OCInitStructure. TIM_OCPolarity = TIM_OCPolarity_High;
    TIM_OC1Init(TIM3,&TIM_OCInitStructure);
    TIM_OC1PreloadConfig(TIM3, TIM_OCPreload_Enable);
    TIM_ARRPreloadConfig(TIM3,ENABLE);
    /*使能 TIM 计数器 */
    TIM_Cmd(TIM3,ENABLE);
}
```

(3) NVIC_Configuration(void):

```
void NVIC_Configuration(void)
{
    /*定义 NVIC 初始化结构体 */
    NVIC_InitTypeDef NVIC_InitStructure;
```

```
        /* #ifdef…#else…#endif 结构的作用是根据预编译条件决定中断向量表起始地址 */
        #ifdef   VECT_TAB_RAM
        /* 中断向量表起始地址从 0x20000000 开始 */
        NVIC_SetVectorTable(NVIC_VectTab_RAM, 0x0);
    #else/* VECT_TAB_FLASH */
        /* 中断向量表起始地址从 0x08000000 开始 */
        NVIC_SetVectorTable(NVIC_VectTab_FLASH, 0x0);
    #endif
        /*选择优先级分组 0 */
        NVIC_PriorityGroupConfig(NVIC_PriorityGroup_0);
        /*开启 TIM2 中断,0 级占先优先级,0 级副优先级 */
        NVIC_InitStructure.NVIC_IRQChannel = TIM2_IRQChannel;
        NVIC_InitStructure.NVIC_IRQChannelPreemptionPriority = 0;
        NVIC_InitStructure.NVIC_IRQChannelSubPriority = 0;
        NVIC_InitStructure.NVIC_IRQChannelCmd = ENABLE;
        NVIC_Init(&NVIC_InitStructure);
    }
```

2) **TIM2_IRQHandler(void)**

```
    void TIM2_IRQHandler(void)
    {
        static float IC2Value = 0;          /* 定义输入捕获值局部变量 */
        static float DutyCycle = 0;         /* 定义输入捕获周期局部变量 */
        static float Frequency = 0;         /* 定义输入捕获频率局部变量 */
        static float Paulse = 0;
        /*读出捕获值 */
        IC2Value = TIM_GetCapture2(TIM2);
        Paulse = TIM_GetCapture1(TIM2);
        /*获取输入周期 */
        DutyCycle = Paulse/IC2Value;
        /*获取输入频率 */
        Frequency = 72000000/IC2Value;
        printf("\r\n The DutyCycle of input pulse is %%%d \r\n", (u32)(DutyCycle * 100));
        printf("\r\n The Frequency of input pulse is %.2fKHz\r\n", (Frequency/1000));
        TIM_ClearITPendingBit(TIM2, TIM_IT_CC2);
    }
```

8.7 RTC 的功能及结构

RTC 是靠电池维持运行的定时器,也是一种能提供日历/时钟、数据存储等功能的专用集成电路,常用做各种计算机系统的时钟信号源和参数设置存储电路。RTC 具有计时准确、耗电少和体积小等特点,在各种嵌入式系统中常用于记录事件发生的时间和相关信息。随着集成电路技术的不断发展，RTC 器件的新产品也不断推出，这些新产品不仅具有准确的 RTC，还有大容量的存储器、温度传感器和 A/D 数据采集通道等，已成为集 RTC、数据采集和存储于一体的综合功能器件，特别适用于以微控制器为核心的嵌入式系统。由于需要 RTC 的场合一般不允许时钟停止，所以即使在单片机系统停电时，RTC 也必须能够正常工作，因此一般都需要电池供电，同时要考虑电池的使用寿命问题，所以有很多 RTC 把电源电路设计成能够根据主电源电压自动切换的形式，自动切换 RTC 使用主电源或后备电池，即当系统上电时，由主电源供电，而在断电时，自动切换为后备电池给 RTC 供电。

虽然微控制器的定时器（如 TIM2）也可以用软件来编写年、月、日、时、分、秒的时钟日历程序，但存在如下问题。

☺ 用软件来编写，会占用单片机的定时器，由于定时器数量有限，会给应用开发造成困难；而且容易受其他软件模块或中断影响，造成计时准确性较差，通常很难达到需要的精度。

☺ 为了使时钟不至于停走，需要在停电时给微处理器供电，而微处理器功耗比 RTC 大很多，电池往往无法长时间工作。

8.7.1 RTC 的基本功能

实时时钟是一个独立的定时器，在相应的软件配置下，可以提供时钟日历等功能。RTC 核和实时时钟配置寄存器（RCC_BDCR）处于备份区域，因此在复位或从待机模式唤醒时，RTC 的设置和时间会被保存下来。

☺ RTC 是一个带预分频器的 32 位可编程计数器，分频因子可以高达 2^{20}。

☺ 3 个可屏蔽的中断：闹钟中断（用于产生一个软件可编程的报警中断）、秒中断（用于产生一个可编程的周期性中断信号，最长可达 1s）和溢出中断（检测内部可编程计数器溢出并回转为 0 的状态）。

☺ 2 个独立的时钟：用于 APB1 接口的 PCLK1 和 RTC 时钟（RTC 时钟的频率必须小于 PCLK1 时钟频率的 1/4 以上）。

☺ 3 种 RTC 的时钟源：HSE 时钟除以 128，即高速外部时钟，接石英/陶瓷谐振器，或者接外部时钟源，频率范围为 4～16MHz；LSE 振荡器时钟，即低速外部时钟，接石英晶体，频率为 32.768kHz；LSI 振荡器时钟，即低速内部时钟，频率为 40kHz。因为分频系数一般是 2 的 n 次幂，LSI 和 HSE 不能产生 1Hz 整数的秒脉冲，所以 RTC 时钟源一般由 32.768kHz 的晶振提供，它等于 2^{15}，这样 32.768kHz 经过 15 次分频，可以产生 1Hz 的计时脉冲。

☺ 2 个独立的复位类型：APB1 接口由系统复位，RTC 核只能由备份域复位。

备份寄存器共有 20B（字节），每 16 位作为一个寄存器编址，共 10 个寄存器。备份寄存器处于备份区域，在外部电源 VDD 被切断后，可以由外接电池提供的 VBAT 提供电源。在复位后，备份寄存器中的数据不随主控制器的其他寄存器一起复位，而是单独归属备份区域复位控制，此时备份寄存器和 RTC 的访问被禁止，防止被意外访问和写入。在电源控制寄存器（PWR CR）中的 DBP 位置位时，备份区域的数据才能被访问。

8.7.2 RTC 的内部结构

RTC 由两个主要部分组成，如图 8-17 所示。第一部分是 APB1 接口，用于和 APB1 总线相连。此单元还包含一组 16 位寄存器,可通过 APB1 总线对其进行读/写操作。APB1 接口由 APB1 总线时钟驱动。另一部分是 RTC 核心,由一组可编程计数器组成,分成两个主要模块。第 1 个模块是 RTC 的预分频模块,包含一个 20 位的可编程分频器,可编程产生最长为 1s 的 RTC 时间基准 TR_CLK。如果在 RTC_CR 寄存器中设置了相应的允许位,则在每个 TR_CLK 周期中 RTC 产生一个中断(秒中断)。第 2 个模块是一个 32 位的可编程计数器,可被初始化为当前的系统时间。系统时间按 TR_CLK 周期累加,并与存储在 RTC_ALR 寄存器中的可编程时间相比较,如果 RTC_CR 控制寄存器中设置了相应允许位,比较匹配时将产生一个闹钟中断。

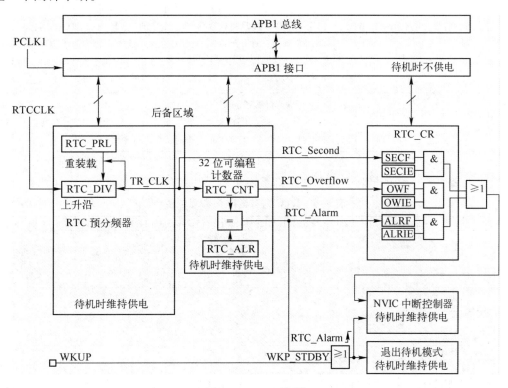

图 8-17 RTC 框图

8.8 RTC 控制寄存器

RTC 相关寄存器见表 8-5。

表 8-5 RTC 相关寄存器功能

寄 存 器	功 能
RTC 控制寄存器高位(RTC_CRH)	用于屏蔽相关中断请求。系统复位后,所有的中断都被屏蔽,因此可通过写 RTC 寄存器来确保在初始化后没有中断请求被挂起
RTC 控制寄存器低位(RTC_CRL)	用于控制 RTC
RTC 预分频装载寄存器(RTC_PRLH/RTC_PRLL)	用于保存 RTC 预分频器的周期计数值。它们受 RTC_CR 寄存器的 RTOFF 位保护,仅当 RTOFF 值为 1 时,允许进行写操作

续表

寄存器	功能
RTC 预分频器余数寄存器（RTC_DIVH/RTC_DIVL）	在 TR_CLK 的每个周期里，RTC 预分频器中计数器的值都会被重新设置为 RTC_PRL 寄存器的值。用户可通过读取 RTC_DIV 寄存器，以获得预分频计数器的当前值，而不停止分频计数器的工作，从而获得精确的时间测量。此寄存器是只读寄存器，其值在 RTC_PRL 或 RTC_CNT 寄存器中的值发生改变后，由硬件重新装载
RTC 计数器寄存器（RTC_CNTH/RTC_CNTL）	RTC 核有一个 32 位可编程的计数器，可通过两个 16 位的寄存器访问。计数器以预分频器产生的 TR_CLK 时间基准为参考进行计数。RTC_CNT 寄存器用于存放计数器的计数值。它们受 RTC_CR 的位 RTOFF 写保护，仅当 RTOFF 值为 1 时，允许写操作。在高或低寄存器（RTC_CNTH 或 RTC_CNTL）上的写操作，能够直接装载到相应的可编程计数器，并且重新装载 RTC 预分频器。当进行读操作时，直接返回计数器内的计数值（系统时间）
RTC 闹钟寄存器（RTC_ALRH/RTC_ALRL）	当可编程计数器的值与 RTC_ALR 中的 32 位相等时，即触发一个闹钟事件，并且产生 RTC 闹钟中断。此寄存器受 RTC_CR 寄存器里的 RTOFF 位写保护，仅当 RTOFF 值为 1 时，允许写操作

RTC 寄存器映像和复位值见表 8-6。

表 8-6 RTC 寄存器映像和复位值

偏移	寄存器	31	30	29	28	27	26	25	24	23	22	21	20	19	18	17	16	15	14	13	12	11	10	9	8	7	6	5	4	3	2	1	0
000h	RTC_CRH	保留																													OWIE	ALRIE	SECIE
	复位值																														0	0	0
004h	RTC_CRL	保留																									RTOFF	CNF	RSF	OWF	ALRF	SECF
	复位值																										0	0	0	0	0	0
008h	RTC_PRLH	保留																												PRL[19:16]			
	复位值																													0	0	0	0
00Ch	RTC_PRLL	保留																PRL[15:0]															
	复位值																	0	0	0	0	0	0	0	0	0	0	0	0	0	0	0	0
010h	RTC_DIVH	保留																DIV[31:16]															
	复位值																	0	0	0	0	0	0	0	0	0	0	0	0	0	0	0	0
014h	RTC_DIVL	保留																DIV[15:0]															
	复位值																	0	0	0	0	0	0	0	0	0	0	0	0	0	0	0	0
018h	RTC_CNTH	保留																CNT[31:16]															
	复位值																	0	0	0	0	0	0	0	0	0	0	0	0	0	0	0	0
01Ch	RTC_CNTL	保留																CNT[15:0]															
	复位值																	0	0	0	0	0	0	0	0	0	0	0	0	0	0	0	0
020h	RTC_ALRH	保留																ALR[31:16]															
	复位值																	0	0	0	0	0	0	0	0	0	0	0	0	0	0	0	0
024h	RTC_ALRL	保留																ALR[15:0]															
	复位值																	0	0	0	0	0	0	0	0	0	0	0	0	0	0	0	0

定义 RTC 寄存器组的结构体 RTC_TypeDef 在库文件 stm32f10x.h 中：

```
/* ----------------------- Real - Time Clock ----------------------- */
typedef struct
{
```

```
    vu16 CRH;
    u16   RESERVED0;
    vu16 CRL;
    u16   RESERVED1;
    vu16 PRLH;
    u16   RESERVED2;
    vu16 PRLL;
    u16   RESERVED3;
    vu16 DIVH;
    u16   RESERVED4;
    vu16 DIVL;
    u16   RESERVED5;
    vu16 CNTH;
    u16   RESERVED6;
    vu16 CNTL;
    u16   RESERVED7;
    vu16 ALRH;
    u16   RESERVED8;
    vu16 ALRL;
    u16   RESERVED9;
} RTC_TypeDef;
/* Peripheral and SRAM base address in the bit-band region */
#define PERIPH_BASE           ((u32)0x40000000)
…
/* Peripheral memory map */
#define APB1PERIPH_BASE       PERIPH_BASE
…
#define RTC_BASE              (APB1PERIPH_BASE + 0x2800)
…
#ifdef _RTC
    EXT RTC_TypeDef           *RTC;
#endif /* _RTC */
```

从上面的宏定义可以看出，RTC 寄存器的存储映射首地址是 0x40002800。

8.9 备份寄存器

备份寄存器是 42 个 16 位（共 32 位，前 16 位无效）寄存器，可用于存储 84B（字节）用户应用程序数据，它们处于备份域中，当 VDD 电源被切断时，仍然由 VBAT 维持供电。当系统在待机模式下被唤醒，或者系统、电源被复位时，它们也不会被复位。此外，BKP 控制寄存器用于管理侵入检测和 RTC 校准功能。当 TAMPER 引脚上的信号从 0 变成 1 或从 1 变成 0（取决于备份控制寄存器 BKP_CR 的 TPAL 位）时，会产生一个侵入检测，侵入检测将所有数据备份寄存器内容清除,以保护重要的数据不被非法窃取。复位后,对备份寄存器和 RTC 的访问被禁止,并且备份域被保护,以防止可能存在的意外写操作。

42 个寄存器的前 10 个寄存器及其复位值见表 8-7,后 32 个寄存器为 BKP_DRx(x = 11～42),结构和复位值与前 10 中的 BKP_DRx 寄存器相同。

表 8-7 前 10 个 BKP 寄存器映像及其复位值

偏移	寄存器	31	30	29	28	27	26	25	24	23	22	21	20	19	18	17	16	15	14	13	12	11	10	9	8	7	6	5	4	3	2	1	0
000h		保留																															
004h	BKP_DR1	保留																D[15:0]															
	复位值																	0	0	0	0	0	0	0	0	0	0	0	0	0	0	0	0
008h	BKP_DR2	保留																D[15:0]															
	复位值																	0	0	0	0	0	0	0	0	0	0	0	0	0	0	0	0
00Ch	BKP_DR3	保留																D[15:0]															
	复位值																	0	0	0	0	0	0	0	0	0	0	0	0	0	0	0	0
010h	BKP_DR4	保留																D[15:0]															
	复位值																	0	0	0	0	0	0	0	0	0	0	0	0	0	0	0	0
014h	BKP_DR5	保留																D[15:0]															
	复位值																	0	0	0	0	0	0	0	0	0	0	0	0	0	0	0	0
018h	BKP_DR6	保留																D[15:0]															
	复位值																	0	0	0	0	0	0	0	0	0	0	0	0	0	0	0	0
01Ch	BKP_DR7	保留																D[15:0]															
	复位值																	0	0	0	0	0	0	0	0	0	0	0	0	0	0	0	0
020h	BKP_DR8	保留																D[15:0]															
	复位值																	0	0	0	0	0	0	0	0	0	0	0	0	0	0	0	0
024h	BKP_DR9	保留																D[15:0]															
	复位值																	0	0	0	0	0	0	0	0	0	0	0	0	0	0	0	0
028h	BKP_DR10	保留																D[15:0]															
	复位值																	0	0	0	0	0	0	0	0	0	0	0	0	0	0	0	0
02Ch	BKP_RTCCR	保留																		ASOS	ASOE	CCO	CAL[6:0]							
	复位值																			0	0	0	0	0	0	0	0	0					
030h	BKP_CR	保留																														TPAL	TPE
	复位值																															0	0
034h	BKP_CSR	保留																		TIF	TFE	保留				TPIE	CII	CIE
	复位值																			0	0					0	0	0
038h		保留																															
03Ch		保留																															

在前 10 个寄存器中,BKP_DRx 是备份数据寄存器 x,BKP_RTCCR 是 RTC 时钟校准寄存器,BKP_CR 是备份控制寄存器,用于管理侵入检测;BKP_CSR 是备份控制/状态寄存器。

定义 BKP 寄存器的结构体 BKP_TypeDef 在库文件 stm32f10x.h 中:

```
typedef struct
{
    u32    RESERVED0;
    vu16   DR1;
    u16    RESERVED1;
```

```c
    vu16 DR2;
    u16  RESERVED2;
    vu16 DR3;
    u16  RESERVED3;
    vu16 DR4;
    u16  RESERVED4;
    vu16 DR5;
    u16  RESERVED5;
    vu16 DR6;
    u16  RESERVED6;
    vu16 DR7;
    u16  RESERVED7;
    vu16 DR8;
    u16  RESERVED8;
    vu16 DR9;
    u16  RESERVED9;
    vu16 DR10;
    u16  RESERVED10;
    vu16 RTCCR;
    u16  RESERVED11;
    vu16 CR;
    u16  RESERVED12;
    vu16 CSR;
    u16  RESERVED13[5];
    vu16 DR11;
    u16  RESERVED14;
    …
    vu16 DR41;
    u16  RESERVED44;
    vu16 DR42;
    u16  RESERVED45;
} BKP_TypeDef;
/* Peripheral and SRAM base address in the bit-band region */
#define PERIPH_BASE          ((u32)0x40000000)
…
/* Peripheral memory map */
#define APB1PERIPH_BASE      PERIPH_BASE
…
#define BKP_BASE             (APB1PERIPH_BASE + 0x6C00)
…
#ifdef _BKP
  EXT BKP_TypeDef            * BKP;
#endif /* _BKP */
```

从上面的宏定义可以看出，BKP 寄存器的存储映射首地址是 0x40006C00。

8.10 电源控制寄存器

电源控制寄存器地址映像和复位值见表 8-8。

表 8-8 **PWR 寄存器地址映像和复位值**

偏移	寄存器	31 30 29 28 27 26 25 24 23 22 21 20 19 18 17 16 15 14 13 12 11 10 9	8	7	6	5	4	3	2	1	0
000h	PWR_CR	保留	DBP	PLS[2:0]			PVDE	CSBF	CWUF	PDDS	LPDS
	复位值		0	0	0	0	0	0	0	0	0
004h	PWR_CSR	保留	EWUP	保留					PVDO	SBF	WUF
	复位值		0						0	0	0

PWR_CR 是电源控制寄存器，位 [8] 即 DBP 位用于设置对备份寄存器和 RTC 的访问。在复位后，RTC 和后备寄存器处于被保护状态，以防意外写入。设置该位将允许写入这些寄存器。DBP = 0，表示禁止写入 RTC 和后备寄存器；DBP = 1，表示允许写入 RTC 和后备寄存器。

注意，如果 RTC 的时钟是 HSE/128，该位必须保持为 1。

定义 PWR 寄存器的结构体 PWR_TypeDef 在库文件 stm32f10x.h 中：

```
/* ---------------------Power Control --------------------------------- */
typedef struct
{
  vu32 CR;
  vu32 CSR;
} PWR_TypeDef;
/* Peripheral and SRAM base address in the bit-band region */
#define PERIPH_BASE           ((u32)0x40000000)
…
/* Peripheral memory map */
#define APB1PERIPH_BASE       PERIPH_BASE
…
#define PWR_BASE              (APB1PERIPH_BASE + 0x7000)
…
  #ifdef _PWR
    #define PWR               ((PWR_TypeDef *) PWR_BASE)
  #endif /* _PWR */
```

从上面的宏定义可以看出，PWR 寄存器的存储映射首地址是 0x40007000。

8.11 RTC 相关的 RCC 寄存器

RTC 相关的复位与时钟寄存器及复位值见表 8-9。

表 8-9 与 RTC 有关的两个时钟配置寄存器地址映像和复位值

偏移	寄存器	31	30	29	28	27	26	25	24	23	22	21	20	19	18	17	16	15	14	13	12	11	10	9	8	7	6	5	4	3	2	1	0
01Ch	RCC_APB1ENR	保留	保留	DACRST	PWREN	BKPEN	保留	CANEN	保留	USBEN	I2C2EN	I2C1EN	UART5EN	UART4EN	UART3EN	UART2EN	保留	SPI3EN	SPI2EN	保留	保留	WWDGEN	保留	保留	保留	保留	保留	TIM7EN	TIM6EN	TIM5EN	TIM4EN	TIM3EN	TIM2EN
	复位值			0	0	0		0		0	0	0	0	0	0	0		0	0			0						0	0	0	0	0	0
020h	RCC_BDCR	保留															BDRST	RTCEN	保留						RTC SEL [1:0]		保留				LSEBYP	LSERDYF	LSEON
	复位值																0	0							0	0					0	0	0

【说明】 当系统在待机模式下被唤醒，或者系统、电源被复位时，BKP 寄存器也不会被复位。执行以下操作可以使能对备份寄存器和 RTC 的访问：通过设置寄存器 RCC_APB1ENR 的 PWREN 和 BKPEN 位来打开电源和后备接口的时钟；通过电源控制寄存器（PWR_CR）的 DBP 位来使能对后备寄存器和 RTC 的访问。

8.12 RTC 应用实例

RTC 的配置步骤如下所述。

（1）设置 RCC_APB1ENR 的 PWREN 位和 BKPEN 位，打开电源管理和备份寄存器时钟。可以通过在备份寄存器中写固定数据来判断芯片是否第一次使用 RTC，然后在系统运行 RTC 时提示是否需要重新配置时钟。如果备份寄存器中的数据已存在，表明系统断电时，RTC 是正常运行的，后备供电电池有电；如果备份寄存器中的数据不是已知的，则表明 RTC 的数据已变化，需要重新配置时钟。

（2）将电源控制寄存器 PWR_CR 的 DBP 位置 1，以允许访问备份寄存器和 RTC。因为程序要对 RTC 和备份寄存器进行操作，所以必须使能 RTC 和备份寄存器的访问（复位时是关闭的）。

（3）使能外部低速晶振 LSE，选择 LSE 为 RTC 时钟，并使能 RTC 时钟。

（4）使能秒中断。程序可以在秒中断服务程序中设置标志位来通知主程序是否更新时间显示，并当 32 位计数器计到 86400（0x15180），即 23:59:59 后的 1s，对 RTC 计数器 RTC_CNT 进行清零。

（5）设置 RTC 预分频器产生 1s 信号。由于 1s 的时间基准为

$$TR\_CLK = RTCCLK/(RTC\_PRL + 1)$$

RTCCLK 为 32.768kHz，选择分频系数 RTC_PRL = 32767。

(6) 设定当前的时间。

〖说明〗 系统内核是通过 RTC 的 APB1 接口来访问 RTC 内部寄存器的,所以在上电复位或休眠唤醒后,要先对 RTC 时钟与 APB1 时钟进行重新同步操作,在同步完成后再对其进行操作。因为上电复位或休眠唤醒后,程序开始运行,RTC 的 API 接口使用的是系统 APB1 的时钟。另外,在对 RTC 寄存器进行操作前,都要判断读/写操作是否完成,也可用延时代替读/写判断。

下面以一个实例来说明 RTC 的用法。

【程序功能】

(1) 把当前时间通过 STM32 微控制器串口传到上位机 PC,利用串口软件(或超级终端)进行显示。

(2) 当上位机 PC 下传一 "s" 字符时,修改 RTC 时间;新的 RTC 时间由串口传送。

【硬件电路】 STM32 的 USART1 与 PC 相连。

【程序分析】

1) RTC 中断初始化设置函数 NVIC_Configuration( )

```
void NVIC_Configuration(void)
{
    NVIC_InitTypeDef NVIC_InitStructure;          //定义 NVIC 初始化结构体变量

#ifdef  VECT_TAB_RAM
    /* Set the Vector Table base location at 0x20000000 */
    NVIC_SetVectorTable(NVIC_VectTab_RAM,0x0);
#else  /* VECT_TAB_FLASH */
    /* Set the Vector Table base location at 0x08000000 */
    NVIC_SetVectorTable(NVIC_VectTab_FLASH,0x0);
#endif

    NVIC_PriorityGroupConfig(NVIC_PriorityGroup_1);  //配置优先级组为第1组(占先优先
                                                     //  级有1位,副优先级有3位)

    //配置 RTC 中断
    NVIC_InitStructure.NVIC_IRQChannel = RTC_IRQChannel;       //中断通道为 RTC 全局中断
    NVIC_InitStructure.NVIC_IRQChannelPreemptionPriority = 1;  //占先优先级为1
    NVIC_InitStructure.NVIC_IRQChannelSubPriority = 0;         //副优先级为0
    NVIC_InitStructure.NVIC_IRQChannelCmd = ENABLE;            //中断通道使能
    NVIC_Init(&NVIC_InitStructure);                            //初始化 NVIC 结构体
}
```

2) RTC 初始化设置 RTC_Configuration( ) 函数

```
void RTC_Configuration(void)
{
    RCC_APB1PeriphClockCmd(RCC_APB1Periph_PWR | RCC_APB1Periph_BKP,ENABLE);
```

```c
//打开电源管理和备份寄存器时钟
PWR_BackupAccessCmd(ENABLE);    //使能 RTC 和备份寄存器的访问(复位默认关闭),DBP=1
BKP_DeInit();//BKP 外设复位
RCC_LSEConfig(RCC_LSE_ON);      //打开外部低速晶体
while(RCC_GetFlagStatus(RCC_FLAG_LSERDY) == RESET) //等待 LSE 准备好
{
}
RCC_RTCCLKConfig(RCC_RTCCLKSource_LSE);            //选择 LSE 位 RTC 时钟
RCC_RTCCLKCmd(ENABLE);          //使能 RTC 时钟

RTC_WaitForSynchro();           //等待 RTC 寄存器和 APB 时钟同步
RTC_WaitForLastTask();          //等待 RTC 寄存器写操作完成(必须在对 RTC 寄存器写
                                //操作前调用)

RTC_ITConfig(RTC_IT_SEC,ENABLE); //使能 RTC 秒中断
RTC_WaitForLastTask();          //等待 RTC 寄存器写操作完成

RTC_SetPrescaler(32767);        //设置 RTC 预分频器值产生 1s 信号计算公式 fTR_CLK
                                // = fRTCCLK/(PRL+1)
RTC_WaitForLastTask();          //等待 RTC 寄存器写操作完成
}
```

3) RTC 通过串口上传时间函数 RTC_Display()

```c
void RTC_Display(void)
{
    u32 THH=0,TMM=0,TSS=0;
    RTCTime = RTC_GetCounter();      //获取当前 RTC 计数值

    THH = RTCTime/3600;              //计算时钟数据
    TMM = (RTCTime % 3600)/60;
    TSS = (RTCTime % 3600)% 60;
    printf("\r\n\\ > 当前时间:%0.2d:%0.2d:%0.2d",THH,TMM,TSS);

}
```

4) RTC 时间设置函数 RTC_ReSetTime()

```c
void RTC_ReSetTime(void)
{
    while(1)                         //一直等到设置数据,才开启 RTC 工作
    {
        printf("\r\n\\ > 提示:请按 HHMMSS 格式输入时钟数据...");
        RTCTime = USART1_GetTime();
        if(RTCTime == 0xFFFF)
        {
```

```c
            printf("\r\n\\>错误:输入非法时钟没数据,请重新输入...");
        }
        else
        {
            printf("\r\n\\>提示:正在配置时钟...");
            RTC_Configuration();            //配置 RTC
            RTC_WaitForLastTask();          //等待配置完成

            RTC_SetCounter(RTCTime);        //装载时间信息
            RTC_WaitForLastTask();          //等待装载完成

            printf("\r\n\\>提示:时钟配置完成");
            BKP_WriteBackupRegister(BKP_DR1,0x5858);    //写入配置标志
            break;
        }
    }
}
```

5)主程序 main()

```c
int main(void)
{
    RCC_Configuration();
    NVIC_Configuration();
    GPIO_Configuration();
    USART_Configuration();

#ifdef RTCClockOutput_Enable//如果使能 RTC 时钟输出
    /*打开 PWR 和 BKP 时钟*/
    RCC_APB1PeriphClockCmd(RCC_APB1Periph_PWR | RCC_APB1Periph_BKP,ENABLE);

    PWR_BackupAccessCmd(ENABLE);        //DBP=1,允许访问备份区域

    BKP_TamperPinCmd(DISABLE);          //关掉侵入检测功能。注:在时钟允许输出时,侵入检
                                        //  测功能必须禁止

    BKP_RTCOutputConfig(BKP_RTCOutputSource_CalibClock);    //使能校准时钟输出
#endif

    //使用备份寄存器 1(BKP_DR1)来存储 RTC 已被配置标志
    if(BKP_ReadBackupRegister(BKP_DR1) != 0x5858)////0x5858 可以为其他值,这里用 0x5858
                                                 //  来表示 RTC 已被配置标志
    {
        printf("\r\n");
```

```c
            printf("\r\n\\>提示:RTC 时钟还没有配置");

            RTC_ReSetTime();
        }
        else                                          //时钟已配置过
        {
            printf("\r\n");
            if( RCC_GetFlagStatus( RCC_FLAG_PORRST) != RESET)     //检查是否上电复位
            {
                printf("\r\n\\>提示:电源上电复位...");
            }
            else if( RCC_GetFlagStatus( RCC_FLAG_PINRST) != RESET)    //检查是否手动复位
            {
                printf("\r\n\\>提示:系统复位...");
            }
            RTC_WaitForSynchro();                     //等待 RTC 寄存器和 APB1 时钟同步
            RTC_WaitForLastTask();

            RTC_ITConfig( RTC_IT_SEC, ENABLE);        //使能 RTC 秒中断
            RTC_WaitForLastTask();                    //等待写操作完成
        }
        RCC_ClearFlag();                              //清除复位标志
        while(1)
        {
            if( USART_GetFlagStatus( USART1, USART_FLAG_RXNE) == SET)
            {
                if( USART_ReceiveData( USART1) == 'S')   //只有输入 S 才能设置时间
                {
                    TimeDisplay = 0;                  //停止时间显示
                    RTC_ReSetTime();                  //设置时间
                    TimeDisplay = 1;                  //继续时间显示
                }
            }                                         //等待数据到来
        }
    }
```

6) RTC 中断 RTC_IRQHandler() 函数

```c
    void RTC_IRQHandler( void)
    {
        if ( RTC_GetITStatus( RTC_IT_SEC) != RESET)   //查询是否为秒中断标志
        {
            RTC_ClearITPendingBit( RTC_IT_SEC);       //清除秒中断标志
```

```
    RTC_WaitForLastTask();

    if(TimeDisplay ==1)
    {
      RTC_Display();
      GPIO_WriteBit(GPIOA,GPIO_Pin_2,(BitAction)(1 - GPIO_ReadOutputDataBit(GPIOA,GPIO
      _Pin_2)));
      /* Reset RTC Counter when Time is 23:59:59 即为 23*3600+59*60+59 */
      if (RTC_GetCounter() ==0x00015180)
      {
        RTC_SetCounter(0x0);                    //设置时间为 0
        RTC_WaitForLastTask();
      }
    }
  }
}
```

8.13　系统时钟 SysTick 简介

　　CM3 的内核中包含一个 SysTick 时钟。SysTick 为一个 24 位递减计数器，SysTick 设定初值并使能后，每经过 1 个系统时钟周期，计数值就减 1。当计数到 0 时，SysTick 计数器自动重装初值并继续计数，同时内部的 COUNTFLAG 标志会被置位，触发中断。中断响应属于 NVIC 异常，异常号为 15。

　　SysTick 的时钟源如图 8-18 所示。在 STM32 相关文档《UM0306 Reference manual》第 47 页：The RCC feeds the Cortex System Timer (SysTick) external clock with the AHB clock divided by 8. The SysTick can work either with this clock or with the Cortex clock (AHB), configurable in the SysTick Control and Status Register。即 "SysTick 的时钟来源可以是 HCLK (AHB) 的 8 分频或是 HCLK，具体是哪种可通过配置控制和状态寄存器 (CTRL) 设置"。

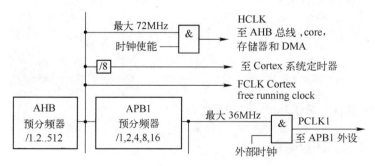

图 8-18　STM32 时钟树中 SysTick 的时钟源

　　SysTick 时钟的主要优点在于精确定时。例如，通常实现 Delay(N) 函数的方法为

```
  for(i = 0; i <= x; i++);
  }
  x--;           //N 毫秒的循环值
}
```

对于 STM32 系列微处理器来说，执行一条指令只有数十 ns，进行 for 循环时，很难计算出延时 N 毫秒的精确值。利用 SysTick 可实现精确定时，如外部晶振为 8MHz，若 9 倍频，则系统时钟为 72MHz，SysTick 进行 8 分频，则频率为 9MHz（HCLK/8），再把 SysTick 计数值设置成 9000，就能够产生 1ms 的时间基值，即 SysTick 产生 1ms 的中断。设定每 1ms 产生一次中断后，在中断处理函数里对 N 减 1，在 Delay(N) 函数中循环检测 N 是否为 0，不为 0 则进行循环等待；若为 0，则关闭 SysTick 时钟。

大多数操作系统需要一个硬件定时器来产生周期性定时中断，以此作为整个系统的时基。例如，为多个任务分配时间片，确保没有一个任务能"霸占"系统；或者把每个定时器周期的某个时间范围赐予特定的任务等。此外，操作系统提供的各种定时功能都与这个 Systick 定时器有关。因此，需要一个定时器来产生周期性的中断，而且最好不让用户程序随意访问它的寄存器，以维持操作系统"心跳"的节律。

8.14 SysTick 寄存器

有 4 个寄存器控制 SysTick 定时器，即 SYSTICKCSR、SYSTICKRVR、SYSTICKCVR 和 SYSTICKCALVR。

8.14.1 控制及状态寄存器（SYSTICKCSR）

SYSTICKCSR 地址偏移为 0x00。其主要位域定义见表 8-10。

表 8-10 SYSTICKCSR 位域

位	名称	类型	复位值	描述
0	ENABLE	R/W	0	Systick 使能位。0：关闭 Systick 功能；1：开启 Systick 功能
1	TICKINT	R/W	0	中断使能位。0：关闭 Systick 中断；1：开启 Systick 中断
2	CLKSOURCE	R/W	0	时钟源选择。0：时钟源 HCLK/8；1：时钟源 HCLK
16	COUNTFLAG	R	0	计数比较标志。读取该位后，该位自动清 0；Systick 归 0 后，该位为 1

8.14.2 重载寄存器（SYSTICKRVR）

SYSTICKRVR 用于设置 Systick 计数器的比较值。它的地址偏移为 0x04，其主要位域定义见表 8-11。

表 8-11 SYSTICKRVR 位域

位	名称	类型	复位值	描述
23:0	RELOAD	R/W	0	当 Systick 归 0 后，该寄存器的自动重装入 Systick 计数器

8.14.3 当前值寄存器（SYSTICKCVR）

SYSTICKCVR 用于存储 Systick 计数器的当前值。它的地址偏移为 0x08，其主要位域定义见表 8-12。

表 8-12 SYSTICKCVR 位域

位	名称	类型	复位值	描述
23:0	CURRENT	R/W	0	读取时，返回当前计数值；写入时，则使之清零，同时还会清除在 Systick 控制及状态寄存器中的 COUNTFLAG

8.14.4 校准值寄存器（SYSTICKCALVR）

SYSTICKCALVR 的地址偏移为 0x0C，其主要位域定义见表 8-13。

表 8-13 SYSTICKCALVR 位域

位	名称	类型	复位值	描述
31	NOREF	R	x	0：外部参考时钟可用；1：没有外部参考时钟（STCLK 不可用）
30	SKEW	R	x	0：校准值是准确的 10ms；1：校准值不是准确的 10ms
23:0	TENMS	R/W	0	10ms 的时间内倒数计数的个数。芯片设计者应通过 CM3 的输入信号提供该数值。若该值读回 0，则表示无法使用校准功能

定义 SysTick 寄存器组的结构体 SysTick_TypeDef 在库文件 core_cm3.h 中：

```
/*---------------------SystemTick-------------------------------*/
typedef struct
{
    vu32 CTRL;
    vu32 LOAD;
    vu32 VAL;
    vuc32 CALIB;
} SysTick_TypeDef;
/* System Control Space memory map */
#define SCS_BASE            ((u32)0xE000E000)
…
#define SysTick_BASE        (SCS_BASE + 0x0010)
…
#ifdef _SysTick
    #define SysTick         ((SysTick_TypeDef *) SysTick_BASE)
#endif /* _SysTick */
```

从上面的宏定义可以看出，SysTick 寄存器的存储映射首地址是 0xE000E010。结构体中 CTRL 对应控制及状态寄存器（SYSTICKCSR）；LOAD 对应重载寄存器（SYSTICKRVR）；VAL 对应当前值寄存器（SYSTICKCVR）；CALIB 对应校准值寄存器（SYSTICKCALVR）。

与 SysTick 有关的时钟配置寄存器地址映像和复位值见表 8-14。

表 8-14 与 SysTick 有关的时钟配置寄存器地址映像和复位值

偏移	寄存器	31	30	29	28	27	26	25	24	23	22	21	20	19	18	17	16	15	14	13	12	11	10	9	8	7	6	5	4	3	2	1	0
000h	STK_CTRL	保留															COUNTFLAG	保留													CLKSOURCE	TICKINT	ENABLE
	复位值																0														0	0	0
004h	STK_LOAD	保留								RELOAD[23:0]																							
	复位值									0	0	0	0	0	0	0	0	0	0	0	0	0	0	0	0	0	0	0	0	0	0	0	0
008h	STK_VAL	保留								CURRENT[23:0]																							
	复位值									0	0	0	0	0	0	0	0	0	0	0	0	0	0	0	0	0	0	0	0	0	0	0	0
00Ch	STK_CALIB	保留								TENMS[23:0]																							
	复位值									0	0	0	0	0	0	0	0	0	0	0	0	0	0	0	0	0	0	0	0	0	0	0	0

8.15 SysTick 应用实例

【任务功能】利用 SysTick 中断完成对分秒计时的时钟,通过 LED 将分秒显示出来。

【硬件电路】LED 显示电路。

【程序分析】

1) systick_delay_ms(u16 m) 程序

```
void systick_delay_ms(u16 m)
{
    SysTick -> LOAD = m * 9000;      //给重载寄存器赋初值,9000 为 1ms
    SysTick -> CTRL |= 0x03;         //开始计数,时钟源选择为 HCLK/8
}
```

开发板的晶振频率是 8MHz,默认 CPU 工作频率(SYSCLK)是 9 倍频,即 72MHz,因此 Systick 的频率就是 72/8 = 9MHz。所以 Systick 每计一个数的周期是 $1/(9 \times 10^6)$ 秒,计 9000 个数为 $9000 \times 1/(9 \times 10^6) = 1\mathrm{ms}$。

2) 主函数

```
int main(void)
{
    SystemInit();
    RCC_APB2PeriphClockCmd(RCC_APB2Periph_GPIOA | RCC_APB2Periph_GPIOB | RCC_APB2Periph_GPIOC, ENABLE);
    GPIO_Configuration();
    GPIO_PinRemapConfig(GPIO_Remap_SWJ_Disable, ENABLE);    //处理 GPIO 复用
    systick_delay_ms(1000);
    while(1)
    {
        dsp(sec, min);                                       //显示定时分秒
    }
}
```

3) SysTick_Handler( ) 中断函数

```
void SysTick_Handler( void)
{

    sec ++ ;
   if( sec == 60)
    {
      sec = 0;         //秒计数
      min ++ ;
      if( min == 60)
       {
         min = 0;      //分计数

       }
     }
}
```

第 9 章 DMA 原理及应用

9.1 DMA 简介

存储器直接访问（Direct Memory Access，DMA）方式如图 9-1 所示。DMA 是指一种高速的数据传输操作，允许在外部设备和存储器之间利用系统总线直接读/写数据，既不通过微处理器，也不需要微处理器干预。整个数据传输操作在一个称为 DMA 控制器的控制下进行。微处理器除了在数据传输开始和结束时控制一下外，在传输过程中微处理器可以进行其他的工作。DMA 的另一个特点是"分散—收集（Scatter - Gather）"，它允许在一次单一的 DMA 处理中传输大量数据到存储区域。

DMA 方式可以形象地理解为，微机系统是个公司，其中微处理器（CPU）是经理，外设是员工，内存是仓库，数据就是仓库里存放的物品。公司规模较小时，经理直接管理仓库里的物品，员工若需要使用物品，就直接告诉经理，然后经理去

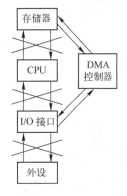

图 9-1 存储器直接访问方式

仓库取（MOV）。员工若采购了物品，也先交给经理，然后经理将物品放进仓库（MOV）。公司规模较小时，经理还忙得过来，但当公司规模变大了，会有越来越多的员工（外设）和物品（数据）。此时若经理的大部分时间都处理这些事情，就很少有时间做其他事情了，于是经理雇了一个仓库保管员，专门负责"入库"和"出库"，经理只告诉保管员去哪个区域（源地址）要哪种类型的物品（数据类型）、数量多少（数据长度）、送到哪里去（目标地址）等信息，其他事情就不管了；然后保管员完成任务回来，打断一下正在做其他事情的经理（中断）并告诉他完成情况，或者不打断经理的工作而只是把完成任务牌（标志位）挂到经理面前即可，这个仓库保管员正是 DMA 控制器。在 PC 中，硬盘工作在 DMA 下，CPU 只需向 DMA 控制器下达指令，让 DMA 控制器来处理数据的传送，数据传送完毕再把信息反馈给 CPU，这样在很大程度上减轻了 CPU 资源占有率。

现在的手机大都具有照相功能，也可以摄制一些视频短片，只要手机工作到照相机模式，就会将摄像头的实时画面显示在屏幕上。如果没有 DMA 功能，只能是编写程序从摄像头（CMOS 传感器）将实时画面的图像数据取回，然后将这些数据通过 LED 显示，图像数据从 CMOS 传感器搬运到 LCD 的工作需要由程序来完成。假如每次搬运一个点的颜色数据，就算是完成 QVGA/30 帧这样的效果，也需要一次搬运 2304000（320×240×30）个点。完成一个点的数据搬运需要微处理器至少做下述工作：依据当前点位置判断是否向 CMOS 传感器给出行场同步脉冲信号；向 CMOS 传感器给出时钟脉冲信号；读当前点的颜色数据；依据当前点位置判断是否向 LCD 给出行场同步脉冲信号；向 LCD 给出时钟脉冲信号；写当前点颜色数据到 LCD；更新下一点继续循环。就算每一步平均需要 2 条指令，一个点就会耗费

14条指令，完成实时图像数据的搬运每秒需要执行32256000（2304000×14）条指令（实际情况比这个数值会更大），无疑占用了太多的微处理器资源。

而DMA功能会将每秒32256000条指令全部省掉。这类手机为了支持CMOS传感器和LCD，芯片会提供专用接口，该接口能自动完成同步信号和时钟信号的处理，同时将输入数据写进指定位置，或者从指定位置读出并输出。现在只要程序通过微处理器设定好CMOS传感器和LCD的工作参数，让摄像头和屏幕工作起来，这些参数包含有CMOS传感器和LCD设定数据缓冲区的起始地址，图像的宽和高，以及图像的颜色深度等信息。有了这些设定，当CMOS传感器开始工作时，就会由硬件自动将数据填入所设定的数据缓冲区地址中，LCD对应数据缓冲区的数据则会由硬件自动读出并输出给LCD液晶屏。只要二者参数相互适应且数据缓冲区地址相同，CMOS传感器的实时画面就可以不受微处理器干预而自动在屏幕上显示出来。

DMA应用比较见表9-1。

表9-1 DMA应用比较

	不用DMA	应用DMA

实现程序	`char data[SIZE];`
	`int main()`
	`{`
	　`//其他代码`
	　`while(1)`
	　`{`
	　　`//其他任务1`
	　　`for(i=0;i<SIZE;i++)`
	　　`{`
	　　　`usart_send(data[i]);`
	　　`}`
	　　`//其他任务n`
	　`}`
	　`return 0;`
	`}`
		`char data[SIZE];`
		`int main()`
		`{`
		　`//其他代码`
		　`while(1)`
		　`{`
		　　`//其他任务1`
		　　`start_usart_DMA(data,SIZE);`
		　　`//其他任务n`
		　`}`
		　`return 0;`
		`}`

分析	由于串口发送数据的速度比较慢，执行usart_send函数时，该函数内有一个等待字节发送完成的循环判断（如果没有该判断，就可能会出现丢失数据现象），当要连续发送的数据比较大时，执行上述发送数据的循环所需的时间就比较多，因此影响了程序中其他任务1和任务n的执行	start_usart_DMA函数是启用DMA来发送数据的启动函数，该函数只要配置后立即返回main函数继续执行其他任务，DMA会自动处理数据
总结	大数据发送时，占用过多的主程序运行时间；数据发送时，前、后两个数据块传输的时间延时可能不一致；发送数据时，无法执行其他任务	可以有效地发送大数据，发送数据不占用主程序时间；数据发送时的延时基本一致；发送数据时可同时执行其他任务

【说明】DMA不能完成任意方式数据搬运操作。因为DMA控制器软件可控部分很少，基本上只要设定好起始地址和所需搬运数据的长度与方式，就可以自动开始进行传输，每完成一次传输，硬件会自动将地址递增或递减。这样DMA的传输过程实际上只适合地址连续的数据块传输。

DMA 传输有以下 3 个要素。
- ☺ 传输源：DMA 控制器从传输源读出数据。
- ☺ 传输目标：数据传输的目标地址。
- ☺ 触发信号：用于触发一次数据传输的动作，执行一个单位的传输源至传输目标的数据传输；可用于控制传输的时机。

一个完整的 DMA 传输过程如图 9-2 所示。具体过程如下所述。

（1）I/O 设备准备好后，向 DMAC 发出 DMA 请求信号 DMARQ。

（2）DMAC 向微处理器发出总线请求信号 BUSRQ。

（3）按照预定的 DMAC 占用总线方式，微处理器响应 BUSRQ，向 DMAC 发出 BUSRK。从这时起，微处理器交出总线控制权，而由 DMAC 接管，开始进入 DMA 有效周期，如图中阴影部分所示。

（4）DMAC 接管总线后，先向 I/O 设备发出 DMA 请求的响应信号 DMAC（相当于设备选择信号，表示允许外设进行 DMA 传送），然后按事先设置的初始地址和需要传送的字节数，依次发送地址和寄存器或 I/O 读/写命令，使得在 RAM 和 I/O 设备之间直接交换数据，直至全部数据传送完毕。

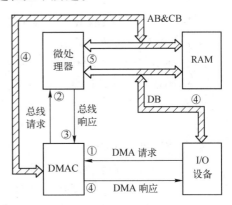

图 9-2　DMA 传送过程

（5）DMA 传送结束后，自动撤销向微处理器总线请求信号 BUSRQ，从而使总线响应信号 BUSRK 和 DMA 响应信号 DACK 也相继变为无效，微处理器又重新控制总线，恢复正常工作。若需要，DMAC 还可用"计数到"信号引发一个中断请求，由微处理器以中断服务形式进行 DMA 传送结束后的有关处理。

由此可见，DMA 传输方式无须微处理器直接控制传输，也没有像中断处理方式那样保留现场和恢复现场的过程，而是通过硬件为 RAM 与 I/O 设备开辟了一条直接传送数据的通路，使微处理器的效率大为提高。在前面的比喻中，一个仓库保管员也可以管理多个仓库，即 DMA 可以有多个通道。

DMA 传送方式的优先级高于程序中断，二者的主要区别是对微处理器的干扰程度不同。中断请求并不会使微处理器停下来，而是要求微处理器转去执行中断服务程序，这个请求包括了对断点和现场的处理，以及微处理器和外设的传送，所以微处理器资源消耗很大；DMA 请求仅使微处理器暂停一下，不需要对断点和现场进行处理，并且由 DMA 控制外设与主存之间的数据传送，无须微处理器干预，DMA 只是借用了很短的微处理器时间而已。另一个区别就是微处理器对这两个请求的响应时间不同，对中断请求一般都在执行完一条指令的时钟周期末尾处响应，而对 DMA 请求，由于考虑它的高效性，微处理器在每条指令执行的各个阶段中都可以让给 DMA 使用。

在监控系统中，往往需要对 ADC 采集到的一批数据进行滤波处理（如中值滤波）。ADC 先高速采集，通过 DMA 把数据填充到 RAM 中，填充到一定数量后，再传给微控制器使用，这样处理会比较好。

DMA 允许外设直接访问内存，从而形成对总线的独占，这是 DMA 技术的缺点。如果 DMA 传输数据量大，会造成中断延时过长，在一些实时性强（硬实时）的嵌入式系统中这是不允许的。

9.2 DMA 的功能及结构

9.2.1 DMA 的功能

STM32 的 DMA 基本功能如下所述。

☺ 7 个可配置的独立通道。
☺ 每个通道都可以硬件请求或软件触发，这些功能及传输的长度、传输的源地址和目标地址都可以通过软件来配置。
☺ 在 7 个请求之间的优先权可以通过软件编程设置（分为 4 级，即很高、高、中等和低）。在优先权相等时，由硬件决定谁更优先（请求 0 优先于请求 1，依次类推）。
☺ 每个通道有 3 个事件标志（DMA 半传输、DMA 传输完成和 DMA 传输出错），这 3 个事件标志通过逻辑"或"形成一个单独的中断请求。
☺ 独立的源和目标数据区的传输宽度（8 位字节、16 位半字、32 位全字），源地址和目标地址按数据传输宽度对齐，支持循环的缓冲器管理。
☺ 最大可编程数据传输数量为 65536。
☺ STM32 的 DMA 可在如下区域传输：外设到存储器（I^2C/UART 等获取数据并送入 SRAM）；SRAM 的两个区域之间；存储器到外设（如将 SRAM 中预先保存的数据送入 DAC 产生各种波形）；外设到外设（如从 ADC 读取数据后送到 TIM1 控制其产生不同的 PWM 占空比）；允许将 Flash、SRAM、APB1 外设和 APB2 外设作为访问的源和目标。

STM32 的每次 DMA 传送由以下 3 个操作组成。

【取数据】从外设数据寄存器或当前外设/存储器地址寄存器指示的存储器地址取数据，第 1 次传输时的开始地址是 DMA_CPARx 或 DMA_CMARx 寄存器指定的外设基地址或存储器单元。

【存数据】存数据到外设数据寄存器或当前外设/存储器地址寄存器指示的存储器地址，第 1 次传输时的开始地址是 DMA_CPARx 或 DMA_CMARx 寄存器指定的外设基地址或存储器单元。

【修改源或目的指针】执行一次 DMA_CNDTRx 寄存器的递减操作，该寄存器包含未完成的操作数目。

总之，编写 DMA 程序主要包括确定数据来源，确定数据目的地，选择使用通道，设定传输数据量，设定数据传递模式等。详细实例参考开发板样例程序。

需要说明的是 DMA 控制器执行直接存储器数据传输时和 CM3 核共享系统数据线。因此一个 DMA 请求使得 CPU 停止访问系统总线的时间至少为 2 个周期。为了保证 CM3 核的代码执行的最小带宽，在 2 个连续的 DMA 请求之间，DMA 控制器必须至少释放系统总线一个周期。

每个 DMA 通道都可以在 DMA 传输过半、传输完成和传输错误时产生中断，见表 9-2。为应用的灵活性考虑，可以通过设置寄存器的不同位来打开这些中断。每个通道都有 3 个事件标志（DMA 半传输、DMA 传输完成和 DMA 传输出错），这 3 个事件标志逻辑或成为一个单独的中断请求。

表 9-2 DMA 中断请求

中断事件	事件标志位	使能控制位
传输过半	HTIF	HTIE
传输完成	TCIF	TCIE
传输错误	TEIF	TEIE

9.2.2 DMA 结构

STM32 芯片的 DMA 结构框图如图 9-3 所示。从图中可以看出，STM32 有两个 DMA 控制器，DMA1 有 7 个通道，DMA2 有 5 个通道。其中，DMA2 控制器及相关请求仅存在于大容量的 F103 和互联型 F105、F107 中。中小容量的 F103 系列只有 DMA1。DMA1 控制器的 7 个通道见表 9-3。从外设（TIMx（x=1、2、3、4）、ADC1、SPI1、SPI/I2S2、I2Cx（x=1、2）和 USARTx（x=1、2、3））产生的 7 个请求，通过逻辑或输入到 DMA1 控制器，这意味着同

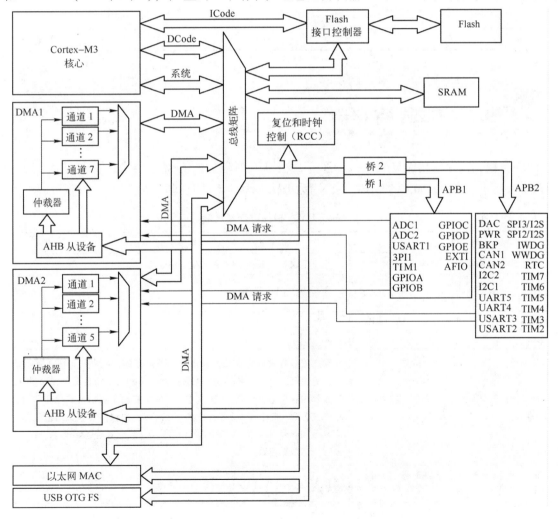

图 9-3 STM32 芯片的 DMA 结构框图

时只能有一个请求有效。外设的 DMA 请求可以通过设置相应外设寄存器中的 DMA 控制位，被独立地开启或关闭。

表 9-3　各个通道的 DMA1 请求

外设	通道 1	通道 2	通道 3	通道 4	通道 5	通道 6	通道 7
ADC1	ADC1						
SPI/I2S		SPI1_RX	SPI1_TX	SPI/I2S2_RX	SPI/I2S2_TX		
USART		USART3_TX	USART3_RX	USART1_TX	USART1_RX	USART2_RX	USART2_TX
I²C				I2C2_TX	I2C2_RX	I2C1_TX	I2C1_RX
TIM1		TIM1_CH1	TIM1_CH2	TIM1_TX4 TIM1_TRIG TIM1_COM	TIM1_UP	TIM1_CH3	
TIM2	TIM2_CH3	TIM2_UP			TIM2_CH1		TIM2_CH2 TIM2_CH4
TIM3		TIM3_CH3	TIM3_CH4 TIM3_UP			TIM3_CH1 TIM3_TRIG	
TIM4	TIM4_CH1			TIM4_CH2	TIM4_CH3		TIM4_UP

9.3　DMA 寄存器

DMA 相关寄存器功能见表 9-4。注意，在以下列举的所有寄存器中，所有与通道 6 和通道 7 相关的位，对 DMA2 都不适用，因为 DMA2 只有 5 个通道。

表 9-4　DMA 相关寄存器功能

寄存器	功能
DMA 中断状态寄存器（DMA_ISR）	用于反映各 DMA 通道是否产生了中断
DMA 中断标志清除寄存器（DMA_IFCR）	用于清除 DMA 中断标志
DMA 通道 x 配置寄存器（DMA_CCRx）（x = 1, …, 7）	用于配置各 DMA 通道
DMA 通道 x 传输数量寄存器（DMA_CNDTRx, x = 1, …, 7）	用于设置各通道的传输数据量，这个寄存器只能在通道不工作时写入。通道开启后，该寄存器变为只读，指示剩余的待传输的字节数目。寄存器内容在每次 DMA 传输后递减。数据传输结束后，寄存器的内容或者变为 0，或者被自动重新加载为之前配置的数值（当该通道配置为自动重加载模式时）。若寄存器的内容为 0，无论通道是否开启，都不会发生任何数据传输
DMA 通道 x 外设地址寄存器（DMA_CPARx, x = 1, …, 7）	用于设置 DMA 传输时外设寄存器的地址
DMA 通道 x 存储器地址寄存器（DMA_CMARx, x = 1, …, 7）	用于设置 DMA 传输时存储器的地址

表 9–5 中只列举了 DMA_CCR1、DMA_CNDTR1、DMA_CPAR1 和 DMA_CMAR1，其余 6 个 DMA1（通道 2～7）的相关寄存器和复位值与此相同。

表 9–5 DMA 寄存器映像和复位

偏移	寄存器	31	30	29	28	27	26	25	24	23	22	21	20	19	18	17	16	15	14	13	12	11	10	9	8	7	6	5	4	3	2	1	0
000h	DMA_ISR	保留	保留	保留	保留	TEIF7	HTIF7	TCIF7	GIF7	TEIF6	HTIF6	TCIF6	GIF6	TEIF5	HTIF5	TCIF5	GIF5	TEIF4	HTIF4	TCIF4	GIF4	TEIF3	HTIF3	TCIF3	GIF3	TEIF2	HTIF2	TCIF2	GIF2	TEIF1	HTIF1	TCIF1	GIF1
	复位值					0	0	0	0	0	0	0	0	0	0	0	0	0	0	0	0	0	0	0	0	0	0	0	0	0	0	0	0
004h	DMA_IFCR	保留	保留	保留	保留	CTEIF7	CHTIF7	CTCIF7	CGIF7	CTEIF6	CHTIF6	CTCIF6	CGIF6	CTEIF5	CHTIF5	CTCIF5	CGIF5	CTEIF4	CHTIF4	CTCIF4	CGIF4	CTEIF3	CHTIF3	CTCIF3	CGIF3	CTEIF2	CHTIF2	CTCIF2	CGIF2	CTEIF1	CHTIF1	CTCIF1	CGIF1
	复位值					0	0	0	0	0	0	0	0	0	0	0	0	0	0	0	0	0	0	0	0	0	0	0	0	0	0	0	0
008h	DMA_CCR1	保留	保留	保留	保留	保留	保留	保留	保留	保留	保留	保留	保留	保留	保留	保留	保留	保留	MEM2MEM	PL[1:0]	PL[1:0]	MSIZE[1:0]	MSIZE[1:0]	PSIZE[1:0]	PSIZE[1:0]	MINC	PINC	CIRC	DIR	TEIE	HTIE	TCIE	EN
	复位值																		0	0	0	0	0	0	0	0	0	0	0	0	0	0	0
00Ch	DMA_CNDTR1	保留	保留	保留	保留	保留	保留	保留	保留	保留	保留	保留	保留	保留	保留	保留	保留	NDT[15:0]	NDT[15:0]	NDT[15:0]	NDT[15:0]	NDT[15:0]	NDT[15:0]	NDT[15:0]	NDT[15:0]	NDT[15:0]	NDT[15:0]	NDT[15:0]	NDT[15:0]	NDT[15:0]	NDT[15:0]	NDT[15:0]	NDT[15:0]
	复位值																	0	0	0	0	0	0	0	0	0	0	0	0	0	0	0	0
010h	DMA_CPAR1	PA[31:0]	PA[31:0]	PA[31:0]	PA[31:0]	PA[31:0]	PA[31:0]	PA[31:0]	PA[31:0]	PA[31:0]	PA[31:0]	PA[31:0]	PA[31:0]	PA[31:0]	PA[31:0]	PA[31:0]	PA[31:0]	PA[31:0]	PA[31:0]	PA[31:0]	PA[31:0]	PA[31:0]	PA[31:0]	PA[31:0]	PA[31:0]	PA[31:0]	PA[31:0]	PA[31:0]	PA[31:0]	PA[31:0]	PA[31:0]	PA[31:0]	PA[31:0]
	复位值	0	0	0	0	0	0	0	0	0	0	0	0	0	0	0	0	0	0	0	0	0	0	0	0	0	0	0	0	0	0	0	0
014h	DMA_CMAR1	MA[31:0]	MA[31:0]	MA[31:0]	MA[31:0]	MA[31:0]	MA[31:0]	MA[31:0]	MA[31:0]	MA[31:0]	MA[31:0]	MA[31:0]	MA[31:0]	MA[31:0]	MA[31:0]	MA[31:0]	MA[31:0]	MA[31:0]	MA[31:0]	MA[31:0]	MA[31:0]	MA[31:0]	MA[31:0]	MA[31:0]	MA[31:0]	MA[31:0]	MA[31:0]	MA[31:0]	MA[31:0]	MA[31:0]	MA[31:0]	MA[31:0]	MA[31:0]
	复位值	0	0	0	0	0	0	0	0	0	0	0	0	0	0	0	0	0	0	0	0	0	0	0	0	0	0	0	0	0	0	0	0
018h	保留																																

定义 DMA 寄存器组的结构体 DMA_Channel_TypeDef 和 DMA_TypeDef 在库文件 STM32f10x.h 中：

```
/*-----------------------DMA Controller-----------------------*/
typedef struct
{
  vu32 CCR;
  vu32 CNDTR;
  vu32 CPAR;
  vu32 CMAR;
} DMA_Channel_TypeDef;
typedef struct
{
  vu32 ISR;
  vu32 IFCR;
} DMA_TypeDef;
/* Peripheral and SRAM base address in the bit-band region */
#define PERIPH_BASE           ((u32)0x40000000)
…
/* Peripheral memory map */
#define APB1PERIPH_BASE       PERIPH_BASE
#define AHBPERIPH_BASE        (PERIPH_BASE + 0x20000)
…
#define DMA1_BASE             (AHBPERIPH_BASE + 0x0000)
```

```
#define DMA1_Channel1_BASE      (AHBPERIPH_BASE + 0x0008)
#define DMA1_Channel2_BASE      (AHBPERIPH_BASE + 0x001C)
#define DMA1_Channel3_BASE      (AHBPERIPH_BASE + 0x0030)
#define DMA1_Channel4_BASE      (AHBPERIPH_BASE + 0x0044)
#define DMA1_Channel5_BASE      (AHBPERIPH_BASE + 0x0058)
#define DMA1_Channel6_BASE      (AHBPERIPH_BASE + 0x006C)
#define DMA1_Channel7_BASE      (AHBPERIPH_BASE + 0x0080)
…
    #ifdef _DMA
        #define DMA1              ((DMA_TypeDef *) DMA1_BASE)
    #endif /* _DMA */

    #ifdef _DMA1_Channel1
        #define DMA1_Channel1     ((DMA_Channel_TypeDef *)DMA1_Channel1_BASE)
    #endif /* _DMA1_Channel1 */
```

从上面的宏定义可以看出，DMA1 寄存器的存储映射首地址是 0x40020000。

9.4 DMA 库函数

每个通道都可以在有固定地址的外设寄存器和存储器地址之间执行 DMA 传输。DMA 传输的数据量是可编程的，可以通过 DMA_CCRx 寄存器中的 PSIZE 和 MSIZE 位进行编程，最大数据传输数量为 65536。存储数据传输数量的寄存器在每次传输后递减。

通过设置 DMA_CCRx 寄存器中的 PINC 和 MINC 标志位，外设和存储器的指针在每次传输后，可以有选择地完成自动增量。当设置为增量模式时，下一个要传输的地址将是前一个地址加上增量值，增量值取决与所选的数据宽度为 1、2 或 4。第一个传输的地址是存放在 DMA_CPARx/DMA_CMARx 寄存器中的地址。在传输过程中，这些寄存器保持它们初始的数值不变，软件不能改变和读出当前正在传输内部外设/存储器地址寄存器中的地址。当通道配置为非循环模式时，传输结束后（即传输计数变为 0）将不再产生 DMA 操作。若要开始新的 DMA 传输，需要在关闭 DMA 通道的情况下，在 DMA_CNDTRx 寄存器中重新写入传输数目。在循环模式下，最后一次传输结束时，DMA_CNDTRx 寄存器的内容会自动地被重新加载为其初始数值，内部的当前外设/存储器地址寄存器也被重新加载为 DMA_CPARx/DMA _CMARx 寄存器设定的初始基地址。

DMA 寄存器初始化相关数据结构在库文件 STM32f10x_dma.h 中：

```
typedef struct
{
    uint32_t DMA_PeripheralBaseAddr;    //DMA 通道外设地址
    uint32_t DMA_MemoryBaseAddr;        //DMA 通道存储器地址
    uint32_t DMA_DIR;                   //设定外设是作为数据传输的目的地还是来源
    uint32_t DMA_BufferSize;            //DMA 缓存的大小,单位在下边设定
    uint32_t DMA_PeripheralInc;         //外设地址寄存器是否递增
```

```
    uint32_t DMA_MemoryInc;              //内存地址是否递增
    uint32_t DMA_PeripheralDataSize;     //外设数据传输单位
    uint32_t DMA_MemoryDataSize;         //存储器数据传输单位
    uint32_t DMA_Mode;                   //设定工作模式
    uint32_t DMA_Priority;               //设定优先级
    uint32_t DMA_M2M;                    //是否从内存到内存
} DMA_InitTypeDef;
```

上述结构体部分参数说明如下。

（1）DMA_DIR 设置外设是作为数据传输的目的还是来源。表 9-6 给出了该参数的取值范围。

表 9-6 DMA_DIR 值

DMA_DIR	描 述
DMA_DIR_PeripheralDST	外设作为数据传输的目的地址
DMA_DIR_PeripheralSRC	外设作为数据传输的来源

（2）DMA_BufferSize 用于定义指定 DMA 通道的缓存大小，单位为数据单位。根据传输方向，数据单位等于结构中参数 DMA_PeripheralDataSize 或 DMA_MemoryDataSize 的值。

（3）DMA_PeripheralInc 用于设定外设地址寄存器递增与否。表 9-7 给出了该参数的取值范围。

表 9-7 DMA_PeripheralInc 值

DMA_PeripheralInc	描 述
DMA_PeripheralInc_Enable	外设地址寄存器递增
DMA_PeripheralInc_Disable	外设地址寄存器不变

（4）DMA_MemoryInc 用于设定内存地址寄存器递增与否。表 9-8 给出了该参数的取值范围。

表 9-8 DMA_MemoryInc 值

DMA_MemoryInc	描 述
DMA_ MemoryInc _Enable	内存地址寄存器递增
DMA_ MemoryInc _Disable	内存地址寄存器不变

（5）DMA_PeripheralDataSize 用于设定外设数据宽度。表 9-9 给出了该参数的取值范围。

表 9-9 DMA_PeripheralDataSize 值

DMA_PeripheralDataSize	描 述
DMA_PeripheralDataSize_Byte	数据宽度为 8 位
DMA_PeripheralDataSize_HalfWord	数据宽度为 16 位
DMA_PeripheralDataSize_Word	数据宽度为 32 位

（6）DMA_MemoryDataSize 用于设定内存数据宽度。表 9-10 给出了该参数的取值范围。

表 9–10 DMA_MemoryDataSize 值

DMA_MemoryDataSize	描述
DMA_MemoryDataSize_Byte	数据宽度为 8 位
MemoryDataSize_HalfWord	数据宽度为 16 位
DMA_MemoryDataSize_Word	数据宽度为 32 位

(7) DMA_Mode 用于设置 DMA 的工作模式。表 9–11 给出了该参数可取的值。

表 9–11 DMA_Mode 值

DMA_Mode	描述
DMA_Mode_Circular	工作在循环缓存模式
DMA_Mode_Normal	工作在正常缓存模式

循环模式用于处理一个环形的缓冲区，每轮传输结束时，数据传输的配置会自动地更新为初始状态，DMA 传输会连续不断地进行。普通模式是在 DMA 传输结束时，DMA 通道被自动关闭，进一步的 DMA 请求将不被满足。

(8) DMA_Priority 用于设定 DMA 通道 x 的软件优先级。表 9–12 给出了该参数可取的值。

表 9–12 DMA_Priority 值

DMA_Priority	描述
DMA_Priority_VeryHigh	DMA 通道 x 拥有非常高优先级
DMA_Priority_High	DMA 通道 x 拥有高优先级
DMA_Priority_Medium	DMA 通道 x 拥有中优先级
DMA_Priority_Low	DMA 通道 x 拥有低优先级

(9) DMA_M2M 用于使能 DMA 通道的内存到内存传输。表 9–13 给出了该参数可取的值。

表 9–13 DMA_M2M 值

DMA_M2M	描述
DMA_M2M_Enable	DMA 通道 x 设置为从内存到内存传输
DMA_M2M_Disable	DMA 通道 x 没有设置为从内存到内存传输

DMA 具体应用详见第 10 章的实例。

第 10 章 ADC 原理及应用

【前导知识】模拟信号、数字信号、采样信号、双积分式 A/D 转换、逐次逼近式 A/D 转换、计数器式 A/D 转换、分辨率、量化误差、转换精度、转换时间、转换速率。

STM32F10x 系列微控制器产品系列内置 3 个 12 位 A/D 转换模块（ADC），最快转换时间为 1μs，并且具有自校验功能，能够在环境条件变化时提高转换精度。

10.1 ADC 的功能及结构

1. ADC 的功能

【基本参数】ADC 的分辨率为 12 位；供电要求为 2.4～3.6V；输入范围为 0～3.6V（$V_{REF-} \leqslant V_{IN} \leqslant V_{REF+}$）。对于 STM32F103 系列增强型产品，ADC 转换时间与时钟频率相关。

【基本功能】
- ☺ 规则转换和注入转换均有外部触发选项。
- ☺ 在规则通道转换期间，可以产生 DMA 请求。
- ☺ 自校准。在每次 ADC 开始转换前进行一次自校准。
- ☺ 通道采样间隔时间可编程。
- ☺ 带内嵌数据一致性的数据对齐。
- ☺ 可设置成单次、连续、扫描、间断模式。
- ☺ 双 ADC 模式，带 2 个 ADC 设备 ADC1 和 ADC2，有 8 种转换方式。
- ☺ 转换结束、注入转换结束和发生模拟看门狗事件时产生中断。

2. ADC 的结构

STM32 的 ADC 硬件结构如图 10-1 所示。它主要由如下 4 个部分组成。

1) 模拟信号通道 共 18 个通道，可测 16 个外部信号源和 2 个内部信号源。其中，16 个外部通道对应 ADCx_IN0 到 ADCx_IN15；2 个内部通道连接到温度传感器和内部参考电压（$V_{REFINT} = 1.2V$）。

2) A/D 转换器 转换原理为逐次逼近型 A/D 转换，分为注入通道和规则通道。每个通道都有相应的触发电路，注入通道的触发电路为注入组，规则通道的触发电路为规则组；每个通道也有相应的转换结果寄存器，分别称为规则通道数据寄存器和注入通道数据寄存器。由时钟控制器提供的 ADCCLK 时钟和 PCLK2（APB2 时钟）同步。RCC 控制器为 ADC 时钟提供一个专用的可编程预分频器。

3) 模拟看门狗部分 用于监控高低电压阈值，可作用于一个、多个或全部转换通道，当检测到的电压低于或高于设定电压阈值时，可以产生中断。

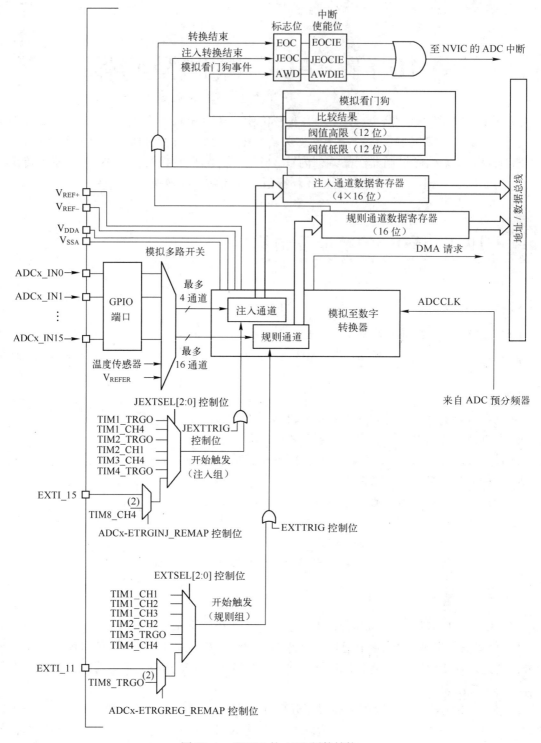

图 10-1 STM32 的 ADC 硬件结构

4）中断电路 有 3 种情况可以产生中断，即转换结束、注入转换结束和模拟看门狗事件。

ADC 的相关引脚见表 10-1。

表 10-1　ADC 的引脚

名　　称	信 号 类 型	备　　注
V_{REF+}	输入，模拟参考正极	ADC 使用的高端/正极参考电压，$2.4V \leq V_{REF+} \leq V_{DDA}$
$V_{DDA(1)}$	输入，模拟电源	等效于 V_{DD} 的模拟电源，且 $2.4V \leq V_{DDA} \leq V_{DD}(3.6V)$
V_{REF-}	输入，模拟参考负极	ADC 使用的低端/负极参考电压，$V_{REF-} = V_{SSA}$
$V_{SSA(1)}$	输入，模拟电源地	等效于 V_{SS} 的模拟电源地
ADCx_IN[15:0]	模拟输入信号	16 个模拟输入通道

需要说明的是，在外部电路连接中，V_{DDA} 和 V_{SSA} 应该分别连接到 V_{DD} 和 V_{SS}。

传感器信号通过任意一路通道进入 ADC 并被转换成数字量，接着该数字量会被存入一个 16 位的数据寄存器中，在 DMA 使能的情况下，STM32 的存储器可以直接读取转换后的数据。ADC 必须在时钟 ADCCLK 的控制下才能进行 A/D 转换。ADCCLK 的值是由时钟控制器控制，与高级外设总线 APB2 同步。时钟控制器为 ADC 时钟提供了一个专用的可编程预分频器，默认的分频值为 2。

10.2　ADC 的工作模式

STM32 的每个 ADC 模块可以通过内部的模拟多路开关切换到不同的输入通道并进行转换。在任意多个通道上以任意顺序进行的一系列转换构成成组转换。例如，可以以如下顺序完成转换：通道 3、通道 8、通道 2、通道 2、通道 0、通道 2、通道 2、通道 15。

按照工作模式划分，ADC 主要有 4 种转换模式，即单次转换模式、连续转换模式、扫描模式和间断模式。

1. 单次转换模式

单个通道单次转换模式如图 10-2 所示。

2. 连续转换模式

单个通道连续转换模式如图 10-3 所示。

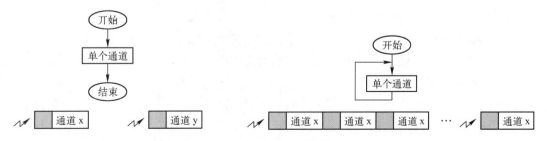

图 10-2　单个通道单次转换模式　　　　　图 10-3　单个通道连续转换模式

3. 扫描模式

扫描模式即多个通道单次转换模式。此模式用于扫描一组模拟通道，如图 10-4 所示。

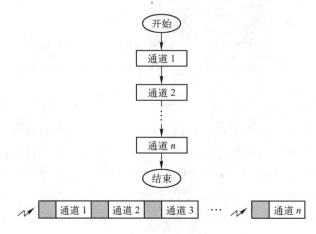

图 10-4　扫描模式

4. 间断模式

间断模式即多个通道连续转换模式，如图 10-5 所示。

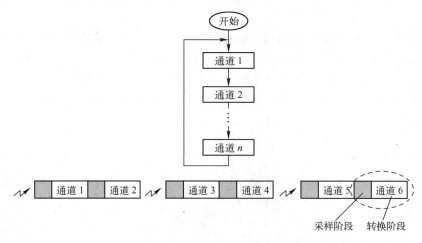

图 10-5　间断模式

间断模式可分成规则组和注入组。

1）规则通道组　STM32 的每个 ADC 模块可以通过内部的模拟多路开关切换到不同的输入通道并进行转换。STM32 加入了多种成组转换的模式，可以由程序设置好后，对多个模拟通道自动地进行逐个采样转换。

规则通道组可编程设定规则通道数量 n，最多可设定 $n=16$ 个通道，规则通道及其转换顺序在 ADC_SQRx 寄存器中选择。规则组中转换的总数写入 ADC_SQR1 寄存器的 L[3:0] 位中；可编程设定采样时间及采样通道的顺序；转换可由以下 2 种方式启动：

☺ 由软件控制，使能启动位；

☺ 由以下外部触发源来产生：TIM1 CC1；TIM1 CC2；TIM1 CC3；TIM2 CC2；TIM3

TRG0；TIM4 CC4；EXT1 Line11。

例如，$n=3$，被转换的通道号为 0、1、2、3、6、7、9、10。第 1 次触发，转换的序列为 0、1、2；第 2 次触发，转换的序列为 3、6、7；第 3 次触发，转换的序列为 9、10，并产生 EOC 事件；第 4 次触发，转换的序列 0、1、2。

每个通道转换完成后，将覆盖以前的数据，所以应及时将已完成转换的数据读出；每个通道转换完成后，会产生一个 DMA 中断请求，所以在规则通道组中，一般会使能 DMA 传输；每个序列通道转换完后，会将 EOC 标志置位，如果该中断开启，则会触发中断。

针对每个通道，可对 ADC_SMPR1 和 ADC_SMPR2 中的相应 3 位寄存器进行编程设定采样时间，见表 10-2。

表 10-2 采样时间设定

3 位寄存器	采样时间（cycles）	3 位寄存器	采样时间（cycles）
000	1.5	100	41.5
001	7.5	101	55.5
010	13.5	110	71.5
011	28.5	111	239.5

总转换时间公式为：

$$总转换时间\ T_{conv} = 采样时间 + 12.5 \text{cycles}$$

式中，12.5cycles 为 A/D 转换时间。例如，当 ADCCLK 为 14MHz，采样时间为 1.5cycles 时，

$$T_{conv} = 1.5 + 12.5 = 14\ 个周期 = 1\mu s$$

因为 ADC 的驱动频率最高为 14MHz，因此时钟频率是 14 的整数倍时，才能得到最高的频率，此时为 ADCCLK 提供时钟的 APB2 时钟为 56MHz，当 APB2 为 72MHz 时，$T_{conv} = 1.17\mu s$。

需要说明的是，采样时间越长，转换结果越稳定。

2) 注入通道组 注入通道组有 4 个数据寄存器，最多允许 4 个通道转换，可随时读取相应寄存器的值，没有 DMA 请求。

例如，$n=1$，被转换的通道号为 1、2、3。第 1 次触发，通道 1 被转换；第 2 次触发，通道 2 被转换；第 3 次触发，通道 3 被转换，并且产生 EOC 和 JEOC 事件；第 4 次触发，通道 1 被转换。

规则通道组的转换好比是程序的正常执行，而注入通道组的转换则好比是程序正常执行之外的一个中断处理程序，如图 10-6 所示。规则序列即为正常状态下的转换序列，通常作为长期的采集序列使用；而注入序列通常是作为规则序列的临时追加序列存在的，仅作为数据采集的补充。

例如，假定在家里的院子内放置 5 个温度探头，室内放置 3 个温度探头，需要时刻监视室外温度，但偶尔想知道室内的温度，因此可以使用规则通道组循环扫描室外的 5 个探头并显示 A/D 转换结果。当想看室内温度时，通过一个按钮启动注入转换组（3 个室内探头）并暂时显示室内温度，当释放开这个按钮后，系统又会回到规则通道组，继续检测室外

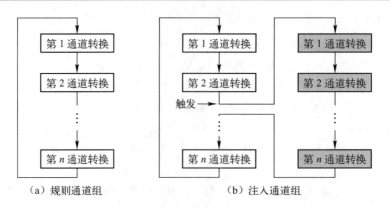

图 10-6 ADC 通道选择

温度。

从系统设计上来看,测量并显示室内温度的过程中断了测量并显示室外温度的过程,但程序设计上可以在初始化阶段分别设置好不同的转换组,系统运行中不必再变更循环转换的配置,从而达到两个任务互不干扰和快速切换的结果。可以设想一下,如果没有规则组和注入组的划分,当按下按钮后,需要重新配置 A/D 循环扫描的通道,然后在释放按钮后需再次配置 A/D 循环扫描的通道。

上述例子因为速度较慢,不能完全体现这样区分(规则组和注入组)的好处,但在工业应用领域中有很多检测和监视探头需要较快的处理速度,这样对 A/D 转换的分组将简化事件处理的程序,并提高事件处理的速度。

规则转换和注入转换均有外部触发选项,规则通道转换期间有 DMA 请求产生,而注入转换则无 DMA 请求,需要用查询或中断的方式保存转换的数据。如果规则转换已经在运行,为了在注入转换后确保同步,所有的 ADC(主和从)的规则转换被停止,并在注入转换结束时同步恢复。

 ## 10.3 数据对齐

ADC_CR2 寄存器中的 ALIGN 位选择转换后数据存储的对齐方式。数据可以左对齐,也可以右对齐,如图 10-7 和图 10-8 所示。注入组通道转换的数据值已经减去了在 ADC_JOFRx 寄存器中定义的偏移量,因此结果可以是一个负值。SEXT 位是扩展的符号值。对于规则组通道,不需要减去偏移值,因此只有 12 个位有效。

注入组

SEXT	D11	D10	D9	D8	D7	D6	D5	D4	D3	D2	D1	D0	0	0	0

规则组

D11	D10	D9	D8	D7	D6	D5	D4	D3	D2	D1	D0	0	0	0	0

图 10-7 数据左对齐

第 10 章　ADC 原理及应用

注入组															
SEXT	SEXT	SEXT	SEXT	D11	D10	D9	D8	D7	D6	D5	D4	D3	D2	D1	D0

规则组															
0	0	0	0	D11	D10	D9	D8	D7	D6	D5	D4	D3	D2	D1	D0

图 10-8　数据右对齐

10.4　ADC 中断

ADC 中断见表 10-3。规则和注入组转换结束时能产生中断，当模拟看门狗状态位被设置时也能产生中断。它们都有独立的中断使能位。

表 10-3　ADC 中断

中断事件	事件标志	使能控制位
规则组转换结束	EOC	EOCIE
注入组转换结束	JEOC	JEOCIE
设置模拟看门狗状态位	AWD	AWDIE

10.5　ADC 寄存器

ADC 控制寄存器见表 10-4，ADC 寄存器映像和复位值见表 10-5。

表 10-4　ADC 相关寄存器功能

寄存器	功能
ADC 状态寄存器（ADC_SR）	用于反映 ADC 的状态
ADC 控制寄存器 1（ADC_CR1）	用于控制 ADC
ADC 控制寄存器 2（ADC_CR2）	用于控制 ADC
ADC 采样时间寄存器 1（ADC_SMPR1）	用于独立地选择每个通道（通道 10～18）的采样时间
ADC 注入通道数据偏移寄存器 x（ADC_JOFRx）（x = 1，…，4）	用于定义注入通道的数据偏移量，转换所得的原始数据会自动减去相应偏移量
ADC 规则序列寄存器 1（ADC_SQR1）	用于定义规则转换的序列，包括长度及次序（第 13～16 个转换）
ADC 注入序列寄存器（ADC_JSQR）	用于定义注入转换的序列，包括长度及次序
ADC 注入数据寄存器 x（ADC_JDRx，x = 1，…，4）	用于保存注入转换所得到的结果
ADC 规则数据寄存器（ADC_DR）	用于保存规则转换所得到的结果

表 10-5 ADC 寄存器映像和复位值

偏移	寄存器	31-24	23	22	21-20	19-16	15-14	13	12	11	10	9	8	7	6	5	4	3	2	1	0
000h	ADC_SR	保留															STRT	JSTRT	JEOC	EOC	AWD
	复位值																0	0	0	0	0
004h	ADC_CR1	保留	AWDEN	JAWDEN	保留	DUALMOD[3:0]	DISCNUM[2:0]			JDISCEN	DISCEN	JAUTO	AWDSGL	SCAN	JEOCIE	AWDIE	EOCIF	AWDCH[3:0]			
	复位值		0	0		0 0 0 0	0 0 0			0	0	0	0	0	0	0	0	0	0	0	0
008h	ADC_CR2	保留	TSVRFFE	SWSTART	JSWSTART	EXTTRIG	EXTSEL[2:0]		保留	JEXTRIG	JEXTSEL[2:0]			ALIGN	保留	DMA	保留	RSTCAL	CAL	CONT	ADON
	复位值		0	0	0	0	0 0 0			0	0 0 0			0		0		0	0	0	0
00Ch	ADC_SMPR1	采样时间位 SMPx_x																			
	复位值	0 0 0 0 0 0 0 0 0 0 0 0 0 0 0 0 0 0 0 0 0 0 0 0 0 0 0 0 0 0 0 0																			
010h	ADC_SMPR2	采样时间位 SMPx_x																			
	复位值	0 0 0 0 0 0 0 0 0 0 0 0 0 0 0 0 0 0 0 0 0 0 0 0 0 0 0 0 0 0 0 0																			
014h	ADC_JOFR1	保留												JOFFSET1[11:0]							
	复位值													0 0 0 0 0 0 0 0 0 0 0 0							
018h	ADC_JOFR2	保留												JOFFSET2[11:0]							
	复位值													0 0 0 0 0 0 0 0 0 0 0 0							
01Ch	ADC_JOFR3	保留												JOFFSET3[11:0]							
	复位值													0 0 0 0 0 0 0 0 0 0 0 0							
020h	ADC_JOFR4	保留												JOFFSET4[11:0]							
	复位值													0 0 0 0 0 0 0 0 0 0 0 0							
024h	ADC_HTR	保留												HT[11:0]							
	复位值													0 0 0 0 0 0 0 0 0 0 0 0							
028h	ADC_LTR	保留												LT[11:0]							
	复位值													0 0 0 0 0 0 0 0 0 0 0 0							
02Ch	ADC_SQR1	保留				L[3:0]				规则通道序列 SQx_x 位											
	复位值					0 0 0 0				0 0 0 0 0 0 0 0 0 0 0 0 0 0 0											
030h	ADC_SQR2	保留	规则通道序列 SQx_x 位																		
	复位值		0 0 0 0 0 0 0 0 0 0 0 0 0 0 0 0 0 0 0 0 0 0 0 0 0 0 0																			
034h	ADC_SQR3	保留	规则通道序列 SQx_x 位																		
	复位值		0 0 0 0 0 0 0 0 0 0 0 0 0 0 0 0 0 0 0 0 0 0 0 0 0 0 0																			
038h	ADC_JSQR	保留				JL[1:0]		注入通道序列 JSQx_x 位														
	复位值					0 0		0 0 0 0 0 0 0 0 0 0 0 0 0 0 0 0 0 0 0 0														
03Ch	ADC_JDR1	保留								JDATA[15:0]											
	复位值									0 0 0 0 0 0 0 0 0 0 0 0 0 0 0 0										
040h	ADC_JDR2	保留								JDATA[15:0]											
	复位值									0 0 0 0 0 0 0 0 0 0 0 0 0 0 0 0										
044h	ADC_JDR3	保留								JDATA[15:0]											
	复位值									0 0 0 0 0 0 0 0 0 0 0 0 0 0 0 0										
048h	ADC_JDR4	保留								JDATA[15:0]											
	复位值									0 0 0 0 0 0 0 0 0 0 0 0 0 0 0 0										
04Ch	ADC_DR	ADC2DATA[15:0]								JDATA[15:0]											
	复位值	0 0 0 0 0 0 0 0 0 0 0 0 0 0 0 0								0 0 0 0 0 0 0 0 0 0 0 0 0 0 0 0										

定义 ADC 寄存器组的结构体 ADC_TypeDef 在库文件 stm32f10x.h 中：

```
/* ------------------------ Analog to Digital Converter ------------------------ */
typedef struct
{
    vu32 SR;
    vu32 CR1;
```

vu32 CR2;
vu32 SMPR1;
vu32 SMPR2;
vu32 JOFR1;
vu32 JOFR2;
vu32 JOFR3;
vu32 JOFR4;
vu32 HTR;
vu32 LTR;
vu32 SQR1;
vu32 SQR2;
vu32 SQR3;
vu32 JSQR;
vu32 JDR1;
vu32 JDR2;
vu32 JDR3;
vu32 JDR4;
vu32 DR;
} ADC_TypeDef;
/* Peripheral and SRAM base address in the bit-band region */
#define PERIPH_BASE   ((u32)0x40000000)
…
/* Peripheral memory map */
#define APB2PERIPH_BASE   (PERIPH_BASE + 0x10000)
…
#define ADC1_BASE   (APB2PERIPH_BASE + 0x2400)
…
    #ifdef _ADC1
      #define ADC1   ((ADC_TypeDef *) ADC1_BASE)
    #endif /* _ADC1 */

从上面的宏定义可以看出，EXTI 寄存器的存储映射首地址是 0x40012400。

10.6 ADC 库函数

ADC 初始化定义结构体 ADC_InitTypeDef 在文件 stm32f10x_adc.h 中：

typedef struct
{
    u32 ADC_Mode;
    FunctionalState ADC_ScanConvMode;
    FunctionalState ADC_ContinuousConvMode;
    u32 ADC_ExternalTrigConv;

```
    u32 ADC_DataAlign;
    u8 ADC_NbrOfChannel;
} ADC_InitTypeDef;
```

(1) ADC_Mode 设置 ADC 工作在独立或者双 ADC 模式，见表 10-6。

表 10-6 ADC_Mode 函数定义

ADC_Mode	描述
ADC_Mode_Independent	ADC1 和 ADC2 工作在独立模式
ADC_Mode_RegInjecSimult	ADC1 和 ADC2 工作在同步规则和同步注入模式
ADC_Mode_RegSimult_AlterTrig	ADC1 和 ADC2 工作在同步规则模式和交替触发模式
ADC_Mode_InjecSimult_FastInterl	ADC1 和 ADC2 工作在同步规则模式和快速交替模式
ADC_Mode_InjecSimult_SlowInterl	ADC1 和 ADC2 工作在同步注入模式和慢速交替模式
ADC_Mode_InjecSimult	ADC1 和 ADC2 工作在同步注入模式
ADC_Mode_RegSimult	ADC1 和 ADC2 工作在同步规则模式
ADC_Mode_FastInterl	ADC1 和 ADC2 工作在快速交替模式
ADC_Mode_SlowInterl	ADC1 和 ADC2 工作在慢速交替模式
ADC_Mode_AlterTrig	ADC1 和 ADC2 工作在交替触发模式

(2) ADC_ScanConvMode 规定了 A/D 转换工作在扫描模式（多通道）还是单次（单通道）模式。可以设置这个参数为 ENABLE 或 DISABLE。

(3) ADC_ContinuousConvMode 规定了 A/D 转换工作在连续还是单次模式。可以设置这个参数为 ENABLE 或 DISABLE。

(4) ADC_ExternalTrigConv 定义了使用外部触发来启动规则通道的 A/D 转换，见表 10-7。

表 10-7 ADC_ExternalTrigConv 定义表

ADC_ExternalTrigConv	描述
ADC_ExternalTrigConv_T1_CC1	选择定时器 1 的捕获比较 1 作为转换外部触发
ADC_ExternalTrigConv_T1_CC2	选择定时器 1 的捕获比较 2 作为转换外部触发
ADC_ExternalTrigConv_T1_CC3	选择定时器 1 的捕获比较 3 作为转换外部触发
ADC_ExternalTrigConv_T2_CC2	选择定时器 2 的捕获比较 2 作为转换外部触发
ADC_ExternalTrigConv_T3_TRGO	选择定时器 3 的 TRGO 作为转换外部触发
ADC_ExternalTrigConv_T4_CC4	选择定时器 4 的捕获比较 4 作为转换外部触发
ADC_ExternalTrigConv_Ext_IT11	选择外部中断线 11 事件作为转换外部触发
ADC_ExternalTrigConv_None	转换由软件而不是外部触发启动

(5) ADC_DataAlign 规定了 ADC 数据向左边对齐还是向右边对齐，见表 10-8。

表 10-8 ADC_DataAlign 定义表

ADC_DataAlign	描述
ADC_DataAlign_Right	ADC 数据右对齐
ADC_DataAlign_Left	ADC 数据左对齐

10.7 应用实例

【程序功能】将 PA1 上所接滑动变阻器上的电压以 DMA 方式读入内存,然后进行平均值滤波,每 10 个数据一组,去掉一个最大值,去掉一个最小值,剩下的数据取平均数,然后在数码管上显示出来。

【硬件电路】如图 10-9 所示。

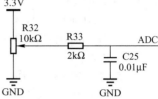

图 10-9 ADC 硬件电路

【程序分析】
(1) 配置时钟:

```
void RCC_Configuration( void )
{
    …
    /* Enable peripheral clocks ------------------------------------ */
    /* Enable DMA clock */
    RCC_AHBPeriphClockCmd( RCC_AHBPeriph_DMA1, ENABLE);
    /* Enable ADC1 and GPIOC clock */
    RCC_APB2PeriphClockCmd( RCC_APB2Periph_ADC1, ENABLE);
    …
}
```

(2) GPIO 配置:

```
void GPIO_Configuration( void )
{
    GPIO_InitTypeDef GPIO_InitStructure;

    /* Configure PA.01 (ADC Channel1) as analog input ------------- */
    GPIO_InitStructure.GPIO_Pin = GPIO_Pin_1;
    GPIO_InitStructure.GPIO_Mode = GPIO_Mode_AIN;
    GPIO_Init( GPIOA, &GPIO_InitStructure);

    GPIO_InitStructure.GPIO_Pin = GPIO_Pin_All;
    GPIO_InitStructure.GPIO_Speed = GPIO_Speed_50MHz;
    GPIO_InitStructure.GPIO_Mode = GPIO_Mode_Out_PP;
    GPIO_Init( GPIOB, &GPIO_InitStructure);

    GPIO_InitStructure.GPIO_Pin = GPIO_Pin_8;
    GPIO_InitStructure.GPIO_Speed = GPIO_Speed_50MHz;
    GPIO_InitStructure.GPIO_Mode = GPIO_Mode_Out_PP;
    GPIO_Init( GPIOC, &GPIO_InitStructure);
```

}

(3) DMA 初始化程序：

```
void DMA_Config(void)
{
    /* DMA channel1 configuration ---------------------------------------- */
    //恢复默认值
    DMA_DeInit(DMA1_Channel1); //将 DMA 的通道 x 寄存器重设为默认值
    DMA_InitStructure.DMA_PeripheralBaseAddr = ADC1_DR_Address; //该参数用于定义 DMA 外设基地址
    DMA_InitStructure.DMA_MemoryBaseAddr = (u32)&ADC_ConvertedValue; //该参数用于定义 DMA 内存基地址
    //DMA_DIR 规定了外设是作为数据传输的目的地还是来源
    DMA_InitStructure.DMA_DIR = DMA_DIR_PeripheralSRC;
    //DMA_BufferSize 用于定义指定 DMA 通道的 DMA 缓存的大小，单位为数据单位。根据传输方向，数据单位等于结构中参数 DMA_PeripheralDataSize 或 DMA_MemoryDataSize 的值
    DMA_InitStructure.DMA_BufferSize = 16; //一次传输的数据量
    //DMA_PeripheralInc 用于设定外设地址寄存器递增与否
    DMA_InitStructure.DMA_PeripheralInc = DMA_PeripheralInc_Disable;
    //DMA_MemoryInc 用于设定内存地址寄存器递增与否
    DMA_InitStructure.DMA_MemoryInc = DMA_MemoryInc_Disable;
    //DMA_PeripheralDataSize 设定外设数据宽度
    DMA_InitStructure.DMA_PeripheralDataSize = DMA_PeripheralDataSize_HalfWord;
    //DMA_MemoryDataSize 设定外设数据宽度
    DMA_InitStructure.DMA_MemoryDataSize = DMA_MemoryDataSize_HalfWord;
    // DMA_Mode 设置 CAN 的工作模式
    DMA_InitStructure.DMA_Mode = DMA_Mode_Circular;
    //DMA_Priority 设定 DMA 通道 x 的软件优先级
    DMA_InitStructure.DMA_Priority = DMA_Priority_High;
    //DMA_M2M 使能 DMA 通道的内存到内存传输
    DMA_InitStructure.DMA_M2M = DMA_M2M_Disable;
    DMA_Init(DMA1_Channel1, &DMA_InitStructure);

    /* Enable DMA channel1 */
    DMA_Cmd(DMA1_Channel1, ENABLE);
}
```

(4) ADC 初始化程序：

```
void AD_Config(void)
{
    /* ADC1 configuration ---------------------------------------- */
    //ADC_Mode 设置 ADC 工作在独立或双 ADC 模式
    ADC_InitStructure.ADC_Mode = ADC_Mode_Independent;
    //ADC_ScanConvMode 规定 A/D 转换工作在扫描模式(多通道)还是单次(单通道)模式。可以
```

设置这个参数为 ENABLE 或 DISABLE
    ADC_InitStructure.ADC_ScanConvMode = ENABLE;
    //ADC_ContinuousConvMode 规定 A/D 转换工作在连续还是单次模式
    ADC_InitStructure.ADC_ContinuousConvMode = ENABLE;
    //ADC_ExternalTrigConv 定义使用外部触发来启动规则通道的 A/D 转换
    ADC_InitStructure.ADC_ExternalTrigConv = ADC_ExternalTrigConv_None;
    //ADC_DataAlign 规定 ADC 数据向左边对齐还是向右边对齐
    ADC_InitStructure.ADC_DataAlign = ADC_DataAlign_Right;
    //ADC_NbreOfChannel 规定顺序进行规则转换的 ADC 通道的数目
    ADC_InitStructure.ADC_NbrOfChannel = 1;
    ADC_Init(ADC1, &ADC_InitStructure);

    /* ADC1 regular channel13 configuration */
    //设置指定 ADC 的规则组通道,设置它们的转化顺序和采样时间
    ADC_RegularChannelConfig(ADC1, ADC_Channel_1, 1, ADC_SampleTime_55Cycles5);

    /* Enable ADC1 DMA */
    ADC_DMACmd(ADC1, ENABLE);

    /* Enable ADC1 */
    ADC_Cmd(ADC1, ENABLE);

    /* Enable ADC1 reset calibaration register */
    ADC_ResetCalibration(ADC1); //重置指定 ADC 的校准寄存器
    /* Check the end of ADC1 reset calibration register */
    while(ADC_GetResetCalibrationStatus(ADC1));

    /* Start ADC1 calibration */
    ADC_StartCalibration(ADC1); //开始指定 ADC 的校准状态
    /* Check the end of ADC1 calibration */
    while(ADC_GetCalibrationStatus(ADC1));

    /* Start ADC1 Software Conversion */
    ADC_SoftwareStartConvCmd(ADC1, ENABLE);
}

(5) 平均值滤波程序:

void display(void)
{
    ad_data = ADC_GetConversionValue(ADC1);
    if (ad_sample_cnt ==0) //判断是不是第 1 次,若是,则设置最大值和最小值
    {
        ad_value_min = ad_data;
        ad_value_max = ad_data;
```
```

```
            }
            else if (ad_data < ad_value_min){  //判断是否比最小值小,若是,则保存
                ad_value_min = ad_data;
            }
            else if (ad_data > ad_value_max){  //同上,找最大值
                ad_value_max = ad_data;
            }

            ad_value_sum += ad_data;  //所有的数据累加起来

            ad_sample_cnt ++;
            if (ad_sample_cnt ==9) // 采样10个数据

            {
                // sub max and min
                ad_value_sum -= ad_value_min;  //去掉最大值和最小值
                ad_value_sum -= ad_value_max;
                ad_value_sum >>=3;  //求剩下的8个数据的和,然后除以8,右移3位就是除以8了,避
免做除法。ad_value_sum/8
                Clock1s = 1;
                // ad_value_sum 中存放的是结果
                // init
                ad_sample_cnt = 0;
                ad_value_min = 0;
                ad_value_max = 0;
            }
```

（6）主程序:

```
    int main(void)
    {
#ifdef DEBUG
      debug();
#endif
      /* System clocks configuration ------------------------------------------------*/
      RCC_Configuration();
      /* NVIC configuration ---------------------------------------------------------*/
      NVIC_Configuration();
      /* GPIO configuration ---------------------------------------------------------*/
      GPIO_Configuration();

    //    /* Configure the USART1 */
    //  USART_Configuration1();
      //SystemInit();
    // printf(" \r\n USART1 print AD_value -------------------------- \r\n");
```

```
    DMA_Config( );
    AD_Config( );
    GPIO_SetBits( GPIOC,GPIO_Pin_8 );
    GPIO_SetBits( GPIOB,GPIO_Pin_0 );
    GPIO_SetBits( GPIOB,GPIO_Pin_1 );
    GPIO_SetBits( GPIOB,GPIO_Pin_2 );
while( 1 )
    {
       display( );
    }
}
```

第 11 章 μC/OS-II 嵌入式操作系统基础

操作系统已经将应用程序和 ARM 底层硬件分隔开来。学习 ARM，其实是在学习操作系统（Operating System，OS）。这就好像大家今天学习 PC 的使用，其实主要是在学习 Windows 操作系统的使用。

11.1 操作系统的功能

操作系统是控制和管理计算机系统内各种硬件和软件资源，有效地组织多道程序运行的系统软件（或程序集合），是用户与计算机之间的接口，如图 11-1 和图 11-2 所示。操作系统使整个计算机系统高效率和高度自动化地运行起来。

图 11-1　操作系统是用户与计算机之间的接口

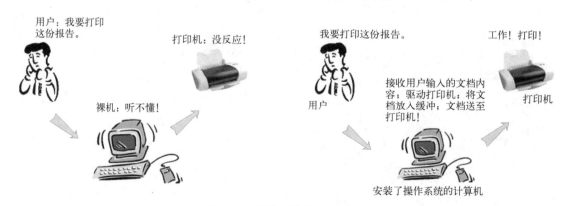

图 11-2　操作系统的基本功能

在大多数工程师的脑海里，好象操作系统只是 PC 上的事情，对于很多处理器，如单片机、DSP 等，运行类似 Windows 的操作系统是不可思议的事情，而且也没有必要，系统只需要加电或复位后，从 0 地址开始执行程序，再加上一些必不可少的中断即可。对于简单的硬件和任务，确实并不需要专用的操作系统，工程师在编写软件时，已经把应用程序和操作系统结合在一起了，任何程序都是先进行各种初始化（相当于操作系统），然后再执行应用程序。但是，随着系统的复杂程度和用户需求的提高，可能会需要操作系统作为嵌入式系统启动后首先执行的背景程序，用户的应用程序是运行于操作系统之上的各个任务，操作系统根据各个任务的要求，来完成如内存管理、多任务管理、周边资源的管理等工作，使程序员能够专注于系统的功能和应用。例如，要在一个 ARM 上开发一个 TCP/IP 网络，不用操作系统也是可以的，但开发工作将变得异常艰难，而且开发出来的程序面临稳定性差、移植困难等问题，并且 TCP/IP 网络还会遇到如下问题：

☺ 必须随时"知道"网络数据是否进入了目标平台；
☺ 必须随时"知道"用户是否打算停止数据的传输；
☺ 必须随时"知道"某个网络的状态是否超时。

就上述 3 个问题，如果没有操作系统，仅靠程序员去检查这些状态，将是一项非常可怕的事情；而且如果想对这个程序进行移植，将是每个程序员都想回避的事情，更不必说如果系统中有 USB、声卡等情况了。而一旦采用操作系统，这一切都会变得很简单。因此，操作系统的主要作用有如下两点。

1. 操作系统是计算机硬件的封装和功能的扩充

在使用计算机时，如果用户面对的是一台由硬件组成的裸机，那么用户就不得不使用低级语言来编写指挥硬件的程序。例如，需要从磁盘中读取一批数据，凡是涉及读取磁盘数据工作的每个步骤和细节，包括给出磁头号、驱动步进电动机，并命令磁头移动到给定的磁道位置、给出扇区号、等待磁头和扇区移动到合适位置、读出数据等一系列的繁杂动作，就都需要用户自己来编写程序。诸如此类的事情在计算机应用中还有许多。显然，上述这些程序设计工作对于普通计算机用户来说是极其困难和艰巨的。因为他必须既通晓计算机硬件的所有技术细节，又要精通汇编语言程序设计。

但是，人们发现这些实现硬件操作的汇编语言程序模块都有一个共同的特点，即它们都具有很强的通用性，具有大多数应用程序都要用到的通用功能。于是请一些通晓计算机硬件工作机理并精于汇编语言程序设计的人来编写这些程序功能模块，通过这些模块与高级语言对接的接口向用户提供服务，并把这些模块作为一种通用软件提供给用户。这样用户在装有这种通用软件的计算机上来编写高级语言程序也就非常容易和方便了。

例如，还是以从磁盘中读取一批数据这项工作为例，如果系统中已经有了 3 个具体接口的汇编语言程序模块，即磁头移动并定位模块、读磁盘数据模块和写入磁盘模块，那么用户的工作就简单多了，他只要在自己的应用程序中，通过调用简单的、高度抽象的接口模块即可。对于磁盘而言，如果磁盘内包含了一组文件，每个文件都有一个文件名，在访问一个文件前，首先要打开这个文件，然后才能对它进行读/写操作；在使用完文件后，还要关闭文件。以上就是磁盘的抽象，至于底层的实现细节，如数据的记录格式、电动机的当前状态等，对程序员来说是透明的，是无须了解的。负责将硬件细节与程序员隔离开来，并提供一个简单、方便的文件访问方式的程序就是操作系统。除磁盘硬件外，它还隐藏了许多其他的底层特性，如中断、时钟、存储管理等。对于每种硬件，操作系统都提供了一个简单、有效的抽象接口。操作系统扩充了计算机硬件的功能，使得带有操作系统的计算机比只有硬件的计算机功能更强、更容易编程，因此可以说操作系统是对计算机硬件的软件封装，它为应用程序设计人员提供了一个更便于使用的虚拟计算机（Virtual Machine）。

由于对应于每一个处理器的硬件平台都是通用的、固定的、成熟的，因此在开发过程中利用操作系统可以减少硬件系统错误的引入机会；同时，由于操作系统屏蔽掉了底层硬件的很多信息，使得开发者通过操作系统提供的 API 函数就可以完成大部分工作，大大简化了开发过程，提高了系统的稳定性。综上所述，在操作系统支持下，开发者的主要工作就是编写特定的应用程序。

2. 操作系统是计算机资源的管理者

现代计算机都包含微处理器、存储器、磁盘等各种设备，操作系统的任务就是在相互竞争的程序之间，有序地调配这些硬件设备。当一台计算机（或网络）有多个用户时，由于用户之间可能会相互干扰，因此必须更好地管理和保护存储器、I/O 设备和其他各种资源。此外，在不同的用户之间，不仅需要共享硬件设备，有时还需要共享信息（文件、数据库等）。总之，从资源管理的角度来看，操作系统的主要任务是跟踪资源的使用状况，满足资源请求，提高资源利用率，以及协调不同程序和用户对资源的访问冲突。资源管理主要包括两种形式的资源共享，即时间资源共享和器件资源共享。所谓时间上的资源共享，指的是各个程序或用户轮流使用该资源。这个资源能否被有效地利用，就取决于系统在运行程序时如何组织了。操作系统的主要功能包括处理器管理、存储器管理、设备管理、文件管理和进程管理等 5 个方面。

在嵌入式复杂应用中，为了使系统开发更快捷、方便，就需要具备相应的管理存储器分配、中断处理、任务间通信和定时器响应，以及提供多任务处理等功能的软件模块集合，即嵌入式操作系统。嵌入式操作系统的引入大大提高了嵌入式系统的功能，方便了嵌入式应用软件的设计，但同时也占用了宝贵的嵌入式资源。一般在比较复杂或需要多任务的应用场合，应考虑使用嵌入式操作系统。嵌入式操作系统具有通用操作系统的基本特点，如能够有效管理越来越复杂的系统资源；能够把硬件虚拟化，使得开发人员从繁忙的驱动程序移植和维护中解脱出来；能够提供库函数、驱动程序、工具集及应用程序。在嵌入式应用中使用操作系统，可以把复杂的应用分解成多个任务，简化了应用系统软件的设计；使用操作系统，程序设计和扩展变得容易，不需要大的改动就可以增加新的功能；通过有效的系统服务，嵌入式实时操作系统使得系统资源得到更好的利用；使用操作系统，通过良好的多任务设计，有助于提高系统的稳定性和可靠性。

11.2　操作系统的基本概念

11.2.1　进程和线程

1. 进程

进程是具有一定独立功能的程序在一个数据集合上的一次动态执行过程。

想象一位有一手好厨艺的厨师（计算机科学家）正在为他的女儿烘制生日蛋糕。他有制作生日蛋糕的食谱,厨房里有所需的原料(面粉、鸡蛋、糖、香草汁等)。在这个比喻中,制作蛋糕的食谱就是程序(即用适当形式描述的算法),计算机科学家就是微处理器,而制作蛋糕的各种原料就是输入数据。进程就是厨师阅读食谱,取来各种原料,以及烘制蛋糕的一系列动作的总和。

现在假设计算机科学家的儿子哭着跑了进来,说他被一只蜜蜂螫了。计算机科学家就记录下自己照着食谱做到哪儿了(保存进程的当前状态),然后拿出一本急救手册,按照其中的指示处理螫伤。这里可看到处理器从一个进程(做蛋糕)切换到另一个高优先级的进程(实施医疗救治),每个进程拥有各自的程序(食谱和急救手册)。当蜜蜂螫伤处理完后,计算机科学家又回来制作蛋糕,从他离开时的那一步继续做下去。

进程可静态地表示成如下3个部分。

【程序部分】 指示处理器完成本进程所需要的操作。如果一个进程的程序部分调用其他程序段,那么这些程序段也属该进程的程序部分。

【数据空间】 执行进程的程序时所需要的数据区和工作单元。

【进程控制块(PCB)】 一个数据结构,用于跟踪、记录进程动态变化着的各种调度信息。

进程具有动态性,它与程序有本质上的区别。程序是指令的集合,是一个静态的概念,而进程是程序处理数据的过程,是一个动态的概念。程序可以长期保存,而进程是暂时存在的,它动态地产生、变化和消亡。一个程序可对应多个进程,而一个进程只能对应一个程序。程序与相应的进程之间有点像乐谱与相应的演奏之间的关系,乐谱可以长期保存,而演奏是动态的过程。乐谱和演奏二者之间并不一一对应。同一个乐谱可以多次演奏,一次演奏也可以综合多个乐谱。类似地,进程和程序也不一一对应。有的进程对应一个程序。有的程序可被属于不同进程的多个程序调用,每调用一次就对特定数据处理一次,而这仅是相应进程中的一部分。另一种情况下,一个程序运行在不同的数据集合上,可直接构成不同的进程。

并发性是进程的另一个重要特征,这是指不同进程的动作在时间上可以重叠,即一个进程的第一个动作可在另一个进程结束前开始。系统中同时存在着多个进程,各种进程按各自的、不可预知的速度异步前进。

2. 线程

线程是进程的一个实体,是微处理器调度和分配的基本单位。一个线程可以创建和撤销另一个线程,同一进程内的线程可以并发执行。

线程与进程的关系如下所述。

【调度方面】 进程是分配资源、独立调度和分派的基本单位。引入线程后,线程作为调度和分派的基本单位,进程仍是拥有资源的基本单位。

【并发性】 引入线程,不仅在进程之间线程可以并发执行,而且在一个进程中的多个线程也可以并发执行。

【拥有的资源】 进程是一个拥有资源的独立单位,一般线程不拥有系统资源,但可访问其所属的进程资源。

【系统开销】 线程切换的开销远小于进程切换的开销。

一个常见的多线程处理例子就是用户界面。例如,微软的 Word 软件,若已运行起来,可以在 Windows 任务管理器的进程页面看到 WINWORD.EXE 进程,如图11-3所示。当用户单击保存或编辑按钮时，启动的是保存或编辑线程，程序会立即作出响应，而不是让用户等待程序完成了当前任务后才开始响应。

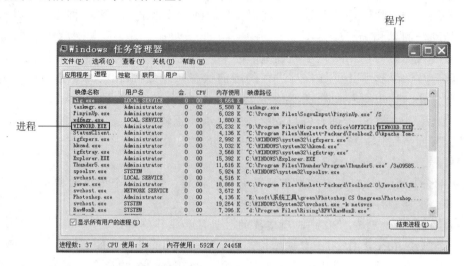

图 11-3　进程实例

总之，进程是资源分配的最小单位，线程是 CPU 调度的最小单位。

操作系统的基本特征如下所述。

【并发性】多任务、多进程、多线程。

【共享性】互斥访问、同时访问。

【虚拟性】把一个物理上的对象变成多个逻辑意义的对象。

11.2.2　实时操作系统 RTOS

1. 前/后台系统

嵌入式控制器应用程序一般是一个无限的循环，可称为前/后台系统或超循环系统。循环体中调用相应的函数完成相应的操作，这部分可以看做后台行为（Background）。中断服务程序处理异步事件，这部分可看做前台行为（Foreground）。后台也可以称为任务级，前台也可以称为中断级。如图 11-4 所示，图中 ISR 表示中断服务程序。实时性很强的关键操作一定要靠中断服务程序来保证。因为非中断服务一直要等到后台程序运行到应该处理时才能得到进一步处理，所以在处理的实时性上比较差，这个指标称为任务级响应时间。最坏情况下的任务级响应时间取决于整个循环的执行时间。由于循环的执行时间不是常数，程序执行某一特定部分的准确时间也不能确定，因此如果程序被修改了，则循环的时序也会受到影响。

2. 多任务系统

在前/后台系统中有一个唯一的连续堆栈，所有的函数调用、中断都是基于这个堆栈的。从堆栈的使用上来说，可以看成只有一个任务。中断服务程序执行后，总要返回到这个任务中，即使存在中断嵌套也是如此。这符合一般的程序设计规则，大多数的高级语言编译器也是这样设计的。但是对于多个任务实时系统（如 μC/OS-II）来说，它有多个任务，每个任务使用不同的堆栈，每个任务的堆栈都是独立的。每个任务的堆栈需要用户指定其大小。当多任务之间发生任务切换时，可能是由中断引起的中断级切换，也可能是任务级切换。无论是哪种切换，都要将处理器的堆栈指针 SP 指向新的堆栈，处理器转去执行新的任务。当被剥夺执行权的任务再次能够运行时，那也是从别的任务切换过来的，如图 11-5 所示。

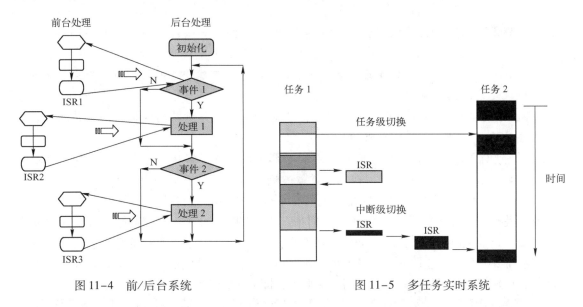

图 11-4　前/后台系统　　　　　　　　图 11-5　多任务实时系统

应用多任务操作系统的嵌入式系统启动后，首先运行一个背景程序，用户的应用程序是运行于操作系统之上的各个任务。操作系统允许灵活地分配系统资源给各个任务，简化那些复杂而时间要求严格的工程软件设计。

3. 实时操作系统

实时操作系统（Real Time Operate System，RTOS），是指当外界事件或数据产生时，能够以足够快的速度予以处理，其处理的结果又能在规定的时间内来控制生产过程，并使所有实时任务协调一致运行的操作系统。RTOS 与 PC 中的 OS 相比，主要是系统内核短小精悍，开销小，实时性强，稳定性高，可靠性高，具有并行性、可装载、可固化等特点。根据对时间苛刻程度要求的不同，又可以分为硬实时系统和软实时系统。硬实时系统指的是在规定的时限（Deadline）内若没有得出正确的结果将引起灾难性后果，如在航天飞机、火车刹车系统的控制中，在规定的时限内必须计算出正确的结果，否则其后果不堪设想。软实时系统相对来说对时间的要求宽松一些，一般来说在规定的时限内计算不出正确的结果会对整个控制过程带来一些影响，但不是灾难性的。当然，这些时限都是以计算出正确结果为前提的。RTOS 在嵌入式系统结构中的位置见图 1-1。

实时操作系统一般还具有以下特点。

【实时系统是多任务的】一个任务也称为一个进程，是一个简单的运行程序。每个任务都是整个应用的某一部分，每个任务被赋予一定的优先级，有它自己的一套处理器寄存器和堆栈空间。多任务运行的实现，实际上是靠 CPU（中央处理单元）在许多任务之间的转换、调度。CPU 只有一个，轮番服务于一系列任务中的某一个。多任务运行使 CPU 的利用率得到最大的发挥，并使应用程序模块化。

【实时系统内核是可剥夺的】 若内核是不可剥夺的,一个任务运行到完成后,自动放弃处理器的使用权,而在这个任务没有放弃处理器使用权前,它的处理器占有权是不可剥夺的,那么这个系统就没有实时性可言。所以现在的实时系统都设计成内核可剥夺的。这样按照一定的规则,当有高优先级的任务就绪时,就剥夺当前任务的处理器使用权,以获得运行的机会。

【进程调度的延时必须可预测并且尽可能的小】 多任务必然存在任务之间的切换。当然切换需要按照一定的规则进行,这个工作一般是由调度器来完成的。调度器调度的过程当然需要一段时间。为了满足实时性的要求,这个延时要求尽可能小并且可预测,即在最长的延时下也能满足实时性的要求。

【系统的服务时间是可知的】 应用程序为了知道某个任务所需的确切时间,系统提供的所有服务的运行时间必须是可预知的。

【中断延时必须尽可能小】 中断过程影响了系统任务的正常执行,所以为了保护系统任务的正常调度和运行且在适当的时限内,要求中断延时必须尽可能的小。

总之,RTOS 所遵循的设计原则是,采用各种算法和策略,始终保证系统行为的可预测性。可预测性是指在系统运行的任何时刻、任何情况下,RTOS 的资源调配策略都能为争夺资源(包括 CPU、内存、网络带宽等)的多个实时任务合理地分配资源,使每个实时任务的实时性要求都能得到满足。与通用操作系统不同,RTOS 注重的不是系统的平均表现,而是要求每个实时任务在最坏情况下都能满足其实时性的要求,即 RTOS 注重个体最坏情况的表现。

〖RTOS 的缺点〗
☺ 使用 RTOS 会增加一部分硬件资源的开销(包括存储器)和 CPU 负荷。
☺ 增加价格成本,商用的 RTOS 需要向 RTOS 厂商支付高昂的费用,这部分费用可能会促使用户放弃使用 RTOS。

11.2.3 其他概念

1. 资源(Source)

操作系统基本上就是一个资源管理者,它的管理内容之一就是负责分配不同类型的资源给那些请求使用这些资源的任务。任何为任务所占用的实体都可称为资源,资源可以是打印机、键盘和显示器等 I/O 设备,也可以是一个变量、结构或数组等。系统资源可以分为可抢占的和不可抢占的两种。其中,可抢占的资源是指那些已占用该资源的任务正在使用或仍需继续使用此种资源时,另一任务有权强行将该资源从占用者处抢走并占用;不可抢占的资源是指只有当占用者不再需要该资源并主动释放时,其他任务才可占用的资源,即其他任务不能在使用者进程使用资源的过程中强行抢占。由于系统中存在不可抢占的资源,在任务调度中就会产生死锁等问题,这就使得多任务调度更加复杂。CPU 和主存储器都属于可强占的资源,而打印机等则属于不可抢占的资源。因此,也可以把资源定义为"可以引起一个任务进入等待状态的事物"。

可以被一个以上任务使用的资源称为共享资源。为了防止数据被破坏,每个任务在与共享资源打交道时,必须独占该资源,这种情况称为互斥。至于在技术上如何保证互斥条件,请阅读相关教材。

2. 代码的临界区（Critical Section）

虽然在多道程序系统中的各个任务可以共享各类资源，有些资源却只能一次供给一个任务使用，这种一次只容许一个任务访问的资源称为临界资源。许多物理设备都属于临界资源，如打印机等。许多软件资源（如变量、表格等）也是临界资源。临界区就是每个任务访问临界资源的那段程序。因为这类代码往往用于设置硬件寄存器或初始化外设，实际上是表示硬件状态切换的代码，含有状态"边界"临时转换的含义，故译为临界区。运行这段程序不允许被打断。一旦这部分代码开始执行，不允许任何中断进入。但这一点并不是绝对的，如果中断不调用任何包含临界区的代码，也不访问任何临界区使用的共享资源，则这个中断可以执行。为确保临界区代码的执行，在进入临界区前要关中断，而临界区代码执行完成后要立即开中断。

3. 任务（Process）

任务是一个简单的程序，该程序可以认为 CPU 只属于自己。任务可以定义为"可以和其他程序并发执行的一次程序执行"，它有 5 个特征，即动态性、并发性、独立性、异步性和结构特征。实时应用程序的设计过程，包括如何把问题分割成多个任务，每个任务都是整个应用的某一部分，每个任务被赋予一定的优先级，有它自己的一套 CPU 寄存器和栈空间，如图 11-6 所示。可以将任务表示成"任务 = 程序代码 + 堆栈 + 使用的 CPU 寄存器 + 任务控制块（Task Control Block，TCB）"。任务控制块保存着所有与进程相关的信息，包括堆栈的指针和优先级，在任务的整个生命期内，系统通过 TCB 对任务进行管理和调度。任务的堆栈则用于保存任务分配的局部变量。此外，当任务被切换出去时，堆栈还保存当前寄存器的值。

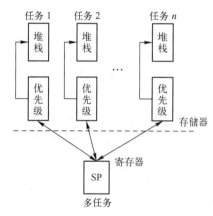

图 11-6　任务

与系统时间相关事件称为同步事件，驱动的任务为同步任务。随机发生的事件称为异步事件，驱动的任务为异步任务，如中断等。

4. 任务切换

当多任务内核决定运行其他任务时，它保存正在运行任务的当前状态，即 CPU 寄存器中的全部内容。这些内容保存在任务的当前状态保存区中，也就是任务自己的栈区中。入栈工作完成后，就把下一个将要运行的任务的当前状态从任务的栈中重新装入 CPU 的寄存器，并开始下一个任务的运行，这个过程称为任务的切换，它增加了应用程序的负担。CPU 内部寄存器越多，额外负担就越重。做任务切换所需要的时间取决于 CPU 有多少寄存器要入栈。

5. 任务划分

程序在处理器中是以任务的方式运行的，任务的划分存在这样的矛盾：如果任务太多，则必然增加系统任务切换的开销；如果任务太少，系统的并行度就会降低，实时性因而变差。在任务划分时，应遵循以下原则。

【I/O 原则】不同外设，执行不同的任务。
【优先级原则】不同优先级，处理不同的任务。
【大量运算】归为一个任务。
【功能耦合】归为一个任务。
【偶然耦合】归为一个任务。
【频率组合】不同的任务，处理不同的频率事件。

如果在具体分析一个系统时发生原则冲突，则要为每一个原则针对具体的系统设置"权重"，必要时，可以通过计算"权重"来最终确定如何划分任务。

6. 任务优先级

每个任务都有其优先级。任务越重要，被赋予的优先级应越高。应用程序执行过程中各个任务的优先级不变，则称为静态优先级。在静态优先级系统中，各任务以及它们的时间约束在程序编译时是已知的。应用程序执行过程中，任务的优先级是可变的，则称为动态优先级。

7. 优先级反转

优先级反转问题是实时内核出现得最多的问题。当存在多个任务时，假定任务 1 优先级高于任务 2，任务 2 优先级高于任务 3。任务 1 和任务 2 处于挂起状态，任务 3 正在运行。如果此时任务 3 正在使用共享资源，任务 1 等待时间结束将剥夺任务 3 的 CPU 控制权，任务 1 开始运行。这是任务 1 恰好要使用共享资源，但被任务 3 占据，任务 1 只好放弃 CPU 控制权，等待任务 3 释放该资源。同样的情况，任务 2 在此期间也不能占用共享资源。结果任务 1 和任务 2 实际上的优先级就低于了任务 3，任务 1 和任务 2 的优先级发生了反转。实时内核应当避免出现优先级反转问题。

纠正的方法是，当任务 1 把 CPU 的控制权还给任务 3 时，内核将任务 3 的优先级升至与任务 1 一样，然后回到任务 3 继续运行，直到任务 3 释放共享资源。这时将任务 3 的优先级恢复，任务 1 得以正常运行。当任务 1 结束后，任务 2 开始运行。这样就可以避免优先级的反转。

8. 调度

这是内核的主要职责之一，它决定该轮到哪个任务运行。调度往往是基于任务的优先级，根据其重要程度的不同，任务被赋予不同的优先级。CPU 总是让处在就绪状态、优先级最高的任务先运行。何时让高优先级任务掌握 CPU 的使用权，有两种不同的情况，这要看用的是什么类型的内核，是非占先式的还是占先式的内核。

一个良好的任务调度算法主要体现在以下 5 个方面。
【公平】保证每个进程得到合理的 CPU 时间。
【高效】使 CPU 保持忙碌状态，即在 CPU 上总有进程在运行。
【响应时间】使用户交互的响应时间尽可能短。
【周转时间】使批处理用户等待输出的时间尽可能短。
【吞吐量】使单位时间内处理的进程尽可能多。

很显然，在任何操作系统中，这些目标不可能同时实现。不同的操作系统会在这 5 个方面中做出相应的取舍，从而确定自己的调度算法。常用的任务调度算法有先来先服务、短作业优先、优先级、时间片轮转法、多级队列法、多级反馈队列法。

9. 任务调度程序

当就绪任务的数目多于 CPU 数目时，它们要对 CPU 资源进行争夺。任务调度的功能是按照一定的原则把 CPU 动态的分配给某个就绪任务。通过任务调度程序来完成任务调度的工作，是操作系统的真正核心任务。由于任务调度程序负责在就绪任务间调度 CPU 的使用，所以对它的使用比较频繁，有时每秒钟要执行很多次。

10. 内核

内核是操作系统的核心程序。在多任务系统中，内核负责管理各个任务，或者说为每个任务分配 CPU 时间，并且负责任务之间的通信。内核提供的基本服务是任务切换。因为实时内核允许将应用分成若干个任务，由实时内核来管理它们，因此使用实时内核可以大大简化应用系统的设计。

内核本身也增加了应用程序的额外负荷，其代码空间增加了程序存储器的用量，内核本身的数据结构也增加了数据存储器的用量。内核本身对 CPU 的占用时间一般为 2%～5%。

数据存储器有限的微控制器一般不能运行实时内核。通过提供必不可缺的系统服务，如信号量管理、邮箱、消息队列、延时等，实时内核使得 CPU 的利用更为有效。

11. 非占先式（non-Preemptive）内核

非占先式调度法也称为合作型多任务（Cooperative Multitasking），各个任务彼此合作共享一个 CPU。中断服务可以使一个高优先级的任务由挂起状态变为就绪状态。但中断服务完成后，控制权还是回到原来被中断了的那个任务，直到该任务主动放弃 CPU 的使用权时，那个高优先级的任务才能获得 CPU 的使用权。

非占先式内核的一个特点是几乎不需要使用信号量来保护共享数据。正在运行着的任务占有 CPU，而不必担心被别的任务抢占。非占先式内核的最大缺陷在于其响应高优先级的任务较慢，虽然中断优先级高的任务已经进入中断就绪状态，但还不能被立即运行，也许还需要等待很长时间，直到当前正在运行的任务释放 CPU。内核的任务及响应时间是不确定的，不知道最高优先级的任务何时才能拿到 CPU 的控制权，这完全取决于当前被中断的任务何时释放 CPU。非占先式内核示意图如图 11-7 所示。

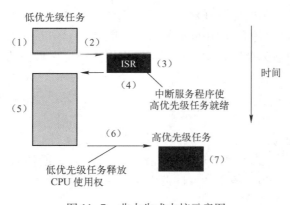

图 11-7 非占先式内核示意图

12. 占先式（Preemptive）内核

当系统响应时间很重要时，要使用占先式内核。这样最高优先级的任务一旦就绪，总能得到 CPU 的控制权。即当一个任务在运行时，如果另一个比它优先级更高的任务进入了就绪态，当前任务的 CPU 使用权就被优先级高的任务剥夺了，或者说当前任务被挂起了，那个高优先级的任务立刻得到了 CPU 的控制权。占先式内核示意图如图 11-8 所示。

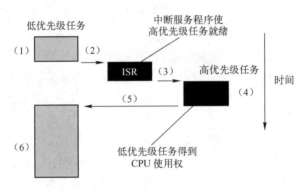

图 11-8　占先式内核示意图

使用占先式内核时，应用程序应使用可重入型函数，这样在被多个任务同时调用时，不必担心会数据被破坏。

13. 中断

中断是一种硬件机制，用于通知 CPU 异步事件。中断一旦被识别，CPU 保存部分（或全部）上、下文，即部分（或全部）寄存器的值，跳转到中断服务子程序（ISR）。中断服务子程序完成后的处理方式如下所述。

☺ 在前/后台系统中，程序回到后台程序。
☺ 对非占先式内核而言，程序回到被中断的任务。
☺ 对占先式内核而言，让进入就绪态的优先级最高的任务开始运行。

中断使得 CPU 可以在事件发生时予以处理，而不必让微处理器连续不断地查询是否有事件发生。通过两条特殊指令（即开中断和关中断）可以让微处理器响应或不响应中断。在实时环境中，关中断的时间应尽量短。

关中断影响中断延迟时间。关中断时间太长可能会引起中断丢失。微处理器一般允许中断嵌套，也就是在中断服务期间，微处理器可以识别另一个更重要的中断，并服务于那个更重要的中断。

14. 时钟节拍

时钟节拍是特定的周期性中断。这个中断可以看做是系统心脏的脉动。中断之间的时间间隔取决于不同应用，一般为 10～200ms。时钟的节拍式中断使得内核可以将任务延时若干个整数时钟节拍，以及当任务等待事件发生时，提供等待超时的依据。时钟节拍越快，系统的额外开销就越大。

STM32F103 微处理器内部有一个 SysTick 定时器，这个定时器是专门为嵌入式操作系统移植而准备的。有了这个定时器,可以方便地在需要移植的操作系统中实现时钟中断。该处理器上这一定时器的实现,极大地方便了 μC/OS-II 在它上面的移植。

15. 应用程序接口（Application Programming Interface，API）

API 是一系列复杂的函数、消息和结构的集合体。嵌入式操作系统下的 API 与一般操作系统下的 API 在功能、含义及知识体系上完全一致。可这样理解 API：在计算机系统中有很多可通过硬件或外部设备去执行的功能,这些功能的执行可通过计算机操作系统或硬件预留的标准指令调用,而软件人员在编制应用程序时,就不需要为每种可通过硬件或外设执行的功能重新编制程序,只需调用系统或某些硬件事先提供的 API 即可完成功能的执行。因此,在操作系统中提供标准的 API 函数,可加快用户应用程序的开发,统一应用程序的开发标准,也为操作系统版本的升级带来了方便。在 API 函数中,提供了大量的常用模块,可大大简化用户应用程序的编写工作。

实际的嵌入式系统应用软件建立在系统的主任务（Main Task）基础之上。用户应用程序主要通过调用系统的 API 函数对系统进行操作,完成用户应用功能的开发。在用户的应用程序中,也可创建用户自己的任务。任务之间的协调主要依赖于系统的消息队列。

16. 板级支持包（BSP）

BSP 是介于主板硬件和操作系统之间的一层（见图 1-1）,它属于操作系统的一部分,其主要目的是为了支持操作系统,使之能够更好地运行于硬件中。不同的操作系统对应于不同定义形式的 BSP,如 VxWorks 的 BSP 和 Linux 的 BSP 相对于某一 CPU 来说尽管实现的功能一样,可是写法和接口定义是完全不同的,所以编写 BSP 一定要按照该系统 BSP 的定义形式来编写,BSP 的编程过程大多数是在某一个成形的 BSP 模板上进行修改,这样才能与上层操作系统保持正确的接口,良好地支持上层操作系统。

从图 1-1 还可以看出,嵌入式系统自底向上包括 3 个主要部分,即硬件环境、嵌入式操作系统和嵌入式应用程序。硬件环境是整个嵌入式操作系统和应用程序运行的硬件平台,不同的应用通常有不同的硬件环境,因此如何有效地使嵌入式操作应用于各种不同的应用环境,是嵌入式操作系统发展中所必须解决的关键问题,同时也是搭建软硬件协同设计的重要基础。

17. 可重入性（Reentrancy）

可重入型函数可以被一个以上的任务调用,而不必担心数据被破坏。如果在可重入型函数中使用了全局变量,有时是十分危险的。使用以下技术之一可使函数具有可重入性。
☺ 函数内只使用局部变量。
☺ 调用函数前关中断,调用后再开中断。
☺ 用信号量禁止该函数在使用过程中被再次调用。

18. 时间片轮转调度法

当两个或两个以上任务有相同优先级时,内核容许一个任务运行称为时间额度的一段固定时间,然后切换给另一个任务,这称为时间片调度。

19. 原语

为了对系统中的进程进行有效管理，通常系统都提供了若干基本操作，这些操作通常被称为原语。原语是机器指令的延伸，是由机器指令构成的完成特定功能的程序段，用于建立或撤销进程，以及控制进程状态的转换。为保证操作的正确性，原语在执行过程中是不可中断的，因此在原语执行过程中要屏蔽中断。常用的进程原语有，建立一个进程的原语；撤销、挂起一个进程的原语；解除挂起进程原语；改变进程优先级原语；阻塞一个进程的原语；唤醒一个进程的原语；调度进程运行的原语。

11.2.4 应用程序在操作系统上的执行过程

下面以一段 C 语言代码在操作系统上的执行来说明操作系统的简要原理。

```
#include <stdio.h>
int main(int argc, char * argv[])
{
    puts("hello world");
    return 0;
}
```

上述 C 代码在操作系统上执行过程如下所述。
（1）用户告诉操作系统执行 hello 程序。
（2）操作系统找到该程序，检查其类型。
（3）检查程序首部，找出正文和数据的地址。
（4）文件系统找到第一个磁盘块。
（5）父进程需要创建一个新的子进程，执行 hello 程序。
（6）操作系统需要将执行文件映射到进程结构。
（7）操作系统设置 CPU 上、下文环境，并跳到程序开始处。
（8）执行程序的第一条指令，若失败，缺页中断发生。
（9）操作系统分配一页内存，并将代码从磁盘读入，继续执行。
（10）更多的缺页中断，读入更多的页面。
（11）程序执行系统调用，在文件描述符中写一个字符串。
（12）操作系统检查字符串的位置是否正确。
（13）操作系统找到字符串被送往的硬件设备。
（14）设备是一个伪终端，由一个进程控制。
（15）操作系统将字符串送给该进程。
（16）该进程告诉窗口系统它要显示字符串。
（17）窗口系统确定这是一个合法的操作，然后将字符串转换成像素。
（18）窗口系统将像素写入存储映像区。
（19）视频硬件将像素表示转换成一组模拟信号控制显示器（重画屏幕）。
（20）显示器发射电子束。
（21）用户在屏幕上看到"hello world"字符串。

11.3 操作系统的分类

按照软件的体系结构不同,可以把嵌入式操作系统分为单体结构、分层结构和微内核结构等。它们之间的主要区别在于内核的设计,即在内核中包含了哪些功能组件;在系统中集成了哪些其他系统软件,如设备驱动程序等。

11.3.1 单体结构

单体结构是最早出现并一直使用至今的一种嵌入式操作系统体系结构。在单体结构的操作系统中,设备驱动程序通常集成在系统内核中,整个系统通常只有一个可执行文件,其中包含了所有的功能组件,如图11-9所示。单体结构的优点是,系统的各个模块之间可以相互调用,通信开销比较小;用户态运行的应用程序设计简捷、开发简单、易于调试;对于实时性要求不高的情况能很好地满足要求。其不足之处是系统体积庞大、高度集成、相互关联等,因而在可剪裁性、可扩展性、可移植性、可重用性、可维护性等方面受到影响。

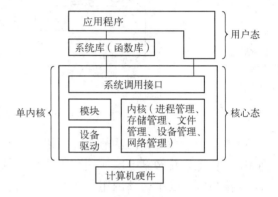

图11-9 单体结构系统框图

DOS系统是典型的单体结构操作系统。

11.3.2 层次结构

层次结构的操作系统被划分为若干个层,各层之间的调用关系是单向的。任一层的代码只能调用比它低层次的代码,即下层为上层服务,上层使用下层提供的服务。与单体结构类似,层次结构的操作系统也是只有一个大的可执行文件,其中包含设备驱动程序。这类系统的开发和维护都较为简单。当系统中的某一层被替换时,不会影响到其他层次。图11-10所示为UNIX/Linux操作系统层次结构框图。

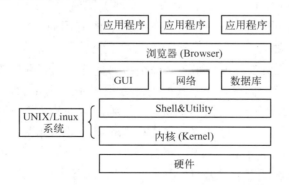

图11-10 UNIX/Linux操作系统层次结构

11.3.3 微内核结构

微内核操作系统是最小内核的操作系统，如图 11-11 所示。微内核的特点是，在内核中仅实现操作系统的基础功能（安全权限、进程管理和调度、内存和主存管理、环境管理、中断管理）和逻辑结构（外设、外存、通信及协议），其他的实现细节和扩展功能委托给独立的进程，形成所谓"客户/服务器"模式。微内核的程序是不能修改和变动的，仅能通过微内核修改其参数和环境。

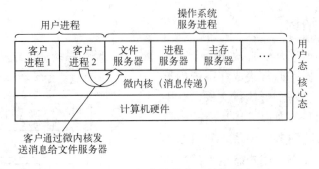

图 11-11　微内核结构系统框图

微内核操作系统新的功能组件可以被动态地添加进来，所以它具有易于扩展、调试方便等特点；它更容易做到上层应用与下层系统的分离，具有良好的系统可移植性。当然，由于在微内核结构系统中，核内组件与组件之间的通信靠消息传递而非直接的函数调用，因而系统的速度可能会慢一些。

11.4　μC/OS–II 简介

11.4.1　μC/OS–II 的主要特点

μC/OS–II 意为"微控制器操作系统版本 2"，是由美国人 Jean Labrosse 于 1992 年完成版本 1，1998 年升级为 μC/OS–II 的，2000 年得到美国航空管理局（FAA）的认证，可以用于飞行器中，其网站主页为 www.ucos-II.com。它的应用面覆盖了诸多领域，如照相机、医疗器械、音响设备、发动机控制、高速公路电话系统、自动提款机等。

μC/OS–II 是一种免费公开源代码、结构小巧、具有可剥夺内核的实时操作系统，它是专门为计算机的嵌入式应用而设计的，其绝大部分代码是用 C 语言编写的。与 CPU 硬件相关的部分是用汇编语言编写的，总量约 200 行的汇编语言部分被压缩到最低限度，为的是便于移植到任何一种 CPU 上。用户只要有标准的 ANSI C 交叉编译器，有汇编器、连接器等软件工具，就可以将 μC/OS–II 嵌入到开发的产品中。μC/OS–II 具有执行效率高、占用空间小、实时性能优良和可扩展性强等特点，其最小内核可编译至 2KB。

严格地说，μC/OS–II 只是一个实时操作系统内核，它仅包含了任务调度、任务管理、时间管理、内存管理及任务之间的通信和同步等基本功能，没有提供 I/O 管理、文件系统和网络等额外的服务。但由于 μC/OS–II 的可扩展性好和源码开放，这些非必需的功能完全可以由用户自己根据需要分别实现。

μC/OS-II 的目标是实现一个基于优先级调度的抢占式实时内核,并在这个内核之上提供最基本的系统服务,如信号量、邮箱、消息队列、内存管理和中断管理等。

μC/OS-II 可以大致分成核心、任务处理、时钟处理、任务同步与通信、移植相关等 5 个部分。

【核心部分(OSCore.c)】 这是操作系统的处理核心,包括操作系统初始化、操作系统运行、中断进/出的前导、时钟节拍、任务调度、事件处理等多个部分,它们能够维持系统的基本工作。

【任务处理部分(OSTask.c)】 任务处理部分中的内容都是与任务的操作密切相关的,包括任务的建立、删除、挂起、恢复等。因为 μC/OS-II 是以任务为基本单位来调度的,所以这部分内容相当重要。

【时钟处理部分(OSTime.c)】 完成任务延时等操作。

【任务同步和通信部分】 为事件处理部分,包括信号量、邮箱、邮箱队列、事件标志等部分,主要用于任务之间的互相联系和对临界资源的访问。

【移植相关部分】 由于 μC/OS-II 是一个通用性的操作系统,所以对于关键问题上的实现,还是需要根据 CPU 的具体内容和要求作相应的移植。由于这部分内容牵涉 SP 等系统指针,所以通常用汇编语言来编写,主要包括中断级任务切换的底层实现,任务级任务切换的底层实现,时钟节拍的产生和处理,中断的相关处理部分等内容。

11.4.2 μC/OS-II 工作原理

μC/OS-II 是多任务实时操作系统,下面通过一个实例来说明它的工作原理。假设一家公司有 255 个员工,所有这些员工按职位分为 255 级(即不存在职位相同的员工)。公司里只有一个电话总机,每个员工都有一个分机,每个员工打外线电话都需要通过同一个接线员管理。公司总经理的职位最高,他打电话的优先级为 0;第一副经理的职位第二,他打电话的优先级为 1;依次类推,职位最低的员工打电话的优先级为 254。因此公司运作过程中总机电话业务有以下情况(假设接线员 8:00 上班后,每分钟视察一次总机,这里的 1min 即时钟节拍)。

(1) 接线员上班后,打开总机,检查拨号的电话。如果此时所有员工同时拨号,当然接线员会使总经理得到总机使用权,其他员工进入队列。等总经理打完电话后,再按优先级进行调度,依次接通。

(2) 如果在某个时刻总机空闲,此时任一员工拨号,等到接线员视察总机时进行调度,将总机分配给他。

(3) 如果在某个时刻总机空闲,此时有多个员工同时拨号,等到接线员视察总机时进行调度,把总机分配给最高职位的员工,其他员工进入等待队列,等高职位的员工打完电话后,再依次接通。

(4) 如果某个时刻总机正在被某个员工使用,此时比他职位高的人正在拨号,则等到接线员视察总机时,中断当前的通话,使职位高的人先接通,等职位高的人打完电话后,再恢复刚才被中断的员工的通话。如果此时又有多个人拨号,此时接线员将进行调度,让被中断的员工和所有新拨号的员工中职位最高的人先使用总机,其他员工进入等待队列。

从这一步可以看出,如果某个职位低的员工正在使用总机,此时即使总经理拨号,也必须等到时钟节拍来到后（即接线员视察或系统调度时）才能使总经理得到总机，最长等待时间为1min。

如果把上述的员工视为任务，接线员视为调度器，则μC/OS-II的基本工作原理也是如此，在μC/OS-II中，创建好若干个任务后，各个任务均进入延时等待状态，在每个时钟节拍处，将检查处于就绪状态的任务，进行任务（切换）调度，使就绪状态任务中拥有最高优先级的任务得到微处理器的使用权，其他任务进入等待队列，每个任务单次运行微处理器占用时间不能大于一个时钟节拍。除了系统创建的空闲任务外，用户创建的任务运行完后，系统将进行一次任务调度。时钟节拍用于更新各个任务的延时。

上述这种情况是各个任务独立运行、互不通信的情况，μC/OS-II允许多个任务之间进行数据通信，此时系统运行状况稍微复杂，即在任务调度时，会检查用于任务之间通信的信号量和邮箱。

所谓任务，本质上是带有一个void *指针参数、无返回值的死循环函数。μC/OS-II V2.86版本中最多支持255个任务，其中系统创建的3个任务是空闲任务、统计任务和定时器任务，因此用户最多可以创建252个任务。μC/OS-II应用程序就是由任务组成的，在任务中通过调度函数来完成特定功能。每个任务具有不同优先级，当一个任务执行完成后，将微处理器的使用权交给μC/OS-II内核，进行任务调度，使处于就绪状态的最高优先级任务得到执行权。

当μC/OS-II内核进行任务调度后，去执行就绪状态的最高优先级的任务，不是通常意义下的函数调用（任务在创建时就被调用了）。通常意义下的函数调用是指以下情况。

☺ 保存当前调用函数（程序）的环境，程序指针跳转到被调用函数入口处，执行完被调用函数后，从堆栈中恢复调用函数的环境，继续执行原程序。
☺ 调用函数和被调用函数共用相同的堆栈，实际上被调用函数没有堆栈。
☺ 被调用函数的调用执行是由调用函数发出的。
☺ 被调用函数被调用后立即执行。

μC/OS-II的任务调用是指以下情况。

☺ 每个任务都有独立的堆栈空间，μC/OS-II下的任务调用是先把当前任务的执行环境保存在它自己的堆栈中，然后从被调用任务的堆栈恢复被调用任务的环境，这两个任务占用不同的堆栈空间。
☺ 被调用任务的入口地址来自其堆栈，而不是函数标号。
☺ 被调用函数的调用执行是由μC/OS-II调度器发出的，即由μC/OS-II内核调用的，而不是某个任务。
☺ 被调用任务进入就绪状态，即可以执行，但有可能不会立即执行。所以在一定意义上，任务的调用可以理解为返回到那个函数去执行，而不是调用那个函数来执行。任务永远不会返回，当前任务完成特定的功能后，释放微处理器占用权，进入等待状态，等待下一个"该函数返回"。当微处理器空闲时，μC/OS-II执行系统定义的优先级最低的空闲任务，这时每个时钟节拍到达时进行任务就绪状态检查和调度管理。

11.4.3 μC/OS-II的程序设计模式

传统应用程序开发模式称为超循环模式，通常主程序是由循环语句或while语句构成的一个无限循环，程序在此循环中检测事件的发生，从而转向不同的任务。这种程序开发模式有两个主要的不足之处,首先从程序维护和可靠性的角度来看,所有任务都需要程序开发人员来进行全局性的维护,当系统变得庞大和复杂时,任务的维护会变得非常麻烦,因此程序的可靠性也受到影响。其次,从任务级响应时间来看,该时间是不确定的,因为程序在循环体中检测事件发生的位置是固定的,但事件的发生是随机的,因此从事件发生到程序检测这段时间也是不确定的。

在基于嵌入式操作系统 μC/OS – II 的应用程序开发过程中,应用程序开发人员只需关心各个任务本身的用途或功能,而任务如何被调度运行则由操作系统来代劳。μC/OS – II 的任务调度是遵循优先级最高原则的,即操作系统总是投入运行最高优先级的就绪状态任务。在 μC/OS – II 操作系统中,每个任务被赋予不同的优先级号,优先级号小的任务比优先级号大的任务具有更高的优先级。操作系统通过任务就绪表(一种数据结构)来管理就绪状态任务,当就绪表中出现了优先级比当前正在运行任务的优先级高的任务时,操作系统就会将当前正在运行的任务置于挂起状态,然后将就绪表中优先级最高的任务投入运行,这就是 μC/OS – II 的任务切换。以下的例子说明了基于 μC/OS – II 嵌入式实时操作系统的应用程序开发模式。

```
void main( ){
    OSInit( );
    OSTaskCreate(Task1,(void * )0,pTask1Stk,0);
    OSTaskCreate(Task2,(void * )0,pTask2Stk,1);
OSTaskCreate(void( * task)(void * pd),void * pdata,OS_STK * ptos,INT8U prio)
    OSStart( );
}
void Task1( void * pD)
{
  pD = pD;
  while(1)
{
  点亮一个 LED;
  延时一段时间;
    OSTimeDly(5);
  }
}
void Task2( void * pD)
{
  pD = pD;
  while(1)
{
  熄灭在任务 Task1 中被点亮的 LED;
  }
}
```

在主函数中,通过调用 μC/OS – II 操作系统的内核初始化程序 OSInit,对操作系统进行必要的初始化工作;接下来,通过调用任务创建函数 OSTaskCreate 分别创建了两个任务。第一个 OSTaskCreate 函数创建了任务 Task1，此任务的入口地址是 Task1，优先级是 0。第二个 OSTaskCreate 函数创建了任务 Task2，此任务的入口地址是 Task2，优先级是 1。函数 OSTaskCreate 还会将它创建的任务置于就绪状态。函数 OSStart 用于启动多任务调度。任务 Task1 中的 OSTimeDly 是 μC/OS – II 内核提供的系统服务接口函数，用于延时或定时，本例中的参数 5 表示延时 5 个时钟节拍。

本例中在调用 OSStart 后，操作系统发现任务 Task1 的优先级最高，于是操作系统就调度任务 Task1 使其投入运行，而任务 Task2 暂时不能获得处理器的使用权。任务 Task1 首先点亮一个 LED，然后延时一段时间，当运行到 OSTimeDly 处时，该任务被挂起而处于等待状态，此时任务 Task2 成为优先级最高的就绪状态任务，于是操作系统调度 Task2 运行，Task2 会将刚才由 Task1 点亮的 LED 熄灭。当 5 个时钟节拍的延时时间结束时，系统时钟节拍中断服务子程序会重新将任务 Task1 置于就绪状态，此时任务 Task1 再一次成为优先级最高的就绪状态任务，于是操作系统保存任务 Task2 的状态，并恢复任务 Task1 的状态，使其又一次获得处理器的使用权。此后，程序执行过程将重复上述步骤。可以看到，这个例子中的现象是某个 LED 灯不停地闪烁。

μC/OS – II 操作系统内核是实时可剥夺型的，这意味着在任务执行过程中一旦有一个新的更高优先级的任务就绪，内核将立刻调度此新任务运行，这说明响应任务的时间是实时的、确定的。

因此，嵌入式操作系统的应用程序开发过程相对于以往传统应用程序开发大为简化，而且任务级响应时间也得到最优化。

11.5 μC/OS – II 移植

在建立实时操作系统前，需要将 μC/OS – II 移植到自己的硬件平台上，然后再扩展 RTOS 的体系结构，并在此基础上建立相应的文件系统、外设及驱动程序、引进图形用户接口等，从而得到自己的 RTOS。基于 μC/OS – II 扩展 RTOS 的体系结构如图 11 – 12 所示。

所谓移植，就是使一个实时内核能在某个微处理器或微控制器上运行。移植分为处理器移植和编译器移植两种。处理器移植是把 μC/OS – II 移植到不同的处理器上，使其能够在不同的目标平台上运行；编译器移植则是把 μC/OS – II 移植到另一种编译器上，使其能够符合目标编译器的语法规则，从而让用户获得编译后的目标代码。编译器移植的出现主要是因为同一种处理器可能会存在多种编译工具（如 IAR 和 ADS），每种编译工具的语法规则可能稍有不同，这些不同直接影响了 μC/OS – II 源码在不同编译工具下的通用性。编译器移植相对简单，通常所说的移植是指处理器移植。

由于 μC/OS – II 在设计时已经充分考虑到移植性，并且内核较小，全部代码量约 6000～7000 行，共 15 个文件，其中 90% 的代码用 C 语言完成，移植相对比较简单，已被移植到 40 多种单片机上。因为 μC/OS – II 对移植的条件及需要修改的内容都做了明确说明，因此对不同处理器采用的移植方法是相同的，仅需要根据处理器的不同进行数据类型的定义及与处理器相关文件的修改。

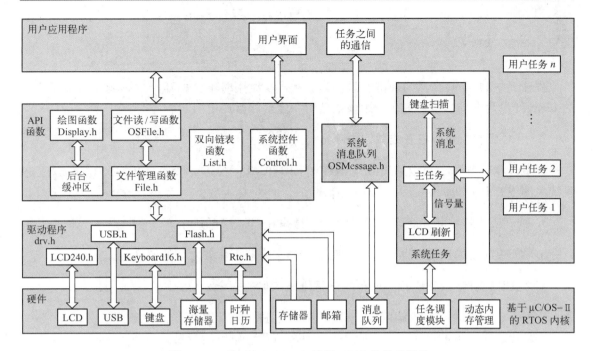

图 11-12 基于 μC/OS-II 扩展 RTOS 的体系结构

11.5.1 移植条件

要使 μC/OS-II 能够正常运行,处理器必须满足以下要求。

1. 处理器的 C 编译器能产生可重入代码

可重入的代码指的是一段代码(如一个函数)可以被多个任务同时调用,而不必担心数据被破坏。也就是说,可重入型函数在任何时候都可以被中断,函数中的数据不会因为在函数中断时被其他的任务重新调用而受到影响,过一段时间后,又可以继续运行。下面的两个例子可以比较可重入型函数和非可重入型函数。

【程序 1】 可重入型函数

```
void swap( int * x, int * y)
{
int temp;
temp = * x;
* x = * y;
* y = temp;
}
```

【程序 2】 非可重入型函数

```
int temp;
void swap( int * x, int * y)
{
temp = * x;
```

```
    *x = *y;
    *y = temp;
}
```

程序 1 中的 temp 变量为局部变量，当它被多次调用时不会相互产生影响。而程序 2 中的 temp 变量为全局变量，多次调用该函数时一定会相互产生影响。

2. 用 C 语言就可以打开或关闭中断

在 μC/OS – II 中，可以通过 OS_ENTER_CRITICAL( ) 或 OS_EXIT_CRITICAL( ) 宏来控制系统关闭或打开中断，这需要处理器的支持。

3. 处理器支持中断并能产生定时中断（通常在 10 ~ 100Hz）

μC/OS – II 是通过处理器产生的定时器中断来实现多任务之间的调度的。

4. 处理器支持对 CPU 相关寄存器进行堆栈操作的指令

在 μC/OS – II 进行任务调度时，会把当前任务的 CPU 寄存器存放到此任务的堆栈中，然后再从另一个任务的堆栈中恢复原来的工作寄存器，继续运行另一个任务。所以，寄存器的入栈和出栈是 μC/OS – II 多任务调度的基础。

11.5.2 移植步骤

在选定了系统平台和开发工具后，进行 μC/OS – II 的移植工作一般需要遵循以下的 5 个步骤：深入了解所采用的系统核心；分析所采用的 C 语言开发工具的特点；编写移植代码；进行移植的测试；针对项目的开发平台，封装服务函数。

μC/OS – II 文件体系结构如图 11-13 所示。

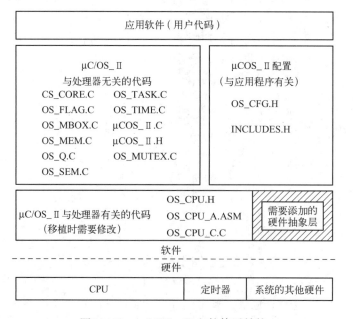

图 11-13　μC/OS – II 文件体系结构

在图 11-13 中从上往下看，可以看到应用程序在整个 μC/OS-II 结构的最上方。这一点也很容易理解，因为 μC/OS-II 作为一个优秀的嵌入式操作系统，它的最基础的功能就是在底层驱动支持下屏蔽硬件的差异性，为用户提供一个不需要考虑硬件的多任务平台。因此和其他的操作系统一样，用户程序都是建立在 μC/OS-II 内核基础上的，这样非常方便应用程序的编写。

中间层左侧方框内的这些代码是与处理器及其他硬件都无关的代码。可以看到，这些代码占了整个 μC/OS-II 的绝大部分。作为嵌入式操作系统，易于移植是一个优秀操作系统必不可少的特性之一。为了使 μC/OS-II 易于移植，它的创始人花费了大量的心血，力求将与硬件相关的代码部分占整个系统内核的比例降到最小。

中间层右侧方框里列出的实际上是两个头文件。OS_CFG.H 是为了实现 μC/OS-II 内核功能的裁剪。通过配置这个头文件，μC/OS-II 可以方便地实现裁剪，以适应不同的嵌入式系统。而 INCLUDES.H 则包含了所有的头文件，这样在应用程序包含头文件时，只需将此头文件包括进去，就能包含 μC/OS-II 所有的头文件了。

最下面的一个方框列出的是与处理器相关的代码，这部分是移植的重要部分。在这一部分里，主要是一些与处理器相关的函数或宏定义。整个移植的代码都在这些文件中，大约数百行。

下层左侧是与 CPU 相关的文件。移植过程中需要修改 3 个文件，即 OS_CPU.H（头文件）、OS_CPU_A.ASM（汇编文件）和 OS_CPU_C.C（C 文件代码）。在 OS_CPU.H 中，设置与处理器和编译器相关的代码，针对具体处理器的字长重新定义一系列数据类型，声明多个用于开关中断和任务切换的宏；在 OS_CPU_C.C 中，用 C 语言编写 6 个与操作系统相关的函数；在 OS_CPU_A.ASM 中，改写 4 个与处理器相关的汇编语言函数。

下层右侧的阴影部分是需要添加的硬件抽象层。作为一个微内核，μC/OS-II 只对计算机的处理器和硬件时钟进行了抽象和封装，而没有提供其他硬件抽象层。由于没有提供其他硬件抽象层，使得 μC/OS-II 具有较强的可移植性。但在移植 μC/OS-II 时，需根据具体硬件换一个或添加一个硬件抽象层，在 STM32 的 μC/OS-II 文件系统中，硬件抽象层对应的文件为 bsp.c，当应用程序需要直接访问底层硬件时，可借助于 bsp.c 文件。

μC/OS-II 移植步骤如图 11-14 所示。各步骤的工作是，第（1）步建立一个最基本的包含 μC/OS-II 的工程；第（2）步到第（4）步依次实现 OS_CPU.H、OS_CPU_C.C 和 OS_CPU_A.ASM 文件，这 3 个文件的完成意味着主要的移植工作已经结束，剩下的任务就是测试移植是否成功；第（5）步编写 μC/OS-II 启动相关的代码并建立相关应用任务，为 μC/OS-II 的测试做好准备；第（6）步编译整个系统，对不符合编译器语法规则的语句进行修改，完成编译器移植，并得到可执行代码；第（7）步运行 μC/OS II。

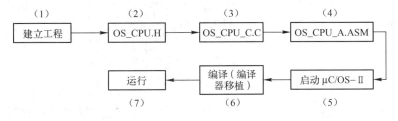

图 11-14 μC/OS-II 移植步骤

11.5.3 内核头文件（OS_CPU.H）

在 OS_CPU.H 中，主要声明了一些与微处理器相关的常量、宏和 typedef。

1. 数据类型

```
typedef unsigned char  BOOLEAN;
typedef unsigned char  INT8U;
typedef signed   char  INT8S;
typedef unsigned short INT16U;
typedef signed   short INT16S;
typedef unsigned int   INT32U;
typedef signed   int   INT32S;
typedef float          FP32;
typedef double         FP64;
typedef unsigned int   OS_STK;
typedef unsigned int   OS_CPU_SR;
```

为了保证可移植性，程序中没有直接使用 C 语言中的 short、int 和 long 等数据类型，因为它们与处理器类型有关，隐含着不可移植性，于是程序中自己定义了一套数据类型。在 STM32 处理器及 keil MDK 或 IAR 编译环境中可以通过查手册得知 short 类型是 16 位的，而 int 类型是 32 位的，这与 CM3 内核是一致的。因此这部分代码无须修改。尽管 μC/OS-II 定义了 float 类型和 double 类型，但为了方便移植，它们在 μC/OS-II 源代码中并未使用。为了方便使用堆栈，μC/OS-II 定义了一个堆栈数据类型。在 CM3 中，寄存器为 32 位的，故定义堆栈的单位数据长度也为 32 位。定义 OS_CPU_SR 主要是为了在进/出临界代码段保存状态寄存器。

2. 宏定义

与所有的实时内核一样，μC/OS-II 操作系统在进行任务切换时，需要先禁止中断访问代码的临界区，并且在访问完毕后重新允许中断。这就使得 μC/OS-II 能够保护临界区代码免受多任务或中断服务程序（ISR）的破坏。

程序清单：

```
#define  OS_CRITICAL_METHOD   3
#if OS_CRITICAL_METHOD == 3
#define  OS_ENTER_CRITICAL()  {cpu_sr = OS_CPU_SR_Save();}
#define  OS_EXIT_CRITICAL()   {OS_CPU_SR_Restore(cpu_sr);}
#endif
```

3. 栈的增长方向

绝大多数的微处理器的堆栈都是从高地址向低地址增长的，但是有些微处理器是采用相反方式工作的。鉴于这种情况，μC/OS-II 操作系统被设计成为这两种情况都可以处理的，只要在结构常量 OS_STK_GROWTH 中指定堆栈的生长方式即可。例如，设 OS_STK_

GROWTH 为 0，表示堆栈从下往上增长；设 OS_STK_GROWTH 为 1，表示堆栈从上往下增长。

尽管 μC/OS-II 支持两种方向生长的栈，但对于以 CM3 为内核的 STM32 微处理器来说，它支持向下增长的堆栈，故需要定义栈增长方向宏为 1。即定义成如下形式：

```
#define  OS_STK_GROWTH 1    /* Stack grows from HIGH to LOW memory on ARM */
```

4. 任务级任务切换

任务级任务切换通过调用宏 OS_TASK_SW() 来实现。因为这个宏也是与处理器相关的，因此这个宏在 OS_CPU_A.ASM 中描述：

```
#define  OS_TASK_SW()        OSCtxSw()
```

11.5.4 与处理器相关的汇编代码（OS_CPU_A.ASM）

在 OS_CPU_A.ASM 中实现的是与处理器相关的函数。

1. 关中断函数（OS_CPU_SR_Save()）

先保存当前的状态寄存器，然后关中断。因此关中断的实现代码如下：

```
;函数返回值存储在 R0 中
OS_CPU_SR_Save
    MRS    R0, PRIMASK    ;保存全局中断标志,Set prio int mask to mask all (except faults)
    CPSID  I              ;关中断
    BX     LR
```

这也是宏 OS_ENTER_CRITICAL() 的最终实现。

2. 恢复中断函数（OS_CPU_SR_Restore()）

这是宏 OS_EXIT_CRITICAL() 的最终实现，也就是将状态寄存器的内容从 R0 中恢复，然后跳转回去。此函数完成将中断状态恢复到关中断前的状态。其代码如下：

```
;通过 R0 传递参数
OS_CPU_SR_Restore
    MSR    PRIMASK, R0    ;恢复全局中断标志
    BX     LR
```

CM3 处理器有单独的指令来打开或关闭中断，所以这两个函数实现起来很简单。

3. 启动最高优先级任务运行（OSStartHighRdy()）

OSStart() 调用 OSStartHighRdy() 来启动最高优先级任务的运行，从而启动整个系统。OSStartHighRdy() 主要完成以下 4 项工作：为任务切换设置 PendSV 的优先级；为第一次任务切换设置栈指针为 0；设置 OSRunning = TRUE，以表明系统正在运行；触发一次 PendSV，打开中断，等待第一次任务切换。因为该函数涉及处理器寄存器保存到堆栈的操作，因此需移植该函数。代码如下：

```
OSStartHighRdy
    LDR    R0, = NVIC_SYSPRI2        ; Set the PendSV exception priority
    LDR    R1, = NVIC_PENDSV_PRI
    STRB   R1, [R0]

    MOVS   R0, #0                    ; Set the PSP to 0 for initial context switch call
    MSR    PSP, R0

    LDR    R0, _OS_Running           ; OSRunning = TRUE
    MOVS   R1, #1
    STRB   R1, [R0]

    LDR    R0, = NVIC_INT_CTRL       ;Trigger the PendSV exception (causes context switch)
    LDR    R1, = NVIC_PENDSVSET
    STR    R1, [R0]

    CPSIE  I     ;开总中断            ; Enable interrupts at processor level

OSStartHang
    B      OSStartHang               ; Should never get here
```

因为 CM3 进入异常自动保存寄存器 R0 ～ R3、R12、LR、PC 和 xPSR 这种的特殊机制，这两个函数都是触发一次 PendSV 来实现任务的切换。首先是微处理器自动保存上述寄存器，然后把当前的堆栈指针保存到任务的栈中，将要切换任务的优先级和任务控制块的指针赋值给运行时的最高优先级指针和运行时的任务控制块指针，最后再把要运行任务的堆栈指针赋值给微处理器的堆栈指针，这样就可以退出中断服务程序了。中断服务程序退出时，将自动出栈 R0 ～ R3、R12、LR、PC 和 xPSR。具体的 PendSV 服务程序的伪代码如下：

; CM3 进入异常服务例程时，自动压栈 R0 ～ R3、R12、LR（R14，连接寄存器）、PSR（程序状态寄存器）和 PC（R15），并且在返回时自动弹出

```
OSPendSV
    ;MRS    R3, PRIMASK;
    ;CPSID  I;
    MRS    R0, PSP                   ; PSP is process stack pointer
    CBZ    R0, OSPendSV_nosave       ; skip register save the first time

    SUBS   R0, R0, #0x20             ; save remaining regs r4 – 11 on process stack
    STM    R0, {R4 – R11}

    LDR    R1, __OS_TCBCur           ; OSTCBCur –> OSTCBStkPtr = SP;
    LDR    R1, [R1]
    STR    R0, [R1]                  ; R0 is SP of process being switched out

                                     ; at this point, entire context of process has been saved
```

```
OSPendSV_nosave
    PUSH {R14}                    ; need to save LR exc_return value
    LDR    R0, __OS_TaskSwHook    ; OSTaskSwHook();
    BLX    R0
    POP    {R14}

    LDR    R0, __OS_PrioCur       ; OSPrioCur = OSPrioHighRdy;
    LDR    R1, __OS_PrioHighRdy
    LDRB   R2, [R1]
    STRB   R2, [R0]

    LDR    R0, __OS_TCBCur        ; OSTCBCur = OSTCBHighRdy;
    LDR    R1, __OS_TCBHighRdy
    LDR    R2, [R1]
    STR    R2, [R0]

    LDR    R0, [R2] ; R0 is new process SP; SP = OSTCBHighRdy -> OSTCBStkPtr;
    LDM    R0, {R4 - R11}         ; restore r4 - 11 from new process stack
    ADDS   R0, R0, #0x20
    MSR    PSP, R0; load PSP with new process SP
    ORR    LR, LR, #0x04          ; ensure exception return uses process stack
    ;MSR   PRIMASK, R3;
    BX     LR                     ; exception return will restore remaining context
```

4. 任务级任务切换函数 OSCtxSw( )

任务级的切换是通过执行软中断指令来完成的，或者是依据处理器的不同，执行 TRAP（陷阱）指令来实现的。OSCtxSw( ) 函数是通过向中断控制及状态寄存器 ICSR[27] 位写入 1 产生 PendSV 中断异常，并执行 PendSV 中断异常的中断服务程序来完成一次任务切换。OSCtxSw( ) 函数的代码如下：

```
OSCtxSw
    LDR    R0, = NVIC_INT_CTRL
           ;Trigger the PendSV exception(causes context switch)
    LDR    R1, = NVIC_PENDSVSET
    STR    R1, [R0]
    BX     LR
```

5. 中断级任务切换函数 OSIntCtxSw( )

OSInExit( ) 通过调用 OSIntCtxSw 在中断服务程序中执行任务切换功能。OSIntCtxSw 函数根据当前中断是否是中断嵌套的最后一层，来执行调度当前优先级最高的任务，然后退出临界区。OSInExit( ) 函数和 OSCtxSw( ) 函数一样，通过向中断控制及状态寄存器 ICSR[27] 位写入 1 来产生 PendSV 中断异常，然后执行相应的中断服务程序来完成一次任务切换。当然要注意 OSIntCtxSw 函数与 OSCtxSw() 函数的区别，前者因为中断服务程序已经保存了 CPU 的寄存器，因而不需要在 OSIntCtxSw() 函数中保存 CPU 的寄存器，而后者则需要。OSIntCtxSw() 函数的代码实现如下：

```
OSIntCtxSw
    LDR    R0, = NVIC_INT_CTRL
         ;Trigger the PendSV exception(causes context switch)
    LDR    R1, = NVIC_PENDSVSET
    STR    R1, [R0]
    BX     LR
```

6. 时钟节拍中断服务函数 OStickISR()

时钟中断处理函数的主要任务是负责处理时钟中断，它通过调用系统函数 OSTimeTick() 将等待时钟信号的高优先级任务进行中断级任务切换。

大多数操作系统需要一个硬件定时器来产生操作系统需要的周期定时中断，作为整个系统的时基，以维持操作系统"心跳"的节律。CM3 处理器内部包含了一个简单的 SysTick 定时器，它被捆绑在 NVIC 中，SysTick 定时器能产生操作系统所需的定时中断。

首先设置好 SysTick 定时器，这是通过配置 SysTick 控制及状态寄存器来完成的。然后每隔一定的时间就会产生一次中断，从而执行 OStickISR() 函数来维持整个系统的运行。OStickISR() 函数的代码如下：

```
Void OSTickISR(void)
{
    OS_CPU_SR   cpu_sr;
    OS_ENTER_CRITICAL();/* Tell μC/OS - II that we are starting an ISR */
    OSIntNesting ++ ;
    OS_EXIT_CRITICAL();
    OSTimeTick();/* Call μC/OS - II's OSTimeTick() **************/
    OSIntExit();/* Tell μC/OS - II that we are leaving the ISR */
}
```

11.5.5 与 CPU 相关的 C 函数和钩子函数（OS_CPU_C.C）

OS_CPU_C.C 包含如下 6 个与 CPU 相关的函数。

```
void *OSTaskStkInit (void (*task)(void *pd), void *pdata, void *ptos, INT16U opt)
void OSTaskCreateHook (OS_TCB *ptcb)
void OSTaskDelHook (OS_TCB *ptcb)
void OSTaskSwHook (void)
void OSTaskStatHook (void)
void OSTimeTickHook (void)
```

上述函数中，后 5 个函数为钩子函数，可以不加代码。任务堆栈初始化函数 OSTaskStkInit() 是唯一必须移植的函数。

1. OSTaskStkInit( )

这个函数的功能是，当一个任务被创建时，它完成这个任务堆栈的初始化。这个函数首先将用户为任务分配的堆栈顶地址赋值给一个栈指针变量，然后再通过这个栈指针向任务的栈空间写入初值。这个初值无关紧要，为 0 即可。在 ARM 体系结构下，任务堆栈空间由高至低依次保存着 PC、LR、R12、R11、R10、…、R1、R0、CPSR 及 SPSR。堆栈初始化工作结束后，返回新的堆栈栈顶指针。函数代码如下：

```
OS_STK *OSTaskStkInit (void (*task)(void *pd), void *p_arg, OS_STK *ptos, INT16U opt)
{
    OS_STK *stk;
    (void)opt; //防止编译器报错
    stk = ptos; //将栈顶地址赋值给栈指针变量
    //以进入异常的顺序来给栈赋初值
    *(stk) = (INT32U)0x00000000L; //xPSR
    *(--stk) = (INT32U)task; //Entry Point
    *(--stk) = (INT32U)0x00000000L; // R14 (LR)
    *(--stk) = (INT32U)0x00000000L; //R12
    *(--stk) = (INT32U)0x00000000L; //R3
    *(--stk) = (INT32U)0x00000000L; // R2
    *(--stk) = (INT32U)0x00000000L; // R1
    *(--stk) = (INT32U)p_arg; //R0 :传递的参数
    //剩下的寄存器初始化
    *(--stk) = (INT32U)0x00000000L; // R11
    *(--stk) = (INT32U)0x00000000L; //R10
    *(--stk) = (INT32U)0x00000000L; //R9
    *(--stk) = (INT32U)0x00000000L; //R8
    *(--stk) = (INT32U)0x00000000L; //R7
    *(--stk) = (INT32U)0x00000000L; // R6
    *(--stk) = (INT32U)0x00000000L; // R5
    *(--stk) = (INT32U)0x00000000L; // R4
    return (stk);
}
```

每个任务都是一个死循环，任务创建后就保存在内存中，任务被"调用"的含义严格讲是返回到某个任务去执行（详见 11.3.2 节）。这是 μC/OS - II 嵌入式操作系统下函数调用与普通芯片级编程函数调用的不同之处。因此任务被"调用"执行时，即程序指针从某个任务返回到该任务时，要做一系列的出栈操作，即恢复该任务的执行环境。但事实上，任务被创建时并没有执行任务，当然也不会有入栈操作，所以必须在 OSTaskStkInit 函数中进行模拟的入栈操作，即让任务创建时看起来有一个入栈的过程。在任务创建时，首先会调用 OSTaskStkInit 函数，目的就是完成任务的入栈操作，并且这个入栈操作与 OSStartHighRdy（位于 os_cpu_a. asm 中）出栈操作必须对应。

2. 系统 Hook 函数

其他的钩子函数都为空函数。就是系统函数内部引用的一个函数,这个函数可以由用户编写,这样就可以在不修改系统函数的情况下,对该系统函数的功能进行特殊处理。例如:

```
;系统 API 函数
API(…)
{
…
API_Hook(…)
…
}

;钩子函数
API_Hook(…)
{
//用户在此处添加自己的代码
}
```

μC/OS – II 内核源代码是开源的,因此在代码量很小的 μC/OS – II 上,感觉不到修改 API_Hook( ) 跟直接在 API( ) 中修改有什么太大区别。

实际上,这两个函数是放在两个文件里面的,Hook 函数有自己专用的文件,移植时,只要实现这个文件里面的 Hook 函数即可,而包含 API 的文件是不需要关心的。工程越复杂,这种钩子函数的优越性就越明显。

μC/OS – II 提供的仅是一个任务调度的内核,将其移植到 STM32 微处理器上后,要想实现一个相对完整、实用的 RTOS,还需要进行相当多的扩展性工作。这部分工作主要包括建立文件系统,为外部设备建立驱动程序并规范相应的 API 函数,创建图形用户接口(GUI)函数,建立其他实用的应用程序接口函数等。

第 12 章　μC/OS-II 的内核机制

12.1　μC/OS-II 内核结构

μC/OS-II 的各种服务都是以任务的形式出现的。在 μC/OS-II 中,每个任务都有一个唯一的优先级。它是基于优先级可剥夺型内核,适合应用于对实时性要求较高的地方。

12.1.1　μC/OS-II 的任务

μC/OS-II 的任务是在内存中存储可执行的程序代码、程序所需的相关数据、堆栈和任务控制块 (Task Control Block,TCB)。其中,任务控制块保存任务的属性;任务堆栈在任务进行切换时保存任务运行的环境;任务代码部分就是直接看到的 C 语言代码,是任务的执行部分。任务存储结构如图 12-1 所示。

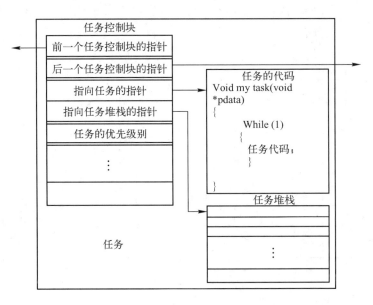

图 12-1　任务的存储结构

任务就是以图 12-1 所示的块的形式存储在内存中。所有的任务形成一个链表,每个节点都由一个这样的结构组成。

1. 任务的代码结构

μC/OS-II 的核心部分就是它的任务,它也是通过任务来对不同事件进行响应和处理的。从代码上来看,μC/OS-II 的任务一般为如下形式(C 语言描述,后同)。

```
//程序清单
void mytask( void  * pdata)
{
   for ( ;; ) {
   /* 用户代码 */
   /* 调用 μC/OS - Ⅱ的某种系统服务: */
     OSMboxPend( );
     OSQPend( );
     OSSemPend( );
     OSTaskDel( OS_PRIO_SELF );
     OSTaskSuspend( OS_PRIO_SELF );
     OSTimeDly( );
     OSTimeDlyHMSM( );
   /* 用户代码 */  }
}
```

一个任务通常是一个无限循环,如图 12-2 所示。

2. 任务的状态

μC/OS-Ⅱ的任务一共有 5 种状态,即休眠、就绪、运行、等待和中断服务。这些状态之间的转换关系如图 12-3 所示。其中各个状态基本特点如下所述。

图 12-2 任务结构

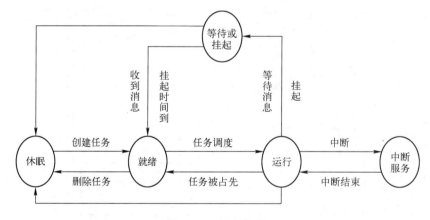

图 12-3 任务状态

【休眠状态】该任务驻留在内存中,但并不被多任务内核所调度。

【就绪状态】任务已经分配到了任务控制块中,并且具备了运行的条件,在就绪表中已经被登记,但由于该任务的优先级比正在运行的任务的优先级低,暂时不能运行。处于就绪状态的任务要想运行,一般来说至少要满足两个条件:其一,高优先级的任务主动放弃微处理器的使用权;其二,在就绪状态的任务中,它的优先级最高。

【运行状态】就绪的任务获得了微处理器的使用权就立即进入运行状态,此时该任务占有微处理器的使用权。

【等待状态】 正在运行的任务,由于需要等待一段时间或等待某个条件的满足,需要让出微处理器的使用权,此时任务处于等待状态。

【中断服务状态】 一个任务正在运行,当有一个中断产生时,微处理器会终止该任务的运行转而去处理中断,此时该任务为中断服务状态。

上述状态就像顾客在餐厅进餐。顾客在餐厅进餐时有 3 种状态:第 1 种是正坐在饭桌旁吃饭;第 2 种是已买好饭菜但没有位置可坐,他们只要找到座位就可以吃饭了;第 3 种人正在买饭菜,即使马上给他们座位,也无饭可吃。这 3 种人是在不断转换的:当有空余饭桌时,第 2 种人就有人转变为第 1 种人;第 3 种人中有人买好饭菜,他就转变为第 2 种人;如果是第 1 种人中有人吃完了饭菜,还想去加点饭菜,他就转变为第 3 种人。第 1 种对应运行状态;第 2 种对应就绪状态;第 3 种对应等待状态。

μC/OS-Ⅱ 可以管理多达 64 个任务,其优先级可以从 0 开始,优先级号越小,其任务的优先级就越高。但目前版本的 μC/OS-Ⅱ 有两个任务已经被系统占用了,而且保留了优先级 0~3、OS_LOWEST_PRIO-3、OS_LOWEST_PRIO-2、OS_LOWEST_PRIO-1 和 OS_LOWEST_PRIO,这 8 个任务优先级以备将来使用。OS_LOWEST_PRIO 是作为常数在 OS_CFG.H 文件中被定义常数语句#define constant 定义的。因此用户可以使用多达 56 个应用任务,但首先要给每个任务赋以不同的优先级。μC/OS-Ⅱ 总是运行进入就绪状态的优先级最高的任务。目前版本的 μC/OS-Ⅱ 中,任务的优先级号就是任务编号 ID。优先级号(或任务的 ID 号)也可以被一些内核服务函数调用,如改变优先级函数 OSTaskChangePrio( )或 OSTaskDel( )。

12.1.2 临界代码

μC/OS-Ⅱ 为了保证某段代码被完整执行,需要临时关闭中断,在这段代码执行完成后再打开中断。这样的代码段称为临界代码段,如图 12-4 所示。μC/OS-Ⅱ 通过定义两个宏 OS_ENTER_CRITICAL( ) 和 OS_EXIT_CRITICAL( ) 来分别实现中断的关闭和打开。μC/OS-Ⅱ 中采用了如下 3 种开/关中断的方法:

```
OS_CRITICAL_METHOD == 1
//用处理器指令关中断,执行 OS_ENTER_CRITICAL( ),开中断执行 OS_EXIT_CRITICAL( );
OS_CRITICAL_METHOD == 2
//实现 OS_ENTER_CRITICAL( )时,先在堆栈中保存中断的开/关状态,然后再关中断;实现 OS_
EXIT_CRITICAL( )时,从堆栈中弹出原来中断的开/关状态;
OS_CRITICAL_METHOD == 3
//把当前处理器的状态字保存在局部变量中(如 OS_CPU_SR,关中断时保存,开中断时恢复)
```

一般来说,多采用方法 3 来实现这两个宏。这两个宏的定义如下:

```
//程序清单
#define OS_CRITICAL_METHOD 3
#define OS_ENTER_CRITICAL( ){cpu_sr = OS_CPU_SR_Save( );}
#define OS_EXIT_CRITICAL( ){OS_CPU_SR_Restore(cpu_sr);}
```

函数 OS_CPU_SR_Save( ) 和 OS_CPU_SR_Restore(cpu_sr)在 OS_CPU_A.ASM 中定义。

注意,在使用这两个宏前,必须定义 OS_CPU_SR cpu_sr,否则编译时将出错。

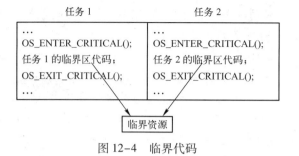

图 12-4 临界代码

12.1.3 任务控制块

任务控制块是用于记录任务堆栈指针、任务当前状态、任务优先级等与任务管理有关的属性表。任务控制块是系统管理任务的依据,记录了任务的全部静态和动态信息。系统只要掌握了一个任务的任务控制块,就可以通过任务控制块找到其可执行代码,也可以找到存储这个任务私有数据的存储区。系统在运行一个任务时,是先按照任务的优先级别找到任务控制块,然后在任务堆栈中再获得任务代码指针的。因此,理解任务控制块结构及掌握如何管理使用任务控制块,是任务调度方法中的重要内容。μC/OS-II 通过两条链表来管理任务控制块,分别是空任务控制块链表和任务控制块链表。

空任务控制块链表是 μC/OS-II 的全局数据结构,是在应用程序调用初始化函数 OSInit( ) 对系统进行初始化时建立的。创建和初始化空任务控制块链表的步骤是,先在数据存储器中建立一个 OS_TCB 结构类型的数组 OSTCBTbl[ ],数组的每个元素都是一个任务控制块,然后利用 OS_TCB 结构的两个指针 OSTCBNext 和 OSTCBPrev,将这些控制块链接成一个链表。由于链表中的控制块没有分配具体的任务,因此这个链表称为空任务控制块链表。

任务控制块链表如图 12-5 所示,它是在调用函数 OSTaskCreate( ) 时建立的。每当应用程序创建一个任务时,系统会从空任务控制块链表的首部分配一个空任务控制块给该任务,将它加入到任务控制块链表中,并给各个成员变量赋值。为了加快任务控制块的访问速度,任务控制块被创建为双向链表,并且定义了 OS_TCB * 结构类型的数组 OSTCBPrioTbl[ ],专门用于存放指向各任务控制块的指针,并按任务优先级把这些指针存放在数组的各个元素中,这样在访问某个任务的任务控制块时,就可以按照优先级直接从 OSTCBPrioTbl[ ] 的对应元素中获得该任务控制块指针,并通过它直接找到该任务控制块。在 UCOS_H.H 中定义了全局变量 OSTCBCur,用于存放当前正在运行任务的任务控制块指针,当系统按优先级选定一个要运行的任务时,就把数组 OSTCBPrioTbl[ ] 对应的元素的值传入 OSTCBCur,于是系统再对这个任务的任务控制块进行访问,从而提高在链表中查找访问的速度。

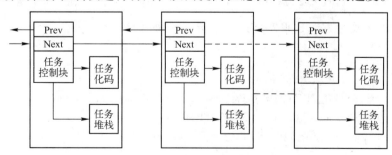

图 12-5 任务在内存表中的任务链表结构

12.1.4 就绪表

μC/OS-Ⅱ是多任务操作系统，系统的核心功能是任务调度，即当一个任务发生切换时，μC/OS-Ⅱ需要在众多已经就绪的任务中找到优先级最高的任务。为了实现快速查找，Labrosse设计了一个表，表中的元素为位，可以根据任务的优先级将就绪任务填入表格的某位，并由表格中的一些位直接计算出任务的优先级。这样，一旦任务就绪，其表格中相应某位就按既定算法置位。任务调度时，根据表格中所有已置位的位，直接算出优先级最高的就绪任务。每个任务的就绪状态标志都放入就绪表结构体中，就绪表中有两个变量 OSRdyGrp 和 OSRdyTbl[ ]，其定义如下：

```
#DEFINE OS_RDY_TBL_SIZE        {( OS_LOWEST_PRIO)/8 +1}
OS_EXT INT8U                   OSRdyGrp;
OS_EXT INT8U                   OSRdyTbl[OS_RDY_TBL_SIZE];
```

OSRdyGrp 和 OSRdyTbl[ ] 之间的关系如图 12-6 所示。在 OSRdyGrp 中，任务按优先级分组，每 8 个任务为一组。OSRdyGrp 中的每一位表示 8 组任务中每一组中是否有进入就绪状态的任务。任务进入就绪状态时，就绪表 OSRdyTbl[ ] 中的相应元素的相应位也被置位。就绪表 OSRdyTbl[ ] 数组的大小取决于 OS_LOWEST_PRIO（见文件 OS_CFG.H）。当用户的应用程序中任务数目比较少时，减少 OS_LOWEST_PRIO 的值可以降低 μC/OS-Ⅱ 对数据存储器的需求量。

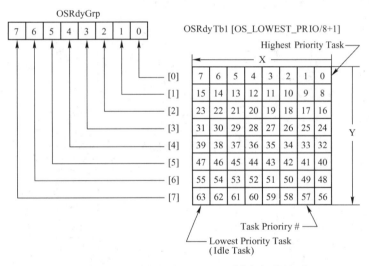

图 12-6　OSRdyGrp 和 OSRdyTbl[ ] 之间的关系

为确定下次轮到哪个优先级的任务运行了，内核调度器总是将 OS_LOWEST_PRIO 在就绪表中相应字节的相应位置 1。

μC/OS-Ⅱ中的所有任务在建立时被赋予不同的优先级。任务优先级信息存储在任务控制块中。优先级从最高的 0 级到最低的 OS_LOWEST_PRIO（包括 0 和 OS_LOWEST_PRIO 在内）。当操作系统初始化时，最低优先级 OS_LOWEST_PRIO 被赋给空闲任务 idle task。注意，任务数目最大值 OS_MAX_TASKS 和最低优先级数是没有关系的。用户应用程序可以只有 10 个任务，而仍然可以使用 32 个优先级的级别。OS_MAX_TASKS 是一个参数，体现了可裁剪的思想。

12.1.5 任务的调度

1. 任务调度简介

如图 12-7 所示 μC/OS-II 实时调度内核就如同一家搬运公司，它掌控着由 15 名员工（CM3 处理器各模式下的 15 个寄存器）组建的团队，搬运公司（处理器）是依靠该团队来执行某项（搬运装卸）任务，显然在某一时刻该团队只能处理一项任务。图中所示的 3 个任务如同 3 艘等待装卸货物且权重不同的船舶，即军用船、消防船和商用船，它们组成等待队列，其中军用船的权重最高，而商用船的权重最低。当所有船舶的装卸手续、货物均已备妥时，搬运公司首先将搬运团队分派给军用船，即军用船舶的装卸任务首先占用处理器并执行，而其他船舶只有在军用船装卸完成后才能获得搬运公司的服务。若在军用船的装卸作业过程中发现单据有误或货物不到位，此时搬运公司将首先中止军用船的装卸作业，然后在等待队列中寻找服务船舶，此时若消防船处于就绪状态，则搬运公司立即为其派团队进行装卸作业，若商用船处于就绪状态而消防船因某种原因暂时无法进行装卸作业，搬运公司将立即为商船提供服务，若商船和消防船均处于非就绪状态，则搬运公司的装卸团队进入空闲期。因此，μC/OS-II 在初始化时会创建空闲任务。假设此时商船获得搬运公司的服务，在商船装卸作业过程中若军用船或消防船进入就绪状态，根据权重它们都可以立即抢占搬运公司的团队为自己服务，无论出现上述何种情况均发生一次任务调度，这就是基于 μC/OS-II 的实时多任务调度过程。具体任务切换过程如图 12-8 所示。

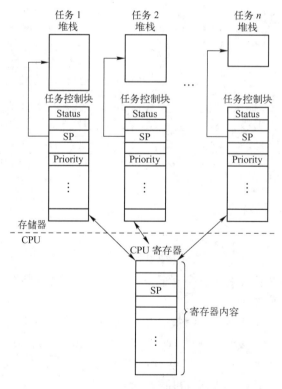

图 12-7　多任务调度

在 μC/OS-Ⅱ 中，当发生任务切换时，堆栈用于保存其所属任务的上、下文环境，任务控制块始终记录着任务当前状态参数，如优先级、所处状态、计时、堆栈指针、任务函数指针等信息。同样以上述搬运公司为例，在搬运公司的服务团队由军用船作业转移到商用船作业前，搬运公司必须完成两件工作：一方面军用船的当前状态如装卸任务完成了多少、下一步装卸何种物资等信息和服务团队各成员的当前状态（即 CM3 处理器的 15 个寄存器的当前值）必须保存，即图 12-8 中保存任务 1 的

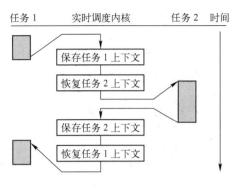

图 12-8 任务切换示意图

上、下文，否则当军用船再次获得搬运公司的服务权时将无法继续进行余下的装卸作业，这些信息均会交由军用船自身即任务堆栈来保存；另一方面，搬运公司必须从商业船即任务堆栈那里获得其当前保存的状态信息，从而得以继续商用船的装卸作业，即恢复任务 2 的上、下文。从这里不难看出，在 μC/OS-Ⅱ 中任务必须拥有各自独立的堆栈来保存其上、下文环境，在任务创建时必须初始化该堆栈中的信息。

由于 μC/OS-Ⅱ 总是运行进入就绪状态任务中优先级最高的任务，因此确定哪一个任务优先级最高、哪个任务将要运行的工作是由调度器完成的。μC/OS-Ⅱ 任务调度所花的时间是常数，与应用程序中建立的任务数无关。

任务切换很简单，一般由以下两步完成：首先将被挂起任务的微处理器寄存器压入堆栈，然后将较高优先级任务的寄存器值从堆栈中恢复到寄存器中。在 μC/OS-Ⅱ 中，就绪任务的栈结构总是看起来跟刚刚发生过中断一样，所有微处理器的寄存器都保存在栈中，即 μC/OS-Ⅱ 运行就绪状态的任务所要做的一切，只是恢复所有的 CPU 寄存器并运行中断返回指令。

在 μC/OS-Ⅱ 中，如果在任务或中断内执行了某个函数，处理某些数据，其结果改变了当前任务的状态，或者是改变了别的任务状态，都将引起任务调度。任务调度包括任务级的任务调度和中断级的任务调度，所采用的调度算法是相同的。任务级的调度是由函数 OSSched() 完成的，中断级的任务调度是由函数 OSIntExt() 完成的。调度工作的内容可以分为两部分，即最高优先级任务的寻找和任务切换。最高优先级任务的寻找通过函数 OSSched() 来实现，调用 OS_TASK_SW() 可以完成任务切换。

任务的调度不是任何时刻都可以进行的，而是有时机的，当有以下情况发生时，将产生一次任务调度：创建了新任务，并在就绪表中进行了登记；有任务被删除；有处于等待的任务被唤醒；中断退出时；正在运行的任务等待某事件而进入等待状态；正在运行的任务自愿放弃微处理器占有权而等待一段时间。

2. 调度函数

任务之间的调度称为任务级的调度，是由 OSSched (void) 函数来实现的，而中断级的任务调度则是由另一个函数 OSIntExit() 来实现的。

任务调度函数 OSSched() 首先在就绪表中找到当前处于就绪状态的最高优先级任务，然后根据其优先级在控制块优先级表 OSTCBPrioTbl[ ] 取得相应任务的任务控制块地址，并存放在 OSTCBHighRdy 中。获得了最高优先级就绪任务的任务控制块指针，再加上存放当前运

行任务指针变量OSTCBCur的任务控制块,有了这两个任务控制块,就可以由任务切换函数OS_TASK_SW( )程序进行运行环境的切换。任务切换主要由两步完成:将被挂起任务的微处理器寄存器压入堆栈;将最高优先级任务的寄存器值从栈中恢复到寄存器中。OSSched(void) 代码见程序清单。

```
1    void OSSched( void)
2    {
3        INT8U y;
4        OS_ENTER_CRITICAL( );//禁止中断的宏
5        if ( ( OSLockNesting = = 0) && ( OSIntNesting = = 0) )
6        {
7            y = OSUnMapTbl[ OSRdyGrp];
8            OSPrioHighRdy = (INT8U) ( ( y << 3) + OSUnMapTbl[ OSRdyTbl[ y] ]) ;
9            if ( OSPrioHighRdy ! = OSPrioCur) {
10               OSTCBHighRdy = OSTCBPrioTbl[ OSPrioHighRdy];
11               OSCtxSwCtr + + ;
12               OS_TASK_SW( );
13           }
14       }
15       OS_EXIT_CRITICAL( );//开放中断的宏
16   }
```

【程序说明】

第5行:如果调用来自中断服务程序,或者至少调用了一次给任务调度上锁函数,任务调度函数将退出,不做调度。

第7行:否则,调度找出进入就绪状态且优先级最高的任务(详见12.1.4节),就绪任务表相应的位置位。由于确定处于就绪状态任务中哪个优先级最高可以使用查表的方法来实现,所以任务调度的执行时间是定值,与建立了多少个任务没有关系。

第9行:优先级最高的任务是否是当前正在运行的任务,若是则不调度。注意,在μC/OS – II中,先要得到OSPrioHighRdy指针,然后与OSPrioCur指针比较,因为是指针型变量之间的比较,在一些处理器中这样的比较相对较慢。在μC/OS – II中,采用的是两个整数进行比较,相对更有效率一些。除非实际需要进行任务切换,再查任务控制块优先级表OSTCBPrioTbl[ ]时,不需要用指针变量来查OSTCBHighRdy。

第10行:因为需要任务切换,OSTCBHighRdy必须指向优先级最高的任务控制块OS_TCB。通过OSTCBHighRdy查看任务控制块优先级表OSTCBPrioTbl[ ]以获得OSTCBHighRdy。

第11行:统计计数器加1,跟踪任务切换次数。

第12行:调用OS_TASK_SW( )进行任务切换。任务级的切换首先从就绪表中找出当前优先级最高任务的优先级,然后就是OS_TASK_SW( )要做的事情。首先将CPU寄存器中需要保护的内容压入当前任务的任务栈中,并将栈顶指针存入其任务控制块(TCB)中的OSTCBStkPtr。根据找到的处于就绪状态并拥有最高优先级任务的优先级得到其TCB,将其OSTCBStkPtr赋给处理器的SP,再将任务栈中保护的内容出栈到CPU的寄存器,新的任务开始投入运行。图12-9给出了其转换过程。

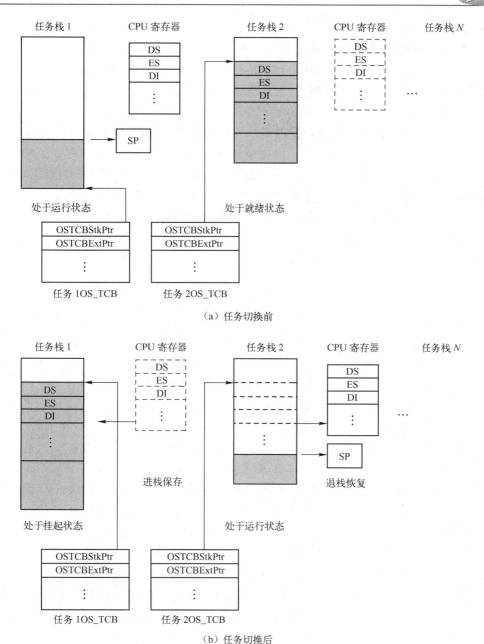

图 12-9 任务级的任务切换 OS_TASK_SW( )

3. μC/OS-Ⅱ系统任务调度策略的分析

(1) μC/OS-Ⅱ提供了最简单的实时任务调度策略：单一的基于优先级的抢占式调度方法，方法简单，有效地保证了实时性的要求。通过使用查表法代替循环查找就绪表的方法，节约了调度和运行时间。

(2) μC/OS-Ⅱ中任何两个任务的优先级别不能相同，在调度时，通过优先级别来确定任务。因此重要性相同的任务，为了进行区分被赋予了不同的优先级别，即使正在运行的任务和就绪队列中优先级最高的任务重要性相同，但是由于其优先级高于正在运行的任务，所以在调度执行时会抢占 CPU 进行任务调度。这也就意味着高优先级的任务在处理完成后，必须进入等待或挂起状态，否则低优先级（重要性与其相同）的任务永远也不可能执行。因此这种绝对强调实时性的调度算法显得灵活性不够。有些任务重要性相同，需要同时进行处理的任务，若理解为不同优先级任务去调度，在设计时需要考虑如何以不同优先级别的任务去实现调度。

（3）μC/OS‑Ⅱ中任务优先级别是由用户人为设定的，在μC/OS‑Ⅱ的任务调度中没有用到周期、截止期及执行时间的概念，优先级别的分配是由用户直接定义的，这种方法在很大程度上有一定的盲目性。大多数用户对优先级的定义只考虑到任务的重要程度，而忽略了任务的周期、截止期的限制，因此很可能造成优先级分配不合理的现象，从而导致周期小的任务或截止期在前的任务不能得到执行，错过任务的有效期。对于一些对实时性要求高的嵌入式系统，如应用在航天控制中，这种任务有效期的错过将是致命性的，带来的后果也将是非常严重的。

12.1.6 中断处理

为了保证操作系统的实时性，对异步事件（如异常情况及运行结果）要立刻处理，因此需要引入中断机制。一般来说，中断是微处理器必须具有的硬件机制，用于通知 CPU"某异步事件"发生。中断一旦被识别，CPU 将保存部分或全部现场（即部分或全部寄存器的值），然后跳转到专门的子程序（称为中断服务子程序）。中断使得 CPU 可以在事件发生时才予以处理，而不是让微处理器不断地查询是否有事件发生。μC/OS‑Ⅱ内核是可剥夺的内核，因此它支持中断。μC/OS‑Ⅱ通过两条特殊指令关中断（OS_ENTER_CRITICAL）和开中断（OS_EXIT_CRITICAL），可以让微处理器不响应或能够响应中断。应用系统所需的各个中断服务程序的入口是在 OS_CPU_A.S 文件中定义的。

基于μC/OS‑Ⅱ的系统响应中断的过程是，系统接收到中断请求后，判断如果这时 CPU 处于中断允许状态，系统就会中止正在运行的当前任务，而按照中断向量的指向转而去运行中断服务子程序；当中断服务子程序的运行结束后，系统将会根据任务优先级和任务就绪情况判断是返回到被中止的任务继续运行，或者转向运行另一个具有更高优先级别的就绪任务。μC/OS‑Ⅱ系统允许中断嵌套，即高优先级别中断源的中断请求可以中断低优先级别中断服务程序的运行。在μC/OS‑Ⅱ中，通常用一个任务来完成异步事件的处理工作，而在中断服务程序中只是通过向任务发送消息或信号的方法去激活这个任务。

在μC/OS‑Ⅱ中，中断服务子程序要用汇编语言来编写，然而，如果用户使用的 C 语言编译器支持在线汇编语言，用户可以直接将中断服务子程序代码放在 C 语言的程序文件中。用户中断服务子程序示意代码如下：

```
1    保存全部 CPU 寄存器；
2    调用 OSIntEnter( ) 或 OSIntNesting 直接加 1；
3    if( OSIntNesting == 1 )
4    {
5    OSTCBCur –> OSTCBStkPtr = SP；(保存当前任务的 SP）
6    }
7    清中断源；
8    重新开中断；
```

9	执行中断服务程序;
10	调用 OSIntExit( );
11	恢复所有 CPU 寄存器;
12	执行中断返回指令;

【程序说明】

第 1 行：将全部寄存器压入当前任务栈。

第 2 行：用于通知内核进入中断状态，调用 OSIntEnter ( ) 和使 OSIntNesting 直接加 1 的结果是一样的，只不过有些处理器没有直接加 1 的单条指令，只能先将 OSIntNesting 读入寄存器再加 1，然后再写回到变量 OSIntNesting 中去，而且 OSIntNesting 是一个共享变量，访问时要关中断，以保证互斥性。

第 3 行：查看是否为中断的第 1 层。

第 5 行：如果为中断的第 1 层，立即将堆栈指针保存到这个任务的任务控制块 OS_TCB 中。

第 7 行：如果决定允许中断，则必须清中断源，否则会重新进入这一段中断服务子程序。

第 8 行：如果允许中断嵌套，可以重新开中断。μC/OS - Ⅱ允许中断嵌套，因为 μC/OS - Ⅱ 跟踪嵌套层数 OSIntNesting。

第 9 行：上述两步完成后，可以开始为请求中断的设备服务了，这一段完全取决于应用。

第 10 行：调用 OSIntExit( )将中断嵌套层数计数器减 1。当嵌套计数器减到 0 时，所有中断（包括嵌套的中断）都完成了，此时要判定是否有优先级高的任务被中断服务程序唤醒了，如果有优先级高的任务进入了就绪状态，就返回到最高优先级的任务，而不是返回到被中断的任务。

第 11 行：如果被中断的任务仍然是最重要的任务，则 OSIntExit( )从中断服务子程序返回到原来的任务。

第 12 行：保存的寄存器值是在此时被恢复的，然后执行中断返回指令。注意，如果调度被禁止了（OSIntNesting > 0），μC/OS - Ⅱ将返回到被中断的任务。

以上所给出的示意性代码仅起到提示的作用，在实际的应用中，因为处理器和编译器的不同特性，示意性代码并不完全适用，需要根据不同的情况灵活处理。有些微处理器在中断发生时，CPU 寄存器自动入栈，若允许中断嵌套，在中断服务子程序中要重新开中断。

12.1.7 时钟节拍

μC/OS - Ⅱ需要提供周期性的信号源，用于实现时间延时和超时确认。节拍频率应为 10 ~ 100 次/s，或者 10 ~ 100Hz，时钟节拍率越高，系统额外负荷就越重。时钟节拍的实际频率取决于应用程序的精度。

时钟节拍中断不过是一个普通的中断服务子程序，这个中断服务子程序的任务是为 μC/OS - Ⅱ系统提供一个周期性时钟源，它的示意代码如下：

```
void OSTickISR( void)
{
```

保存 CPU 寄存器的值；
调用 OSInter( )，或者将 OSIntNesting 加 1；
if(OSIntNesting == 1)
    {
        OSTCBCur -> OSTCBStrPtr = SP;
    }
调用 OSTimeTick( )；
清发出中断设备的中断；
重新允许中断(可选用)；
调用 OSIntExit( )；
恢复处理器的值；
执行中断返回指令；
}

μC/OS-II 中的时钟节拍服务通过在中断服务子程序中调用 OSTimeTick( ) 来实现。OSTimeTick( ) 跟踪所有任务的定时器及超时时限，时钟节拍中断服务子程序必须用汇编语言编写，因为在 C 语言里不能直接处理 CPU 的寄存器。OSTimetick( )代码如下：

```
void OSTimeTick (void)
{
    OS_TCB *ptcb;
    OSTimeTickHook( );
    ptcb = OSTCBList;
    while (ptcb -> OSTCBPrio ! = OS_IDLE_PRIO) {
        OS_ENTER_CRITICAL( );
        if (ptcb -> OSTCBDly ! =0) {
            if ( -- ptcb -> OSTCBDly ==0) {
                if (! (ptcb -> OSTCBStat & OS_STAT_SUSPEND)) {
                    OSRdyGrp                |= ptcb -> OSTCBBitY;
                    OSRdyTbl[ ptcb -> OSTCBY ]  |= ptcb -> OSTCBBitX;
                } else {
                    ptcb -> OSTCBDly = 1;
                }
            }
        }
        ptcb = ptcb -> OSTCBNext;
        OS_EXIT_CRITICAL( );
    }
    OS_ENTER_CRITICAL( );
    OSTime ++ ;
    OS_EXIT_CRITICAL( );
}
```

OSTimeTick( )中主要工作是给每个任务的任务控制块中的时间延时项 OSTCBDly 减 1（如果该项不为 0）。OSTimeTick( )从 OSTCBList 开始，沿着链表进行，一直到最后一个任务（即空闲任务）为止。当某个任务的任务控制块中的 OSTCBDly 减到了 0，这个任务就进入就绪状态。注意，此时被任务挂起函数 OSTaskSuspend( ) 挂起的任务不会进入就绪状态。从上面的分析可以看出，OSTimeTick( ) 的执行时间直接与应用程序中建立了多少个任务成正比。

注意，必须在多任务系统启动后，也就是调用 OSStart( ) 后，再开启时钟节拍器。即调用 OSStart( ) 后的第一件事是初始化计时器中断。示意代码如下：

```
Void main (void)
{
    OSInit();           /*初始化 μC/OS - II*/
    ……                  /*创建任务代码*/
    OSStart();          /*开始多任务调度*/
    ……                  /*允许时钟节拍中断*/
}
```

当然，这里说的在调用 OSInit( ) 后启动时钟节拍中断，并不是在 OSInit( ) 后面直接加上一条启动中断的语句，而是在 μC/OS - II 启动运行的第一个任务中允许时钟节拍中断。前面说过，OSStart( ) 函数不会返回，所以用户在 OSStart( ) 函数后面加上任何代码都是无效的。

常见的错误是在调用 OSInit( ) 和 OSStart( ) 之间允许时钟节拍中断，代码如下：

```
void main(void)
{
    ...
    OSInit();           /*初始化 uC/OS - II*/
    /*应用程序初始化代码... */
    /*调用 OSTaskCreate( ) 创建至少一个任务*/
    允许时钟节拍中断; /* 错误！可能 crash! */
    OSStart();         /*开始多任务调度 */
}
```

μC/OS - II 开始执行第一个任务前，时钟节拍中断服务程序就会被执行，而此时的 μC/OS - II 处于未知状态，自然应用程序就会崩溃。

12.1.8 任务的初始化

μC/OS - II 提供了两个系统任务，即空闲任务和统计任务。在某一时刻可能所有的用户任务都不处于就绪状态，这样微处理器会因为没有任何任务运行而造成系统崩溃，所以系统应提供空闲任务。在没有任何用户任务处于就绪状态且没有任务运行时，空闲任务就开始运行。μC/OS - II 始终把最低的优先级赋给空闲任务，这样一旦有优先级高于空闲任务的任务处于就绪状态时，空闲任务就退出运行而处于就绪状态。

统计任务则统计了一些系统运行的信息，用户可以选择打开或关闭统计任务。

例程 ex12_1 的主程序代码如下：

```
int main (void)
{
```

```
    INT8U err;
    NVIC_SetVectorTable(NVIC_VectTab_FLASH, 0x0); //初始化向量表
    OSInit(); //操作系统初始化
    //创建起始任务
    OSTaskCreateExt(AppTaskStart,(void *)0,
                    (OS_STK *)&AppTaskStartStk[APP_TASK_START_STK_SIZE - 1],
                    APP_TASK_START_PRIO,APP_TASK_START_ID,
                    (OS_STK *)&AppTaskStartStk[0],APP_TASK_START_STK_SIZE,
                    (void *)0,OS_TASK_OPT_STK_CHK|OS_TASK_OPT_STK_CLR);

    #if (OS_TASK_NAME_SIZE > 13)
    //命名起始任务为 Start Task
     OSTaskNameSet(APP_TASK_START_PRIO, "Start Task", &err);
    #endif
    OSStart();    //开始多任务调度
}
```

由上述代码可知,μC/OS-II 系统的启动分为 3 步,即调用 OSInit()初始化系统、创建任务(这里使用了 OSTaskCreateExt)、调用 OSStart()启动多任务。在主函数 main()中创建的任务称为"引导"任务,而其他任务称为"工作"任务。引导任务只用于创建一些工作任务;工作任务是用于完成特定功能的任务。

OSInit()位于 OS_CORE.C 中,其代码如下:

```
void    OSInit (void)
{
    OSInitHookBegin(); /* Call port specific initialization code    */
    OS_InitMisc();     /* Initialize miscellaneous variables        */

    OS_InitRdyList();/* Initialize the Ready List                   */
    OS_InitTCBList();    /* Initialize the free list of OS_TCBs     */
    OS_InitEventList(); /* Initialize the free list of OS_EVENTs    */
#if (OS_FLAG_EN > 0) && (OS_MAX_FLAGS > 0)
    OS_FlagInit(); /* Initialize the event flag structures          */
#endif
#if (OS_MEM_EN > 0) && (OS_MAX_MEM_PART > 0)
    OS_MemInit(); /* Initialize the memory manager                  */
#endif

#if (OS_Q_EN > 0) && (OS_MAX_QS > 0)
    OS_QInit();/* Initialize the message queue structures           */
#endif
    OS_InitTaskIdle();   /* Create the Idle Task                    */
#if OS_TASK_STAT_EN > 0
    OS_InitTaskStat(); /* Create the Statistic Task                 */
#endif
```

```
#if OS_TMR_EN > 0
    OSTmr_Init();/* Initialize the Timer Manager        */
#endif
    OSInitHookEnd(); /* Call port specific init. code    */
#if OS_DEBUG_EN > 0
    OSDebugInit();
#endif
}
```

在调用 μC/OS-Ⅱ 操作系统的其他服务前，μC/OS-Ⅱ 操作系统要求用户首先调用系统初始化函数 OSInit()。执行 OSInit() 函数后，将初始化 μC/OS-Ⅱ 所有的变量和数据结构。在文件 OS_CFG.H 中，OS_TASK_STAT_EN是设置为1的；在文件 OS_CFG.H 中，OS_LOWEST_PRIO 是设置为63的；在文件 OS_CFG.H 中，最多任务数 OS_MAX_TASKS 是设置为大于2的。

μC/OS-Ⅱ还初始化了4个空数据结构缓冲区。每个缓冲区都是单向链表，允许μC/OS-Ⅱ从缓冲区中迅速得到或释放一个缓冲区中的元素。注意，空任务控制块在空缓冲区中的数目取决于最多任务数 OS_MAX_TASKS，这个最多任务数是在 OS_CFG.H 文件中定义的。μC/OS-Ⅱ自动安排总的系统任务数 OS_N_SYS_TASKS（见文件 μC/OS-Ⅱ.H），控制块 OS_TCB 的数目也就自动确定了，当然也包括足够的任务控制块分配给统计任务和空闲任务。

另外，OSInit() 会建立空闲任务，并且这个任务总是处于就绪状态的。空闲任务 OSTaskIdle() 函数的优先级总是设置为最低级别，即 OS_LOWEST_PRIO。

12.1.9 任务的启动

图 12-10 所示为 μC/OS-Ⅱ 中的启动过程。

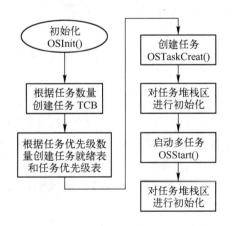

图 12-10 μC/OS-Ⅱ 的启动过程

μC/OS-Ⅱ 多任务的启动是用户通过调用 OSStart() 来实现的。在启动前，用户至少要建立一个应用任务。OSStart() 是从任务就绪表中找出优先级最高的任务，然后调用高优先级就绪任务启动函数 OSStartHighRdy()，此函数将最高优先级任务的任务栈出栈，使该任务投入运行。这是一个跟处理器相关的函数。OSStart() 函数代码如下：

```
1   void OSStart ( void)
2   {
3       INT8U Y;
4       INT8U X;
5       if ( OSRunning == FALSE) {
6           y  = OSUnMapTbl[ OSRdyGrp] ;
7           x  = OSUnMapTbl[ OSRdyTbl[ y] ] ;
8           OSPrioHighRdy = ( INT8U) ( ( Y <<3) + X) ;
9           OSPrioCur     = OSPrioHighRdy;
10          OSTCBHighRdy  = OSTCBPrioTbl[ OSPrioHighRdy] ;
11          OSTCBCur      = OSTCBHighRdy;
12          OSStartHighRdy( ) ;
13      }
14  }
```

【程序说明】

第 10 行：从任务就绪表中找出用户建立的优先级最高任务的任务控制块。

第 11 行：调用高优先级就绪任务启动函数 OSStartHighRdy ( )，将任务栈中保存的值弹回到 CPU 寄存器中，然后执行一条中断返回指令，中断返回指令强制执行该任务代码。

注意，OSStartHighRdy ( ) 执行中断返回指令，跳转至相应的任务代码处执行，永远不会返回到 OSStart ( )。只有在 OSStartHighRdy ( ) 执行后，μC/OS - II 的多任务系统才算正式启动。

12.2 μC/OS - II 的任务管理

12.2.1 创建任务

任务的创建过程如图 12-11 所示。

用户必须先建立任务，才能让 μC/OS - II 来管理用户的任务。可以通过传递任务函数地址和其他参数到以下两个函数之一来建立任务：OSTaskCreate ( ) 或 OSTaskCreateExt ( )。其中，OSTaskCreateExt ( ) 是扩展版本，提供了一些附加功能。任务可以在调度前建立，也可以在其他任务的执行过程中建立。但是，在开始多任务调度前，用户必须建立至少一个任务。任务不能由中断服务程序来建立。

OSTaskCreateExt ( ) 位于 ucos_ii.h 中，需要如下 9 个参数。

☺ Task：任务函数代码的指针。

☺ pdata：当任务开始执行时，传递给任务函数参数的指针。

☺ ptos：分配给任务堆栈的栈顶指针。

☺ prio：分配给任务的优先级。

☺ id：为要建立的任务创建一个特殊的标志符。该参数在 μC/OS 以后的升级版本中可能会用到，但在 μC/OS - II 中尚未使用。这个标志符可以扩展 μC/OS - II 功能，使

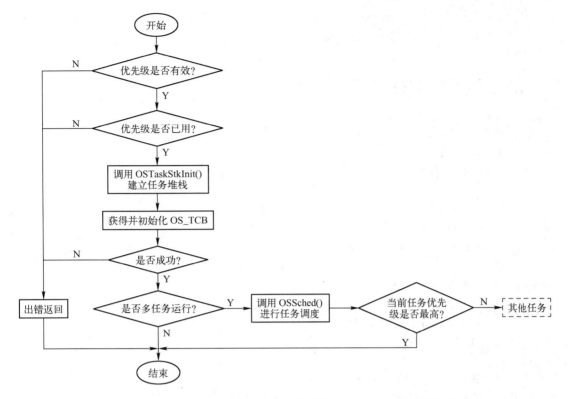

图 12-11 任务的创建过程

它执行的任务数超过目前的 64 个。但一般情况下，用户只要简单地将任务的 id 设置成与任务的优先级一样的值即可。

☺ pbos：指向任务堆栈栈底的指针，用于堆栈的检验。
☺ stk_size：用于指定堆栈成员数目的容量。也就是说，如果堆栈的入口宽度为 4B（字节）宽，那么 stk_size 为 10000 是指堆栈有 40000B（字节）。该参数与 pbos 一样，也用于堆栈的检验。
☺ pext：指向用户附加数据域的指针，用于扩展任务的 OS_TCB。例如，用户可以为每个任务增加一个名字，或者在任务切换过程中将浮点寄存器的内容储存到这个附加数据域中。
☺ opt：用于设定 OSTaskCreateExt() 的选项，指定是否允许堆栈检验，是否将堆栈清零，任务是否要进行浮点操作等。ucos_ii.h 文件中有一个所有可能选项（OS_TASK_OPT_STK_CHK、OS_TASK_OPT_STK_CLR 和 OS_TASK_OPT_SAVE_FP）的常数表。每个选项占有 opt 的一位，并通过该位的置位来选定（用户在使用时只需要将以上 OS_TASK_OPT_??? 选项常数进行位或（OR）操作即可）。

OSTaskCreateExt() 源代码如下：

```
1   INT8U OSTaskCreateExt (void    ( * task)(void * pd),
2                          void    * pdata,
3                          OS_STK  * ptos,
4                          INT8U   prio,
5                          INT16U  id,
```

```
6                           OS_STK    * pbos,
7                           INT32U    stk_size,
8                           void      * pext,
9                           INT16U    opt)
10  {
11      void      * psp;
12      INT8U     err;
13      INT16U    i;
14      OS_STK    * pfill;
15
16
17      if ( prio > OS_LOWEST_PRIO) {
18          return ( OS_PRIO_INVALID);
19      }
20      OS_ENTER_CRITICAL( );
21      if ( OSTCBPrioTbl[ prio] == ( OS_TCB * )0) {
22          OSTCBPrioTbl[ prio] = ( OS_TCB * )1;
23          OS_EXIT_CRITICAL( );
24
25          if ( opt & OS_TASK_OPT_STK_CHK) {
26              if ( opt & OS_TASK_OPT_STK_CLR) {
27                  Pfill = pbos;
28                  for ( i = 0; i < stk_size; i ++ ) {
29                      #if OS_STK_GROWTH == 1
30                      * pfill ++ = ( OS_STK)0;
31                      #else
32                      * pfill -- = ( OS_STK)0;
33                      #endif
34                  }
35              }
36          }
37          psp = ( void * )OSTaskStkInit( task, pdata, ptos, opt);
38          err = OSTCBInit( prio, psp, pbos, id, stk_size, pext, opt);
39          if ( err == OS_NO_ERR) {
40              OS_ENTER_CRITICAL;
41              OSTaskCtr ++ ;
42              OSTaskCreateHook( OSTCBPrioTbl[ prio] );
43              OS_EXIT_CRITICAL( );
44              if ( OSRunning) {
45                  OSSched( );
46              }
47          } else {
48              OS_ENTER_CRITICAL( );
49              OSTCBPrioTbl[ prio] = ( OS_TCB * )0;
```

第 12 章 μC/OS-Ⅱ的内核机制

```
50              OS_EXIT_CRITICAL( );
51          }
52          return (err);
53      } else {
54          OS_EXIT_CRITICAL( );
55          return (OS_PRIO_EXIST);
56      }
57  }
```

OSTaskCreateExt( )首先检测分配给任务的优先级是否有效（第17行）。任务的优先级必须在0到OS_LOWEST_PRIO之间。接着，OSTaskCreateExt( )要确保在规定的优先级上尚未建立任务（第21行）。在使用μC/OS-Ⅱ时，每个任务都有特定的优先级。如果某个优先级是空闲的，μC/OS-Ⅱ通过放置一个非空指针在OSTCBPrioTbl[ ]中来保留该优先级（第22行）。这就使得OSTaskCreateExt( )在设置任务数据结构的其他部分时能重新允许中断（第23行）。

为了对任务的堆栈进行检验（参看堆栈检验，OSTaskStkChk( )），用户必须在opt参数中设置OS_TASK_OPT_STK_CHK标志。堆栈检验还要求在任务建立时堆栈的存储内容都是0（即堆栈已被清零）。为了在任务建立时将堆栈清零，需要在opt参数中设置OS_TASK_OPT_STK_CLR。当以上两个标志都被设置好后，OSTaskCreateExt( )才能将堆栈清零（第25行）。

接着，OSTaskCreateExt( )调用OSTaskStkInit( )（第37行），它负责建立任务的堆栈。该函数与处理器的硬件相关，可以在OS_CPU_C.C文件中找到。OSTaskStkInit( )函数返回新的堆栈栈顶（psp），并被保存在任务的OS_TCB中。

μC/OS-Ⅱ支持的处理器的堆栈既可以从上（高地址）往下（低地址）递减，也可以从下往上递增（参看任务堆栈）。用户在调用OSTaskCreateExt( )时，必须知道堆栈是递增的还是递减的（参看用户所用处理器的OS_CPU.H中的OS_STACK_GROWTH），因为用户必须得把堆栈的栈顶传递给OSTaskCreateExt( )，而栈顶可能是堆栈的最低地址（当OS_STK_GROWTH为0时），也可能是最高地址（当OS_STK_GROWTH为1时）。

一旦OSTaskStkInit( )函数完成了建立堆栈的任务，OSTaskCreateExt( )就调用OSTCBInit( )（第38行），从空闲的OS_TCB缓冲池中获得并初始化一个OS_TCB。OSTCBInit( )的代码在OSTaskCreate( )中曾描述过，从OSTCBInit( )返回后，OSTaskCreateExt( )要检验返回代码（第39行），如果成功，就增加OSTaskCtr（第41行），OSTaskCtr用于保存产生的任务数目。如果OSTCBInit( )返回失败，就置OSTCBPrioTbl[prio]的入口为0（第49行），以放弃对该任务优先级的占用。然后，OSTaskCreateExt( )调用OSTaskCreateHook( )（第42行），OSTaskCreateHook( )是用户自己定义的函数，用于扩展OSTaskCreateExt( )的功能。OSTaskCreateHook( )可以在OS_CPU_C.C中定义（如果OS_CPU_HOOKS_EN置1），也可以在其他地方定义（如果OS_CPU_HOOKS_EN置0）。注意，OSTaskCreateExt( )在调用OSTaskCreateHook( )时，中断是关掉的，所以用户应该使OSTaskCreateHook( )函数中的代码尽量简化，因为这将直接影响中断的响应时间。OSTaskCreateHook( )被调用时，会收到指向任务建立时OS_TCB的指针，这意味着该函数可以访问OS_TCB数据结构中的所有成员。

如果OSTaskCreateExt( )函数是在某个任务的执行过程中被调用的（即OSRunning置为

True (第 44 行)），任务调度函数会被调用（第 45 行）来判断是否新建立的任务比原来的任务有更高的优先级。如果新任务的优先级更高，内核会进行一次从旧任务到新任务的任务切换。如果在多任务调度开始前（即用户还没有调用 OSStart()），新任务就已经建立了，则任务调度函数不会被调用。

12.2.2 删除任务

　　删除过程就是建立任务的一个逆过程。删除任务是将任务返回到休眠状态，并不是把任务的代码删除了，只是任务不再被 μC/OS-II 调用。通过调用 OSTaskDel() 可以完成删除任务的功能。OSTaskDel() 确保所要删除的任务并非空闲任务，接着确保不是在中断服务程序中删除任务，并且该任务是确实存在的。一旦所有条件满足后，该任务的 OS_TCB 将会从所有可能的 μC/OS-II 的数据结构中移去。还需要指出的是，μC/OS-II 支持任务的自我删除，只要指定参数为 OS_PRIG_SELF 即可。OSTaskDel（INT8U prio）代码清单如下：

```
1    INT8U OSTaskDel (INT8U prio)
2    {
3        OS_TCB   * ptcb;
4        OS_EVENT * pevent;
5
6        if (prio == OS_IDLE_PRIO) {
7            return (OS_TASK_DEL_IDLE);
8        }
9        if (prio >= OS_LOWEST_PRIO && prio != OS_PRIO_SELF) {
10           return (OS_PRIO_INVALID);
11       }
12       OS_ENTER_CRITICAL();
13       if (OSIntNesting > 0) {
14           OS_EXIT_CRITICAL();
15           return (OS_TASK_DEL_ISR);
16       }
17       if (prio == OS_PRIO_SELF) {
18           Prio = OSTCBCur -> OSTCBPrio;
19       }
20       if ((ptcb = OSTCBPrioTbl[prio]) != (OS_TCB *)0) {
21           if (((OSRdyTbl[ptcb -> OSTCBY] &= ~ptcb -> OSTCBBitX) == 0) {
22               OSRdyGrp &= ~ptcb -> OSTCBBitY;
23           }
24           if ((pevent = ptcb -> OSTCBEventPtr) != (OS_EVENT *)0) {
25               if (((pevent -> OSEventTbl[ptcb -> OSTCBY] &= ~ptcb -> OSTCBBitX) == 0) {
26                   pevent -> OSEventGrp &= ~ptcb -> OSTCBBitY;
27               }
28           }
29           Ptcb -> OSTCBDly   = 0;
30           Ptcb -> OSTCBStat = OS_STAT_RDY;
```

```
31            OSLockNesting ++ ;
32            OS_EXIT_CRITICAL( );
33            OSDummy( );
34            OS_ENTER_CRITICAL( );
35            OSLockNesting - - ;
36            OSTaskDelHook( ptcb);
37            OSTaskCtr - - ;
38            OSTCBPrioTbl[ prio] = ( OS_TCB * )0;
39            if ( ptcb -> OSTCBPrev = = ( OS_TCB * )0) {
40                ptcb -> OSTCBNext -> OSTCBPrev = ( OS_TCB * )0;
41                OSTCBList                     = ptcb -> OSTCBNext;
42            } else {
43                ptcb -> OSTCBPrev -> OSTCBNext = ptcb -> OSTCBNext;
44                ptcb -> OSTCBNext -> OSTCBPrev = ptcb -> OSTCBPrev;
45            }
46            ptcb -> OSTCBNext = OSTCBFreeList;
47            OSTCBFreeList     = ptcb;
48            OS_EXIT_CRITICAL( );
49            OSSched( );
50            return ( OS_NO_ERR);
51        } else {
52            OS_EXIT_CRITICAL( );
53            return ( OS_TASK_DEL_ERR);
54        }
55    }
```

一旦所有条件都满足了，OS_TCB 就会从所有可能的 μC/OS-II 的数据结构中移除。OSTaskDel() 分两步完成移除任务，以减少中断响应时间。首先，如果任务处于就绪表中，它会直接被移除（第21行）。如果任务处于邮箱、消息队列或信号量的等待表中，它就从自己所处的表中被移除（第24行）。接着，OSTaskDel() 将任务的时钟延迟数清零，以确保自己重新允许中断时，ISR 例程不会使该任务就绪（第29行）。最后，OSTaskDel() 置任务的 OSTCBStat 标志为 OS_STAT_RDY（第30行）。注意，OSTaskDel() 并不是试图使任务处于就绪状态，而是阻止其他任务或 ISR 例程让该任务重新开始执行，即避免其他任务或 ISR 调用 OSTaskResume()。这种情况是有可能发生的，因为 OSTaskDel() 会重新打开中断，而 ISR 可以让更高优先级的任务处于就绪状态，这就可能会使用户想删除的任务重新开始执行。如果不想置任务的 OSTCBStat 标志为 OS_STAT_RDY，就只能清除 OS_STAT_SUSPEND 位了，但这样会使得处理时间稍长一些。

被删除的任务不会被其他的任务或 ISR 置于就绪状态，因为该任务已从就绪任务表中删除了，不能重新被执行。为了达到删除任务的目的，任务被置于休眠状态。正因如此，OSTaskDel() 必须阻止任务调度程序（第31行）在删除过程中切换到其他的任务中去，因为如果当前的任务正在被删除，它不可能被再次调度。接下来，OSTaskDel() 重新允许中断，以减少中断的响应时间（第32行）。这样，OSTaskDel() 就能处理中断服务了，但由于它增加了 OSLockNesting，ISR 执行完后会返回到被中断任务，从而继续任务的删除工作。注意，OSTaskDel() 此时还没有完全完成删除任务的工作，因为它还需要从 TCB 链中解开 OS_TCB，并将 OS_TCB 返回到空闲 OS_TCB 表中。

另外需要注意的是，在调用 OS_EXIT_CRITICAL() 函数后，马上调用 OSDummy()（第 33 行），该函数并不会进行任何实质性的工作。这样做只是确保处理器在中断允许的情况下至少执行一个指令。对于许多处理器来说，执行中断允许指令会强制 CPU 禁止中断，直到下个指令结束。开中断后马上关中断，就等于从来没开过中断，当然这会增加中断的响应时间。因此，调用 OSDummy() 确保在再次禁止中断前至少执行了一个调用指令和一个返回指令。当然，用户可以用宏定义将 OSDummy() 定义为一个空操作指令，这样调用 OSDummy() 就等于执行了一个空操作指令，会使 OSTaskDel() 的执行时间稍微缩短一些。但这种宏定义是没价值的，因为它会增加移植 μCOS-Ⅱ 的工作量。

现在，OSTaskDel() 可以继续执行删除任务的操作了。在 OSTaskDel() 重新关中断后，它通过锁定嵌套计数器（OSLockNesting）减 1，重新允许任务调度（第 35 行）。接着，OSTaskDel() 调用用户自定义的 OSTaskDelHook() 函数（第 36 行），用户可以在这里删除或释放自定义的 TCB 附加数据域。然后，OSTaskDel() 减少 μCOS-Ⅱ 的任务计数器。OSTaskDel() 将指向被删除的任务的 OS_TCB 的指针指向 NULL（第 38 行），从而达到将 OS_TCB 从优先级表中移除的目的。再接着，OSTaskDel() 将被删除的任务的 OS_TCB 从 OS_TCB 双向链表中移除（第 39 行）。注意，没有必要检验 ptcb->OSTCBNext==0 的情况，因为 OSTaskDel() 不能删除空闲任务，而空闲任务就处于链表的末端（ptcb->OSTCBNext==0）。接下来，OS_TCB 返回到空闲 OS_TCB 表中，并允许其他任务的建立（第 46 行）。最后，调用任务调度程序来查看在 OSTaskDel() 重新允许中断时（第 32 行），中断服务子程序是否曾使更高优先级的任务处于就绪状态（第 49 行）。

12.2.3 请求删除任务

有时，如果任务 A 拥有内存缓冲区或信号量之类的资源，而任务 B 想删除该任务，这些资源就可能由于未被释放而丢失。在这种情况下，用户可以让拥有这些资源的任务在使用完资源后，先释放资源，再删除自己。用户可以通过 OSTaskDelReq() 函数来完成该功能。

OSTaskDelReq() 代码清单如下：

```
1      INT8U OSTaskDelReq (INT8U prio)
2      {
3          BOOLEAN   stat;
4          INT8U     err;
5          OS_TCB    *ptcb;
6
7
8          if (prio == OS_IDLE_PRIO) {
9              return (OS_TASK_DEL_IDLE);
10         }
11         if (prio >= OS_LOWEST_PRIO && prio != OS_PRIO_SELF) {
12             return (OS_PRIO_INVALID);
```

```
13          }
14          if ( prio == OS_PRIO_SELF) {
15              OS_ENTER_CRITICAL( );
16              stat = OSTCBCur -> OSTCBDelReq;
17              OS_EXIT_CRITICAL( );
18              return (stat);
19          } else {
20              OS_ENTER_CRITICAL( );
21              if ( ( ptcb = OSTCBPrioTbl[ prio ]) ! = ( OS_TCB * )0) {
22                  ptcb -> OSTCBDelReq = OS_TASK_DEL_REQ;
23                  err = OS_NO_ERR;
24              } else {
25                  err = OS_TASK_NOT_EXIST;
26              }
27              OS_EXIT_CRITICAL( );
28              return (err);
29          }
30      }
```

通常，OSTaskDelReq( )需要检查临界条件。首先，如果正在删除的任务是空闲任务，OSTaskDelReq( )会报错，并返回（第8行）。接着，它要保证调用者请求删除任务的优先级是有效的（第11行）。如果调用者就是被删除任务本身，存储在OS_TCB中的标志将会作为返回值（第14行）。如果用户利用优先级而不是OS_PRIO_SELF来指定任务，并且任务是存在的（第21行），OSTaskDelReq( )就会设置任务的内部标志（第22行）。如果任务不存在，OSTaskDelReq( )则会返回OS_TASK_NOT_EXIST，表明任务可能已经删除自己了（第25行）。

请求删除其他任务的任务代码清单如下：

```
1   void RequestorTask ( void * pdata)
2   {
3       INT8U err;
4
5
6       pdata = pdata;
7       for ( ; ; ) {
8           /* 应用程序代码 */
9           if ('TaskToBeDeleted( )'需要被删除) {
10              while (OSTaskDelReq( TASK_TO_DEL_PRIO) ! = OS_TASK_NOT_EXIST) {
11                  OSTimeDly(1);
12              }
13          }
14          /* 应用程序代码 */
15      }
16  }
```

发出删除任务请求的任务（任务 B）和将被删除的任务（任务 A），需要调用 OSTaskDelReq( ) 函数。任务 B 需要决定在怎样的情况下请求删除任务（第 9 行）。如果任务需要被删除，可以通过传递被删除任务的优先级来调用 OSTaskDelReq( )（第 10 行）。如果要被删除的任务不存在（即任务已被删除或尚未建立），OSTaskDelReq( ) 返回 OS_TASK_NOT_EXIST。如果 OSTaskDelReq( ) 的返回值为 OS_NO_ERR，则表明请求已被接受但任务还没被删除。用户可能希望任务 B 等到任务 A 删除自己后才继续进行下面的工作，这时用户可以通过让任务 B 延时一定时间来达到这个目的（第 11 行）。如果需要，用户可以延时得更长一些。当任务 A 完全删除自己后（第 10 行），返回值成为 OS_TASK_NOT_EXIST，此时循环结束（第 14 行）。

需要删除自己的任务代码清单如下：

```
1    void TaskToBeDeleted ( void * pdata )
2    {
3        INT8U err;
4    
5    
6        pdata = pdata ;
7        for ( ; ; ) {
8            / * 应用程序代码 * /
9            If ( OSTaskDelReq( OS_PRIO_SELF ) == OS_TASK_DEL_REQ ) {
10               释放所有占用的资源；
11               释放所有动态内存；
12               OSTaskDel( OS_PRIO_SELF );
13           } else {
14               / * 应用程序代码 * /
15           }
16       }
17   }
```

在 OS_TAB 中存有一个标志，任务通过查询这个标志的值来确认自己是否需要被删除。这个标志的值是通过调用 OSTaskDelReq(OS_PRIO_SELF) 而得到的。当 OSTaskDelReq( ) 返回给调用者 OS_TASK_DEL_REQ（第 9 行）时，则表明已经有其他任务请求该任务被删除了。在这种情况下，被删除的任务会释放它所拥有的所用资源（第 10 行），并且调用 OSTaskDel(OS_PRIO_SELF) 来删除自己（第 12 行）。前面曾提到过，任务的代码没有被真正的删除，而只是 μC/OS – II 不再理会该任务代码，即任务的代码不会再运行了。但是，用户可以通过调用 OSTaskCreate( ) 或 OSTaskCreateExt( ) 函数来重新建立该任务。

12.2.4　改变任务优先级

在用户建立任务时，会分配给任务一个优先级。在程序运行期间，用户可以通过调用 OSTaskChangePrio( ) 来改变任务的优先级，即 μC/OS – II 允许用户动态的改变任务的优先级。OSTaskChangePrio( ) 代码清单如下：

```
1    INT8U OSTaskChangePrio ( INT8U oldprio, INT8U newprio )
```

```c
2    {
3        OS_TCB    *ptcb;
4        OS_EVENT  *pevent;
5        INT8U     x;
6        INT8U     y;
7        INT8U     bitx;
8        INT8U     bity;
9        if ( ( oldprio >= OS_LOWEST_PRIO && oldprio! = OS_PRIO_SELF)    ||
10           newprio >= OS_LOWEST_PRIO) {
11         return (OS_PRIO_INVALID);
12       }
13       OS_ENTER_CRITICAL();
14       if (OSTCBPrioTbl[newprio]! = (OS_TCB *)0) {
15           OS_EXIT_CRITICAL();
16           return (OS_PRIO_EXIST);
17       } else {
18           OSTCBPrioTbl[newprio] = (OS_TCB *)1;
19           OS_EXIT_CRITICAL();
20           y = newprio >> 3;
21           bity = OSMapTbl[y];
22           x = newprio & 0x07;
23           bitx = OSMapTbl[x];
24           OS_ENTER_CRITICAL();
25           if (oldprio == OS_PRIO_SELF) {
26               oldprio = OSTCBCur -> OSTCBPrio;
27           }
28           if ( (ptcb = OSTCBPrioTbl[oldprio])! = (OS_TCB *)0) {
29               OSTCBPrioTbl[oldprio] = (OS_TCB *)0;
30               if (OSRdyTbl[ ptcb -> OSTCBY] & ptcb -> OSTCBBitX) {
31                   if ( ( OSRdyTbl[ ptcb -> OSTCBY] & =~ ptcb -> OSTCBBitX) ==0) {
32                       OSRdyGrp & =~ ptcb -> OSTCBBitY;
33                   }
34                   OSRdyGrp    | = bity;
35                   OSRdyTbl[y] | = bitx;
36               } else {
37                   if ( ( pevent = ptcb -> OSTCBEventPtr)! = (OS_EVENT *)0) {
38                       if ( ( pevent -> OSEventTbl[ ptcb -> OSTCBY] & =
39                           ~ptcb -> OSTCBBitX) ==0) {
40                           pevent -> OSEventGrp & =~ ptcb -> OSTCBBitY;
41                       }
42                       pevent -> OSEventGrp    | = bity;
43                       pevent -> OSEventTbl[y] | = bitx;
44                   }
45               }
```

```
46                OSTCBPrioTbl[newprio] = ptcb;
47                ptcb -> OSTCBPrio        = newprio;
48                ptcb -> OSTCBY           = y;
49                ptcb -> OSTCBX           = x;
50                ptcb -> OSTCBBitY        = bity;
51                ptcb -> OSTCBBitX        = bitx;
52                OS_EXIT_CRITICAL();
53                OSSched();
54                return (OS_NO_ERR);
55            } else {
56                OSTCBPrioTbl[newprio] = (OS_TCB *)0;
57                OS_EXIT_CRITICAL();
58                return (OS_PRIO_ERR);
59            }
60        }
61   }
```

用户不能改变空闲任务的优先级（第9行），但可以改变调用本函数的任务或其他任务的优先级。为了改变调用本函数任务的优先级，用户可以指定该任务当前的优先级或OS_PRIO_SELF，OSTaskChangePrio()会决定该任务的优先级。用户还必须设定任务的新优先级。因为μC/OS-II不允许多个任务具有相同的优先级，所以OSTaskChangePrio()需要检验新优先级是否是合法的（即不存在具有新优先级的任务）（第14行）。如果新优先级是合法的，μC/OS-II通过将某些信息储存到OSTCBPrioTbl[newprio]中保留这个优先级（第18行）。这样就使得OSTaskChangePrio()可以重新允许中断，因为此时其他任务已经不可能建立拥有该优先级的任务，也不能通过指定相同的新优先级来调用OSTaskChangePrio()。接下来，OSTaskChangePrio()可以预先计算新优先级任务的OS_TCB中的某些值（第20行），而这些值用于将任务放入就绪表或从该表中移除。

接着，OSTaskChangePrio()检验目前的任务是否想改变它的优先级（第25行）。然后，OSTaskChangePrio()检查想要改变优先级的任务是否存在（第28行）。很明显，如果要改变优先级的任务就是当前任务，这个测试就会成功。但是，如果OSTaskChangePrio()想要改变优先级的任务不存在，它必须将保留的新优先级放回到优先级表OSTCBPrioTbl[]中（第56行），并返回给调用者一个错误码。

现在，OSTaskChangePrio()可以通过插入NULL指针，将指向当前任务OS_TCB的指针从优先级表中移除（第29行），这就使得当前任务旧的优先级可以重新使用了。接着，检验一下OSTaskChangePrio()想要改变优先级的任务是否就绪（第30行）。如果该任务处于就绪状态，它必须在当前的优先级下从就绪表中移除（第31行），然后在新的优先级下插入到就绪表中（第34行）。注意，OSTaskChangePrio()所用的是重新计算的值（第20行）将任务插入就绪表中的。

如果任务已经就绪，它可能会正在等待一个信号量、邮箱或消息队列。如果OSTCBEventPtr非空（不等于NULL）（第37行），OSTaskChangePrio()就会知道任务正在等待以上的某件事。如果任务在等待某一事件的发生，OSTaskChangePrio()必须将任务从事件控制块的等待队列（在旧的优先级下）中移除，并在新的优先级下将事件插入到等待队列中（第42行）。任务也有可能正在等待延时的期满或被挂起，在这些情况下，从37行到42行可以略过。

接着，OSTaskChangePrio()将指向任务 OS_TCB 的指针存到 OSTCBPrioTbl[] 中（第46行）。新的优先级被保存在 OS_TCB 中（第47行），重新计算的值也被保存在 OS_TCB 中（第48行）。OSTaskChangePrio()完成了关键性的步骤后，在新的优先级高于旧的优先级或新的优先级高于调用本函数任务的优先级情况下，任务调度程序就会被调用（第53行）。

12.2.5 挂起任务

任务的挂起是一个附加的功能，不过它会使系统有更大的灵活性。挂起的任务是通过 OSTaskSuspend() 函数来完成的，被挂起的任务只能通过调用 OSTaskResume() 函数来恢复。如果任务被挂起的同时已经在等待事件的发生或延时的期满，则这个任务再次进入就绪状态就需要两个条件：事件的发生或延时的期满和其他任务的唤醒。任务可以挂起除空闲任务外的所有任务，包括任务本身。OSTaskSuspend() 函数的定义如下：

  INT8U OSTaskSuspend(INT8U prio); //prio 是被挂起的任务的优先级

OSTaskSuspend()先进行一些合法性判断，包括是否是空闲任务、有效任务等。然后，将此任务从就绪表中移除，置 OS_TCB 中状态标志为挂起。然后确定被挂起的任务是否是调用此函数的任务本身，如果是，则调用任务调度函数。这一点很重要，因为如果不是其本身，OSTaskSuspend()就没有必要再运行任务调度函数，因为就绪状态中不可能存在比当前运行任务更高优先级的任务。挂起任务的过程如图 12-12 所示。

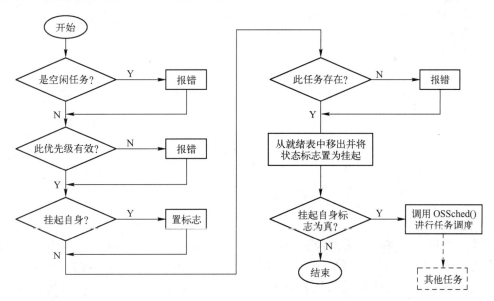

图 12-12 挂起任务的过程

OSTaskSuspend()清单如下：

```
1    INT8U OSTaskSuspend（INT8U prio)
2    {
```

```
3        BOOLEAN    self;
4        OS_TCB    *ptcb;
5
6
7        if (prio == OS_IDLE_PRIO){
8            return (OS_TASK_SUSPEND_IDLE);
9        }
10       if (prio >= OS_LOWEST_PRIO && prio! = OS_PRIO_SELF){
11           return (OS_PRIO_INVALID);
12       }
13       OS_ENTER_CRITICAL();
14       if (prio == OS_PRIO_SELF){
15           prio = OSTCBCur -> OSTCBPrio;
16           self = TRUE;
17       } elseif (prio == OSTCBCur -> OSTCBPrio){
18           self = TRUE;
19       } else {
20           self = FALSE;
21       }
22       if (((ptcb = OSTCBPrioTbl[prio]) == (OS_TCB *)0){
23           OS_EXIT_CRITICAL();
24           return (OS_TASK_SUSPEND_PRIO);
25       } else {
26           if (((OSRdyTbl[ptcb -> OSTCBY] & =~ ptcb -> OSTCBBitX) ==0){
27               OSRdyGrp & =~ ptcb -> OSTCBBitY;
28           }
29           ptcb -> OSTCBStat | = OS_STAT_SUSPEND;
30           OS_EXIT_CRITICAL();
31           if (self == TRUE){
32               OSSched();
33           }
34           return (OS_NO_ERR);
35       }
36   }
```

通常，OSTaskSuspend()需要检验临界条件。首先，OSTaskSuspend()要确保用户的应用程序不是正在挂起空闲任务（第7行），接着确认用户指定优先级是有效的（第10行）。注意，最大的优先级数（即最低的优先级）是 OS_LOWEST_PRIO，并且用户可以挂起统计任务。

接着，OSTaskSuspend()检验用户是否通过指定 OS_PRIO_SELF 来挂起调用本函数的任务本身（第14行）。用户也可以通过指定优先级来挂起调用本函数的任务（第17行）。在这两种情况下，任务调度程序都需要被调用。如果用户没有挂起调用本函数的任务，OSTaskSuspend()就没有必要运行任务调度程序，因为正在挂起的是较低优先级的任务。

然后，OSTaskSuspend()检验要挂起的任务是否存在（第22行）。如果该任务存在，它就会从就绪表中被移除（第26行）。注意，要被挂起的任务有可能没有在就绪表中，因为它有可能在等待事件的发生或延时的期满。在这种情况下，要被挂起的任务在OSRdyTbl[ ]中对应的位已被清除了（即为0）。现在，OSTaskSuspend()就可以在任务的OS_TCB中设置OS_STAT_SUSPEND标志，以表明任务正在被挂起（第29行）。最后，OSTaskSuspend()只有在被挂起的任务是调用本函数任务本身的情况下，才调用任务调度程序（第31行）。

12.2.6 恢复任务

OSTaskResume()用于恢复被OSTaskSuspend()挂起的任务。OSTaskResume()的首要工作也是检查所要恢复任务的合法性，然后通过清除OSTCBStat域中的OS_STAT_SUSPEND位来取消挂起。要置任务为就绪状态，还必须检查OSTCBDly的值，这是因为在OSTCBStat中没有任何标志表明任务正在等待延时期满。只有当以上两个条件都满足时，任务才处于就绪状态。最后，任务调度程序会检查被恢复任务的优先级是否比调用本函数任务的优先级高来决定是否需要调度。OSTaskResume()程序清单如下：

```
1    INT8U OSTaskResume (INT8U prio)
2    {
3        OS_TCB    *ptcb;
4    
5    
6        if (prio >= OS_LOWEST_PRIO){
7            return (OS_PRIO_INVALID);
8        }
9        OS_ENTER_CRITICAL();
10       if ((ptcb = OSTCBPrioTbl[prio]) == (OS_TCB *)0){
11           OS_EXIT_CRITICAL();
12           return (OS_TASK_RESUME_PRIO);
13       } else {
14           if (ptcb -> OSTCBStat & OS_STAT_SUSPEND){
15               if ((((ptcb -> OSTCBStat &=~ OS_STAT_SUSPEND) == OS_STAT_RDY) &&
16                   (ptcb -> OSTCBDly    ==0))){
17                   OSRdyGrp              |= ptcb -> OSTCBBitY;
18                   OSRdyTbl[ptcb -> OSTCBY] |= ptcb -> OSTCBBitX;
19                   OS_EXIT_CRITICAL();
20                   OSSched();
21               } else {
22                   OS_EXIT_CRITICAL();
23               }
24               return (OS_NO_ERR);
25           } else {
26               OS_EXIT_CRITICAL();
27               return (OS_TASK_NOT_SUSPENDED);
28           }
```

```
29        }
30    }
```

要恢复的任务必须是存在的,因为用户需要操作它的任务控制块 OS_TCB(第 10 行),并且该任务必须是被挂起的(第 14 行)。OSTaskResume()是通过清除 OSTCBStat 域中的 OS_STAT_SUSPEND 位来取消挂起的(第 15 行)。要使任务处于就绪状态,OS_TCBDly 域必须为 0(第 16 行),这是因为在 OSTCBStat 中没有任何标志表明任务正在等待延时的期满。只有当以上两个条件都满足时,任务才处于就绪状态(第 17 行)。最后,任务调度程序会检查被恢复的任务拥有的优先级是否比调用本函数任务的优先级高(第 20 行)。

12.2.7 任务调度实例

μC/OS-II 意义下的任务是一个无限循环的函数,即任务被创建时即相当于被"执行"了。这里的"执行"只是完成了任务的入栈操作,并没有执行任务代码;当任务被"调用"时,即程序切换到该任务代码执行时,相当于程序返回到该任务去执行,即有一个出栈过程。任务中可以加入一些初始化代码,但其主体代码位于 while(1) 或 for(;;) 死循环中。如果只想让任务执行一次就退出,则需要在死循环中加入 OSTaskDel(OS_PRIO_SELF)语句。

在 ex12_1 实例的 app_cfg.h 文件中添加如下代码:

```
/*
*********************************************************************
*                           TASK PRIORITIES
*********************************************************************
*/
//任务 ID
#define   APP_TASK_START_ID              0
#define   APP_TASK1_ID                   1
#define   APP_TASK2_ID                   2
#define   APP_TASK3_ID                   3


//定义任务优先级
#define   APP_TASK_START_PRIO            4
#define   APP_TASK1_PRIO                 5
#define   APP_TASK2_PRIO                 6
#define   APP_TASK_PROBE_STR_PRIO        7
#define   OS_PROBE_TASK_PRIO             8
#define   OS_PROBE_TASK_ID               8
#define   OS_TASK_TMR_PRIO               (OS_LOWEST_PRIO - 2)

//my usart
#define   APP_TASK3_PRIO                 10

/*
```

```
*********************************************************************
*                        TASK STACK SIZES
*********************************************************************
*/

#define   APP_TASK_START_STK_SIZE          128  //AppTaskStart 任务的堆栈大小
#define   APP_TASK1_STK_SIZE               256  //任务1堆栈大小
#define   APP_TASK2_STK_SIZE               256  //任务2堆栈大小
#define   APP_TASK_PROBE_STR_STK_SIZE      64
#define   OS_PROBE_TASK_STK_SIZE           64
#define   APP_TASK3_STK_SIZE               256  //任务3堆栈大小
```

通过上述变量的名字可知其含义。

发光二极管(LED)的控制函数如下：

```
void LEDon(char u)
{
    switch(u)
    {
        case 1:

        GPIO_SetBits(GPIOA,GPIO_Pin_2);
        GPIO_ResetBits(GPIOA,GPIO_Pin_3);
        break;

        case 2:
        GPIO_SetBits(GPIOA,GPIO_Pin_3);
        GPIO_ResetBits(GPIOA,GPIO_Pin_2);

        break;

    }

}
void LEDoff()
{
    GPIO_ResetBits(GPIOA,GPIO_Pin_2);
    GPIO_ResetBits(GPIOA,GPIO_Pin_3);
}
void LED_Flash(char u)
{
    switch(u)
    {
        case 1:
        GPIOA -> ODR = GPIO_ReadInputData(GPIOA)^0X0004;
        break;
```

```c
        case 2:
            GPIOA -> ODR = GPIO_ReadInputData(GPIOA)^0X0008;
            break;

        case 3:
            GPIOA -> ODR = GPIO_ReadInputData(GPIOA)^0X0004;
            GPIOA -> ODR = GPIO_ReadInputData(GPIOA)^0X0008;
            break;

    }
}
```

AppTaskStart()函数代码如下:
```c
static void AppTaskStart(void * p_arg)
{
    INT8U err;
    (void)p_arg;
    BSP_Init();                          //系统时钟初始化
    USART1_Configuration();
    #if (OS_TASK_STAT_EN > 0)
    OSStatInit();                        //统计任务初始化
    #endif
    AppTaskCreate();                     //创建多任务
    while(DEF_TRUE)
    {
        /* Task body, always written as an infinite loop. */
        OSTaskSuspend(OS_PRIO_SELF);
    }
}
```

AppTaskCreate()函数代码如下:
```c
static void AppTaskCreate(void)
{
    INT8U err;

    OSTaskCreateExt(AppTask1,
                    (void *)0,
                    (OS_STK *)&AppTask1Stk[APP_TASK1_STK_SIZE - 1],
                    APP_TASK1_PRIO,
                    APP_TASK1_ID,
                    (OS_STK *)&AppTask1Stk[0],
                    APP_TASK1_STK_SIZE,
                    (void *)0,
                    OS_TASK_OPT_STK_CHK | OS_TASK_OPT_STK_CLR);//创建任务1
#if (OS_TASK_NAME_SIZE > 8)
```

```
            OSTaskNameSet(APP_TASK1_PRIO,"AppTask1",&err);//任务1命名为AppTask1
#endif


        OSTaskCreateExt(AppTask2,
                  (void *)0,
                  (OS_STK *)&AppTask2Stk[APP_TASK2_STK_SIZE-1],
                  APP_TASK2_PRIO,
                  APP_TASK2_ID,
                  (OS_STK *)&AppTask2Stk[0],
                  APP_TASK2_STK_SIZE,
                  (void *)0,
                  OS_TASK_OPT_STK_CHK | OS_TASK_OPT_STK_CLR);//创建任务2
#if (OS_TASK_NAME_SIZE > 8)
     OSTaskNameSet(APP_TASK2_PRIO,"AppTask2",&err);//任务2命名为AppTask2
#endif

        OSTaskCreateExt(AppTask3,(void *)0,
                  (OS_STK *)&AppTask3Stk[APP_TASK3_STK_SIZE-1],
                  APP_TASK3_PRIO,
                  APP_TASK3_ID,
                  (OS_STK *)&AppTask3Stk[0],
                  APP_TASK3_STK_SIZE,
                  (void *)0,
                  OS_TASK_OPT_STK_CHK | OS_TASK_OPT_STK_CLR);//创建任务3
#if (OS_TASK_NAME_SIZE > 8)
     OSTaskNameSet(APP_TASK3_PRIO,"AppTask3",&err);   //任务3命名为AppTask3
#endif
        }
```

任务1 AppTask1()代码如下:

```
1     static void AppTask1 (void * p_arg)
2     {
3         OS_STK_DATA stkData;
4         INT8U err;
5         INT32U tickCur;
6         INT8U i;
7
8         INT32U stkSize;
9         INT8U s[80];
10
11        OS_TCB * ptcb;
12        OS_TCB task_data;
```

```
13        INT8U status;
14
15        OSTaskNameSet(OS_PRIO_SELF, "AppTask1", &err);//当前的任务命名为 AppTask1
16
17        while(1)
18        {
19
20            for(i = APP_TASK_START_PRIO;i <= APP_TASK2_PRIO;i ++)
21            {
22                err = OSTaskStkChk(i,&stkData);
23                if(err == OS_ERR_NONE)
24                {
25                    stkSize = stkData.OSFree + stkData.OSUsed;
26     sprintf((char *)s,"Task%d\'s Stack:%4ld,Used:%4ld,Free:%4ld,Rate:%ld%%.\n",
27                        i,
28                        stkData.OSFree + stkData.OSUsed,
29                        stkData.OSUsed,
30                        stkData.OSFree,
31                        stkData.OSUsed * 100/stkSize);
32                    usart1_printf(s);
33                }
34            }
35
36            tickCur = OSTimeGet();                          //系统时钟
37            sprintf((char *)s,"\nTaskQuery'Status:%d\n",tickCur);
38            usart1_printf(s);
39
40            if(tickCur > 40000&&tickCur < 60000)            //40s = < stickCur <= 60s
41            {
42                ptcb = OSTCBPrioTbl[APP_TASK3_PRIO];        //判断任务 3 是否存在
43                if(ptcb! = (OS_TCB *)0)
44                {
45                    err = OSTaskDelReq(APP_TASK3_PRIO);     //请求任务 3 删除自己
46                }
47            }
48            if(tickCur > 60000&&tickCur < 80000)            //60s = < stickCur <= 80s
49            {
50                ptcb = OSTCBPrioTbl[APP_TASK3_PRIO];
51                if(ptcb! = (OS_TCB *)0)                     //判断任务 3 是否存在
52                {
53                    err = OSTaskCreateExt(AppTask3,
54                                    (void *)0,
55                            (OS_STK *)&AppTask3Stk[APP_TASK3_STK_SIZE - 1],
56                                    APP_TASK3_PRIO,
```

```
57                                APP_TASK3_PRIO,
58                                (OS_STK *)&AppTask3Stk[0],
59                                APP_TASK3_STK_SIZE,
60                                (void *)0,
61                       OS_TASK_OPT_STK_CHK | OS_TASK_OPT_STK_CLR);      //创建任务3
62         }
63     }
64     if(tickCur > 80000&&tickCur < 100000)              //80s = < stickCur <= 100s
65     {
66         err = OSTaskSuspend(APP_TASK3_PRIO);           //挂起任务3
67     }
68      if(tickCur > 100000&&tickCur < 120000)            //100s = < stickCur <= 120s
69     {
70         err = OSTaskResume(APP_TASK3_PRIO);            //恢复任务3
71     }
72     if(tickCur > 120000&&tickCur < 140000)             //120s = < stickCur <= 140s
73     {
74         i = OSTaskNameGet(APP_TASK3_PRIO,&s[0],&err);  //获得任务3名称
75         usart1_printf(s);
76         err = OSTaskQuery(APP_TASK3_PRIO,&task_data);  //获得任务3的任务控制块
77         if(err == OS_ERR_NONE)
78         {
79             status = task_data.OSTCBStat;
80             sprintf((char *)s,"\nTaskQuery'Status:% d\n",status);
81             usart1_printf(s);
82         }
83     }
84      if(tickCur > 140000&&tickCur < 160000)            //140s = < stickCur <= 160s
85     {
86         ptcb = OSTCBPrioTbl[APP_TASK3_PRIO];
87         if(ptcb! = (OS_TCB *)0)
88         {
89             err = OSTaskChangePrio(APP_TASK3_PRIO,4);  //修改任务优先级
90         }
91     }
92     OSTimeDlyHMSM(0,0,3,0);                            //延时3s
93   }
94 }
```

第15行为任务1命名。OSTaskNameSet()有3个参数，分别为任务优先级（OS_PRIO_SELF表示任务本身）、任务名字符串和调用成功与否的提示信息。第22行调用OSTaskStkChk()检查任务堆栈，OSTaskStkChk()有2个参数，即任务的优先级和指向记录堆栈信息的结构体变量指针，该结构体类型OS_STK_DATA定义在ucos_ii.h中，其代码如下：

```
typedef struct os_stk_data {
    INT32U   OSFree;  /* Number of free bytes on the stack */
    INT32U   OSUsed;  /* Number of bytes used on the stack */
} OS_STK_DATA;
#endif
```

在上述代码中，OSFree 表示堆栈中没有使用的字节数，OSUsed 表示堆栈中已使用的字节数。

第 26～32 行将堆栈使用情况通过串口输出。第 36 行获得系统时钟节拍的总数。

第 40～47 行经过 40s≤stickCur≤60s，来判断优先级为 APP_TASK3_PRIO 的任务（即任务 3）是否存在，如果存在，则调用 OSTaskDelReq() 函数请求任务 3 删除自己。OSTaskDelReq() 函数只有一个参数，即任务优先级，该函数向将被删除的任务发出删除请求，它本身不删除任务。在 AppTask3() 任务函数中任务 3 将判断有没有任务请求它删除自身，如果有，则调用 OSTaskDel() 删除任务 3。因此经过 40s 后，任务 3 将被删除，LED 将不闪烁。

第 48～63 行经过 60s≤stickCur≤80s，来判断任务 3 是否存在，如果不存在，则调用 OSTaskCreateExt() 重新创建任务 3。因此又经过 20s 后，LED 将重新闪烁。

第 64～67 行经过 80s≤stickCur≤100s，将调用 OSTaskSuspend() 挂起任务 3。OSTaskSuspend() 只有 1 个参数即任务的优先级，与 OSTaskResume() 作用相反，被挂起的任务只能调用 OSTaskResume() 恢复运行。因此又过了 20s，LED 又将不闪烁。

第 68～71 行经过 100s≤stickCur≤120s，调用 OSTaskResume() 恢复任务 3，LED 将重新闪烁。

第 72～83 行经过 120s≤stickCur≤140s，调用 OSTaskNameGet() 获得任务 3 的名称，并将它从串口输出；调用 OSTaskQuery() 获得任务 3 的任务控制块。

第 84～91 行经过 120s≤stickCur≤140s，再次判断任务 3 是否存在，如果任务 3 存在，则调用 OSTaskChangePrio()，将任务 3 的优先级由 8 改为 4。

第 92 行任务 1 延时 2s。OSTimeDlyHMSM() 函数详见 12.3 节。

任务 2 AppTask2() 代码如下：

```
1   static void AppTask2 (void *p_arg)
2   {
3       INT8U err;
4       OSTaskNameSet(OS_PRIO_SELF, "AppTask2", &err);
5       (void)p_arg;
6       for(;;)
7       {
8           OSTimeDlyHMSM(0,0,5,0);          //延时 5s
9       }
```

任务 2 为空任务。

任务 3 AppTask3() 代码如下：

```
1   static void AppTask3 (void *p_arg)
```

```
2    {
3        INT8U err;
4        LEDoff( );
5        OSTaskNameSet(OS_PRIO_SELF,"AppTask3",&err);
6        (void)p_arg;
7        for(;;)
8        {
9            LED_Flash(3);                    //LED 闪烁
10           OSTimeDlyHMSM(0,0,1,0);          //延时 1s
11           if(OSTaskDelReq(OS_PRIO_SELF) == OS_ERR_TASK_DEL_REQ)
12           {
13               OSTaskDel(OS_PRIO_SELF);
14           }
15       }
16   }
```

第 11 行判断是否有任务请求删除任务 3，若有，则任务 3 删除自身。任务 3 的功能是，第 1 次执行关闭所有 LED；进入任务循环体后，LED 每隔 1s 闪烁 1 次。

需要说明的是，本例为了把任务的相关函数都使用，显然使程序有些画蛇添足，读者要针对自己的应用需要来决定是否使用相关函数。本章后续实例也存在类似的现象。

12.3 μC/OS-II 的时间管理

在 μC/OS-II 中，时间管理涉及 3 部分，即延时、延时结束、系统时间的获取及设定。

12.3.1 延时函数

1. 按节拍延时函数

μC/OS-II 系统服务的特点是，申请该服务的任务可以延时一段时间，这段时间的长短是用时钟节拍的数目来确定的。实现这个系统服务的函数是 OSTimeDly( )。调用该函数会使 μC/OS-II 进行一次任务调度，并且执行下一个优先级最高的就绪状态任务。任务调用 OSTimeDly( )后，一旦规定的时间期满或有其他任务通过调用 OSTimeDlyResume( )取消了延时，它就会马上进入就绪状态。注意，只有当该任务在所有就绪任务中具有最高的优先级时，它才会立即运行。OSTimeDly( )代码如下：

```
1    void OSTimeDly (INT16U ticks)
2    {
3        if (ticks>0){
4            OS_ENTER_CRITICAL();
5            if (((OSRdyTbl[OSTCBCur->OSTCBY] & =~OSTCBCur->OSTCBBitX) ==0){
6                OSRdyGrp & =~OSTCBCur->OSTCBBitY;
```

```
7           }
8           OSTCBCur -> OSTCBDly = ticks;
9           OS_EXIT_CRITICAL();
10      OSSched();
11      }
12  }
```

用户的应用程序是通过提供延时的时钟节拍数（1 ~ 65535 之间的数）来调用该函数的。如果用户指定 0 值（第 3 行），则表明用户不想延时任务，函数会立即返回到调用者。非 0 值会使得任务延时函数 OSTimeDly() 将当前任务从就绪表中移除（第 5 行）。接着，这个延时节拍数会被保存在当前任务的 OS_TCB 中（第 8 行），并且通过 OSTimeTick() 每隔一个时钟节拍就减少一个延时节拍数。最后，既然任务已经不再处于就绪状态，任务调度程序会执行下一个优先级最高的就绪任务。

OSTimeDly() 的使用非常简单，只需要一个参数，即延迟的时钟节拍数。注意，节拍数必须在 0 ~ 65535 之间。例如：

```
OSTimeDly(200);    //将任务延迟 200 个时钟节拍
```

2. 按时分秒延时函数

OSTimeDlyHMSM() 与 OSTimeDly() 一样，也是一个延时函数，但 OSTimeDlyHMSM() 函数可以按小时、分、秒和毫秒来定义时间，而 OSTimeDly() 需要知道延时时间对应的时钟节拍的数目。调用 OSTimeDlyHMSM() 函数同样会使 μC/OS-II 进行一次任务调度，并且执行下一个优先级最高的就绪状态任务。任务调用 OSTimeDlyHMSM() 后，一旦规定的时间期满或有其他任务通过调用 OSTimeDlyResume() 取消了延时，它立刻处于就绪状态。同样，只有当该任务在所有就绪状态任务中具有最高的优先级时，它才会立即运行。

OSTimeDlyHMSM() 代码清单如下：

```
1   INT8U OSTimeDlyHMSM (INT8U hours, INT8U minutes, INT8U seconds, INT16U milli)
2   {
3       INT32U ticks;
4       INT16U loops;
5
6
7       if (hours > 0 || minutes > 0 || seconds > 0 || milli > 0){
8           if (minutes > 59){
9               return (OS_TIME_INVALID_MINUTES);
10          }
11          if (seconds > 59){
12              return (OS_TIME_INVALID_SECONDS);
13          }
14          if (milli > 999){
15              return (OS_TIME_INVALID_MILLI);
```

```
16              }
17              ticks = ( INT32U ) hours      * 3600L * OS_TICKS_PER_SEC
18                    + ( INT32U ) minutes    * 60L * OS_TICKS_PER_SEC
19                    + ( INT32U ) seconds    *        OS_TICKS_PER_SEC
20                    + OS_TICKS_PER_SEC * ( ( INT32U ) milli
21                    +500L/OS_TICKS_PER_SEC)/1000L;
22              loops = ticks /65536L;
23              ticks = ticks %65536L;
24              OSTimeDly( ticks );
25              while ( loops >0 ) {
26                  OSTimeDly( 32768 );
27                  OSTimeDly( 32768 );
28                  loops - - ;
29              }
30              return ( OS_NO_ERR );
31          } else {
32          return ( OS_TIME_ZERO_DLY );
33          }
34      }
```

从 OSTimeDlyHMSM( ) 程序中可以看出，应用程序是通过用小时、分、秒和毫秒指定延时来调用该函数的。在实际应用中，用户应避免使任务延时过长的时间，因为需要从任务中获得一些反馈行为（如减少计数器、清除 LED 等）。

OSTimeDlyHMSM( ) 首先要检验用户是否为参数定义了有效的值（第 7 行）。与 OSTimeDly( ) 一样，即使用户没有定义延时，OSTimeDlyHMSM( ) 也是存在的（第 32 行）。因为 μC/OS - II 只知道节拍，所以节拍总数是从指定的时间中计算出来的（第 21 行）。用户就可以通过第 17 行的公式知道怎样计算总的节拍数。第 21 行决定了最接近需要延迟时间的时钟节拍总数。500/OS_TICKS_PER_SECOND 的值基本上与 0.5 个节拍对应的毫秒数相同。

μC/OS - II 支持的最长延时为 65535 个节拍。要想支持更长时间的延时，如第 17 行所示，OSTimeDlyHMSM( ) 需要确定用户想延时多少次超过 65535 个节拍的数目（第 22 行）和剩下的节拍数（第 23 行）。例如，若 OS_TICKS_PER_SEC 的值为 100，用户想延时 15min，则 OSTimeDlyHMSM( ) 会延时 15×60×100 = 90000 个时钟。这个延时会被分割成两次 32768 个节拍的延时（因为用户只能延时 65535 个节拍而不是 65536 个节拍）和一次 24464 个节拍的延时。在这种情况下，OSTimeDlyHMSM( ) 首先考虑剩下的节拍，然后是超过 65535 的节拍数（第 25 行和第 26 行，即两个 32768 个节拍延时）。

12.3.2 恢复延时任务

μC/OS - II 允许用户结束延时正处于延时期的任务。延时的任务可以不等待延时期满，而是通过其他任务取消延时来使自己处于就绪状态，这可以通过调用 OSTimeDlyResume( ) 和指定要恢复任务的优先级来实现。OSTimeDlyResume (INT8U prio) 代码如下：

```
1    INT8U OSTimeDlyResume (INT8U prio)
2    {
3        OS_TCB  *ptcb;
4
5        if ( prio >= OS_LOWEST_PRIO){
6            return (OS_PRIO_INVALID);
7        }
8        OS_ENTER_CRITICAL();
9        ptcb = (OS_TCB  *)OSTCBPrioTbl[prio];
10       if (ptcb! = (OS_TCB  *)0){
11           if (ptcb -> OSTCBDly! = 0){
12               ptcb -> OSTCBDly   = 0;
13               if (! (ptcb -> OSTCBStat & OS_STAT_SUSPEND)){
14                   OSRdyGrp                  | = ptcb -> OSTCBBitY;
15                   OSRdyTbl[ptcb -> OSTCBY]  | = ptcb -> OSTCBBitX;
16                   OS_EXIT_CRITICAL();
17                   OSSched();
18               } else {
19                   OS_EXIT_CRITICAL();
20               }
21               return (OS_NO_ERR);
22           } else {
23               OS_EXIT_CRITICAL();
24               return (OS_TIME_NOT_DLY);
25           }
26       } else {
27           OS_EXIT_CRITICAL();
28           return (OS_TASK_NOT_EXIST);
29       }
30   }
```

OSTimeDlyResume()首先要确保指定的任务优先级有效（第5行）。接着，OSTimeDlyResume()要确认要结束延时的任务是确实存在的（第10行）。如果任务存在，OSTimeDlyResume()会检验任务是否在等待延时期满（第11行）。只要 OS_TCB 域中的 OSTCBDly 包含非 0 值，就表明任务正在等待延时期满，因为任务调用了 OSTimeDly()、OSTimeDlyHMSM()或其他 PEND 函数。然后，延时就可以通过强制命令 OSTCBDly 为 0 来取消（第12行）。延时的任务有可能已被挂起了，这样，任务只有在未被挂起的情况下才能处于就绪状态（第13行）。当上面的条件都满足后，任务就会被放在就绪表中（第14行）。这时，OSTimeDlyResume()会调用任务调度程序来查看被恢复的任务是否拥有比当前任务更高的优先级（第17行）。这会导致任务的切换。

12.3.3　系统时间

无论时钟节拍何时发生，μC/OS-II 都会将一个32位的计数器在用户调用 OSStart()初始化多任务和 4294967295 个节拍执行完一遍时从 0 开始计数。在时钟节拍的频率等于 100Hz 时，这个 32 位的计数器每隔 497 天就重新开始计数。用户可以通过调用 OSTimeGet( ) 来获得该计数器的当前值。也可以通过调用 OSTimeSet( ) 来改变该计数器的值。OSTimeGet（void）代码清单如下：

```
INT32U OSTimeGet (void)
{
    INT32U ticks;

    OS_ENTER_CRITICAL( );
    ticks = OSTime;
    OS_EXIT_CRITICAL( );
    return (ticks);
}
```

OSTimeSet（INT32U ticks）代码清单如下：

```
void OSTimeSet (INT32U ticks)
{
    OS_ENTER_CRITICAL( );
    OSTime = ticks;
    OS_EXIT_CRITICAL( );
}
```

注意，在访问 OSTime 时，中断是关掉的。这是因为在大多数 8 位处理器上增加和复制一个 32 位的数都需要多条指令，这些指令一般都需要一次执行完毕，而不能被中断等因素打断。

12.4 任务间的通信与同步

对于一个完整的嵌入式操作系统来说，任务之间的通信机制是必不可少的。μC/OS-II 提供了一个与任务控制块类型类似的事件控制块数据结构，并提供了信号量、消息邮箱和消息队列。通过这些机制来实现任务之间的通信。任务之间的通信分为低级通信和高级通信两种。低级通信只能传递状态和整数值等控制信息，传送的信息量小，如信号量；高级通信能够传送任意数量的数据，如共享内存、邮箱、消息队列等。

12.4.1 事件控制块

所有的通信信号都被看做事件（event），μC/OS-II 通过事件控制块（ECB）来管理每个具体事件。图 12-13 显示了任务和中断服务子程序之间是如何进行通信的。一个任务或中断服务程序可以通过 ECB 来向其他的任务发信号（图 12-13（a）中的 signal）。一个任务可以等待其他任务或中断服务程序给它发送信号（图 12-13（a）中的 wait），不过只有任务可以等待事件的发生，中断服务程序是不可以的。对于等待状态的任务，还可以为它指定一个最长等待时间，以此来防止因为等待的事件没有发生而无限期地等下去。多个任务可以同时等待一个事件的发生（图12-13（b）），在这种情况下，当事件发生时，所有等待任务中优先级最高的任务得到该事件并进入就绪状态。以上所说的事件可以是信号量、邮箱或消息队列。

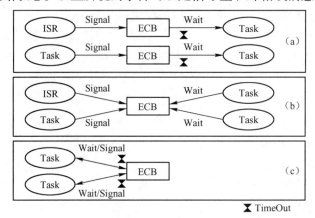

图12-13　任务和中断服务子程序间通信

μC/OS‑II通过OS_EVENT数据结构来维护一个事件控制块的所有信息，该数据结构在μC/OS‑II源文件ucos‑ii.h中定义。该结构中除包含了事件本身的定义外，如用于信号量的计数器，用于指向邮箱的指针，以及指向消息队列的指针数组等，还定义了等待该事件的所有任务列表，该数据结构定义如下：

```
typedef struct {
    void    *OSEventPtr;                        //指向消息或者消息队列的指针
    INT8U   OSEventTbl[OS_EVENT_TBL_SIZE];      //等待任务列表
    INT16U  OSEventCnt;                         //计数器(当事件是信号量时)
    INT8U   OSEventType;                        //事件类型:信号量、邮箱等
    INT8U   OSEventGrp;                         //等待任务所在的组
} OS_EVENT;
```

- ☺ OSEventPtr：指针，只有在所定义的事件是邮箱或消息队列时才使用。当所定义的事件是邮箱时，它指向一个消息；而当所定义的事件是消息队列时，它指向一个数据结构。
- ☺ OSEventTbl[ ]和OSEventGrp：很像前面讲到的OSRdyTbl[ ]和OSRdyGrp，只不过前两者包含的是等待某事件的任务，而后两者包含的是系统中处于就绪状态的任务。
- ☺ OSEventCnt：当事件是一个信号量时，OSEventCnt是用于信号量的计数器。
- ☺ OSEventType：定义了事件的具体类型。它可以是信号量（OS_EVENT_SEM）、邮箱（OS_EVENT_TYPE_MBOX）或消息队列（OS_EVENT_TYPE_Q）中的一种。用户要根据该域的具体值来调用相应的系统函数，以保证对其进行操作的正确性。
- ☺ 每个等待事件发生的任务都被加入到该事件控制块中的等待任务列表中，该列表包括.OSEventGrp和.OSEventTbl[ ]两个域。变量前面的"."说明该变量是数据结构的一个域。在这里，所有的任务的优先级被分成8组（每组8个优先级），分别对应.OSEventGrp中的8位。当某组中有任务处于等待该事件的状态时，.OSEventGrp中对应位就被置位。相应地，该任务在OSEventTbl[ ]中的对应位也被置位。.OSEventTbl[ ]数组的大小由系统中任务的最低优先级决定，这个值由uCOS_ii.h中

的 OS_LOWEST_PRIO 常数定义。这样,在任务优先级比较少的情况下,可以减少 μC/OS-Ⅱ 对系统数据存储器的占用量。

当一个事件发生后,该事件的等待事件列表中优先级最高的任务,也即在 OSEventTbl[]中,所有被置 1 的位中,优先级代码最小的任务得到该事件。图 12-14 给出了 .OSEventGrp 和 .OSEventTbl[]之间的对应关系。

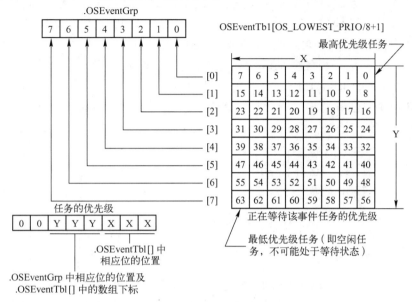

图 12-14 事件的等待任务列表

有了图 12-14 所描述的优先级和 OSEventGrp、OSEventTbl[]间的对应关系,就可以用下面的代码将一个任务放到事件的等待任务列表中。

```
pevent -> OSEventGrp              | = OSMapTbl[ prio >> 3 ];
pevent -> OSEventTbl[ prio >> 3 ] | = OSMapTbl[ prio & 0x07 ];
```

其中,prio 是任务的优先级,pevent 是指向事件控制块的指针。从上述代码可以看出,插入一个任务到等待任务列表中所花的时间是相同的,与表中现有多少个任务无关。从图 12-14 中可以看出该算法的原理:任务优先级的最低 3 位决定了该任务在相应的 .OSEventTbl[]中的位置,紧接着的 3 位则决定了该任务优先级在 .OSEventTbl[]中的字节索引。该算法中用到的查找表 OSMapTbl[]见表 12-1,它定义在 OS_CORE.c 中,一般在程序存储器中实现。

表 12-1 OSMapTbl[]

索 引 值	位标志(二进制)
0	00000001
1	00000010
2	00000100
3	00001000
4	00010000
5	00100000
6	01000000
7	10000000

从等待任务列表中删除一个任务的算法则正好相反，其程序清单如下：

```
if (( pevent -> OSEventTbl[ prio >> 3 ] & =~ OSMapTbl[ prio & 0x07 ]) ==0) {
    pevent -> OSEventGrp & =~ OSMapTbl[ prio >> 3 ];
}
```

该代码清除了任务在 . OSEventTbl[ ]中的相应位，并且，如果其所在的组中不再有处于等待该事件的任务时（即 . OSEventTbl [prio >> 3] 为 0），将 . OSEventGrp 中的相应位也清除了。与上述由任务优先级确定该任务在等待表中的位置的算法类似，从等待任务列表中查找处于等待状态最高优先级任务的算法，也不是从 . OSEventTbl[0]开始逐个查询，而是采用了查找另一个表 OSUnMapTbl[256]（见文件 OS_CORE. c）。这里，用于索引的 8 位分别代表对应的 8 组中有任务处于等待状态，其中的最低位具有最高的优先级。用这个值索引，首先得到最高优先级任务所在组的位置（0 ～ 7 之间的一个数），然后利用 . OSEventTbl[ ]中的对应字节再在 OSUnMapTbl[ ]中进行查找，就可以得到最高优先级任务在组中的位置（也是 0 ～ 7 之间的一个数）。这样，最终就可以得到处于等待该事件状态的最高优先级任务了。该算法的具体实现代码如下：

```
y    = OSUnMapTbl[ pevent -> OSEventGrp ];
x    = OSUnMapTbl[ pevent -> OSEventTbl[ y ]];
prio = ( y << 3 ) + x;
```

举例来说，如果 . OSEventGrp 的值是 01101000（二进制），而对应的 OSUnMapTbl[. OSEventGrp]值为 3，说明最高优先级任务所在的组是 3。类似地，如果 . OSEventTbl[3]的值是 11100100（二进制），OSUnMapTbl[. OSEventTbl[3]]的值为 2，则处于等待状态的任务的最高优先级是 3 × 8 + 2 = 26。

在 μC/OS – II 中，事件控制块的总数由用户所需要的信号量、邮箱和消息队列的总数来决定。该值由 OS_CFG. h 中的 #define OS_MAX_EVENTS 定义。在调用 OSInit( )时，所有事件控制块被链接成一个单向链表，即空闲事件控制块链表（图 12-15）。每当建立一个信号量、邮箱或者消息队列时，就从该链表中取出一个空闲事件控制块，并对它进行初始化。因为信号量、邮箱和消息队列一旦建立就不能删除，所以事件控制块也不能放回到空闲事件控制块链表中。

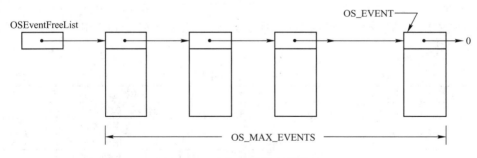

图 12-15　空闲事件控制块链表

对于事件控制块进行的一些通用操作包括如下 4 种。
☺ 初始化一个事件控制块 OSEventWaitListInit( )。
☺ 使一个任务进入就绪状态 OSEventTaskRdy( )。

☺ 使一个任务进入等待该事件的状态 OSEventWait( )。
☺ 因为等待超时而使一个任务进入就绪状态 OSEventTO( )。

12.4.2 信号量

信号量（Semaphore）是20世纪60年代中期 Edgser Dijkstra 发明的。信号量实际上是一种约定机制，在多任务内核中普遍使用信号量用于以下3种情况。

☺ 控制共享资源的使用权（满足互斥条件）；
☺ 标志某事件的发生；
☺ 使两个任务的行为同步。

信号量就像是一把钥匙，任务要运行下去，需要先得到这把钥匙。如果这把钥匙已被别的任务占用，该任务就只好被挂起，直到钥匙被占用者释放。只取两个值的信号量称为二进制型的信号量，该信号量只有0或1两个值。计数器型信号量可以取 0 ~ 255 或 0 ~ 65535 等，用于某些资源可以同时为多个任务使用的情况。

在 μC/OS-Ⅱ中，信号量由两部分组成：一部分是16位无符号整型（0 ~ 65535）信号量的计数值；另一部分是由等待该信号量的任务组成的等待任务表。要使 μC/OS-Ⅱ支持信号量，需将 OS_CFG.h 头文件中的 OS_SEM_EN 开关量常数设置为1。μC/OS-Ⅱ提供了6个对信号量进行操作的函数，即 OSSemCreate( )、OSSemDEL( )、OSSemPend( )、OSSemPost( )、OSSemAccept( )和 OSSemQuery( )，它们在多任务通信中的关系如图 12-16 所示。

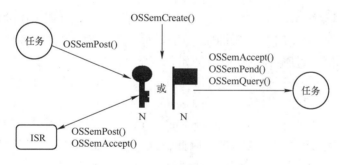

图 12-16　任务、ISR 和信号量的关系

从图 12-16 中可以看出，OSSemPost( )函数可以由任务或中断服务子程序调用，而 OSSemPend( )和 OSSemQuery( )函数只能由任务程序调用。OSSemDel( )的功能是删除一个信号量。当将 OS_CFG.h 文件中的 OS_Sem_DEL_ENS 设置为1时，该函数代码才被编译。在删除信号量前，必须首先删除操作该信号量的所有任务。OSSemAccept( )是无等待地请求一个信号量。当一个任务请求一个信号量时，如果该信号量暂时无效，也可以让该任务简单地返回，而不是进入睡眠等待状态。OSSemQuery( )的功能是查询一个信号量的当前状态，得到当前该信号量的等待任务列表和信号量当前计数值。

1. 建立一个信号量

OSSemCreate（INT16U cnt）代码如下：

```
1    OS_EVENT * OSSemCreate（INT16U cnt）
```

```
2   {
3       OS_EVENT * pevent;
4
5
6       OS_ENTER_CRITICAL();
7       pevent = OSEventFreeList;
8       if (OSEventFreeList! = (OS_EVENT * )0){
9           OSEventFreeList = (OS_EVENT * )OSEventFreeList -> OSEventPtr;
10      }
11      OS_EXIT_CRITICAL();
12      if (pevent! = (OS_EVENT * )0){
13          pevent -> OSEventType = OS_EVENT_TYPE_SEM;
14          pevent -> OSEventCnt   = cnt;
15          OSEventWaitListInit(pevent);
16      }
17      return (pevent);
18  }
```

首先,它从空闲任务控制块链表中得到一个事件控制块(第7行),并对空闲事件控制链表的指针进行适当的调整,使它指向下一个空闲的事件控制块(第8行)。如果这时有任务控制块可用(第12行),就将该任务控制块的事件类型设置成信号量OS_EVENT_TYPE_SEM(第13行)。其他的信号量操作函数OSSem???()通过检查该域来保证所操作的任务控制块类型的正确性。例如,这可以防止调用OSSemPost()函数对一个用做邮箱的任务控制块进行操作。接着,用信号量的初始值对任务控制块进行初始化(第14行),并调用OSEventWaitListInit()函数对任务控制块的等待任务列表进行初始化(第15行)。因为信号量正在被初始化,所以这时没有任何任务等待该信号量。最后,OSSemCreate()返回给调用函数一个指向任务控制块的指针。以后对信号量的所有操作,如 OSSemPend()、OSSemPost()、OSSemAccept()和OSSemQuery()都是通过该指针来完成的。因此,这个指针实际上就是该信号量的句柄。如果系统中没有可用的任务控制块,OSSemCreate()将返回一个NULL指针。

注意,在μC/OS-II中,信号量一旦建立,就不能被删除,因此也就不可能将一个已分配的任务控制块再放回到空闲ECB链表中。如果有任务正在等待某个信号量,或者某任务的运行依赖于某信号量的出现时,删除该任务是很危险的。

2. 等待一个信号量

OSSemPend(OS_ EVENT * pevent, INT16U timeout, INT8U * err)代码如下:

```
1   void OSSemPend (OS_EVENT * pevent, INT16U timeout, INT8U * err)
2   {
3       OS_ENTER_CRITICAL();
4       if (pevent -> OSEventType! = OS_EVENT_TYPE_SEM){
5           OS_EXIT_CRITICAL();
6           * err = OS_ERR_EVENT_TYPE;
```

```
7       }
8       if ( pevent –> OSEventCnt > 0 ) {
9           pevent –> OSEventCnt – – ;
10          OS_EXIT_CRITICAL( ) ;
11          * err = OS_NO_ERR ;
12      } elseif ( OSIntNesting > 0 ) {
13          OS_EXIT_CRITICAL( ) ;
14          * err = OS_ERR_PEND_ISR ;
15      } else {
16          OSTCBCur –> OSTCBStat      | = OS_STAT_SEM ;
17          OSTCBCur –> OSTCBDly       = timeout ;
18          OSEventTaskWait( pevent ) ;
19          OS_EXIT_CRITICAL( ) ;
20          OSSched( ) ;
21          OS_ENTER_CRITICAL( ) ;
22          if ( OSTCBCur –> OSTCBStat & OS_STAT_SEM ) {
23              OSEventTO( pevent ) ;
24              OS_EXIT_CRITICAL( ) ;
25              * err = OS_TIMEOUT ;
26          } else {
27              OSTCBCur –> OSTCBEventPtr = ( OS_EVENT * )0 ;
28              OS_EXIT_CRITICAL( ) ;
29              * err = OS_NO_ERR ;
30          }
31      }
32  }
```

OSSemPend( )函数首先检查指针 pevent 所指的任务控制块是否是由 OSSemCreate( )建立的（第4行）。如果信号量当前是可用的（信号量的计数值大于0）（第8行），将信号量的计数值减1（第9行），然后函数将"无错"错误代码返回给它的调用函数。显然，如果正在等待信号量，这时的输出正是所希望的，也是运行 OSSemPend( )函数最快的路径。

如果此时信号量无效（计数器的值是0），OSSemPend( )函数要进一步检查它的调用函数是否为中断服务子程序（第12行）。在正常情况下，中断服务子程序是不会调用 OSSemPend( )函数的。这里加入这些代码，只是为了以防万一。当然，在信号量有效的情况下，即使是中断服务子程序调用的 OSSemPend( )，函数也会成功返回，不会出现任何错误。

如果信号量的计数值为0，而 OSSemPend( )函数也不是由中断服务子程序调用的，则调用 OSSemPend( )函数的任务要进入睡眠状态，等待另一个任务或中断服务子程序发出该信号量。OSSemPend( )允许用户定义一个最长等待时间作为其参数，这样可以避免该任务无休止地等待下去。如果该参数值是一个大于0的值，那么该任务将一直等到信号有效或等待超时。如果该参数值为0，该任务将一直等待下去。OSSemPend( )函数通过将任务控制块中的状态标志 . OSTCBStat 置1，把任务置于睡眠状态（第16行），等待时间也同时置入任务控制块中（第17行），该值在 OSTimeTick( )函数中逐次递减。注意，OSTimeTick( )函数对每个任务的任务控制块中的.OSTCBDly域做递减操作（只要该域不为0）。真正将任务置入睡眠状态的操作在OSEventTaskWait()函数中执行（第18行）。

因为当前任务已经不是就绪状态了，所以任务调度函数将下一个最高优先级的任务调入，准备运行（第20行）。当信号量有效或等待时间到时，调用OSSemPend()函数的任务将再一次成为最高优先级任务。这时OSSched()函数返回，然后OSSemPend()要检查任务控制块中的状态标志，看该任务是否仍处于等待信号量的状态（第22行）。如果是，说明该任务还没有被OSSemPost()函数发出的信号量唤醒。事实上，该任务是因为等待超时而由TimeTick()函数将其置为就绪状态的。在这种情况下，OSSemPend()函数调用OSEventTO()函数，将任务从等待任务列表中删除（第23行），并返回给它的调用任务一个"超时"的错误代码。如果任务的任务控制块中的OS_STAT_SEM标志位没有被置位，就认为调用OSSemPend()的任务已经得到了该信号量，将指向信号量ECB的指针从该任务的任务控制块中删除，并返回给调用函数一个"无错"的错误代码（第27行）。

3. 发送一个信号量

OSSemPost（OS_EVENT * pevent）代码如下：

```
1   INT8U OSSemPost (OS_EVENT * pevent)
2   {
3       OS_ENTER_CRITICAL();
4       if (pevent -> OSEventType! = OS_EVENT_TYPE_SEM){
5           OS_EXIT_CRITICAL();
6           return (OS_ERR_EVENT_TYPE);
7       }
8       if (pevent -> OSEventGrp){
9           OSEventTaskRdy(pevent, (void *)0, OS_STAT_SEM);
10          OS_EXIT_CRITICAL();
11          OSSched();
12          return (OS_NO_ERR);
13      } else {
14          if (pevent -> OSEventCnt < 65535){
15              pevent -> OSEventCnt ++;
16              OS_EXIT_CRITICAL();
17              return (OS_NO_ERR);
18          } else {
19              OS_EXIT_CRITICAL();
20              return (OS_SEM_OVF);
21          }
22      }
23  }
```

OSSemPost()函数首先检查参数指针pevent指向的任务控制块是否是OSSemCreate()函数建立的（第4行），接着检查是否有任务在等待该信号量（第8行）。如果该任务控制块中的OSEventGrp域不是0，说明有任务正在等待该信号量。这时，就要调用函数

OSEventTaskRdy(),把其中的最高优先级任务从等待任务列表中删除(第9行),并使它进入就绪状态。然后,调用OSSched()任务调度函数检查该任务是否是系统中最高优先级的就绪任务(第11行)。如果是,这时就要进行任务切换(当OSSemPost()函数是在任务中调用时),准备执行该就绪任务。否则,OSSched()直接返回,调用OSSemPost()的任务得以继续执行。如果此时没有任务在等待该信号量,该信号量的计数值就简单地加1(第15行)。

上述内容是由任务调用OSSemPost()时的情况。当中断服务子程序调用该函数时,不会发生上述的任务切换。如果需要,任务切换要等到中断嵌套的最外层中断服务子程序调用OSIntExit()函数后才能进行。

12.4.3 信号量实例

例程ex12_2与例程ex12_1的Main()、LEDon(char u)、LEDoff()、LED_Flash(char u)、AppTaskStart()、AppTaskCreate()函数的代码基本相同,其差异主要表现在AppTaskStart()和3个任务函数。在app.c中添加如下定义:

```
    static OS_EVENT        *LedSem;                 //定义信号量指针
```

信号量使用OS_EVENT结构体类型定义。AppTaskStart()代码如下:

```
1   static void AppTaskStart (void *p_arg)
2   {
3       INT8U err;
4       (void)p_arg;
5       LedSem = OSSemCreate(3);                    //创建信号量初始值为3
6       OSEventNameSet(LedSem,"Led_Sem",&err);      //信号量命名为Led_Sem
7       BSP_Init();                                 //系统时钟初始化
8       USART1_Configuration();
9   #if (OS_TASK_STAT_EN > 0)
10      OSStatInit();                               //统计任务初始化
11  #endif
12      AppTaskCreate();                            //创建多任务
13      while(DEF_TRUE)
14      {
15          /* Task body, always written as an infinite loop. */
16          OSTaskSuspend(OS_PRIO_SELF);
17      }
18  }
```

第13行OSSemCreate(3)用于创建信号量,只有1个参数,即信号量初始值。OSEventNameSet()为事件命名,这里为信号量LedSem命名Led_Sem。

任务1 AppTask1()代码如下:

```
1   static void AppTask1 (void *p_arg)
2   {
3       INT8U err;
```

```
4        INT32U tickCur;
5        OS_SEM_DATA sem_data;
6        OSTaskNameSet(OS_PRIO_SELF, "AppTask1", &err);
7
8        while(1)
9        {
10           tickCur = OSTimeGet();                    //系统时钟
11
12           if(tickCur < 10000)                       //判断是否小于10s
13           {
14               OSSemPost(LedSem);                    //释放信号量
15           }
16           elseif(tickCur < 20000)                   //判断是否小于20s
17           {
18               OSTaskSuspend(APP_TASK3_PRIO);        //挂起任务3
19               OSSemPendAbort(LedSem, OS_PEND_OPT_BROADCAST, &err);
20               if(err == OS_ERR_NONE)                //没有任务使用信号量
21               {
22                   OSSemSet(LedSem, 10, &err);       //将信号量的值设为10
23   OSSemQuery(LedSem, &sem_data);//查询信号量LedSem的数据,查询结果存入sem_data
24               }
25           }
26
27           elseif(tickCur < 30000)                   //判断是否小于30s
28           {
29               OSTaskResume(APP_TASK3_PRIO);         //恢复任务3
30               OSSemPost(LedSem);                    //释放信号量
31           }
32           elseif(tickCur < 50000)                   //判断是否小于30s
33           {
34               if(LedSem -> OSEventType == 3)        //判断信号量是否存在
35               {
36                   OSSemDel(LedSem, OS_DEL_ALWAYS, &err); //删除信号量LedSem
37               }
38           }
39           usart1_printf("task1\r\n");               //串口输出task1
40           OSTimeDlyHMSM(0,0,2,0);                   //延时2s
41       }
42   }
```

第5行定义了一个信号量数据类型 OS_SEM_DATA 的变量 sem_data。进入循环体后，当时钟节拍小于10s时，每隔1s释放1次信号量（第14行），释放信号量使 LedSem 的计数值加1。在任务3中判断信号量是否存在，如果存在，就不断地申请信号量 LedSem，由于任务3没有延时，因此只要 LedSem 的计数值大于 0，则任务 3 将不断地执行。因此程序开始执行后，任务 3 按任务 1 释放信号量的时间间隔（1s）运行，2 个 LED 每隔 1s 闪动一次。

第 16 行 10s < tickCur < 20s，将任务 3 挂起，这时 LED 不再闪烁；然后调用 OSSemPendAbort( ) 将等待信号量 LedSem 的任务释放掉，第 20 行判断如果没有任务请求信号量 LedSem，第 22 行调用 OSSemSet( ) 将信号量的计数值设置为 10；第 23 行调用 OSSemQuery( ) 查询信号量 LedSem 的数据，查询结果存入 sem_data。

第 27 行 20s < tickCur < 30s，恢复任务 3 的运行，同时每隔 1s 释放信号量 1 次，此时 2 个 LED 又每隔 1s 闪烁 1 次。

第 37 行 30s < tickCur < 50s，判断信号量是否存在，如果存在，则调用 OSSemDel( ) 删除该信号量。OSSemDel( ) 有 3 个参数，依次为信号量指针、删除方式选项（OS_DEL_ALWAYS）和返回信息。因此过了 50s 后，信号量 LedSem 不存在了，任务 3 将执行每隔 3s 使 LED 闪烁 1 次的代码。

当过了 50s 后，任务 1 几乎什么都不做，只是简单地延时 1s 输出时钟节拍的值。这时，任务 3 持续每隔 3s 使 LED 闪烁。

任务 2 AppTask2( ) 代码如下：

```
1    static void AppTask2 (void * p_arg)
2    {
3        (void)p_arg;
4        OSTaskNameSet(OS_PRIO_SELF, "AppTask2", &err);
5        for(;;)
6        {
7            cnt = OSSemAccept(LedSem);           //请求信号量
8            usart1_printf("task2\r\n");          //串口输出 task2
9            OSTimeDlyHMSM(0,0,4,0);              //延时 4s
10       }
11   }
```

第 7 行调用 OSSemAccept( ) 函数请求信号量 LedSem，这个函数的返回值为信号量的计数值。在运行第 1 次时，返回的值为 4，以后的值均为 0。这是因为在 AppTaskStart( ) 函数初始化信号量 LedSem 的计数值为 3，而后在 AppTask1( ) 中释放该信号量时，它的计数值又加了 1，由于任务 2 的优先级比任务 3 的优先级高，所以执行完任务 1 后执行任务 2，将显示此时的信号量计数值为 4。但由于任务 3 没有延时，只要信号量 LedSem 存在且它的计数值大于 0，任务 3 就一直运行，直到信号量 LedSem 的计数值为 0 为止。所以直到任务 3 开始运行后，信号量的值将为 0。由于 OSSemAccept( ) 函数请求信号量并不等待，但是如果申请了信号量，信号量的计数值也要减 1。从第 8 行和第 9 行可以看出，任务 2 每隔 3s 执行 1 次，即每隔 3s 将信号量的计数值输出到串口。经过分析可知，任务 2 在第 1 次运行后，再也申请不到信号量了。

任务 3 AppTask3( ) 代码如下：

```
1    static void AppTask3 (void * p_arg)
2    {
```

```
3        INT8U err;
4        LEDoff();
5        OSTaskNameSet(OS_PRIO_SELF, "AppTask3", &err);
6        (void)p_arg;
7        for(;;)
8        {
9            usart1_printf("task3\r\n");              //串口输出 task3
10
11           if(LedSem -> OSEventType >= 3)           //判断是否存在信号量
12           {
13               OSSemPend(LedSem,0,&err);            //请求信号量
14               LED_Flash(3);                        //LED 闪烁
15           }
16           else
17           {
18               LED_Flash(3);                        //LED 闪烁
19               OSTimeDlyHMSM(0,0,4,0);              //延时 4s
20           }
21       }
22   }
```

第 13 章 嵌入式系统综合设计实例

13.1 嵌入式系统开发过程

嵌入式系统的开发主要考虑如下 11 个方面：性能指标（分为部件性能指标和综合性能指标）；可靠性与安全性；可维护性；可用性；功耗；环境适应性；通用性；安全性；保密性；可扩展性；价格。

嵌入式系统开发过程示意图如图 13-1 所示。

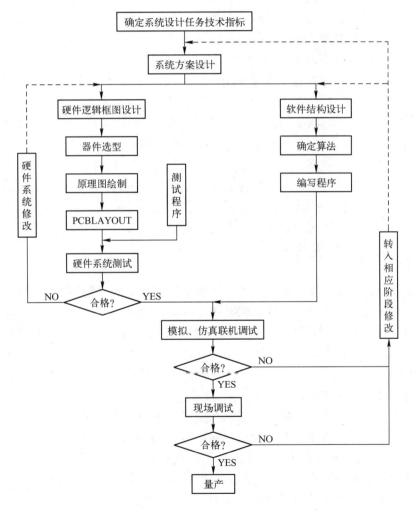

图 13-1 嵌入式系统设计流程

在进行一个具体的嵌入式系统的设计时，一般需要考虑如下 4 个方面。

1. 确定系统设计的任务

在进行设计前，要确定系统的设计任务，以及系统要实现的功能和实现这些功能的技术指标等，还要了解系统的使用环境、操作人员的水平，以及对成本控制的要求。这种思想应贯穿到整个产品设计的过程中，因为它直接关系到系统设计的好坏。

2. 器件选型

1) 综合考虑软、硬件的分工与配合　嵌入式系统设计的软件和硬件是相辅相成的，在一定程度上有些功能既可以用软件实现，也可以通过硬件来实现，如按键的消抖。通过硬件实现可以缩短开发周期，提高处理器的效率和系统的可靠性，但其缺点在于增加了成本；采用软件实现可能会增加开发难度和周期，但简化了硬件结构，降低了成本。因此在实际设计过程中，要软硬件互相兼顾，这样才可以设计出适用的系统。

2) 微控制器的选型　微控制器的选型是总体方案设计最重要的一环。没有最好与最坏的微控制器之说，只有最适合系统的微控制器。例如，对功耗有要求的系统就要考虑选用低功耗的芯片；对速率有要求，运行实时任务多的系统，就要考虑选择高性能的芯片；若要驱动 LCD 彩色显示器，最好选带有 LCD 控制器的芯片。此外，还要考虑芯片的资源（如 I/O、A/D 转换通道、串行通信等资源）是否够用并达到指标的要求。最后，还要从芯片的开发难度，现有人员对该款芯片的熟悉程度，以及以后芯片的供货情况来考虑。

3) 外围电路芯片和器件的选择　选择好控制器的芯片后，只是说明这个嵌入式系统已经具备了"大脑"，若要构成一个完整的嵌入式系统，还必须要有"四肢"，也就是外围器件。外围器件涉及模拟、数字、强电、弱电等，以及它们之间的相互转换、配合等。因此，对于外围器件的选择，要考虑芯片和器件选择、电路原理的设计、系统结构安装、接插件选择等问题，还要考虑实际的生产工艺、元器件封装的选取等问题。这其中的任何环节出现差错，都可能会导致系统设计失败。除经济上的浪费外，还带来开发周期上的压力。

3. 硬件系统设计

设计人员在了解所要开发系统的任务后，应根据要实现的功能和要求，制定出系统的设计方案。接下来就是具体的设计过程，根据选择的微控制器芯片和相应的外围器件设计整个系统的原理图。在设计完原理图后，根据原理图和实际的需要，绘制印制电路板（PCB），在这个过程中，常常根据系统的复杂程度和个人对软件的熟悉程度选用不同的软件。

嵌入式硬件系统的设计体现了设计者的综合能力，是一个系统稳定和可靠的前提。由于现在有丰富的单片机资源和外设元器件，使得电路设计非常灵活。例如，实现一个相同的功能，往往有很多种方法，拿驱动数码管来说，就有很多种方法，如设计 6 位的 8 字数码管，如果采用静态驱动方式，需要的 I/O 引线的根数为 $6 \times 8 = 48$ 根，而采用动态扫描方式就只需要 $6 + 8 = 14$ 根，而如果使用串行方式送数据，则只要时钟、数据线和锁存线即可，这样就可以大大节省系统的 I/O 资源，而功能上却不受影响，还可以缩短开发周期，并且系统的可靠性有保障。硬件系统扩展和配置设计应遵循如下原则。

☺ 尽可能选择典型通用的电路，并符合单片机的常规用法。

☺ 系统的扩展与外围设备配置的水平应充分满足应用系统当前的功能要求，并留有适当裕量，便于以后进行功能的扩充。
- ☺ 硬件结构应结合应用软件方案综合考虑。
- ☺ 整个系统中相关的元器件要尽可能做到性能匹配。
- ☺ 可靠性及抗干扰设计是硬件设计中不可忽视的一部分。
- ☺ 单片机外接电路较多时，必须考虑驱动能力。

4. 系统软件设计

相比编写 PC 软件来说，嵌入式系统软件的编写要复杂得多。嵌入式软件是建立在硬件基础上的，对软件开发人员的硬件水平要求比较高，因为嵌入式系统是直接面对硬件和控制对象的。在设计过程中，若嵌入式软件较复杂，通常都是多个人或者是一个团队合作完成，这就对程序的易读性提出了要求，因此添加注释是必要的。软件的编写不可能一次性成功，要考虑后续的升级和维护，以及功能模块的增删等，这就需要程序具有灵活性，考虑到以后可能出现的情况，加入模块和函数以及宏定义可以有助于解决这个问题。一个良好的开发平台也可以达到事半功倍的效果，选择一个合适的开发平台，适当用一些辅助工具，只有这样才能设计出可靠的系统。一个优秀的软件应具有以下特点。

- ☺ 软件结构清晰、简洁，流程合理。
- ☺ 各功能程序实现模块化、系统化，这样既便于调试、连接，又便于移植、修改和维护。
- ☺ 程序存储区、数据存储区规划合理，既能节约存储容量，又能给程序设计与操作带来方便。
- ☺ 运行状态实现标志化管理。各个功能程序运行状态、运行结果及运行需求都设置状态标志，以便查询。程序的转移、运行、控制都可通过状态标志来控制。
- ☺ 经过调试修改后的程序应进行规范化，除去修改"痕迹"。规范化的程序便于交流、借鉴，也为今后的软件模块化、标准化打下基础。
- ☺ 实现全面软件抗干扰设计。软件抗干扰是计算机应用系统提高可靠性的有力措施。
- ☺ 为了提高运行的可靠性，在应用软件中应设置自诊断程序，在系统运行前先运行自诊断程序，用以检查系统各特征参数是否正常。

注意，嵌入式系统的开发需要遵循以软件适应硬件的原则，即当问题出现时，尽可能以修改软件为代价，除非硬件设计结构无法满足要求。

13.2 自平衡小车基本功能

自平衡小车的平衡控制过程实质上就是车体质心倾角的回零控制过程，即小车通过对系统各种状态参数的实时分析，控制系统质心的角度偏移量在平衡点（0°）附近，从而保持系统平衡。自平衡小车动态平衡原理图如图 13-2 所示。当小车往前倾时，为了保持平衡，小车就要往前走，以保持小车平衡；当小车往后仰时，为了保持平衡，小车就会往后退，以保持小车平衡。

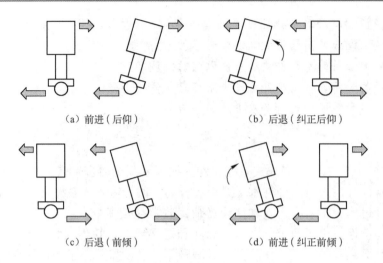

图 13-2　自平衡小车动态平衡原理图

自平衡小车的基本设计思想是，当传感器检测到车体倾斜时，控制系统根据被测得的车体倾角来产生一个抵抗倾倒的力矩，控制电动机驱动两个车轮朝着车体倾倒的方向运动，以维持车体自身的动态平衡，也就实现了电动车的前进和后退。当车体不倾斜时，保持小车原地平衡。角度传感器得到车体的倾角信号后，将该信号送入控制电路，控制电路根据此信号并综合左、右车轮速度传感器的转角信号计算出所需的电动机力矩控制量，将控制量送入驱动电路中，控制车轮电动机，以控制车轮向前/后转动并始终保持车体平衡。车体的倾角越大，加速越快。

13.3　硬件结构

图 13-3　自平衡小车

图 13-3 所示为一款以 STM32 微控制器为核心的自平衡小车。

自平衡小车整车总体设计包括两个部分，即机械系统和电气控制系统。其设计原则分别为：机械设计要求简单实用；电气控制设计要求精确控制和快速控制。机械系统作为整车的载体，承载着车体的所有部件；电气控制系统则是整车的灵魂，可以对机械系统进行控制，以达到运动控制要求。

自平衡小车的电气控制系统的主要任务是采集车体姿态数据，根据车体姿态控制电动机，实现整车自平衡行驶。

13.3.1　电气控制系统整体结构

自平衡小车控制系统结构框图如图 13-4 所示。

自平衡小车控制系统由 3 个子系统组成，即控制单元、姿态测量单元和驱动单元。控制单元对给定和反馈的倾角偏差经过自平衡算法处理后得到控制电动机的相应参数，由这个参数计算出控制信号，去控制电动机的转速。电动机驱动电路接收驱动信号，并将该信号转换为驱动电动机的功率信号（电压），使电动机输出相应的转速。小车车体受电动机作用后，改变车体倾角，姿态测量单元时刻监测整个机械体的姿态信息，并将这些模拟的物理量转换为数字电信号交由控制单元来处理。

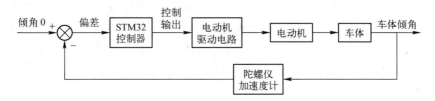

图 13-4　自平衡小车控制系统结构框图

13.3.2　加速度计

自平衡小车要保持动态平衡时，必须得到精确的车身姿态的信息，包括车身倾角、倾角角速度和车轮转动速度。这 3 种信息主要反映了小车的姿态和运动状态。加速度计测量与车身有关的加速度，包括旋转、重力和线性加速度。对测量数据进行积分后可以得到线性速度，二次积分可以得到线位移，但积分产生的漂移误差将随时间累积而无限制地增长，导致积分后得到的数据不准确。如果短期使用，加速度计的积分数据准确度与精度能够保证，但长期使用将无法保证其准确性。加速度计通过三角函数运算得到倾斜角度，但是输出信号易受噪声污染。当加速度计垂直于俯仰轴安装时，通过反正切函数运算可以作为倾角计使用，进行 360°的全方位测量，并且不会产生线性化误差。当小车处于静态或者低速运动时，可以用加速度计测量小车的姿态，此时能够提供准确的倾角信息，数据准确，角度估计误差很小，但自平衡小车加速或高速运动时误差很大。

13.3.3　陀螺仪

陀螺仪的工作原理就是一个旋转物体的旋转轴所指的方向在不受外力影响时，是不会改变的。人们根据这个道理，用它来保持方向，制造出来的东西称为陀螺仪。陀螺仪在工作时要给它一个力，使它快速旋转起来，一般能达到每分钟数十万转，可以工作很长时间。然后用多种方法读取轴所指示的方向，并自动将数据信号传送给控制系统。

利用陀螺仪测量瞬时旋转角速度时，由于温度变化、摩擦力和不稳定力矩等因素的影响，会产生漂移误差。对陀螺仪测量数据进行积分，可以得到与垂直方向相关的倾角信息，动态响应快，但漂移误差将随着时间累计而无限增长，因此姿态角短时间内准确、精度高。陀螺仪具有足够的带宽，动态性能好，静态输出受漂移误差影响较大。

13.4　控制算法设计

13.4.1　角度检测算法设计

倾角和倾角速度信号的检测通常选用加速度计、陀螺仪来完成。加速度计安装在待测对象上,根据加速度计求得轴方向的重力加速度分量值和反三角函数,很容易就得到倾角值;陀螺仪也安装在待测对象上,可测量出对象需求轴方向的角速度信号。虽然这两种传感器可以得到姿态信息,但是这两种传感器都有缺陷,该缺陷直接影响采集到的信息的可靠性。加速度计的测量噪声随着测量带宽的变化而变化。由于自平衡小车对小角度的测量有较高要求,所以这个噪声会影响输出信号的可靠性。陀螺仪的输出本身精度较好,但是在对陀螺仪的长时间测试中,发现当输入固定时,陀螺仪输出有一定量的漂移,该漂移值若不加处理,会严重影响信号的可靠性。因此,加速度计和陀螺仪都不适宜单独用于检测自平衡小车的姿态信息,需要联合使用这两种传感器,并对其数据进行数据融合,以得到准确的数据,而卡尔曼滤波和互补滤波设计是常用的算法。

13.4.2 运动控制算法设计

1. 算法选择

运动控制是自平衡小车平衡和性能的核心部分,控制算法的优劣直接决定着控制性能的鲁棒性、实时性等性能,因此选择一个适合该系统的控制算法是必要的。确定控制算法需考虑如下 3 个因素。

(1) 控制算法对系统的性能指标有直接的影响,因此选定的控制算法必须满足控制速度、控制精度和系统稳定性的要求,即应针对不同的控制对象、不同的性能指标要求设计相应的控制算法。

(2) 各种控制算法提供了一套通用的计算公式,这是对一般性的问题而言的,但具体到一个特定的控制对象上,必须对其进行分析和选用,在某些情况下可能还要进行必要的修改和补充。

(3) 当控制系统比较复杂时,满足控制性能指标的控制规律也比较复杂,相应控制算法的实现就比较困难。控制算法设计要充分考虑其可实现性。忽略某些因素的影响,将系统的数学模型及控制算法作一些合理的简化,将会给系统设计和软件调试带来很多方便。

2. PID 基本公式

PID 控制框图如图 13-5 所示。图中,PID 控制通过 STM32 的软件来实现;$G(s)$ 为被控对象自平衡小车;y_r 为期望输出倾角(0°);y_o 为实际倾角;e 为偏差;u 为 PID 控制器输出。

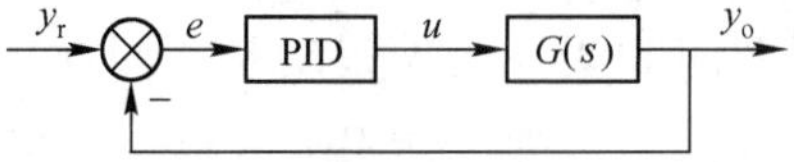

图 13-5 PID 控制框图

PID 控制的连续形式为

$$u(t) = K_P e(t) + K_I \int_0^t e(t) \mathrm{d}t + K_D \frac{\mathrm{d}e(t)}{\mathrm{d}t} \tag{13-1}$$

在控制器的采样时刻 $t = kT$ 时,依据表 13-1 的控制规律进行变换,则控制律的离散形式为

$$u(k) = K_\text{P}\left\{e(k) + \frac{T}{T_\text{I}}\sum_{i=0}^{k} e(i) + \frac{T_\text{D}}{T}[e(k) - e(k-1)]\right\} \tag{13-2}$$

表 13-1 控制规律的变换

比例→比例	$u(t) \approx u(k) \quad e(t) \approx e(kT)$
积分→求和	$\int_0^t e(t)\,\mathrm{d}t \approx T\sum_{j=0}^{k} e(j)$
微分→差商	$\dfrac{\mathrm{d}e(t)}{\mathrm{d}t} \approx \dfrac{e(k)-e(k-1)}{T}$

将式 (13-2) 中的 k 用 $k-1$ 代替，则

$$u(k-1) = K_\text{P}\left\{e(k-1) + \frac{T}{T_\text{I}}\sum_{i=0}^{k-1} e(i) + \frac{T_\text{D}}{T}[e(k-1) - e(k-2)]\right\} \tag{13-3}$$

利用式 (13-2) 减去式 (13-3)，则

$$\Delta u(k) = u(k) - u(k-1) = K_\text{P}\left\{e(k) - e(k-1) + \frac{T}{T_\text{I}}e(k) + \frac{T_\text{D}}{T}[e(k) - 2e(k-1) + e(k-2)]\right\} \tag{13-4}$$

式 (13-4) 称为增量式 PID。

将式 (13-4) 变形，则

$$\begin{aligned}u(k) &= u(k-1) + \Delta u(k) \\ &= u(k-1) + K_\text{P}\left\{e(k) - e(k-1) + \frac{T}{T_\text{I}}e(k) + \frac{T_\text{D}}{T}[e(k) - 2e(k-1) + e(k-2)]\right\}\end{aligned} \tag{13-5}$$

式 (13-5) 称为位置式 PID。

增量型算法不需要做累加，控制量增量的确定仅与最近几次误差采样值有关，计算误差对控制量的计算影响较小。而位置型的算法要用到过去的误差的累加值，容易产生大的累加误差。在实际应用中，应根据被控对象的实际情况加以选择。一般认为，在以闸门或伺服电动机作为执行器件，或者对控制精度要求较高的系统中，应当采用位置式算法；而在以步进电动机或多圈电位器作执行器件的系统中，则应采用增量式算法。因此依据式 (13-4) 和式 (13-5) 的差分方程编写 STM32 中的控制程序，即可完成数字闭环控制。

3. PID 控制器组成要素及功能

PID 控制器具有结构简单、参数易于调整等特性，且特别适用于被控对象的精确模型难以建立、系统参数又经常发生变化的情况。因此在正常情况下，采用 PID 控制作为平衡控制算法。其调节的实质是根据输入的偏差值，按比例、积分、微分（Proportional – Integral – Differential）的函数关系进行运算，其运算结果用于输出控制，即体现了"利用偏差、消除偏差"的思想。比例、积分、微分调节完整地模拟了人工粗调、精调与提前动作。比例（P）、积分（I）、微分（D）控制算法的作用如下所述。

☺ 比例：反映系统的基本（当前）偏差 $e(t)$，系数大，可以加快调节，减小误差，但过大的比例使系统稳定性下降，甚至会造成系统不稳定。

☺ 积分：反映系统的累计偏差，使系统消除稳态误差，提高无差度，因为有误差，积

分调节就进行，直至无误差为止。
- ☺ 微分：反映系统偏差信号的变化率 $e(t) - e(t-1)$，具有预见性，能预见偏差变化的趋势，产生超前的控制作用，在偏差尚未形成前，已被微分调节作用消除，因此可以改善系统的动态性能。但是微分对噪声干扰有放大作用，加强微分对系统抗干扰不利。
- ☺ 积分和微分都不能单独起作用，必须与比例控制配合使用。

下面将常用的各种控制规律的控制特点简单归纳一下。

【比例控制规律 P】采用 P 控制规律能较快地克服扰动的影响，它作用于输出值较快，但不能很好地稳定在一个理想的数值，不良的结果是虽能有效地克服扰动的影响，但有余差出现。它适用于控制通道滞后较小、负荷变化不大、控制要求不高、被控参数允许在一定范围内有余差的场合，如热水池水位控制、油泵房中间油罐油位控制等。

【比例积分控制规律（PI）】在工程中，PI 控制规律是应用最广泛的一种控制规律。积分控制能在比例控制的基础上消除余差，它适用于控制通道滞后较小、负荷变化不大、被控参数不允许有余差的场合，如油泵房供油管流量控制系统、退火窑各区温度调节系统等。

【比例微分控制规律（PD）】微分控制具有超前作用，对于具有容量滞后的控制通道，引入微分参与控制，在微分项设置得当的情况下，对提高系统的动态性能指标有着显著效果。因此，对于控制通道的时间常数或容量滞后较大的场合，为了提高系统的稳定性，减小动态偏差等可选用 PD 控制规律，如加热型温度控制、成分控制。需要说明的是，对于那些纯滞后较大的区域，微分项是无能为力，而在测量信号有噪声或周期性振动的系统，也不宜采用微分控制，如大窑玻璃液位的控制。

【例积分微分控制规律（PID）】PID 控制规律是一种较理想的控制规律，它在比例控制的基础上引入积分控制，可以消除余差，再加入微分控制作用，又能提高系统的稳定性。它适用于控制通道时间常数或容量滞后较大、控制要求较高的场合，如温度控制、成分控制等。

总之，控制规律的选用要根据过程特性和工艺要求来选取，决不是说 PID 控制规律在任何情况下都具有较好的控制性能，不分场合均采用 PID 控制是不明智的。如果这样做，只会给其他工作增加复杂性，并给参数整定带来困难。当采用 PID 控制器仍达不到工艺要求时，则需要考虑其他的控制方案，如串级控制、前馈控制、大滞后控制等。

4. PID 的参数整定

K_P、T_I、T_D 这 3 个参数的设定是 PID 控制算法的关键问题。一般说来，编程时只能设定其大概数值，并在系统运行时通过反复调试来确定其最佳值。因此在调试阶段，程序必须能够随时修改和记忆这 3 个参数。

在某些应用场合，如通用仪表行业，系统的工作对象是不确定的，针对不同的对象就得采用不同的参数值，无法为用户设定参数，这就引入了参数自整定的概念。实质上就是在首次使用时，通过 n 次测量为新的工作对象寻找一套参数，并记忆下来作为以后工作的依据。

附录 A 嵌入式系统常用缩写和关于端口读/写的缩写表示

表 A-1 嵌入式系统常用缩写

缩写	全称	翻译
A		
ADC	Analog – to – Digital Converter	模拟-数字转换器
ADP	Angel Debug Protocol	Angel 调试协议
ADK		AMBA 设计套件
ADS	ARM Developer Suite	
AFSR	Auxiliary Fault Status Register	
AHB	Advanced High performance Bus	先进高性能总线
AHB – AP		AHB 访问端口
AIRCR	Application Interrupt/Reset Control Register	
ALU	Arithmetic Logic Unit	算术逻辑单元
AMBA	Advanced Microcontroller Bus Architecture	先进微控制器总线架构
ANSI	American National Standards Institute	美国国家标准学会
APB	Advanced Performance Bus	先进外设总线
AP	Access Permissions	访问权限
API	Application Programming Interface	应用程序接口
ARM	Advanced RISC Machines	先进 RISC 处理器
ASCII	American Standards Code for information interchange	美国信息交换标准代码
ASIC	Application Specific Integrated Circuit	专用集成电路
ATB		先进跟踪总线
B		
BCD	Binary Coded Decimal	
BE8	Big – endian 8	字节不变式大端模式
BFAR	Bus Fault Address Register	
BKP	Backup Registers	备份寄存器
BSRR		置位/复位寄存器
BRR		复位寄存器
BSP	Board Support Package	板级支持包
C		
CAN	Controller Area Network	控制器局域网模块
CCR	Configuration Control Register	

续表

缩写	全称	翻译
CEC	Consumer Electronics Control	
CFSR	Configurable Fault Status Registers	
CISC	Complex Instruction Set Computer	复杂指令集计算机
CMOS	Complementary Metal Oxide Semiconductor	互补型金属氧化物半导体
CMSIS	Cortex Microcontroller Software Interface Standard	Cortex 微控制器软件接口标准
CPI		每条指令的周期数
CPLD	Complex Programmable Logic Device	复杂可编程逻辑器件
CPSR	Current Program Status Register	当前程序状态寄存器
CPU	Central Processing Unit	中央处理单元
CPUID	CPUID Base Register	
CRC	Cyclic Redundancy Check	
D		
DA	Digital to Analogue converter	
DAP		调试访问端口
DBAR	Data Break Address Register	
DCE	Data Communication Equipment	数据通信设备
DFSR	Debug Fault Status Register	
DIP	Dual Inline Package	双列直插封装
DMA	Direct Memory Access	直接内存存取控制器
DNS	Domain Name Server; Domain Name System; Domain Name Serveice	域名服务器；域名系统；域名服务
DRAM	Dynamic Random Access Memory	动态随机访问存储器
DSP	Digital Signal Processor	数字信号处理器
DTE	Data Terminal Equipment	数据终端设备
DTS	Digital Tuning System	
D2B	Domestic Digital Bus	
DWT		数据观察点及跟踪
E		
ECB	Event Control Blocks	事件控制块
EDA	Electronic Design Automation	电子设计自动化
EEPROM	Electrically Eraseable PROM	
EPROM	Eraseable PROM (using ultra–violet light)	
EMI	Electromagnetic Interference	电磁干扰
EP	Exception Priorities	异常优先级
ESD	Electrostatic Discharge	
ETM	Embeded Trace Macrocell	嵌入式跟踪宏单元

续表

缩　写	全　称	翻　译
EXTI	External Interrupt/Event Controller	外部中断/事件控制器
F		
FAT	File Allocation Table	文件分配表
FCSE	Fast Context Switch Extension	快速上/下文切换扩展
FIP	Fluorescent Indicator Panel	
FIQ	Fast Interrupt reQuest	快速中断请求
FLASH		闪存存储器
FPB		闪存地址重载及断点
FPGA	Field Programmable Gate Array	现场可编程门阵列
FPLA	Field Programmable Logic Array	现场可编程逻辑阵列
FPU	Floating Point Unit	浮点运算单元
FSM	Frequency State Machine	有限状态自动机
FSMC	Flexihie Static Memory Controller	可变静态存储控制器
FSR		Fault 状态寄存器
G		
GCC	GNU C compiler	GNU C 编译器
GPIO	General – Purpose Inputs/Outputs	通用输入/输出
GPS	Global Positioning System	全球定位系统
GUI	Graphic User Interface	图形用户界面
H		
HAL	Hardware Abstraction Layer	硬件抽象层
HDL	Hardware Description Language	硬件描述语言
HFSR	Hard Fault Status Register	
HTTP	Hypertext Transport Protocal	超文本传输协议
I		
I^2C	Inter – integrated Circuit	内部集成电路
I^2S	Inter – integrated Sound	
IABR	Interrupt Active Bit Register	
IBCR	Instruction Break Control Register	
ICE	In – Circuit Emulator	在线仿真器
ICER	Interrupt Clear – Enable Register	
ICPR	Interrupt Clear – Pending Register	
ICSR	Interrupt Control State Register	
IDC	Instruction and Data Cache	指令和数据 Cache
IDE	Integrated Development Environment	集成开发环境
IEEE	Institute of Electrical and Electronic Engineers	美国电气电子工程师协会

续表

缩写	全称	翻译
IP	Internet Protocol	网际协议
	Intellectual Property	
IPC	Interprocess Communication	进程间通信
IPR	Interrupt Priority Register	
IR	Infrared	红外
IRQ	Interrupt ReQuest	中断请求（通常是指外部中断的请求）
ISA	Instruction Set Architecture	指令系统架构
ISA Bus	Industry Standard Architecture Bus	工业标准体系结构总线
ISER	Interrupt Set – Enable Register	
ISP	In System Programmability	在系统可编程
ISPR	Interrupt Set – Pending Register	
ISR	Interrupt Service Routine	中断服务例程
ITM		指令跟踪宏单元
IWDG	Independent Watchdog	独立看门狗
J		
JTAG	Joint Test Action Group	连接点测试行动组（一个关于测试和调试接口的标准）
JTAG – DP		JTAG 调试端口
JVM	Java Virtual Machine	Java 虚拟机
L		
LAN	Local Area Network	局域网
LCD	Liquid Crystal Display	液晶显示器
LCKR		锁定寄存器
LED	Light Emitting Diode	发光二极管
LIN	Local Interconnection Network	局部互联网
LPR	Low Power	
LR	Link Register	连接寄存器
LSB	Least Significant Bit	最低有效位
LSI	Large Scale Integration	大规模集成电路
LSU		加载/存储单元
M		
MCU	Micro – Controller Unit	微控制器单元（单片机）
MDK	MES Development Kit	MES 开发工具集
MIPS	Microprocessor without Interlocked Piped Stages; Millions of Instructions Per Second	无内部互锁流水级的处理器；百万条指令每秒
MMAR	Memory Manage Address Register	

续表

缩　写	全　称	翻　译
MMU	Memory Management Unit	内存管理单元
MOSFET	Metal – Oxide – Semiconductor Field – Effect – Transistor	金属－氧化物－半导体型场效应管
MPU	Memory Protection Unit；Microprocessor	内存保护单元；微处理器
MP	Main Power	
MSb	Most Significant bit	最高有效位
MSB	Most Significant Byte	最高有效字节
MSP	Main Stack Pointer	主堆栈指针
MUTEX	Mutual Exclusion	互斥
N		
NMI	Nonmaskable Interrupt	不可屏蔽中断
NRST	External Reset	
NVIC	Nested Vectored Interrupt Controller	嵌套的向量式中断控制器
O		
OCD	On – Chip Debugging	在线调试
OCB	On – Chip Bus	片上总线
OEM	Original Equipment Manufacturer	原始设备制造商
OLE	Object Linking and Embedding	对象链接和嵌入
OS	Operating System	操作系统
OSI	Open Systems Interconnection	开放式互联系统
P		
PC	Personal Computer	个人计算机
PC	Program Counter	程序计数器
PCB	Printed Circuit Board	印制电路板
PCI	Peripheral Component Interconnect	外围原件互连
PDA	Personal Data Assistant	个人数字助理
PDR	Power – Down Reset	
PDU	Protocol Data Unit	协议数据单元
PGA	Pin Grid Array	
PLC	Programmable Logic Controller；Program Location Counter	可编程逻辑控制器；程序定位计数器
PLCC	Plastic Leadless Chip Carrier	
PLD	Programmable Logic Device	可编程逻辑器件
PLL	Phase Locked Loop	锁相环
POR	Power – On Reset	
PPB	Private Peripheral Bus	专用外设总线

续表

缩　写	全　称	翻　译
PPP	Point – to – Point Protocol	点对点协议
PSP	Process Stack Pointer	进程堆栈指针
PSR	Program Status Registers	程序状态寄存器
PVD	Programmable Voltage Detector	
PWR	Power Controller	电源/功耗控制
PWM	Pulse Width Modulation	脉宽调制
R		
RCC	Reset and Clock Controller	复位与时钟控制器
RF	Radio Frequency	射频
RISC	Reduced Instruction Set Computer	精简指令集计算机
RTC	Real – Time Clock	实时时钟
RTOS	Real – Time Operating System	实时操作系统
RVDS	RealView Developer Suite	
R/W	Read/Write	读/写
S		
SCB	System Control Block	系统控制块
SCR	System Control Register	
SDRAM	Synchronous Dynamic RAM	同步动态存储器
SHCSR	System Handler Control and State Register	
SHPR	System Handlers Priority Register	
SIMD	Single Instruction Multiple Data	单指令流多数据流
SOC	System On Chip	片上系统
SPSR	Saved Program Status Register	备份的程序状态寄存器
SP	Stack Pointer	堆栈指针
SPI	Serial Peripheral Interface	串行外设接口
SRAM	Static Random Access Memory	静态随机访问存储器
STM32	STARM – based 32 – bit microcontroller	
SVC	System serVice Call	系统服务呼叫指令
SWD	Single Wire Debug	
SWI	SoftWare Interrupt Instruction	软件中断指令
SWJ – DP	Serial Wire JTAG Debug Port	
SysTick	System Tick timer	系统滴答定时器
T		
TCB	Task Control Block	任务控制块
TCP	Transmission Control Protocol	传输控制协议
TDMA	Time Division Multiple Access	时分多址
TIM		通用定时器

续表

缩　写	全　　称	翻　译
TLB	Translation Lookaside Buffer	转换旁置缓冲区
TPIU		跟踪端口接口单元
TTL	Transistor – Transistor Logic	
U		
UDP	User Datagram Protocol	用户数据报协议
USART	Universal Synchronous/ Asynchronous Receiver Transmitter	通用同步/异步接收发射端
USB	Universal Serial Bus	
V		
VCR	Video Cassette Recorder	
VFD	Vacuum Fluorescent Display	
VFT	Vacuum Fluorescent Tube	
VTOR	Vector Table Offset Register	
VPN	Virtual Private Network	虚拟专用网
W		
WWDG	Window Watch DoG	窗口看门狗

表 A-2　关于端口读/写的缩写表示

缩　写	全　　称	翻　译
rw	read/write	软件能读/写此位
r	read – only	软件只能读此位
w	write – only	软件只能写此位，读此位将返回复位值
rc_w1	read/clear	软件可以读此位，也可以通过写"1"清除此位，写"0"对此位无影响
rc_w0	read/clear	软件可以读此位，也可以通过写"0"清除此位，写"1"对此位无影响
rc_r	read/clear by read	软件可以读此位；读此位将自动地清除它为"0"，写"0"对此位无影响
rs	read/set	软件可以读也可以设置此位，写"0"对此位无影响
rt_w	read – only write trigger	软件可以读此位；写"0"或"1"触发一个事件，但对此位数值没有影响
t	toggle	软件只能通过写"1"来翻转此位，写"0"对此位无影响
Res.	Reserved	保留位，必须保持默认值不变

附录 B Cortex – M3 指令清单

此附录实际上是从 Cortex – M3 技术参考手册中译版摘抄并改编而来的，并且使用类 C 语言的风格来讲解指令的功能。另外要说明的是，"U8"表示 unsigned char，无符号 8 位整数；"U16"表示 unsigned short，无符号 16 位整数；"S8"表示 signed char，带符号 8 位整数；"S16"表示 signed short，带符号 16 位整数；默认情况下，如果使用普通的 char 和 short，都是指带符号整数。当借 C 语言的数组表示法（如 Rn[Rm]）时，是按整数运算的方式求得 Rn + Rm 的值，然后把该值当做一个 32 位地址，再取出该地址的值。即 Rn [Rm] 等效于 *((U32 *)(Rn + Rm))，其中 Rn 和 Rm 均为 32 位整数类型。还有两条重要的通用规则：凡是在指令中有可选的预移位操作的，预移位后的值是中间结果，不写回被移位的寄存器；凡是在 {S} 的指令中使用"S"后缀的，均按照运算结果更新 APSR 中的标志位。

表 B-1 16 位 Cortex – M3 指令汇总

指令功能	汇编指令
Rd += Rm + C	ADC < Rd >, < Rm >
Rd = Rn + Imm3	ADD < Rd >, < Rn >, # < immed_ 3 >
Rd += Imm8	ADD < Rd >, # < immed_ 8 >
Rd = Rn + Rm	ADD < Rd >, < Rn >, < Rm >
Rd += Rm	ADD < Rd >, < Rm >
Rd = PC + Imm8 * 4	ADD < Rd >, PC, # < immed_8 > * 4
Rd = SP + Imm8 * 4	ADD < Rd >, SP, # < immed_ 8 > * 4
Rd = SP + Imm7 * 4 或 SP += Imm7 * 4	ADD < Rd >, SP, # < immed_ 7 > * 4 或 ADD SP, SP, # < immed_ 7 > * 4
Rd &= Rm	AND < Rd >, < Rm >
Rd = Rm 算术右移 Imm5	ASR < Rd >, < Rm >, # < immed_5 >
Rd = Rs 算术右移	ASR < Rd >, < Rs >
按 < contd > 条件决定是否分支	B < cond > < target address >
无条件分支	B < tartet address >
Rd &= ~Rs	BIC < Rd >, < Rs
软件断点	BKPT < immed_8 >
带链接分支	BL < Rm >
比较结果不为零时分支	CBNZ < Rn >, < label >
比较结果为零时分支	CBZ < Rn >, < Rm >
将 Rm 取二进制补码后再与 Rn 比较（注意，不是取反！）	CMN < Rn >, < Rm >
Rn 与 8 位立即数比较，并根据结果更新标志位的值	CMP < Rn >, # < immed_8 >
Rn 与 Rm 比较，并根据结果更新标志位的值	CMP < Rn >, < Rm >

续表

指令功能	汇编指令
比较两个寄存器，并根据结果更新标志位的值	CMP < Rn > , < Rm >
改变处理器状态	CPS < effect > , < iflags >
将高或低寄存器的值复制到另一个高或低寄存器中	CPY < Rd > , < Rm >
Rd^= Rm	EOR < Rd > , < Rm >
以下一条指令为条件；以下面两条指令为条件；以下面三条指令为条件；以下面四条指令为条件	IT < cond > IT < x > < cond > IT < x > < y > < cond > IT < x > < y > < z > < cond >
多个连续的存储器字加载	LDMIA < Rn > ! , < register >
将基址寄存器与 5 位立即数偏移的和指向的地址处的数据加载到寄存器中 Rd = Rn[Imm5 ∗ 4]	LDR < Rd > , [< Rn > , # < immed_5 ∗ 4 >]
Rd = Rn[Rm]	LDR < Rd > , [< Rn > , < Rm >]
Rd = PC[Imm8 ∗ 4 + 4]	LDR < Rd > , [PC, # < immed_8 > ∗ 4]
Rd = SP[Imm8 ∗ 4]	LDR < Rd > , [SP, # < immed_8 > ∗ 4]
Rd = (U8) Rn[Imm5]	LDRB < Rd > , [< Rn > , # < immed_5 >]
Rd = (U8) Rn[Rm]	LDRB < Rd > , [< Rn > , < Rm >]
Rd = (U16) Rn[Imm5 ∗ 2]	LDRH < Rd > , [< Rn > , # < immed_5 > ∗ 2]
Rd = (U16) Rn[Rm]	LDRH < Rd > , [< Rn > , < Rm >]
加载 Rn + Rm 的地址处的字节，并带符号扩展到 Rd 中	LDRSB < Rd > , [< Rn > , < Rm >]
加载 Rn + Rm 的地址处的半字，并带符号扩展到 Rd 中	LDRSH < Rd > , [< Rn > , < Rm >]
Rd = Rm << Imm5	LSL < Rd > , < Rm > , # < immed_5 >
Rd <<= Rs	LSL < Rd > , < Rs >
Rd = Rm >> Imm5	LSR < Rd > , < Rm > , # < immed_5 >
Rd >>= Rs	LSR < Rd > , < Rs >
Rd = (U32) Imm8	MOV < Rd > , # < immed_8 >
Rd = Rn	MOV < Rd > , < Rn >
Rd = Rm。实际使用时,可把这两条 MOV 指令当做一条指令来使用	MOV < Rd > , < Rm >
Rd ∗= Rm	MUL < Rd > , < Rm >
Rd =～Rm(注意,是取反,不是取补码!)	MVN < Rd > , < Rm >
Rd =～Rm + 1	NEG < Rd > , < Rm >
无操作	NOP < C >
Rd	= Rm	ORR < Rd > , < Rm >
寄存器出栈	POP < 寄存器 >
若干寄存器和 PC 出栈	POP < 寄存器,PC >
若干寄存器压栈	PUSH < registers >
若干寄存器和 LR 压栈	PUSH < registers , LR >
Rd = Rn 字内的字节反转	REV < Rd > , < Rn >

续表

指令功能	汇编指令
Rd = Rn 两个半字内的字节反转	REV16 < Rd > , < Rn >
将 Rn 低半字内的字节反转,再把反转后的值带符号位扩展到 32 位后,复制到 Rd 中	REVSH < Rd > , < Rn >
Rd = Rs 循环右移	ROR < Rd > , < Rs >
Rd − = Rm + C	SBC < Rd > , < Rm >
发送事件	SEV < c >
将多个寄存器字保存到连续的存储单元中,首地址由 Rn 给出。每保存完一个后 Rn + 4	STMIA < Rn > ! , < registers >
Rn[Imm5 ∗ 4] = Rd	STR < Rd > , [< Rn > , # < immed_5 > ∗ 4]
Rn[Rm] = Rd	STR < Rd > , [< Rn > , < Rm >]
SP[Imm8 ∗ 4] = Rd	STR < Rd > , [SP, # < immed_8 > ∗ 4]
∗ ((U8 ∗)(Rn + Imm5)) = (U8)Rd	STRB < Rd > , [< Rn > , # < immed_5 >]
∗ ((U8 ∗)(Rn + Rm)) = (U8)Rd	STRB < Rd > , [< Rn > , < Rm >]
∗ ((U16 ∗)(Rn + Imm5 ∗ 2)) = (U16)Rd	STRH < Rd > , [< Rn > , # < immed_5 > ∗ 2]
∗ ((U16 ∗)(Rn + Rm)) = (U16)Rd	STRH < Rd > , [< Rn > , < Rm >]
Rd − = Imm8	SUB < Rd > , # < immed_8 >
Rd = Rn − Rm	SUB < Rd > , < Rn > , < Rm >
SP − = Imm7 ∗ 4	SUB SP, # < immed_7 > ∗ 4
操作系统服务调用,带 8 位立即数调用代码	SVC < immed_8 >
从寄存器中提取字节[7:0],传送到寄存器中,并用符号位扩展到 32 位	SXTB < Rd > , < Rm >
从寄存器中提取半字[15:0],传送到寄存器中,并用符号位扩展到 32 位	SXTH < Rd > , < Rm >
执行 Rn & Rm,并根据结果更新标志位	TST < Rn > , < Rm >
从寄存器中提取字节[7:0],传送到寄存器中,并用零位扩展到 32 位 Rd = (U8)Rm	UXTB < Rd > , < Rm >
从寄存器中提取半字[15:0],传送到寄存器中,并用零位扩展到 32 位 Rd = (U16)Rm	UXTH < Rd > , < Rm >
等待事件	WFE < c >
等待中断	WFI < c >

表 B − 2 32 位 Coxtex − M3 指令汇总

指令功能	汇编指令
Rd = Rn + Imm12 + C。有 S 就按结果更新标志位。S 的作用下同	ADC{ S }. W < Rd > , < Rn > , # < modify_constant(immed_12) >
Rd = Rn 与移位后的 Rm 及 C 位相加	ADC{ S }. W < Rd > , < Rn > , < Rm > { , < shift > }
Rd = Rn + Imm12	ADD{ S }. W < Rd > , < Rn > , # < modify_constant(immed_12) >
Rd = Rd 与移位后的 Rm 相加	ADD{ S }. W < Rd > , < Rm > { , < shift > }
Rd = Rn + Imm12	ADDW. W < Rd > , < Rn > , # < immed_12 >
Rd = Rn & Imm12	AND{ S }. W < Rd > , < Rn > , # < modify_constant(immed_12) >

续表

指令功能	汇编指令
Rd = Rn 与移位后的 Rm 按位与	AND{S}.W < Rd >,< Rn >,Rm >{,< shift >}
Rd = Rn ≫ Rm。有 S 就按结果更新标志位	ASR{S}.W < Rd >,< Rn >,< Rm >
条件分支	B{cond}.W < label >
位区清零	BFC.W < Rd >,# < lsb >,# < width >
将一个寄存器的位区插入另一个寄存器中	BFI.W < Rd >,< Rn >,# < lsb >,# < width >
Rd = Rn & ~Imm12	BIC{S}.W < Rd >,< Rn >,# < modify_constant(immed_12) >
Rd& = 移位后的 Rn 取反	BIC{S}.W < Rd >,< Rn >,{,< shift >}
带链接的分支	BL < label >
带链接的分支(立即数)	BL < c > < label >
无条件分支	B.W < label >
Rd = Rn 中前导零的数目	CLZ.W < Rd >,< Rn >
Rn 与 12 位立即数取补后的值比较	CMN.W < Rn >,# < modify_constant(immed_12) >
Rn 与移位后的 Rm 取补后的值比较	CMN.W < Rn >,< Rm >{,< shift >}
Rn 与 12 位立即数比较	CMP.W < Rn >,# < modify_constant(immed_12) >
Rn 与按需移位后的 Rm 比较,Rm 的值不变	CMP.W < Rn >,< Rm >{,< shift >}
数据存储器隔离	DMB < c >
数据同步隔离	DSB < c >
Rd = Rn ^ Imm12	EOR{S}.W < Rd >,< Rn >,# < modify_constant(immed_12) >
Rd = Rn 与按需移位后的 Rm 作异或操作,Rm 的值不变	EOR{S}.W < Rd >,< Rn >,< Rm >{,< shift >}
指令同步排序(barrier)	ISB < c >
多存储器寄存器加载,加载后加 4 或加载前减 4	LDM{IA│DB}.W < Rn >{!},< registers >
Rxf = Rn[ofs12]	LDR.W < Rxf >,[< Rn >,# < offset_12 >]
PC = Rn[ofs12]	LDR.W PC,[< Rn >,# < offset_12 >]
Rxf = *Rn; Rn += ofs8;	LDR.W < Rxf >,[< Rn >],# +/- < offset_8 >
Rn += ofs8; Rxf = *Rn	LDR.W < Rxf >,[< Rn >,# < +/- < offset_8 >]!
PC = Rn[ofs8]; Rn += ofs8	LDR.W PC,[< Rn >,# +/- < offset_8 >]!
Rxf = Rn[按需左移后的 Rm];左移只能是 0、1、2、3	LDR.W < Rxf >,[< Rn >,< Rm >{, LSL # < shift >}]
PC = Rn[按需左移后的 Rm];左移只能是 0、1、2、3	LDR.W PC,[< Rn >,< Rm >{, LSL # < shift >}]
Rxf = PC[ofs12]	LDR.W < Rxf >,[PC, # +/- < offset_12 >]
PC = PC[ofs12]	LDR.W PC,[PC, # +/- < offset_12 >]
Rxf = (U8)Rn[ofs12]	LDRB.W < Rxf >,[< Rn >,# < offset_12 >]
Rxf = (U8) *Rn; Rn += ofs8	LDRB.W < Rxf >.[< Rn >],# +/- < offset_8 >
Rxf = (U8)Rn[左移后的 Rm];左移只能是 0、1、2、3	LDRB.W < Rxf >,[< Rn >,< Rm >{, LSL # < shift >}]
Rxf = Rn[ofs8]; Rn += ofs8	LDRB.W < Rxf >,[< Rn >,# < +/- < offset_8 >]!
Rxf = PC[ofs12]	LDRB.W < Rxf >,[PC, # +/- < offset_12 >]

续表

指令功能	汇编指令
读取 Rn 地址加或减 8 位偏移量乘以 4,将双字结果存储到 Rxf(低 32 位),Rxf2(高 32 位),前索引,并且可选在加载后更新 Rn	LDRD.W < Rxf >,< Rxf2 >,[< Rn >,# +/- < offset_8 > * 4]{!}
读取 Rn 处的双字到 Rxf(低 32 位),Rxf2(高 32 位),并且在加载后 Rn += ofs8 * 4	LDRD.W < Rxf >,< Rxf2 >,[< Rn >],# +/- < offset_8 > * 4
Rxf = (U16)Rn[ofs12]	LDRH.W < Rxf >,[< Rn >,# < offset_12 >]
Rxf = (U16)Rn[ofs8]; Rn += ofs8;	LDRH.W < Rxf >,[< Rn >,# < +/- < offset_8 >]!
Rxf = (U16) * Rn; Rn += ofs8;	LDRH.W < Rxf >.[< Rn >],# +/- < offset_8 >
Rxf = (U16)Rn[左移后的 Rm];左移只能是 0、1、2、3	LDRH.W < Rxf >,[< Rn >,< Rm >{, LSL # < shift >}]
Rxf = (U16)PC[ofs12]	LDRH.W < Rxf >,[PC, # +/- < offset_12 >]
加载 Rn + ofs12 地址处的字节,并带符号扩展到 Rxf 中	LDRSB.W < Rxf >,[< Rn >,# < offset_12 >]
加载 Rn 地址处的字节,并带符号扩展到 Rxf 中,然后 Rn += ofs8	LDRSB.W < Rxf >.[< Rn >],# +/- < offset_8 >
先做 Rn += ofs8,再加载新 Rn 地址处的字节,并带符号扩展到 Rxf 中	LDRSB.W < Rxf >,[< Rn >,# < +/- < offset_8 >]!
先把 Rm 按要求左移 0、1、2、3 位,再加载 Rn + 新 Rm 地址处的字节,并带符号扩展到 Rxf 中	LDRSB.W < Rxf >,[< Rn >,< Rm >{, LSL # < shift >}]
加载 PC + ofs12 地址处的字节,并带符号扩展到 Rxf 中	LDRSB.W < Rxf >,[PC, # +/- < offset_12 >]
加载 Rn + ofs12 地址处的半字,并带符号扩展到 Rxf 中	LDRSH.W < Rxf >,[< Rn >,# < offset_12 >]
加载 Rn 地址处的半字,并带符号扩展到 Rxf 中,然后 Rn += ofs8	LDRSH.W < Rxf >.[< Rn >],# +/- < offset_8 >
先做 Rn += ofs8,再加载新 Rn 地址处的半字,并带符号扩展到 Rxf 中	LDRSH.W < Rxf >,[< Rn >,# < +/- < offset_8 >]!
先把 Rm 按要求左移 0、1、2、3 位,再加载 Rn + 新 Rm 地址处的半字,并带符号扩展到 Rxf 中	LDRSH.W < Rxf >,[< Rn >,< Rm >{, LSL # < shift >}]
加载 PC + ofs12 地址处的半字,并带符号扩展到 Rxf 中	LDRSH.W < Rxf >,[PC, # +/- < offset_12 >]
Rd = Rn << Rm	LSL{S}.W < Rd >,< Rn >,< Rm >
Rd = Rn >> Rm	LSR{S}.W < Rd >,< Rn >,< Rm >
Rd = Racc + Rn * Rm	MLA.W < Rd >,< Rn >,< Rm >,< Racc >
Rd = Racc - Rn * Rm	MLS.W < Rd >,< Rn >,< Rm >,< Racc >
Rd = Imm12	MOV{S}.W < Rd >,# < modify_constant(immed_12) >
先按需移位 Rm,然后 Rd = 新 Rm	MOV{S}.W < Rd >,< Rm >{, < shift > }
将 16 位立即数传送到 Rd 的高半字中,Rd 的低半字不受影响	MOVT.W < Rd >,# < immed_16 >
将 16 位立即数传送到 Rd 的低半字中,并把高半字清零	MOVW.W < Rd >,# < immed_16 >
把特殊功能寄存器的值传送到 Rd 中	MRS < c >,< psr >
把 Rn 的值传送到特殊功能寄存器中	MSR < c > < psr > _ < fields >,< Rn >
Rd = Rn * Rm	MUL.W < Rd >,< Rn >,< Rm >
无操作	NOP.W
Rd = Rn|~Imm12	ORN{S}.W < Rd >,< Rn >,# < modify_constant(immed_12) >

续表

指令功能	汇编指令
先按需要移位 Rm,然后 Rd = Rn|~新 Rm	ORN{S}.W <Rd>, <Rn>, <Rm>{, <shift>}
Rd = Rn|Imm12	ORR{S}.W <Rd>, <Rn>, #<modify_constant(immed_12)>
先按需要移位 Rm,然后 Rd = Rn|新 Rm	ORR{S}.W <Rd>, <Rn>, <Rm>{, <shift>}
Rd = 把 Rm 的位反转后的值	RBIT.W <Rd>, <Rm>
Rd = Rm 字内的字节逆向	REV.W <Rd>, <Rm>
Rd = Rn 每个半字内的字节逆向	REV16.W <Rd>, <Rn>
Rd = Rn 低半字内的字节逆向后再符号扩展	REVSH.W <Rd>, <Rn>
Rd = Rn 循环右移 Rm	ROR{S}.W <Rd>, <Rn>, <Rm>
Rd = Imm12 − Rd	RSB{S}.W <Rd>, <Rn>, #<modify_constant(immed_12)>
先按需移位 Rm,然后 Rd = 新 Rm − Rn	RSB{S}.W <Rd>, <Rn>, <Rm>{, <shift>}
Rd = Imm12 − Rn − C	SBC{S}.W <Rd>, <Rn>, #<modify_constant(immed_12)>
先按需移位 Rm,然后 Rd = Rn − 新 Rm − C	SBC{S}.W <Rd>, <Rn>, <Rm>{, <shift>}
抽取 Rn 中以 lsb 号位为最低有效位,共 width 宽度的位段,并带符号扩展到 Rd 中	SBFX.W <Rd>, <Rn>, #<lsb>, #<width>
带符号除法,Rd = Rn/Rm	SDIV <c> <Rd>, <Rn>, <Rm>
发送事件	SEV <c>
带符号 64 位乘加,RdHi:RdLo += Rn * Rm	SMLAL.W <RdLo>, <RdHi>, <Rn>, <Rm>
带符号 64 位乘法,RdHi:RdLo = Rn * Rm	SMULL.W <RdLo>, <RdHi>, <Rn>, <Rm>
先按需移位 Rn,再把 Rn 向低 Imm 位执行带符号饱和操作(见表后说明),并把结果带符号扩展后写到 Rd	SSAT <c> <Rd>, #<imm>, <Rn>{, <shift>}
多个寄存器字连续保存到由 Rn 给出的首地址中,并且在 Rn 上,每存储一个后自增(IA)/每存储一个前自减(DB)	STM{IA|DB}.W <Rn>{!}, <registers>
Rn[ofs12] = Rxf	STR.W <Rxf>, [<Rn>, #<offset_12>]
*Rn = Rxf; Rn += ofs8	STR.W <Rxf>, [<Rn>], #+/−<offset_8>
先按需左移 Rm,然后 Rn[新 Rm] = Rxf,左移格数只能是 0、1、2、3	STR.W <Rxf>, [<Rn>, <Rm>{, LSL #<shift>}]
Rn[ofs8] = Rxf;若有"!",则还执行 Rn += ofs8(8 位偏移量)	STR{T}.W <Rxf>, [<Rn>, #+/−<offset_8>]{!}
((U8)(Rn + ofs8)) = (U8)Rxf 若有"!",则还执行 Rn += ofs8	STRB{T}.W <Rxf>, [<Rn>, #+/−<offset_8>]{!}
((U8)(Rn + ofs12)) = (U8)Rxf	STRB.W <Rxf>, [<Rn>, #<offset_12>]
((U8)Rn) = (U8)Rxf Rn += ofs8	STRB.W <Rxf>, [<Rn>], #+/−<offset_8>
先按需左移 Rm,左移格数只能是 0、1、2、3,再 *((U8*)(Rn + 新 Rm)) = (U8)Rxf	STRB.W <Rxf>, [<Rn>, <Rm>{, LSL #<shift>}]
*(Rn + ofs8 * 4) = Rxf; *(Rn + ofs8 * 4 + 4) = Rxf2 若有"!",则 Rn += ofs8	STRD.W <Rxf>, <Rxf2>, [<Rn>, #+/−<offset_8> * 4]{!}
*Rn = Rxf; *(Rn 4) = Rxf2 Rn += ofs8 * 4	STRD.W <Rxf>, <Rxf2>, [<Rn>], #+/−<offset_8> * 4
((U16)(Rn + ofs12)) = (U16)Rxf	STRH.W <Rxf>, [<Rn>, #<offset_12>]

续表

指令功能	汇编指令
先按需左移 Rm，左移格数只能是 0、1、2、3，再 *((U16*)(Rn+新Rm))=(U16)Rxf	STRH.W <Rxf>,[<Rn>,<Rm>{,LSL #<shift>}]
((U16)(Rn+ofs8))=(U16)Rxf 若有"!"，则还要执行 Rn += ofs8	STRH{T}.W <Rxf>,[<Rn>,#+/-<offset_8>]{!}
((U16)(Rn))=(U16)Rxf Rn += ofs8	STRH.W <Rxf>,[<Rn>],#+/-<offset_8>
Rd = Rn – Imm12	SUB{S}.W <Rd>,<Rn>,#<modify_constant(immed_12)>
先按需移位 Rm Rd = Rn – 新 Rm	SUB{S}.W <Rd>,<Rn>,<Rm>{,<shift>}
Rd = Rn – Imm12	SUBW.W <Rd>,<Rn>,#<immed_12>
先按需循环移位 Rm，然后取出 Rm 的低 8 位，带符号扩展到 32 位并存储到 Rd	SXTB.W <Rd>,<Rm>{,<rotation>}
先按需循环移位 Rm，然后取出 Rm 的低 16 位，带符号扩展到 32 位并存储到 Rd	SXTH.W <Rd>,<Rm>{,<rotation>}
PC += ((U8*)(Rn+Rm))*2	TBB [<Rn>,<Rm>]
PC += ((U16*)(Rn+Rm*2))*2	TBH [<Rn>,<Rm>,LSL #1]
Rn 与 Imm12 按位异或，并根据结果更新标志位	TEQ.W <Rn>,#<modify_constant(immed_12)>
先按需移位 Rm，然后 Rn 与 Rm 按位异或，并根据结果更新标志位	TEQ.W <Rn>,<Rm>{,<shift>}
Rn 与 Imm12 按位与，并根据结果更新标志位	TST.W <Rn>,#<modify_constant(immed_12)>
先按需移位 Rm，然后 Rn 与 Rm 按位与，并根据结果更新标志位	TST.W <Rn>,<Rm>{,<shift>}
抽取 Rn 中以 lsb 号位为最低有效位，共 width 宽度的位段，并无符号扩展到 Rd 中	UBFX.W <Rd>,<Rn>,#<lsb>,#<width>
无符号除法 Rd = Rn/Rm	UDIV <c> <Rd>,<Rn>,<Rm>
无符号 64 位乘加，RdHi:RdLo += Rn * Rm	UMLAL.W <RdLo>,<RdHi>,<Rn>,<Rm>
无符号 64 位乘法，RdHi:RdLo = Rn * Rm	UMULL.W <RdLo>,<RdHi>,<Rn>,<Rm>
先按需移位 Rn，再把 Rn 向低 Imm 位执行带符号饱和操作，并把结果无符号扩展后写到 Rd 中	USAT <c> <Rd>,#<imm>,<Rn>{,<shift>}
先按需循环移位 Rm，然后取出 Rm 的低 8 位，无符号扩展到 32 位并存储到 Rd	UXTB.W <Rd>,<Rm>{,<rotation>}
先按需循环移位 Rm，然后取出 Rm 的低 16 位，无号扩展到 32 位并存储到 Rd	UXTH.W <Rd>,<Rm>{,<rotation>}
等待事件	WFE.W
等待中断	WFI.W

〖说明〗如果需要将某个较长的数转换成较短的数，并且愿意接受由此带来的精度损失时，就可以使用饱和操作，即将数进行限幅操作。用饱和操作对数进行转换时，如果较大的数没有超出较小的数的表示范围，那么只需要简单地将较大的数复制到较小的数中即可。如果较长的数超出了较短的数的范围，就将它设置为较短的数范围内最大（或者最小）的数来对该数进行修剪（clip）。例如，将一个 16 位的有符号整型数转换为 8 位整型数时，如果该 16 位数值在 -128 ~ +127 内，只须简单地将该 16 位数的低位字节复制到 8 位数中即可；如果该 16 位数大于 +127，就需要将该数修剪为 +127，并将 +127 存入 8 位数中；同样，如果它的值小于 -128，就需要将最终的 8 位数修剪为 -128。将 32 位的数修剪成为较短的数时，饱和操作的方法相同。如果较长的数超出较短的数所能表示的范围，就将较短的数简单地设置为该数所能表示的最接近边界的数。

附录 C 51 单片机与 STM 32 微控制器的比较

C.1 硬件：寄存器

51 单片机的寄存器如图 C-1 所示。STM32 微控制器的寄存器如图 C-2 所示。

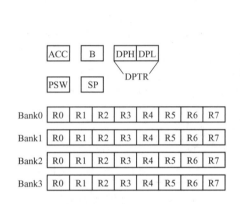

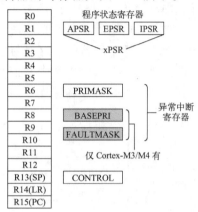

图 C-1 51 单片机的寄存器　　　　图 C-2 STM32 微控制器的寄存器

ARM Cortex – M 处理器具有一个 32 位寄存器库和一个 xPSR（组合程序状态寄存器）。而 51 单片机具有 ACC（累加器）、B、DPTR（数据指针）、PSW（处理器状态字）和 4 个各含 8 个寄存器的寄存器组（R0 ~ R7）。

在 51 单片机中，一些指令会频繁使用某些寄存器，如 ACC 和 DPTR，这种相关性会极大降低系统的性能。而在 ARM 处理器中，指令可使用不同的寄存器来进行数据处理、内存存取或用做内存指针，因此不会有这个问题。

从根本上说，ARM 架构是一个基于加载（Load）和存储（Store）的 RISC 架构，处理器寄存器加载数据，然后将数据传给 ALU 进行单周期执行。而 51 单片机的寄存器（ACC、B、PSW、SP 和 DPTR）可在 SFR（特殊功能寄存器）的内存空间中访问。

在处理中断时，Cortex – M 的寄存器（R0 ~ R3、R12、LR、PC 和 xPSR）会被自动压入堆栈，而软件仅需在必要时将其他寄存器压入堆栈。但是，51 单片机的 ACC、B、DPTR 和 PSW 寄存器不会自动压栈，因此通常需要通过中断处理程序对这些寄存器进行软件压栈。

C.2 硬件：存储器空间

ARM 处理器具有 32 位寻址，可实现一个 4GB 的线性内存空间。该内存空间在结构上分成多个区。每个区都有各自的推荐用法（虽然并不是固定的）。统一内存架构不仅增加了内存使用的灵活性,而且也降低了不同内存空间使用不同数据类型的复杂性。

而51单片机具有多个内存空间,如图C-3所示。内存空间的分割使得有效地利用全部内存空间变得相当困难,而且也需要借助C语言扩展来处理不同的内存类型。

51单片机在外部RAM内存空间上最高支持64KB的程序存储器和64KB的数据存储器。理论上可以利用内存分页来扩展程序内存大小,但内存分页解决方案并未标准化,即不同51单片机供应商的内存分页的实现方法并不相同。这不仅会增加软件开发的复杂性,而且由于处理页面切换所需的软件开销,导致软件性能显著降低。

在CM3或CM4上,SRAM区和外设区都提供了一个1MB的位段区(Bit Band Region)。此位段区允许通过别名地址访问其内部的每个位。由于位段别名地址只需通过普通的内存存取指令即可访问,因此C语言完全可以支持,不需要任何特殊指令。而51单片机提供了少量的位寻址内存(内部RAM上16B和SFR空间上16B),处理这些位数据需要特殊指令,而要支持此功能,C编译器中需要C语言扩展。

ARM Cortex-M处理器的内存映射包含多个内置外设块。例如,ARM Cortex-M处理器的一个特性是具有一个嵌套矢量中断控制器(NVIC)。此外,系统区中内存映射具有指定控制寄存器和调试组件,可以确保优异的中断处理,并极大方便开发人员使用。

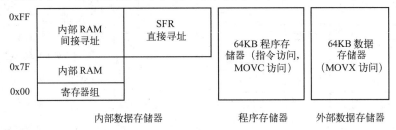

图C-3 51单片机的存储器空间

STM32微控制器的存储器空间见图2-13。

C.3 硬件:堆栈

堆栈内存操作是内存架构的重要组成部分。在51单片机中,堆栈指针只有8位,同时堆栈位于内部的内存空间(上限为256B)。堆栈操作基于空递增模型,如图C-4所示。

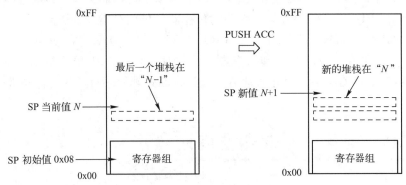

图C-4 51单片机的堆栈

与51单片机不同的是，ARM Cortex–M 处理器使用系统内存作为堆栈，采用满递减模型，如图 C–5 所示。尽管 Cortex–M 处理器的每次压栈需要 32 位的堆栈内存，总的 RAM 使用仍然要比 51 单片机的小。51 单片机的变量通常是静态地放在 IDATA 上的，而 ARM 处理的局部变量是放在堆栈内存上的。因此，只有当函数被执行时，局部变量才会占用 RAM 空间。此外，ARM Cortex–M 处理器提供有第 2 个堆栈指针，以允许操作系统内核和进程堆栈使用不同的堆栈内存，并且堆栈指针的切换是自动处理的。这使得操作更可靠，也使操作系统设计更高效。

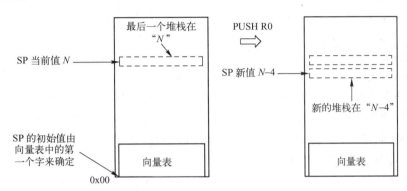

图 C-5　STM32 微控制器的堆栈

 ## C.4　硬件：外设

51 单片机中的很多外设是通过特殊功能寄存器（SFR）来控制的，SFR 如图 C–6 所示。由于 SFR 空间只有 128B，而且其中一些已经被处理器寄存器和标准外设所占用，剩余的 SFR 地址空间通常是非常有限的，因此也就限制了可通过 SFR 控制的外设数量。虽然可以通过外部内存空间来控制外设，但是与 SFR 存取相比，外部存取通常需要更多的开销（需要将地址复制到 DPTR，数据必须通过 ACC 传输）。

图 C-6　51 单片机的外设特殊功能寄存器（SFR）

在 ARM Cortex–M 处理器中，所有外设都是内存映射的。由于所有寄存器都可用做指针或数据访问中的数据值，因此效率非常高。在 C 语言中，访问外设地址的一个简单方法就是使用指针，如：

(* ((volatile unsigned long *)(LED_ADDRESS))) = 0xFF;
Output to LED

ReceviedData = (* ((volatileunsignedlong *) (IO_INPUT_ADDRESS))) ; // Read from IO

此外，可以声明外设块的数据结构。使用数据结构，程序代码只需要存储外设的基址，而且每个寄存器访问可以利用带有立即数偏移量的加载或存储指令来执行，因此效率会得到提高。例如，具有 4 个寄存器的外设可以定义为：

```
typedef struct
{
volatile unsigned long register0;
volatile unsigned long register1;
volatile unsigned long register2;
volatile unsigned long register3;
} SomePeripheral_Type;
#define SomePeripheral ( ( SomePeripheral_Type * )0x40003000 ) /* define base address */
SomePeripheral -> register2 = 0x3;  /* Set register #2 to 0x3 */
```

由于 ARM 处理器中外设总线协议的特性，外设寄存器通常定义为 32 位，即使只会用到其中的几位。此外，外设寄存器的地址是字对齐的。例如，如果外设位于地址 0x40000000 处，那么对应外设寄存器的地址就是 0x40000000、0x40000004 和 0x40000008 等。某些运行在主系统总线上的外设没有这个限制。

C.5 硬件：异常和中断

51 单片机的中断向量表如图 C-7 所示。它支持具有两个可编程优先级的矢量中断。一些较新的 51 单片机支持 4 个级别的优先级，也支持嵌套中断。当中断发生时，程序会保存返回地址，然后跳转到向量表中的固定地址。向量表通常包含有另一个分支指令，以便跳转至中断服务程序的实际开始位置。进入中断服务程序时，需要通过软件代码将 PSW（也可能包括 ACC 和 DPTR 等）压入堆栈并切换寄存器组。

中断源 In 8051	51 单片机 的向量表	
Timer2	0x002B	LJMP tim2_isr
UART	0x0023	LJMP uart_isr
Timer1	0x001B	LJMP tim1_isr
Int1	0x0013	LJMP int1_isr
Timer0	0x000B	LJMP tim0_isr
Int0	0x0003	LJMP int0_isr
	0x0000	LJMP reset

图 C-7 51 单片机的中断向量表

ARM Cortex - M 处理器的中断处理由嵌套矢量中断控制器（NVIC）提供。NVIC 紧密地耦合到处理器内核，支持矢量中断和嵌套中断。此外，它还支持更多中断源，如 Cortex -

M0/M1 最多支持 32 个 IRQ，Cortex–M3 最多支持 240 个 IRQ。Cortex–M0/M1 支持 4 个可编程优先级，而 Cortex–M3 则支持 8～256 个级别，具体数目视实际情况而定（通常为 8 或 16 个级别）。

与 51 单片机不同的是，ARM Cortex–M 处理器的向量表存储的是异常处理程序的开始地址，如图 C-8 所示。此外，Cortex–M 处理器支持非屏蔽中断（NMI）和一些系统异常。系统异常包括特别针对操作系统的异常类型和用于检测非法操作的故障处理异常。这些功能都是 51 单片机上所没有的。

图 C-8 Cortex–M 微控制器的中断向量表

51 单片机中的中断服务程序需要通过 RETI 指令来终止，该指令与 RET 指令不同。在 ARM Cortex–M 中，中断服务程序与普通的 C 函数完全相同。异常机制使用异常进入期间 LR 中生成的特殊返回地址代码来检测异常返回。

C.6 软件：数据类型

51 单片机编写的 C 代码若移植到 STM32 上，需要进行大量的修改。很显然，内存映射和外设驱动代码是不同的。除此之外，还需要特别注意其他一些地方。

51 单片机和 ARM 处理器的数据类型有一些差异。由于数据的大小不同，如果程序代码依赖于数据大小或溢出行为，不做修改可能会无法工作。表 C-1 所列为常见数据类型的大小，具体视编译器而定。这里是指 51 单片机的 Keil C 编译器和 ARM RealView 编译器（也适用于 Keil RealView 微控制器开发套件）。

表 C-1 51 单片机和 STM32 微控制器数据类型的对比

数 据 类 型	51 单片机中的位数	ARM 中的位数
char，unsigned char	8	8
enum	16	8/16/32（smallest is chosen）
short，unsigned short	16	16
int，unsigned int	16	32
long，unsigned long	32	32

数据类型大小不同的另一个影响是在 ROM 中保留常数数据所需的大小。例如，如果 51 单片机程序中包含一个整数型常数数组，则需要修改代码，将该数组定义为短整型常数。否则，代码长度可能会因为该数组从 16 位变成 32 位而增加。

由于 51 单片机架构的特性，51 单片机的 C 编译器还支持一些数据类型和内存类型扩展。这些数据类型在 ARM 处理器上是不被支持的，见表 C-2。

表 C-2 8051 支持的数据类型

数据类型	描述	位数
bit	位寻址存储器（0x20～0x3C）	1
sbit	位寻址存储器（SFR）	1
sfr	SFR	8
sfr16	16 位 SFR	16
idata	内部数据存储器中的特殊数据	
xdata	外部数据存储器中的特殊数据	
bdata	位寻址存储器中的特殊数据	

Cortex-M3 处理器的用户可以使用位段区来管理位数据。由于位段区允许利用位段别名地址通过普通的内存存取指令来访问位数据，因此可以将位数据声明为指向位段别名地址的内存指针。

对于外设地址，可以按照前文所述将 SFR 数据类型替换为内存指针。由于 51 单片机指令集的特性，SFR 地址是硬编码在指令中的。在 ARM 微控制器中，可以将外设的寄存器定义为内存指针，并将寄存器作为数据结构或数组来访问，这要比 51 单片机灵活很多。

C.7 软件：浮点

由于受 51 单片机的处理能力限制，大多数 51 单片机 C 编译器会将双精度数据类型作为单精度来处理。而在 ARM 处理器中使用相同代码时，C 编译器将使用双精度，因此程序行为可能会发生变化。例如，如果仅需要单精度，就需要对以下代码进行修改：

```
X = T * atan(T2 * sin(X) * cos(X)/(cos(X + Y) + cos(X - Y) - 1.0)); /*
double precision on ARM */
Y = T * atan(T2 * sin(Y) * cos(Y)/(cos(X + Y) + cos(X - Y) - 1.0));
```

对于单精度运算，代码需要更改为：

```
X = T * atanf(T2 * sinf(X) * cosf(X)/(cosf(X + Y) + cosf(X - Y) - 1.0F)); /*
single precision on ARM */
Y = T * atanf(T2 * sinf(Y) * cosf(Y)/(cosf(X + Y) + cosf(X - Y) - 1.0F));
```

对于不需要双精度的应用程序，将代码更改为单精度能够提高性能并缩短代码长度。

C.8 软件：中断服务程序

为了使 51 单片机 C 编译器编译出中断处理的程序代码，需要用到一些函数扩展，这可以确保函数使用 RETI（而非 RET）来返回并确保将所有用到的寄存器保存到堆栈中。在 51 单片机的 Keil C 编译器中，这是通过"interrupt"扩展来实现的。51 单片机中断服务程序的相关代码如下：

```
void timer0_isr (void) interrupt 1
{ /* 8051 timer ISR */
    ...
    return;
}
```

在 ARM Cortex – M 处理器中，中断服务程序被作为普通的 C 函数那样来编译。因此，可以去掉"interrupt"扩展。在 ARM RealView 编译器中，也可以添加 _irq 关键词来加以说明。STM32 中断服务程序的相关代码如下：

```
_irq void timer0_isr (void)
{ /* ARM timer ISR */
    ...
    return;
}
```

51 单片机编译器的另一个 C 扩展用于指定所使用的寄存器库，其代码如下：

```
void timer0_isr (void) interrupt 1 using 2
{ /* use register bank #2 */
    ...
    return;
}
```

ARM 处理器不需要此扩展。

C.9 软件：非对齐数据

在 ARM 微控制器编程中，数据变量的地址通常必须是对齐地址，即变量"X"的地址应该是 sizeof（X）的倍数。例如，字变量的地址最低两位应该是零。

ARM Cortex – M0/M1 要求数据对齐。Cortex – M3 处理器支持非对齐数据访问，然而 C 编译器通常不会生成非对齐数据。如果数据不对齐，那么访问数据将需要更多的总线周期，因为 AMBA AHB LITE 总线标准（在 Cortex – M 处理器中使用）不支持非对齐数据。访问非对齐数据时，总线接口必须将其拆分成数个对齐传输。

在使用不同大小的元素来创建数据结构时，可以尝试各元素的不同排列方式使该数据结构所需的内存最少，如图 C-9 所示的结构。

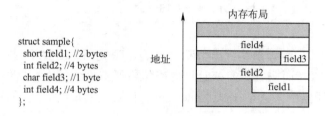

图 C-9　数据存储方式 1

通过重新排列结构中的元素，可以使该结构所需的内存减小，如图 C-10 所示。

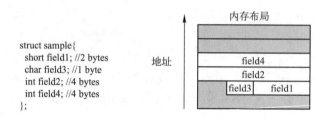

图 C-10　数据存储方式 2

由于 Cortex-M0/M1 不支持非对齐数据处理，如果应用程序尝试使用非对齐传输，会触发故障异常。C 程序通常不会产生非对齐传输，但如果手动安排 C 指针的位置，就可以生成非对齐数据，并导致 Cortex-M0/M1 的故障异常。Cortex-M3 可以配置异常陷阱来检测非对齐传输，从而强制非对齐传输生成故障异常。

C.10　软件：故障异常

ARM 处理器和 51 单片机之间的一个主要差别在于，ARM 处理器通过故障异常来处理错误事件。内存或外设可能会发生错误（总线错误响应），当检测到异常操作时，处理器内部也可能会发生错误（如无效指令），如图 C-11 所示。错误检测功能有助于构建可靠的系统。

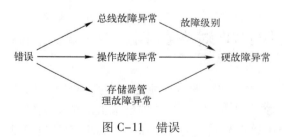

图 C-11　错误

常见故障包括内存（数据或指令）访问无效内存空间、无效指令（如指令内存损坏）、不允许的操作（如尝试切换到 ARM 指令集，而非 Thumb 指令集）、违反 MPU 内存访问权限（非特权程序尝试访问特权地址）。

在 Cortex-M0/M1 处理器中，当检测到任何错误时，均使用称为硬故障的异常类型。硬故障处理程序的优先级要高于除 NMI 外的其他异常。可以使用此异常来报告错误，或者在必要时复位系统。

Cortex-M3 处理器中有两个级别的错误处理程序。当错误发生时，如果已启用第一级错误处理程序，并且这些处理程序的优先级高于当前的执行级别，就执行这些处理程序。如果未启用第一级错误处理程序，或者这些处理程序的优先级并不高于当前的执行级别，就调用第二级错误异常，即硬故障异常。

此外，Cortex-M3 处理器包含有数个故障状态寄存器，用于对故障进行诊断。对于 Cortex-M0/M1，由于进入硬故障异常时会将数个核心寄存器（如 PC 和 PSR）压入堆栈，因此可通过堆栈跟踪获取基本调试信息。

C.11 软件：设备驱动程序和 CMSIS

微控制器厂商会以设备驱动程序库的形式提供很多外设控制程序代码。利用这类代码可显著缩短软件开发时间。即使不直接使用该设备驱动程序代码，它也可为设置和控制各种外设提供颇具价值的参考作用。

在一些 ARM 微控制器厂商提供的设备驱动程序中包含 CMSIS（Cortex 微控制器软件接口标准）。CMSIS 是用于 Cortex-M 处理器的一套函数和定义。这些函数和定义是多个厂商共同采用的标准，它使得在不同 Cortex-M 微控制器之间移植软件变得更容易。CMSIS 由以下内容组成。

☺ 寄存器定义，包括 NVIC 中断控制、系统控制块（用于处理器控制）、SysTick 定时器（用于嵌入式操作系统的 24 位减法计数器）。

☺ 一些用于 NVIC 中断控制的函数。

☺ 一些实现处理器核心功能的函数。

☺ 标准化的系统初始化函数。

例如，如果希望禁用或启用所用中断，可以使用 CMSIS 函数"__disable_irq"和"__enable_irq"。借助 CMSIS，此代码可以在不同的 Cortex-M 微控制器上使用，并且得到了 ARM 开发工具（ARM RealView 开发套件和 KEIL MDK-ARM）、GCC（如 CodeSourcey G++）和 IARC 编译器的支持。

此外，CMSIS 包含一些隐含函数，由此可以产生一些特殊指令，这些指令无法用普通 C 代码由 C 编译器来产生。例如，可以使用隐含函数来访问特殊寄存器和创建独占访问（对于 Cortex-M3 的多处理器编程）等。同样，CMSIS 使得所开发的软件可以在多个 C 编译器产品之间进行移植。

CMSIS 对所有 Cortex-M 开发人员都是非常重要的，尤其是那些为多个项目开发嵌入式操作系统、中间件和可重用嵌入式软件的人员。CMSIS 包含在微控制器厂商提供的设备驱动程序中，也可以从 www.onarm.com 网站下载。

51 单片机和 Cortex-M0/M3 设备驱动程序比较见表 C-3。

表 C-3 设备驱动程序比较

Common tasks	51 单片机	Cortex - M0/M3 (CMSIS)
关中断	EA = 0;	__disable_irq();
开中断	EA = 1;	__enable_irq();
IDLE 模式/休眠	PCON = PCON | 1;	__WFI(); /* Wait for Interrupt */ Vendor specific sleep modes access available in device driver libraries.

C.12 软件：混用 C 语言和汇编程序

大多数情况下，可以完全用 C 语言来编写 Cortex - M 应用程序。即使需要访问一些 C 编译器无法通过普通 C 代码生成的特殊指令，也可以使用 CMSIS 提供的隐含函数，或者根据需要在应用程序中使用汇编语言来编号。可以在单独的汇编程序文件中编写汇编代码，也可以使用 C 编译器的特定方法将汇编代码混合在 C 程序文件中。

使用 ARM（和 Keil）开发工具时，将汇编代码插入 C 编程文件的方法称为"嵌入式汇编程序"。汇编代码声明为函数，并可以被 C 代码调用。例如：

```
int main (void)
{
int status;
status = get_primask();
while(1);
}
__asm int get_primask (void)
{
MRS R0, PRIMASK ; Put interrupt masking register in R0
BX LR ; Return
}
```

有关嵌入式汇编程序的更多详细信息，请参阅《RealView 编译器用户指南》。使用 GCC 和 IAR 编译器时，可以使用内嵌汇编程序将汇编代码插入到 C 程序代码中。注意，虽然包括 RVDS 和 Keil MDK - ARM 在内的 ARM 开发工具中也包含内嵌汇编程序功能，但是 ARM 工具中的内嵌汇编程序仅支持 ARM 指令，并不支持 Thumb 指令，因此不能用于 Cortex - M 处理器。

在汇编程序和 C 语言混合环境中，可以通过汇编程序代码调用 C 函数，也可以通过 C 函数调用汇编程序代码。数据传输的寄存器使用可参见"ARM 架构程序调用标准（AAPCS）"的文档。此文档可以从 ARM 网站获取。在简单的情况下，可以使用 R0 ~ R3 作为函数的输入（R0 作为第一个输入变量，以此类推），并使用 R0 来返回结果。函数应该保留 R4 ~ R11 的值，而如果调用 C 函数，那么返回时该 C 函数可能会更改 R0 ~ R3 和 R12 的值。

C.13　其他比较

51 单片机和 STM32 微控制器其他方面的比较见表 C-4。

表 C-4　其他方面比较

51 单片机	STM32 微控制器
CISC 指令集，指令长度 8 位、16 位、24 位	RISC 指令集，长度 32 位
8 位数据总线	32 位数据总线
16 位地址总线	32 位地址总线
6 个中断源；5 个中断通道（串口有 2 个中断源）	CM3 设计了 256 个中断通道；STM32F103 有 76 个中断通道；STM32F107 有 84 个中断通道（包括保留）
累加器 A 和 B	通用寄存器都可以作累加器
不能预取指	三级流水线预取指
一种工作模式	两种工作模式
不支持 JTAG 调试	支持 JTAG 调试

51 单片机和 STM32 微控制器的以下内容基本相同或近似。

☺ 指令处理过程：取指；译码；执行。

☺ 中断处理过程：响应中断；保护现场；执行中断程序；返回主程等。

☺ 指令种类：传送指令；算术运算指令；逻辑运算指令等。

☺ 寄存器设置：堆栈指针；程序计数器；程序状态寄存器等。

☺ 某些概念：复位；复位后状态等。

附录 D　STM32 实验板原理图

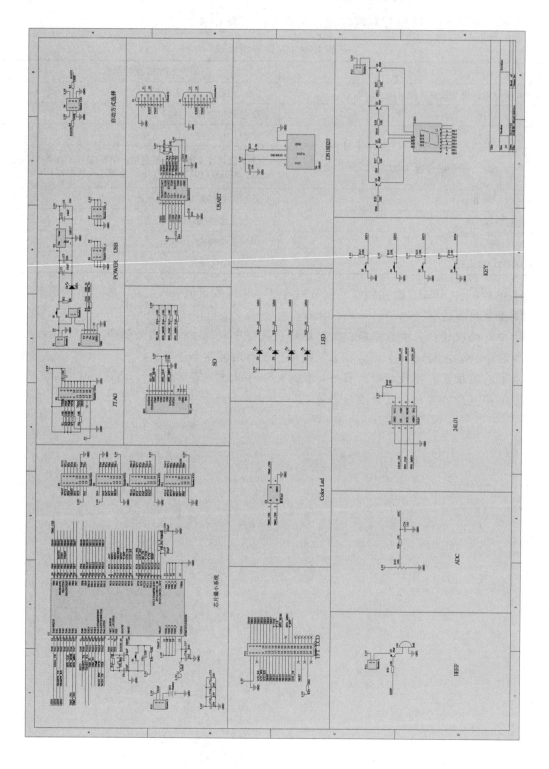

参 考 文 献

［1］陈志旺，陈志茹，阎巍山，庞双杰. 51系列单片机系统设计与实践. 北京：电子工业出版社，2010
［2］陈志旺，李亮. 51单片机快速上手. 北京：机械工业出版社，2009
［3］Tammy Noergaard. Embedded Systems Architecture：A Comprehensive Guide for Engineers and Programmers. Elsevier（Singapore）Pte Ltd. 2007：262－302
［4］焦海波，刘健康. 嵌入式网络系统设计：基于Atmel ARM7系列. 北京：北京航空航天大学出版社，2008
［5］陈瑶，李佳，宋宝华. Cortex－M3＋μC/OS－II嵌入式系统开发入门与应用. 北京：人民邮电出版社，2010
［6］陈是知. μC/OS－II内核分析、移植与驱动程序开发. 北京：人民邮电出版社，2007
［7］王田苗，魏洪兴. 嵌入式系统设计与实例开发：基于ARM微处理器与μC/OS－II实时操作系统（第3版）. 北京：清华大学出版社，2008
［8］李宁. 基于MDK的STM32处理器开发应用. 北京：北京航空航天大学出版社，2008
［9］彭刚，秦志强. 基于ARM Cortex－M3的STM32系列嵌入式微控制器应用实践. 北京：电子工业出版社，2011
［10］范书瑞，李琦，赵燕飞. Cortex－M3嵌入式处理器原理与应用. 北京：电子工业出版社，2011
［11］戴上举. 删繁就简：单片机入门到精通. 北京：北京航空航天大学出版社，2011
［12］赵星寒，刘涛. 从51到ARM－32位嵌入式系统入门. 北京：电子工业出版社，2005
［13］蒙博宇. STM32自学笔记. 北京：北京航空航天大学出版社，2012
［14］南亦民. 基于STM32标准外设库STM32F103xxx外围器件编程. 长沙航空职业技术学院学报. 2010，10（4）：41－45
［15］Joseph Yiu，Andrew Frame. 将8051应用程序迁移到ARMCortex－M处理器上. IQ.

反侵权盗版声明

电子工业出版社依法对本作品享有专有出版权。任何未经权利人书面许可，复制、销售或通过信息网络传播本作品的行为；歪曲、篡改、剽窃本作品的行为，均违反《中华人民共和国著作权法》，其行为人应承担相应的民事责任和行政责任，构成犯罪的，将被依法追究刑事责任。

为了维护市场秩序，保护权利人的合法权益，本社将依法查处和打击侵权盗版的单位和个人。欢迎社会各界人士积极举报侵权盗版行为，本社将奖励举报有功人员，并保证举报人的信息不被泄露。

举报电话：(010) 88254396；(010) 88258888
传　　真：(010) 88254397
E-mail：dbqq@phei.com.cn
通信地址：北京市海淀区万寿路173信箱
　　　　　电子工业出版社总编办公室
邮　　编：100036

《STM32 嵌入式微控制器快速上手（第 2 版）》 读者调查表

尊敬的读者：

  欢迎您参加读者调查活动，对我们的图书提出真诚的意见，您的建议将是我们创造精品的动力源泉。为方便大家，我们提供了两种填写调查表的方式：

1. 您可以登录 http：//yydz.phei.com.cn，进入"读者调查表"栏目，下载并填好本调查表后反馈给我们。
2. 您可以填写下表后寄给我们（北京海淀区万寿路 173 信箱电子信息出版分社　邮编：100036）。

姓名：_____　　　性别：□ 男　□ 女　　　年龄：_____　　　职业：_____
电话：_____　　　移动电话：_____
传真：_____　　　E-mail：_____
邮编：_____　　　通信地址：_____

1. 影响您购买本书的因素（可多选）：
□封面、封底　　□价格　　　　□内容简介　　□前言和目录　　□正文内容
□出版物名声　　□作者名声　　□书评广告　　□其他_____

2. 您对本书的满意度：

从技术角度	□很满意	□比较满意	□一般	□较不满意	□不满意
从文字角度	□很满意	□比较满意	□一般	□较不满意	□不满意
从版式角度	□很满意	□比较满意	□一般	□较不满意	□不满意
从封面角度	□很满意	□比较满意	□一般	□较不满意	□不满意

3. 您最喜欢书中的哪篇（或章、节）？请说明理由。
_____
_____

4. 您最不喜欢书中的哪篇（或章、节）？请说明理由。
_____
_____

5. 您希望本书在哪些方面进行改进？
_____
_____

6. 您感兴趣或希望增加的图书选题有：
_____
_____

邮寄地址：北京市万寿路 173 信箱电子信息出版分社　张剑　收　　邮编：100036
电　　话：(010) 88254450　　E-mail：zhang@phei.com.cn